高等职业教育土木建筑类专业群"建新筑业 匠心育才"系列教材

AutoCAD技能训练与应用

主　编　杨小玉　张建奇
副主编　周　冬　于学凯　李　解
主　审　焦胜军

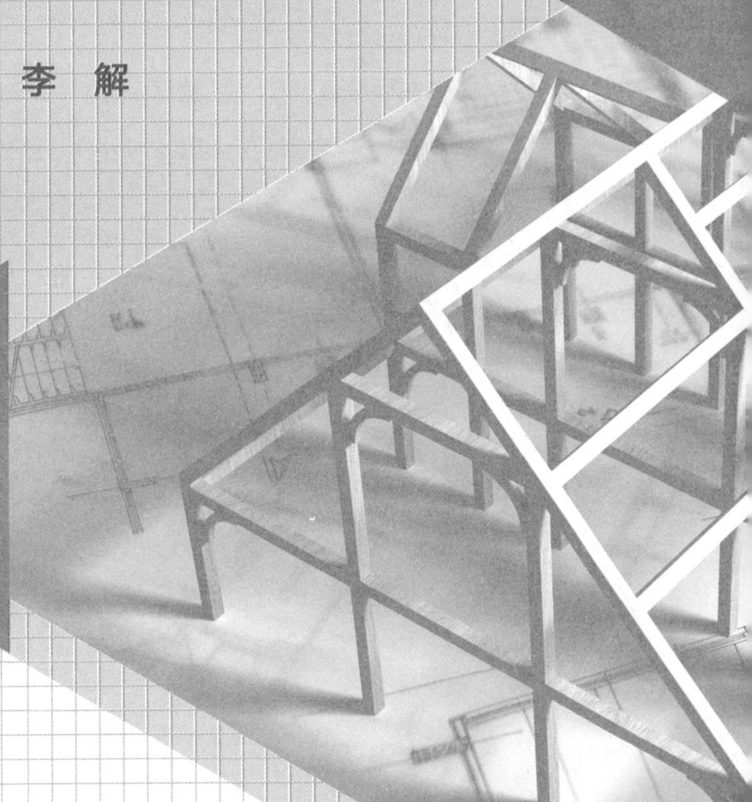

中国教育出版传媒集团
高等教育出版社·北京

内容提要

本书是高等职业教育土木建筑类专业群“建业筑新 匠心育才”系列教材之一。

本书主要内容包括：CAD 的工作界面及相关设置，二维图形的绘制与编辑，形体三视图及轴测图的绘制，形体的三维建模，使用 CAD 绘制建筑、桥梁等专业工程图的方法，使用 Revit 创建建筑及桥梁模型等内容。

本书配有操作演示视频等数字资源，学习者可扫描书中二维码观看。本书配套的数字课程已在智慧职教学习平台（www. icve. com. cn）上线，学习者可登录学习，详见“智慧职教”服务指南。

本书适用于高等职业院校土木建筑、交通运输大类相关专业教学，也可供从事相关工作的专业技术人员参考，同时还可满足“1+X”建筑工程识图、建筑信息模型（BIM）职业技能等级证书的培训和学员训练需要。

图书在版编目（CIP）数据

AutoCAD 技能训练与应用 / 杨小玉，张建奇主编．--北京：高等教育出版社，2023.7

ISBN 978-7-04-059350-1

Ⅰ．①A… Ⅱ．①杨… ②张… Ⅲ．①AutoCAD 软件-高等职业教育-教材 Ⅳ．①TP391. 72

中国版本图书馆 CIP 数据核字（2022）第 157936 号

AutoCAD JINENG XUNLIAN YU YINGYONG

策划编辑 刘东良　责任编辑 刘东良　封面设计 于 博　版式设计 杨 树

责任绘图 李沛蓉　责任校对 陈 杨　责任印制 赵 振

出版发行	高等教育出版社	网　　址	http://www.hep.edu.cn
社　　址	北京市西城区德外大街 4 号		http://www.hep.com.cn
邮政编码	100120	网上订购	http://www.hepmall.com.cn
印　　刷	北京利丰雅高长城印刷有限公司		http://www.hepmall.com
开　　本	787 mm×1092 mm 1/16		http://www.hepmall.cn
印　　张	15		
字　　数	330 千字	版　　次	2023 年 7 月第 1 版
购书热线	010-58581118	印　　次	2023 年 7 月第 1 次印刷
咨询电话	400-810-0598	定　　价	45.80 元

本书如有缺页、倒页、脱页等质量问题，请到所购图书销售部门联系调换

物 料 号 59350-00

“智慧职教”服务指南

“智慧职教”（www. icve. com. cn）是由高等教育出版社建设和运营的职业教育数字教学资源共建共享平台和在线课程教学服务平台，与教材配套课程相关的部分包括资源库平台、职教云平台和 App 等。用户通过平台注册，登录即可使用该平台。

- 资源库平台：为学习者提供本教材配套课程及资源的浏览服务。

登录“智慧职教”平台，在首页搜索框中搜索“工程识图与 CAD”，找到对应作者主持的课程，加入课程参加学习，即可浏览课程资源。

- 职教云平台：帮助任课教师对本教材配套课程进行引用、修改，再发布为个性化课程（SPOC）。

1. 登录职教云平台，在首页单击“新增课程”按钮，根据提示设置要构建的个性化课程的基本信息。

2. 进入课程编辑页面设置教学班级后，在“教学管理”的“教学设计”中“导入”教材配套课程，可根据教学需要进行修改，再发布为个性化课程。

- App：帮助任课教师和学生基于新构建的个性化课程开展线上线下混合式、智能化教与学。

1. 在应用市场搜索“智慧职教 icve” App，下载安装。

2. 登录 App，任课教师指导学生加入个性化课程，并利用 App 提供的各类功能，开展课前、课中、课后的教学互动，构建智慧课堂。

“智慧职教”使用帮助及常见问题解答请访问 help. icve. com. cn。

前言

本书结合高等职业教育的教学特点，以系统性、实用性、指导性为目标，按新规范、新标准编写，与相关专业现行标准同步；同时结合“1+X”建筑工程识图、建筑信息模型（BIM）职业技能等级证书标准及考核大纲中对CAD技能的要求，选取典型的工程案例为任务载体，将CAD界面认识、CAD绘制及编辑、CAD图层设置、CAD文字尺寸注写、CAD三维建模等技能划分为二维图形的绘制与编辑、形体的绘制与三维实体建模、专业工程图的绘制与工程建模三大模块，为适应BIM技术的需求，融入了BIM建模，对专业工程图绘制内容进行了适当的加深和拓宽。

本书以工作过程为导向，遵循学生技能成长规律，以教师引导学生自主学习、主动获取知识为原则，采用灵活多变的教学方法和教学组织形式，按照工作任务、技能训练、课堂检测、技能强化、评价与小结五大环节循序渐进引导学生训练技能，强化了实践与应用能力，教材全面准确地落实党的二十大精神，坚持以“立德树人”为根本，将规范意识、中国古代思想精华等融入教材中，实现思政教育与技能培养有机互融。为了方便教学与训练，本书精心梳理大量的技能强化案例，同时设置了丰富多样的技能强化学习活动，可用于教师教学案例拓展、学生技能强化、技能考核等，技能强化案例难度适中，可满足不同学时数的专业教学和不同程度的学生训练需要。技能训练和技能强化均配套讲解视频，其他配套数字化资源可细分到每个技能点，可辅助学习者随时随地完成自主学习和知识构建，帮助学生进一步巩固提升CAD操作及应用技能。

参加本书编写工作的人员及分工如下：陕西铁路工程职业技术学院王育红、王铭、李辉、鲁文娟，河北交通职业技术学院刘炳华、中交第二公路工程局有限公司刘鹏编写了模块一；陕西铁路工程职业技术学院杨小玉、崔炫、张灵晓，中国建筑科学研究院有限公司张建奇、于学凯编写了模块二；陕西铁路工程职业技术学院孙再鸣、彭伟、周冬、解小娟，上海城建职业学院陈瑜，中铁建工集团建筑安装有限公司李解编写了模块三。

陕西铁路工程职业技术学院焦胜军担任本书主审，并提出了宝贵的意见和建议，在此，表示衷心的感谢。

由于编者水平有限，不足之处在所难免，恳请广大读者和同行批评指正。

编　者

2023年5月

目 录

模块一

二维图形的绘制与编辑

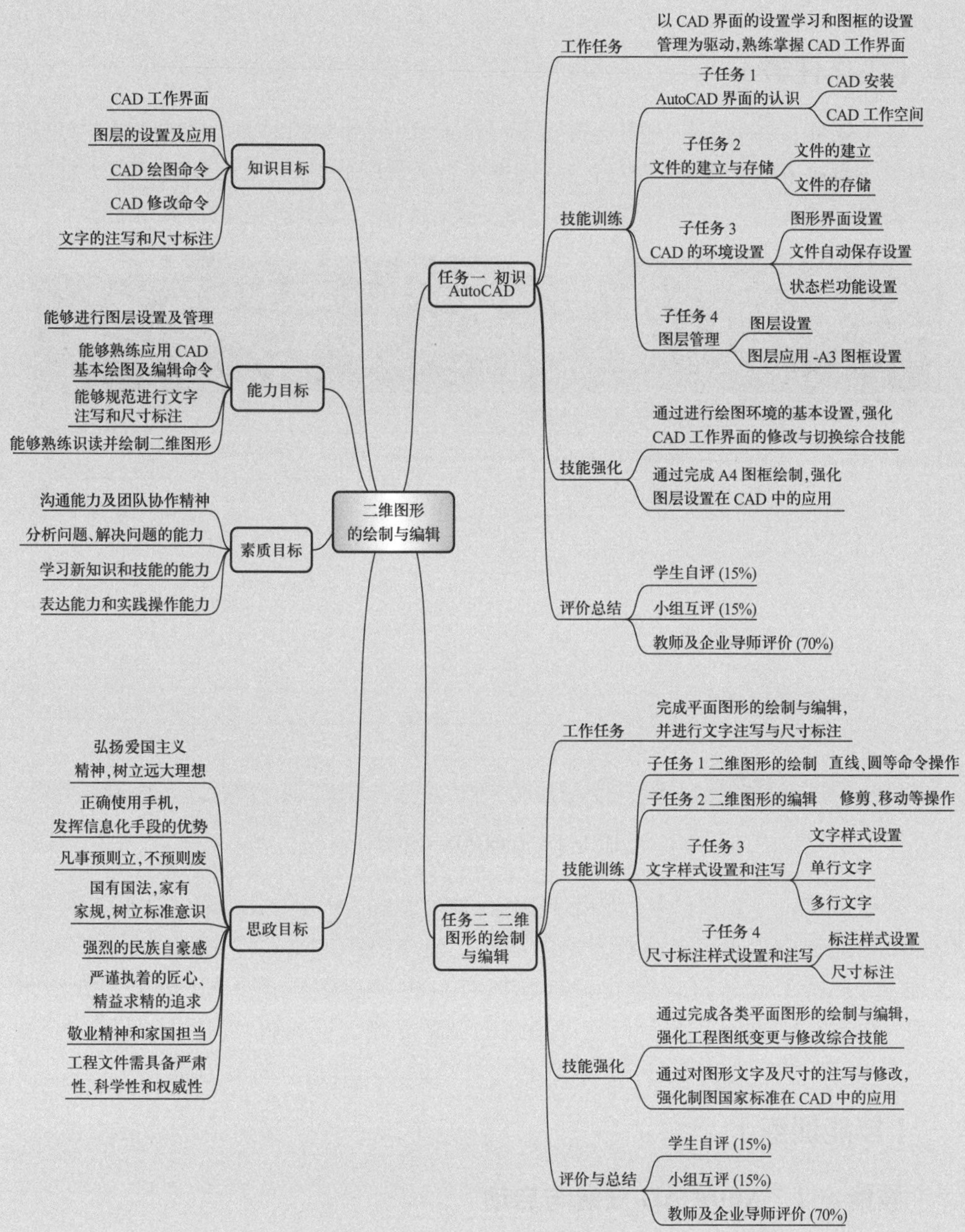

任务一 初识 AutoCAD

子任务 1 AutoCAD 界面的认识

微课

AutoCAD 界面的认识

【工作任务】

任务描述：在计算机中安装并激活 AutoCAD 软件，同时总结安装过程中出现的问题及解决方法。安装完成后，启动并运行 CAD 软件，请大家认真学习 CAD 的工作界面（图 1-1），熟练了解界面功能，为后续的二维图形绘制做好准备。

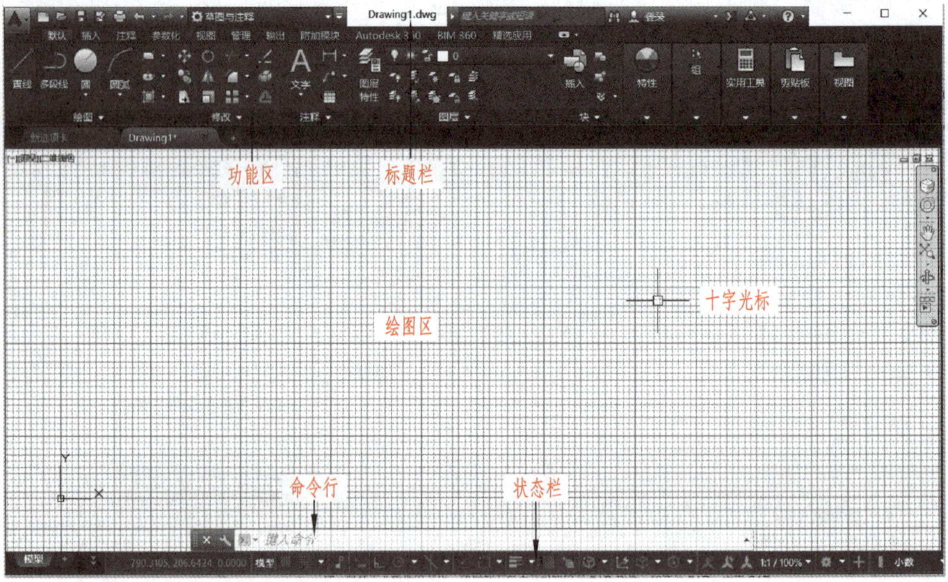

图 1-1 AutoCAD 工作界面

思政链接：工业软件开发技术是国家战略性新兴产业相关领域，适应工业 4.0 背景下智能制造产业迈向高端发展的需要。诸多国产工业软件企业，专注深耕技术领域，坚持工业软件国产化，研发拥有自主产权的国产 CAD 软件。如浩辰 CAD、中望 CAD 逐渐走出具有自己特色的创新之路，这些拥有时代责任感的企业仍旧奋战在一线，为中国自主研发的国产软件的发展和进步凝聚力量。

【技能训练】

技能点 1 AutoCAD 安装与启动

在 AutoCAD 软件包中找到名为 SETUP. EXE 的安装文件。

Step 01 执行 SETUP. EXE 文件，首先弹出如图 1-2 所示的安装初始化界面。

Step 02　经过初始化后，弹出如图 1-3 所示的安装选择界面。

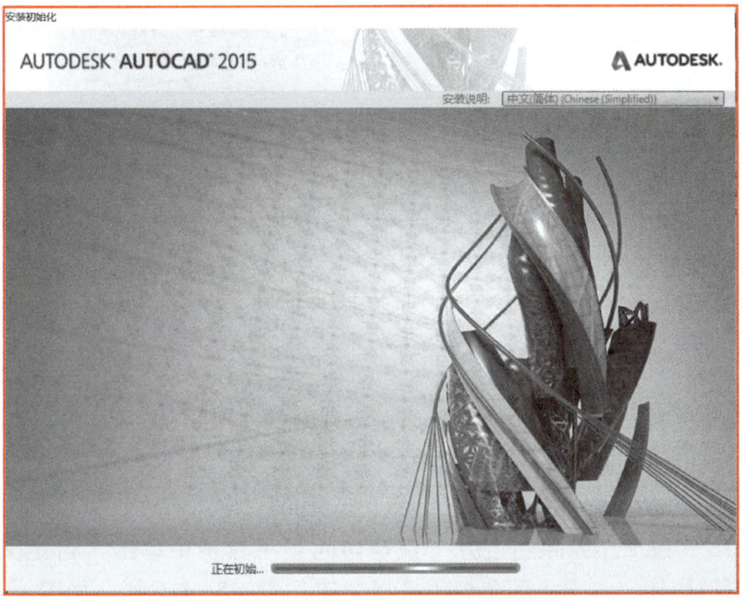

图 1-2　安装初始化界面

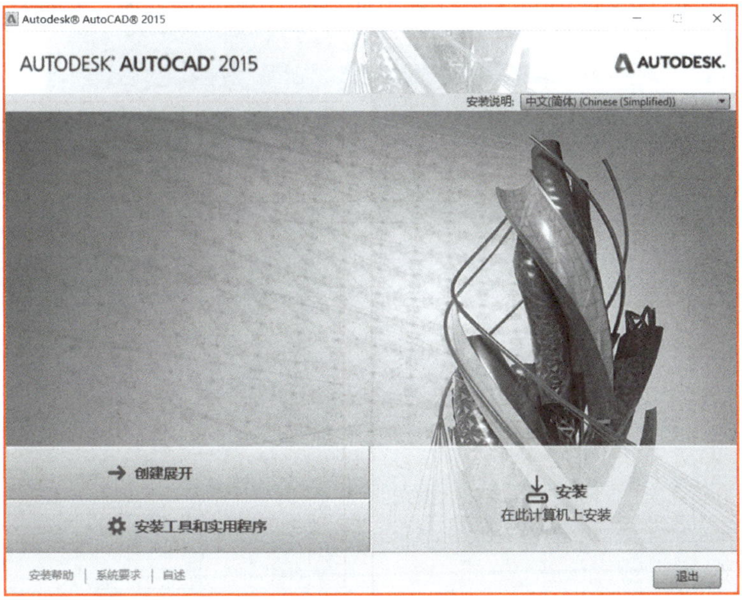

图 1-3　安装选择界面

此时单击“安装 在此计算机上安装”选项，即可进行相应的安装操作，直至软件安装完毕。需要说明的是，安装 AutoCAD 时，用户应根据提示信息进行必要的选择。

Step 03　安装 AutoCAD 后，系统会自动在 Windows 桌面上生成对应的快捷方式图标，双击该快捷方式图标，即可便捷地启动 AutoCAD。

注意

与启动其他应用程序一样，也可以通过 Windows 资源管理器、Windows 任务栏上的“开始”按钮等启动 AutoCAD。

技能点 2 AutoCAD 工作空间切换

为了满足不同客户的需要，AutoCAD 提供了三种工作空间模式。

“草图与注释”空间：即为二维绘图空间，也是 AutoCAD 启动后的默认工作空间。该工作空间的功能区提供了大量的绘图、修改、图层、注释以及块等工具。

“三维基础”空间：在“三维基础”工作空间中可以方便地进行基础三维造型，并且可以通过其中的“修改”面板对形体进行快速修改。

“三维建模”空间：在“三维建模”工作空间的功能区提供了大量的三维建模和修改编辑等工具，可以方便地构建出更多复杂的三维实体。

快速切换工作空间通常有两种方法。

（1）在“快速访问”工具栏中切换工作空间。

Step 01 在工作界面左上方“快速访问”工具栏中单击“自定义快速访问工具栏”下拉按钮，在弹出的菜单中选择“工作空间”工具栏，如图 1-4 所示。

Step 02 在工作界面左上方显示“工作空间”工具栏列表框后，单击“工作空间”下拉按钮，选择相应的工作空间，即可进行工作空间切换，如图 1-5 所示。

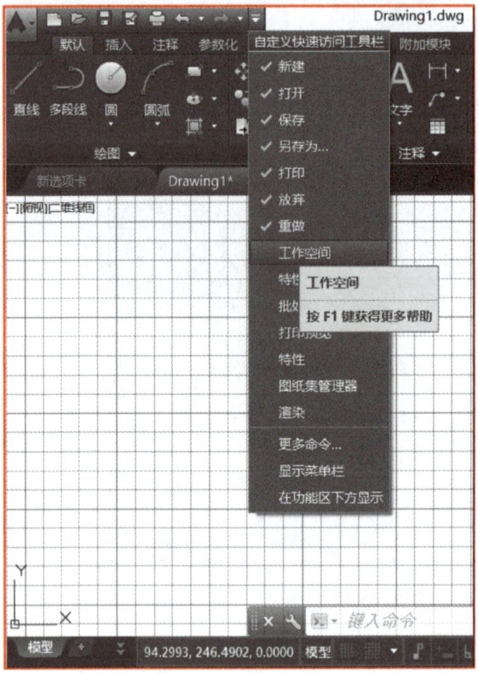

图 1-4 选择“工作空间”工具栏

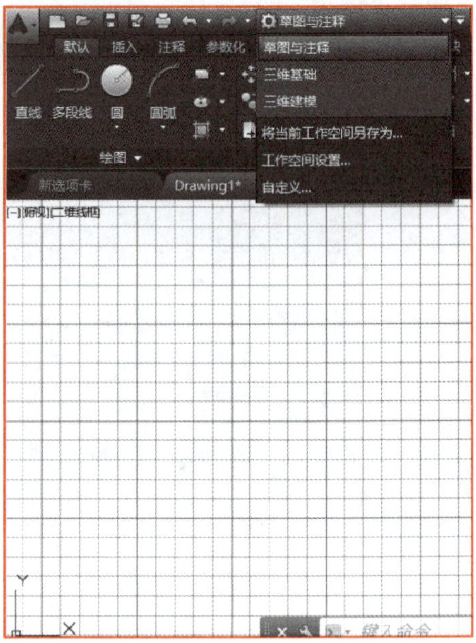

图 1-5 选择相应的工作空间

（2）在“状态栏”中切换工作空间。

Step 01 在工作界面右下方“状态栏”中单击“切换工作空间”按钮，如图 1-6 所示。

Step 02 在弹出的“工作空间”列表中选择需要的工作空间即可进行切换，如图 1-7 所示。

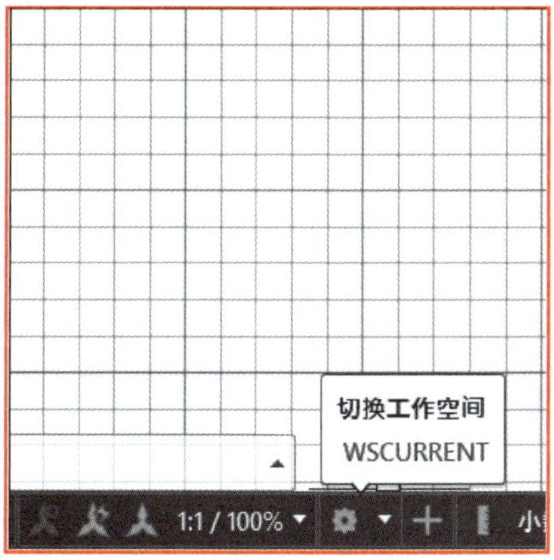

图 1-6　单击“切换工作空间”按钮

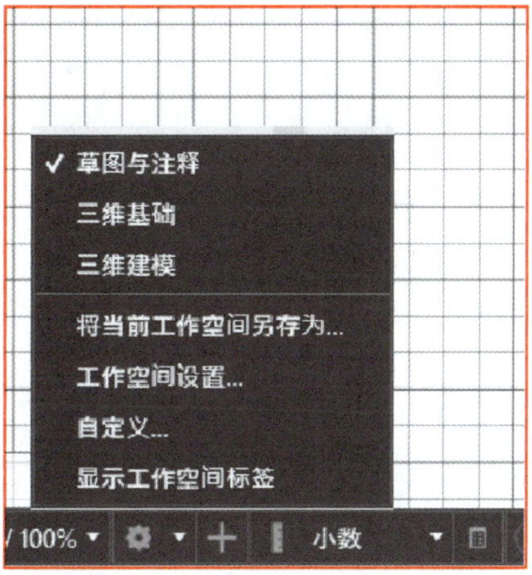

图 1-7　选择需要的工作空间

技能点 3　标题栏功能介绍

标题栏位于整个程序窗口上方，主要用于说明当前程序和图形文件的状态，主要包括程序图标、“快速访问”工具栏、程序名称、图形文件的文件名称和窗口控制按钮等，如图 1-8 所示。

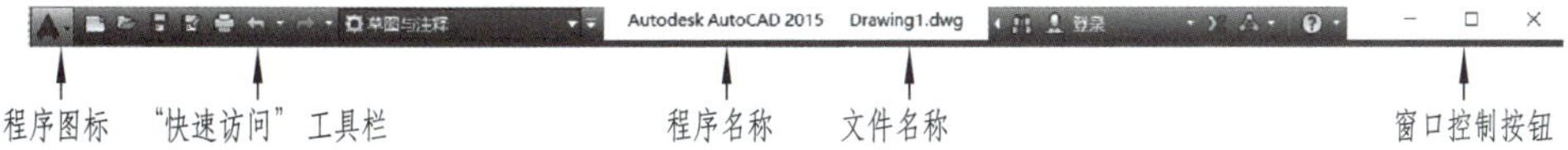

图 1-8　标题栏

（1）程序图标：标题栏最左侧是程序图标。单击该图标，可以展开 AutoCAD 用于管理图形文件的各种命令，如新建、打开、保存、打印和输出等。

（2）“快速访问”工具栏：用于存储经常访问的命令。

在“快速访问”工具栏单击“自定义快速访问工具栏”下拉按钮，在弹出的菜单中选择“显示菜单栏”命令（图 1-9），即可在默认的工作界面中显示菜单栏，这是一组系列化的下拉菜单，效果如图 1-10 所示。

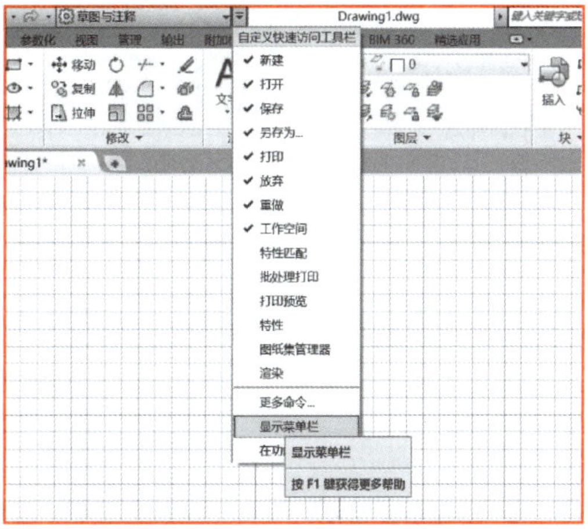

图 1-9　选择“显示菜单栏”命令

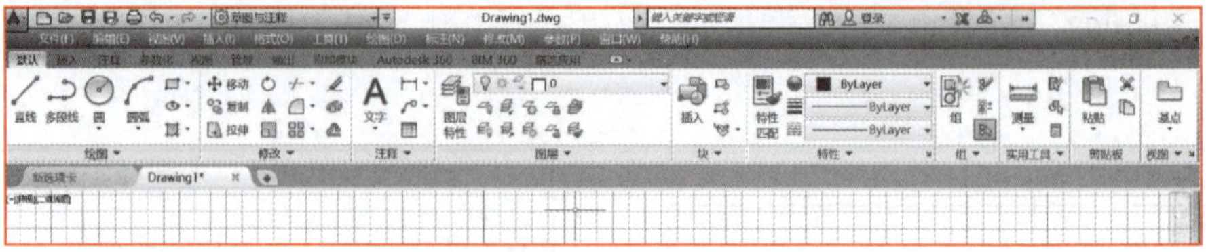

图 1-10 显示菜单栏

（3）程序名称：即程序的名称及版本号。

（4）文件名称：表示当前图形文件的名称，如图 1-10 中所示“Drawing1. dwg”为当前图形文件的名称，其中“. dwg”表示文件的扩展名。

（5）窗口控制按钮：单击“最小化”按钮可以将程序窗口最小化；单击“最大化/还原”按钮可以将程序窗口充满整个屏幕或以窗口方式显示；单击“关闭”按钮可以关闭 AutoCAD 程序。

技能点 4 认识功能区

AutoCAD 的功能区位于标题栏的下方，功能面板上的每一个图标都形象地代表一个命令，用户只需要单击图标按钮，即可执行相应的命令。默认情况下，AutoCAD 的功能区主要包括“默认”“插入”“注释”“参数化”“视图”“管理”和“输出”等几个部分，如图 1-11 所示。

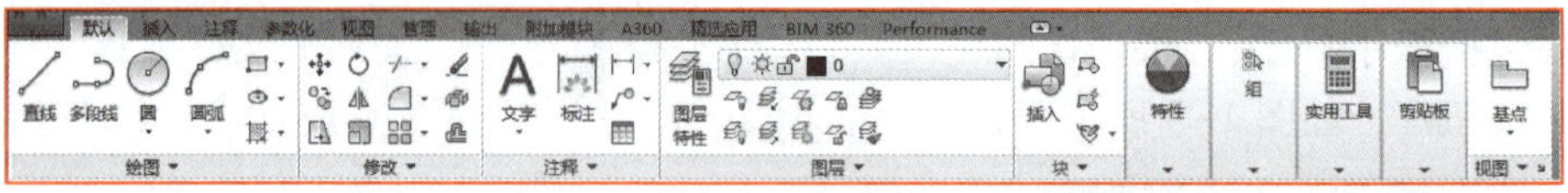

图 1-11 功能区

功能区的显示与隐藏可以通过以下方式进行修改。

Step 01 在功能区标签栏中右击，在弹出的快捷菜单中选择“显示选项卡”命令，在子菜单中取消或选择命令选项，如图 1-12 所示，则可以隐藏或显示对应的功能区。

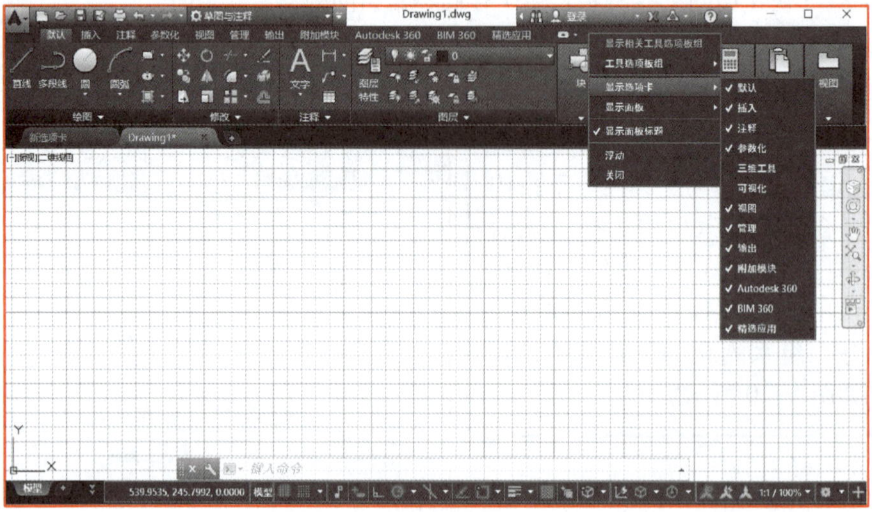

图 1-12 显示或隐藏功能区选项卡

Step 02　在默认功能区中右击，在弹出的快捷菜单中选择“显示面板”命令，在子菜单中取消或选择命令选项，则可以隐藏或显示对应的功能面板。

Step 03　多次单击功能区标签右方的“最小化为面板”按钮，可以将功能区最小化，从而增加绘图的区域，如图 1-13 所示。继续单击该按钮，可以重新显示完整的功能区。

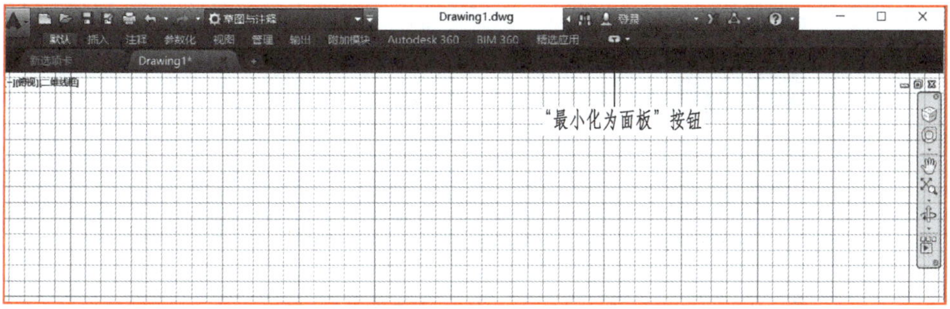

图 1-13　最小化功能区

技能点 5　绘图区视图控制

绘图区是用户绘制图形的区域，位于屏幕中央空白区域，也被称为视图窗口。绘图区是一个无限延伸的空白区域，无论多大的图形，用户都可以在其中进行绘制。对绘图区里的图形，可以采用多种方式来控制视图的显示。

Step 01　使用视图中的“缩放”命令可以对视图进行放大或缩小操作，以改变图形的显示大小，方便用户进行图形的观察。

Step 02　执行 ZOOM 命令，系统将提示“全部(A)/中心点(C)/动态(D)/范围(E)/上一个(P)/比例(S)/窗口(W)]：<实时>”的信息。

Step 03　在该提示后输入相应的字母后按下空格键，即可进行相应的操作。实时缩放：滚动鼠标中键，向前推动放大，向后推动缩小。全部显示：输入 Z→空格→A→空格。范围显示：输入 Z→空格→E→空格。窗口显示：输入 Z→空格，按住鼠标左键框选需查看区域。

Step 04　执行视图中的“平移”命令，可以将视口中图形的显示部位进行相应的移动，移动前后只是改变图形在视口中的位置，而不会发生大小和空间定位的变化，如图 1-14、图 1-15 所示分别是平移前后的对比效果。

注意

平移操作也可以按住鼠标中键（滚轮）通过移动鼠标来完成。

技能点 6　认识十字光标

十字光标是 AutoCAD 绘图时所使用的光标，可以用来定位点、选择和绘制对象。使用鼠标绘制图形时，可以根据十字光标的移动，直观地看到图形的上下左右关系。

技能点 7　命令行操作

命令行位于屏幕下方，主要用于输入命令以及显示正在执行的命令和相关信息。在 AutoCAD 中有多种执行命令的方法，主要包括选择命令、单击工具按钮和在命令行中输入命令等。

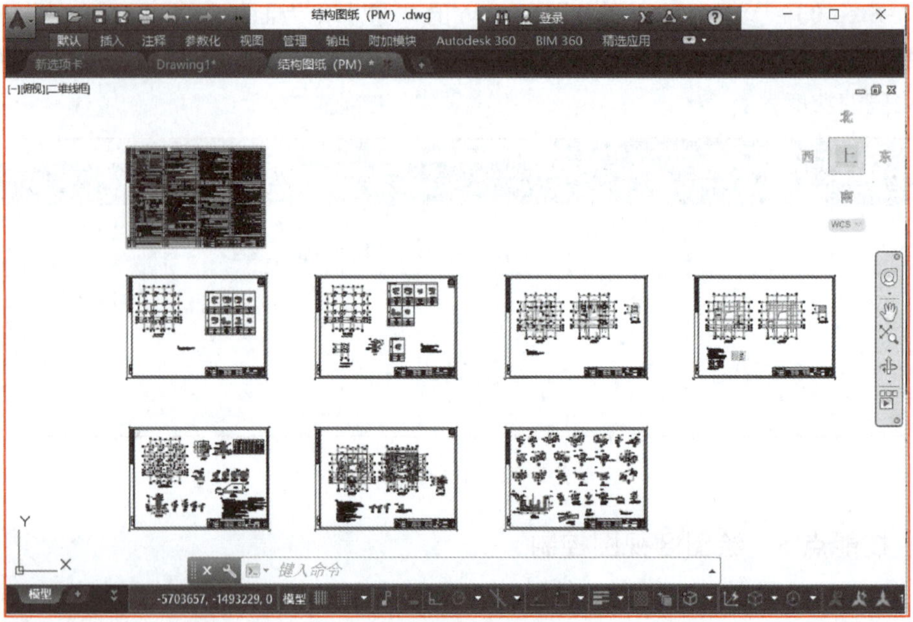

图 1-14　平移视图前

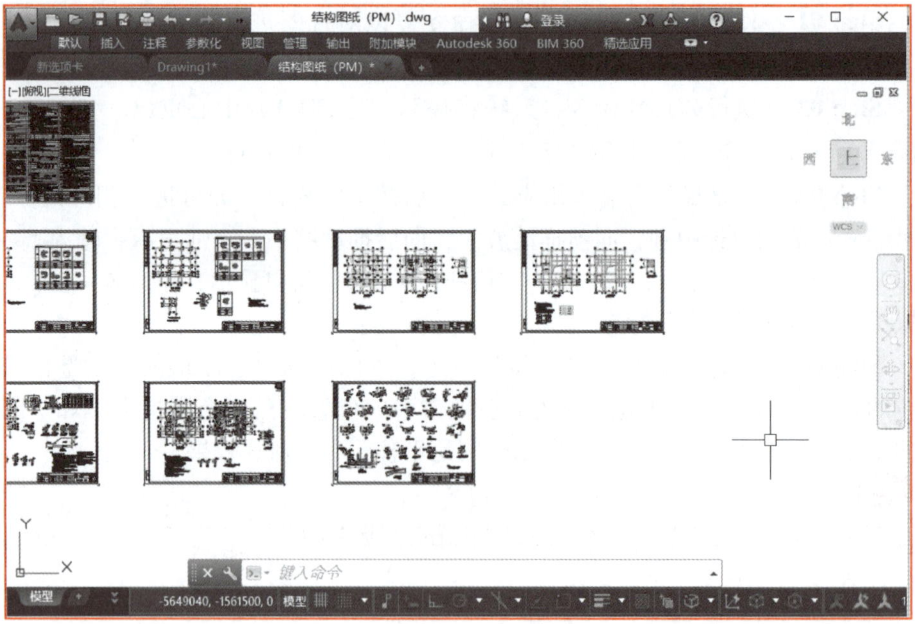

图 1-15　平移视图后

1. 选择命令

即通过选择命令的方式来执行命令。例如，执行“多边形”命令，其方法是显示菜单栏，然后选择“绘图”|“多边形”命令。

2. 单击工具按钮

即单击相应功能面板上的按钮来执行命令。例如，在“绘图”面板中单击“矩形”按钮，即可执行“矩形”命令。

3. 在命令行中输入命令

即通过在命令行中输入英文命令或缩写后的简化命令，然后按 Enter 键，即可执行该命令。在命令行中输入命令的方法比较快捷、简便。例如，执行“圆”命令，只需在命令行中输入 CIRCLE 或 C，然后按 Enter 键即可。命令行中输入的命令，不区分大小写。

Step 01 在执行命令时，用户需要对提示做出回应。例如，在执行“直线”命令时，系统将提示“指定第一个点:”，如图 1-16 所示。输入直线的起点坐标数值，或单击来指定起点，系统将再提示“指定下一点或[放弃(U)]:”，表示应指定下一点，直到系统提示为“指定下一点或[闭合(C)/放弃(U)]:”时，按 Enter 键或空格键即可结束该命令，如图 1-17 所示。

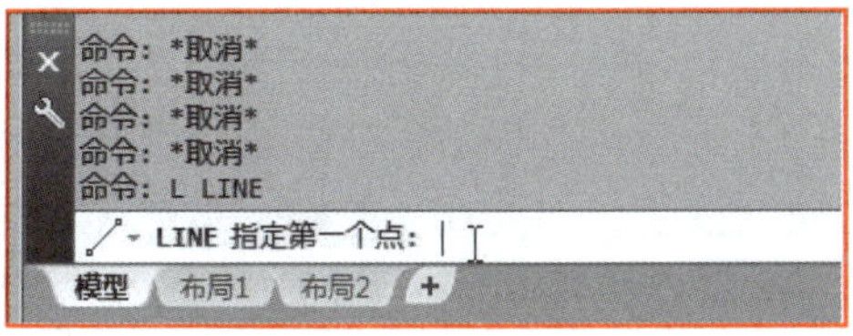

图 1-16　系统提示

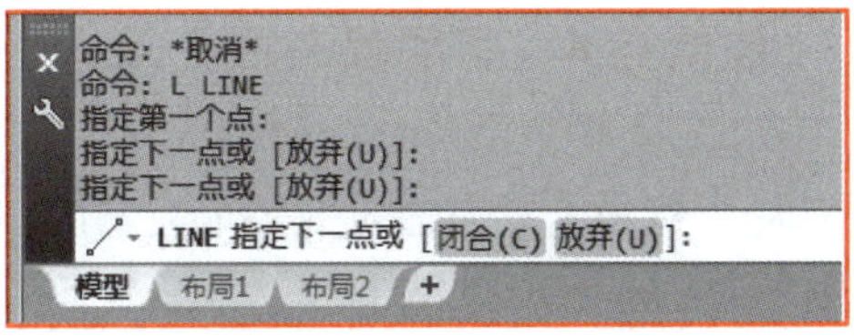

图 1-17　结束命令

Step 02 当输入某条命令后，AutoCAD 会提示用户输入命令的子命令或必要的参数，当信息输入完毕后，命令功能才能被执行。在 AutoCAD 命令执行过程中，通常有很多子命令及参数出现，参数符号规定如下：

/为分隔符，用于分隔命令提示与选项，大写字母表示命令缩写方式，可直接通过键盘输入。

<>为预设值（系统自动赋予初值，可重新输入或修改）或当前值，按空格键或 Enter 键，则系统将接受此预设值。

Step 03 在执行 AutoCAD 操作命令的过程中，按 Esc 键，可以随时终止 AutoCAD 命令的执行。

注意

在操作中退出命令时，有些命令需要连续按两次 Esc 键。如果要终止正在执行中的命令，可以在“命令:”状态下输入 U(退出)并按空格键确定，即可返回上次操作前的状态。

Step 04 在完成一个命令的操作后，如果要重复执行上一次使用的命令，可以通过以下常用方法快速实现。

按 Enter 键：在一个命令执行完成后，按 Enter 或空格键，即可再次执行上一次执行的命令。

右击：若用户设置了禁用右键快捷菜单，可在前一个命令执行完成后，右击继续执行前一个操作命令。

注意

AutoCAD 中，除了在输入文字内容等特殊情况下，通常可以使用空格键代替 Enter 键来快速执行确定操作。

Step 05 在 AutoCAD 中，系统提供了图形的恢复功能。执行该命令有以下几种常用方法。

单击“放弃”按钮：单击“快速访问”工具栏中的“放弃”按钮，可以撤消上一次执行的命令，连续单击该按钮，可以撤消多次执行的操作。

执行 U 或 Undo 命令：执行 U 命令可以撤消上一次的命令，或执行 Undo 命令，并根据提示输入要放弃的操作数目，可以撤消前面对应次数执行的命令。

撤消的快捷命令操作：Ctrl+Z 组合键。

注意

命令行位置修改利用组合键 Ctrl+9，可以快速实现隐藏与显示命令窗口之间的切换。

技能点 8　了解状态栏

状态栏位于 AutoCAD 窗口下方，如图 1-18 所示。在状态栏左边是“模型”和“布局”选项卡；右边包括多个经常使用的控制按钮，如捕捉、栅格、正交等，这些按钮均属于开/关型按钮，即单击该按钮一次则启用该功能，再单击一次则关闭该功能。

图 1-18　状态栏

【课堂检测】

1. CAD 工作界面的组成有哪些？
2. CAD 文件的扩展名是什么？
3. 命令行的打开和关闭执行操作是什么？
4. 在完成一个命令的操作后，如果要重复执行上一次使用的命令，可以按 Enter 键吗？
5. 如何在状态栏上找出“极轴追踪”？
6. CAD 工作空间有几种？分别是什么？
7. 平面图形绘制要在哪个工作空间下进行？
8. 请讨论信息化发展带给生活的便利。

子任务 2　文件的建立与存储

微课

文件的建立与存储

【工作任务】

任务描述：在掌握了 AutoCAD 新建文件、保存文件和打开文件等操作方法后，请建立一个 AutoCAD 新文件，命名为 A3 图框 . dwg，进行绘图整理后，保存至计算机桌面，同时也应当学会采用现代互联网手段（微信、邮箱、网盘、U 盘等）存储、传输和打开文件。

思政链接：进入信息化时代以来，手机成为人们必不可少的随身物品，手机移动学习更是被广泛地应用在教学过程中。课堂上利用手机可以相互讨论、交流，浏览课程资源；课下可以进行在线课程学习，便于自主学习。在手机发挥其积极作用的同时，当代大学生沉迷手机游戏也是普遍现象。请大家思考如何利用好手机这把双刃剑，为个人的学习和发展发挥更大的作用。

【技能训练】

技能点 1　新建文件

Step 01　启动 AutoCAD 应用程序，然后单击“开始”选项卡下“新建”按钮，可以快速新建一个名为 drawing1. dwg 的图形文件。在新建图形文件的过程中，默认图形名会随着打开新图形的数目而变化。例如，在打开现有图形的情况下再打开另一个图形，则默认的图形名为 drawing2. dwg。

Step 02　单击“快速访问”工具栏中的“新建”按钮或选择“文件”|“新建”命令。打开“选择样板”对话框，在其中可以选择并打开 acadiso. dwt 创建一个空白文档。还可以选择其他样板文件作为新图形文件的基础，如图 1-19 所示。

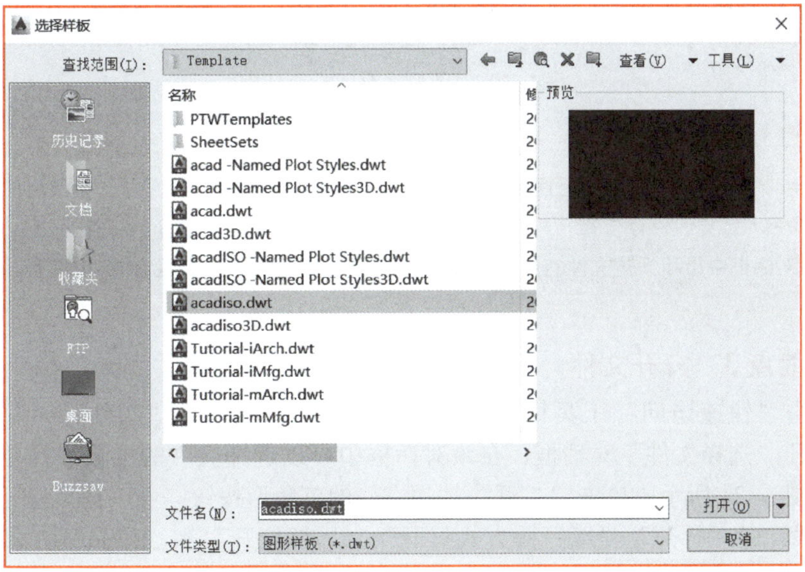

图 1-19　“选择样板”对话框

注意

acadiso. dwt 是国际标准模板，是公制的基础图形样板。 acad. dwt 是英制的基础图形样板，需要自己按照要求设置。 一般选择公制样板。

技能点 2　保存文件

单击“快速访问”工具栏中的“保存”按钮，或选择“文件”|“保存”命令

令，打开“图形另存为”对话框。在该对话框中指定相应的保存路径和文件名称，然后单击“保存”按钮，即可保存图形文件，如图 1-20 所示。

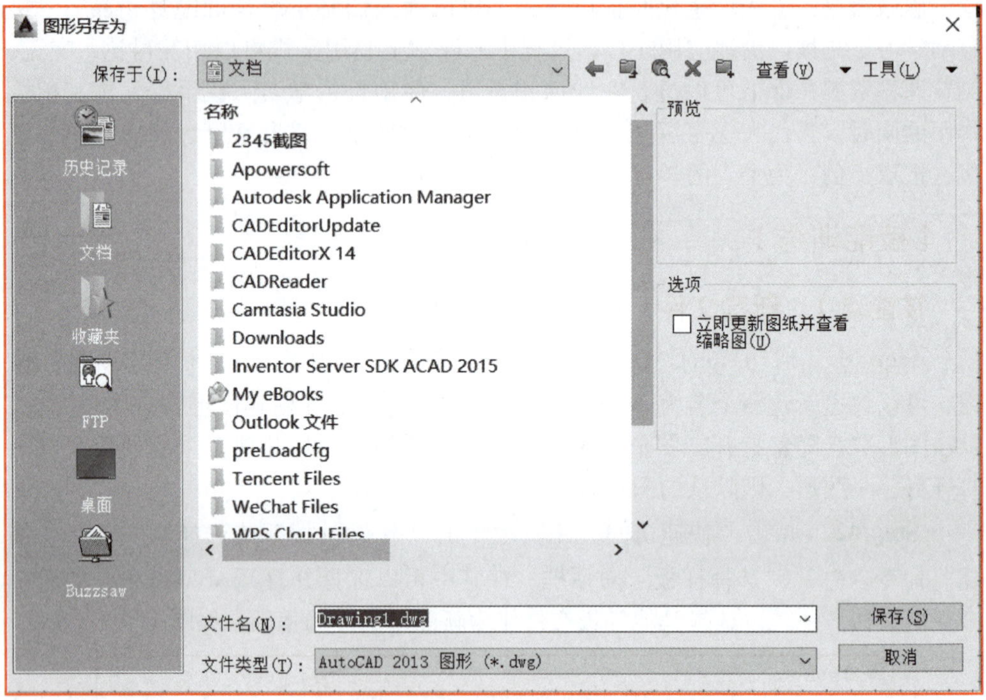

图 1-20 “图形另存为”对话框

注意

使用“保存”命令是在已经保存过的文件上直接进行保存。如果需要对修改后的文档进行重新命名，或更改保存位置，则需要选择“文件”|“另存为”命令。在打开的“图形另存为”对话框中重新设置文件的保存位置、文件名或保存类型，然后单击“保存”按钮即可。

技能点 3 打开文件

单击“快速访问”工具栏中的“打开”按钮，或选择“文件”|“打开”命令，打开“选择文件”对话框，在该对话框中可以选择文件的位置并打开指定文件，如图 1-21 所示。单击“打开”按钮右侧的三角形按钮，可以选择打开文件的 4 种方式，即“打开”“以只读方式打开”“局部打开”和“以只读方式局部打开”，如图 1-22 所示。

“选择文件”对话框中的 4 种打开方式的含义分别如下。

(1)“打开”：直接打开所选的图形文件。

(2)“以只读方式打开”：所选的 AutoCAD 文件将以只读方式打开，打开后的 AutoCAD 文件不能直接以原文件名存盘。

(3)“局部打开”：选择该选项后，系统将打开“局部打开”对话框。如果 AutoCAD 图形中包含不同的内容，并分别属于不同的图层，可以选择其中某些图层打开文件。采用该方式打开较复杂的文件可以提高工作效率。

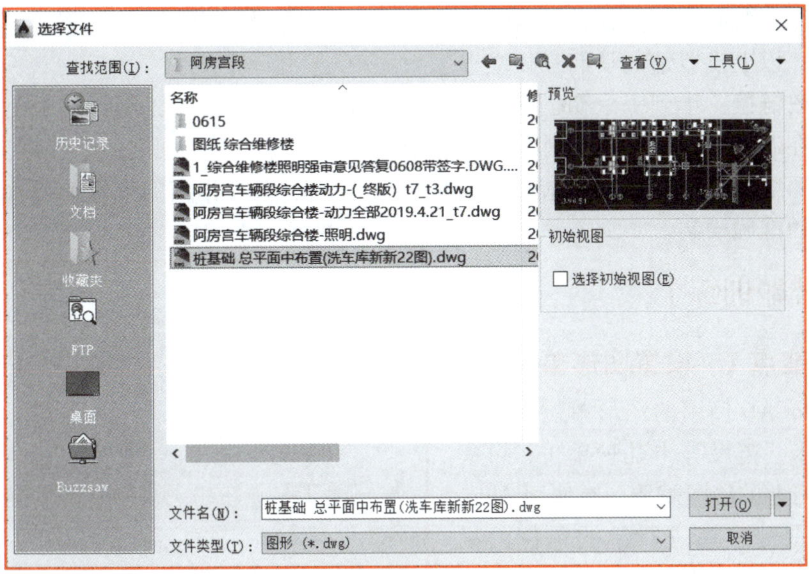

图 1-21　“选择文件”对话框

（4）“以只读方式局部打开”：以只读方式打开 AutoCAD 文件的部分图层图形。

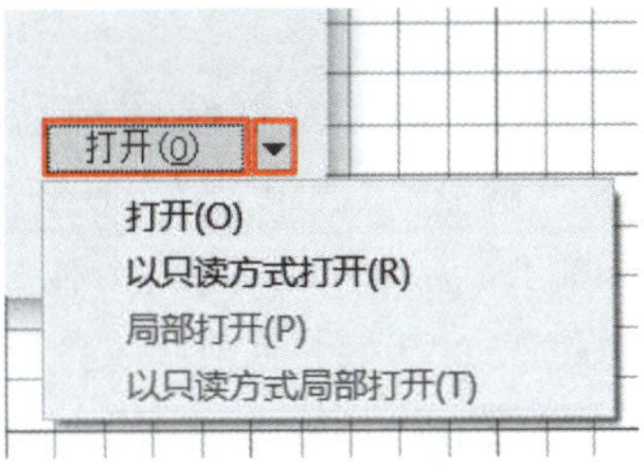

图 1-22　选择打开方式

技能点 4　关闭文件

单击应用程序窗口右上角的“关闭”按钮，可以退出应用程序，同时系统会自动关闭当前已经保存过的文件。如果要在不退出应用程序的情况下关闭当前编辑好的文件，可以选择“文件”|“关闭”命令，或者单击图形文件窗口右上角的“关闭”按钮快速关闭文件。

【课堂检测】

1. 新建文件的样板选择哪一个？
2. 如何新建一个文件命名为“A3 图框”？
3. 图形保存和另存的区别是什么？
4. 如何找到打开文件的快捷图标？
5. 低版本的软件可以打开高版本的文件吗？
6. 手机相互交流使用最多的功能是什么？如何更加合理地使用手机？

子任务 3　CAD 的环境设置

微课
CAD 环境设置

【工作任务】

任务描述：设置图形单位中长度、角度的精度；调整“绘图”选项板中十字光标大小为 10、自动捕捉标记大小、靶框大小、拾取框大小和夹点大小；设置文件自动保存时间为5分钟；根据自己的喜好，设置绘图区颜色；设置状态栏中的辅助功能；以上设置请同学们互相检查。

思政链接：小到一个初创企业，大到一个国家，只有事先制订好长远的发展规划，在遇到新的风险挑战时才能保证正常运转。“凡事预则立，不预则废”，对于工程图纸的绘制，我们也应该事先做好字体、线型等相应的设置，进而保证工程图纸的准确绘制。

【技能训练】

技能点1 设置图形单位

AutoCAD使用的图形单位包括毫米、厘米、英尺等十几种单位，可满足不同行业的绘图需要。在使用AutoCAD绘图前应该进行绘图单位的设置，用户可以根据具体工作需要设置绘图的长度单位、角度单位的格式以及它们的精度。

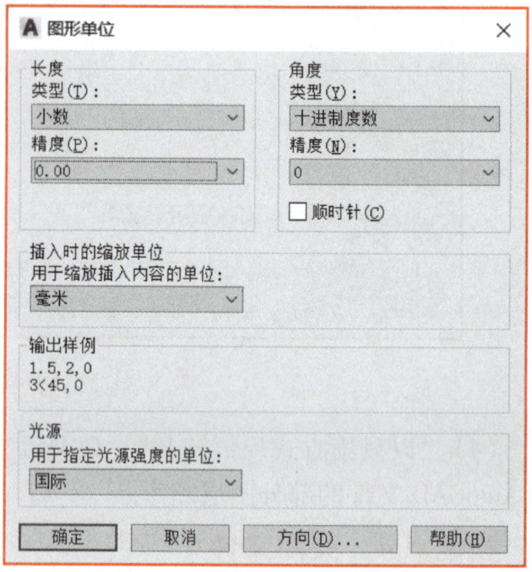

图1-23 “图形单位”对话框

Step 01 设置绘图单位格式。选择“格式”|“单位”命令，或执行UNITS命令，AutoCAD弹出“图形单位”对话框，如图1-23所示。

Step 02 在“图形单位”对话框中，设置插入内容的单位毫米，单击“确定”按钮。

> **注意**
>
> 在“图形单位”对话框中，可为图形设置长度、角度的类型与精度，还可以确定角度的方向、零度方向以及插入单位等；“光源”用于指定光源强度的单位。

技能点2 设置绘图区的颜色

用户可以根据自己的喜好和习惯来设置绘图区的颜色，本次设置绘图区为黑色。

Step 01 选择“工具”|“选项”命令；或输入OPTIONS命令，然后按下Enter键进行确定，即可执行“选项”命令。

Step 02 在打开的“选项”对话框（图1-24）中单击“颜色”按钮。

Step 03 在打开的“图形窗口颜色”对话框中，选择“上下文”列表框中的“二维模型空间”选项；在“界面元素”列表框中选择“统一背景”选项；在“颜色”下拉列表中选择“33,40,48”黑色；单击“应用并关闭”按钮，如图1-25所示。

Step 04 返回“选项”对话框，单击“确定”按钮，完成绘图区颜色的设置。

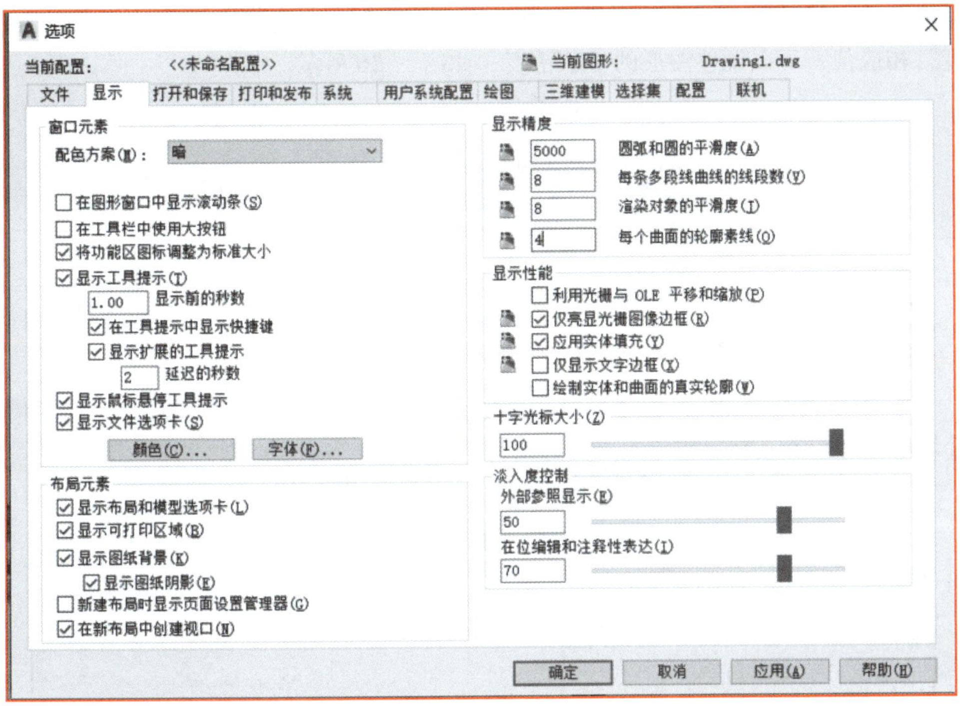

图 1-24 “选项”对话框

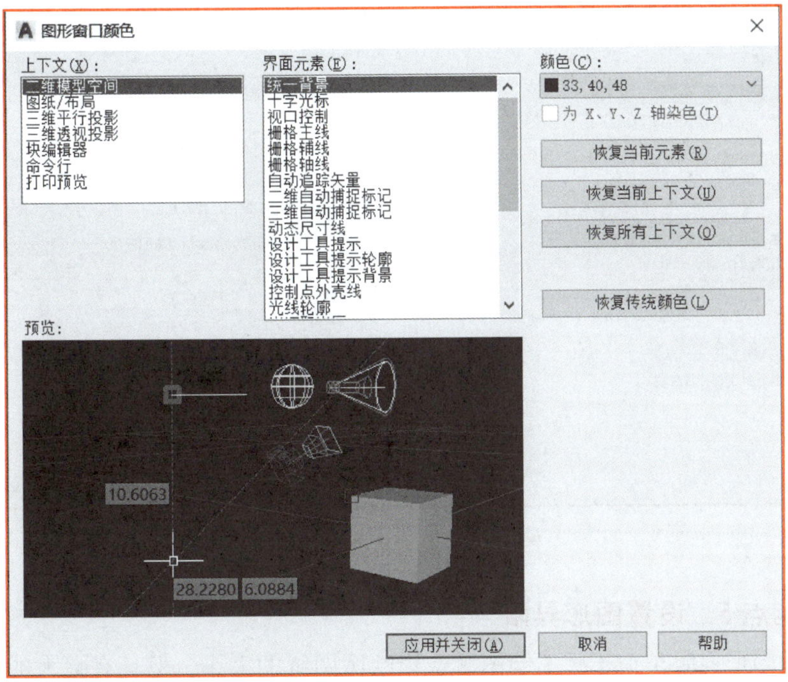

图 1-25 “图形窗口颜色”对话框

技能点 3 设置图形的显示精度

系统为了加快图形的显示速度，圆与圆弧都是以多边形来显示的。在“选项”

对话框的“显示”选项卡中，通过调整“显示精度”区域中的“圆弧和圆的平滑度”相应值，可以调整图形的显示精度，如图 1-26 所示。

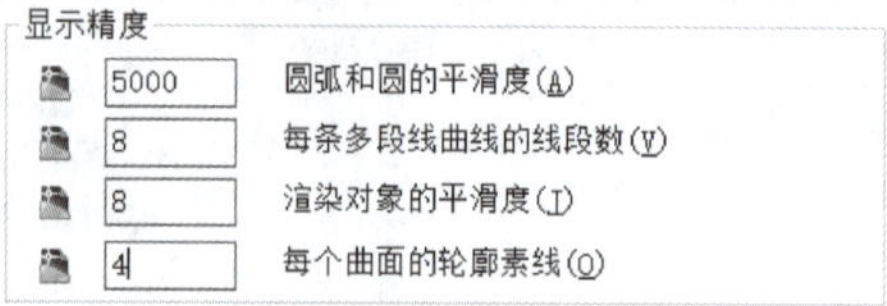

图 1-26 设置显示精度

技能点 4 设置文件自动保存时间

在绘制图形过程中，通过开启自动保存文件的功能，可以防止在绘图时因意外造成文件丢失。建议设置自动保存时间为 5 分钟，操作如下：

Step 01 在“选项”对话框中，打开“打开和保存”选项卡。

Step 02 在“保存间隔分钟数”的文本框中设置自动保存时间为 5 分钟，单击“确定”按钮，如图 1-27 所示。

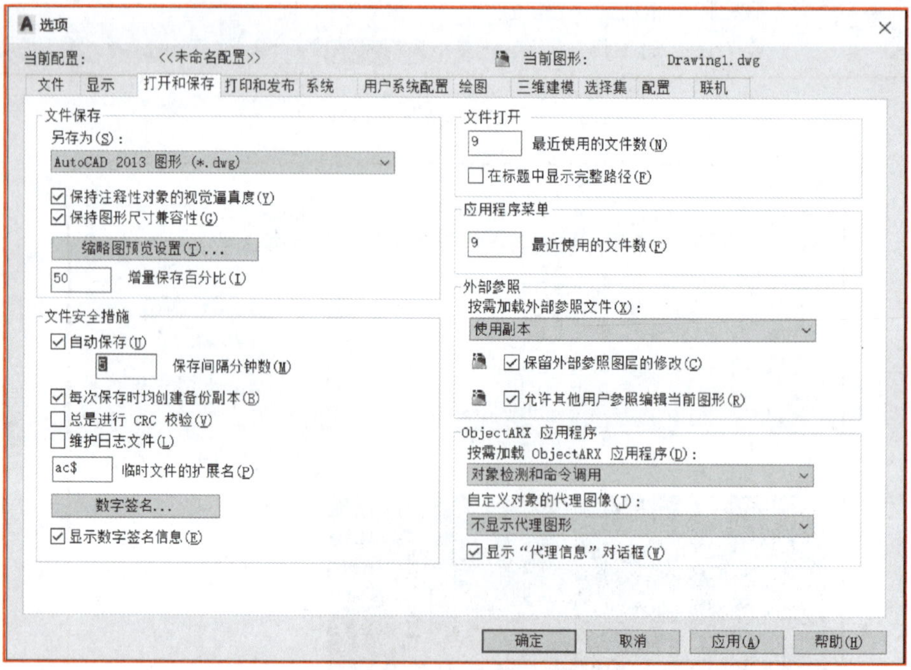

图 1-27 设置自动保存时间

技能点 5 设置图形界限

设置图形界限类似于手工绘图时选择绘图图纸的大小，但具有更大的灵活性。例如设置 A3 图纸大小图形界限如下：

Step 01 选择“格式”|“图形界限”命令；或执行 LIMITS 命令。

Step 02 按照 AutoCAD 提示，指定左下角点或“[开(ON)/关(OFF)] <0.0000,0.0000>:”（指定图形界限的左下角位置，直接按 Enter 键或空格键采用默认值）；

Step 03 指定右上角点：420，297。

技能点 6 设置光标样式

1. 控制十字光标的大小

在 AutoCAD 中，十字光标的大小是按照屏幕大小的百分比确定的。用户可以根据自己的操作习惯，调整十字光标的大小。

Step 01 打开“选项”对话框，然后打开“显示”选项卡。

Step 02 在“十字光标大小”区域中，拖动右下方的滑动按钮，即可调整光标长度，效果如图 1-28 所示。

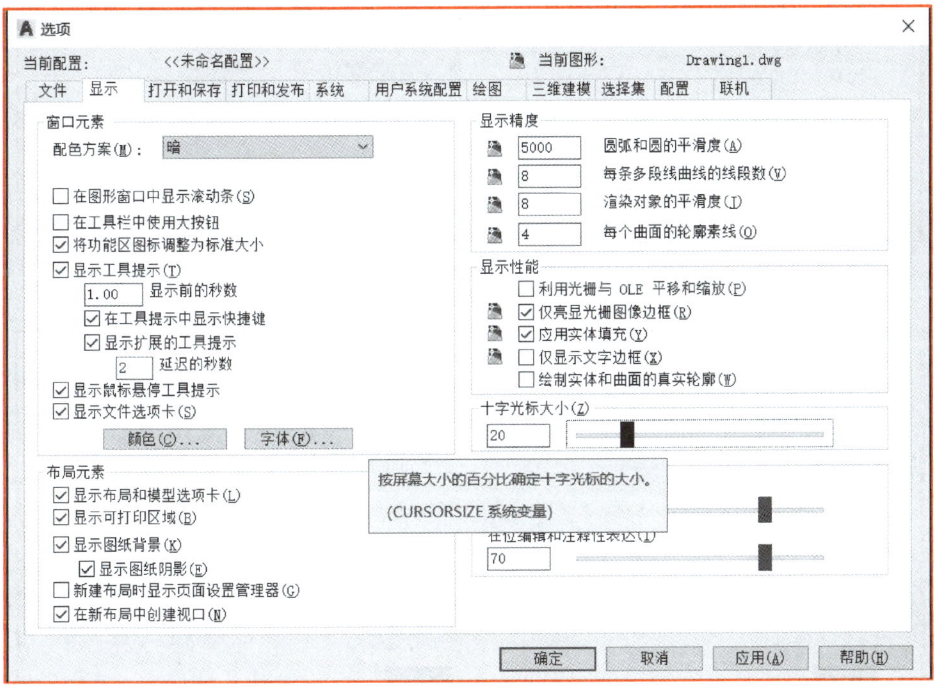

图 1-28 设置十字光标大小

2. 改变捕捉标记的大小

捕捉标记是在开启自动捕捉功能后，当十字光标移到捕捉点上时显示的几何符号。设置捕捉标记的大小和颜色的具体操作如下。

Step 01 打开“选项”对话框，然后打开“绘图”选项卡。

Step 02 拖动“自动捕捉标记大小”区域中的滑动按钮，即可调整捕捉标记的大小，在左侧的预览框中可以预览捕捉标记的大小，如图 1-29 所示。

3. 改变靶框及拾取框大小

在“选项”对话框中打开“绘图”选项卡，拖动“靶框大小”区域的滑动按钮，可以调整靶框的大小，如图 1-30 所示；打开“选择集”选项卡，在“拾取框大小”区域中，拖动滑动按钮，可以调整拾取框的大小，如图 1-31 所示。

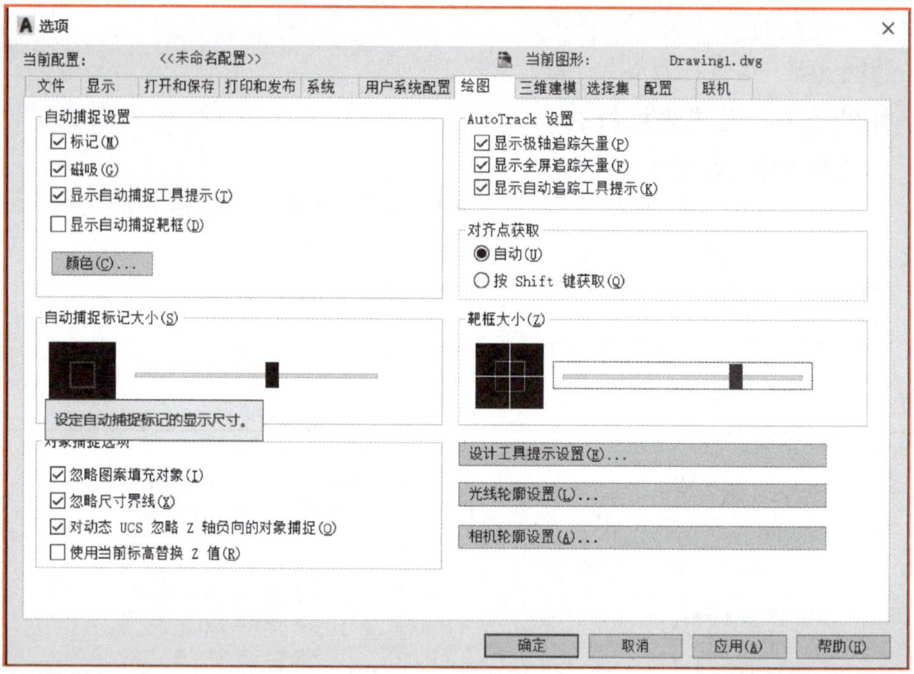

图 1-29 设置捕捉标记大小

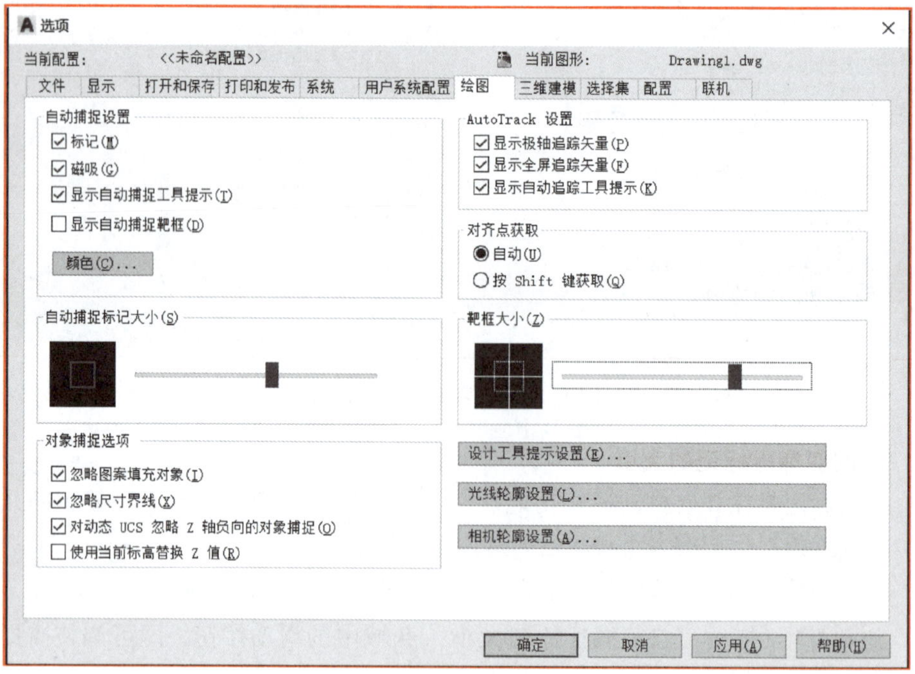

图 1-30 设置靶框大小

4. 改变夹点尺寸

在 AutoCAD 中，夹点是选择图形后，在图形的节点上所显示的图标。用户通过拖动夹点的方式，可以改变图形的形状和大小，为了准确地选择夹点对象，用户可以根据需要设置夹点的大小。

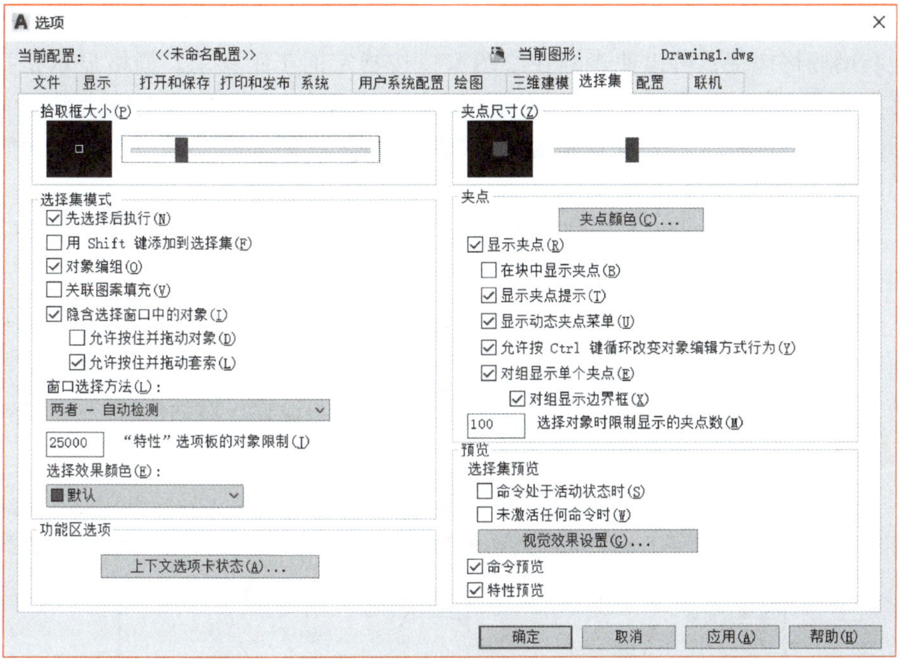

图 1-31　设置拾取框大小

在“选项”对话框中打开“选择集”选择卡，在“夹点尺寸”区域中，拖动滑动按钮，可以调整夹点的大小，如图 1-32 所示。

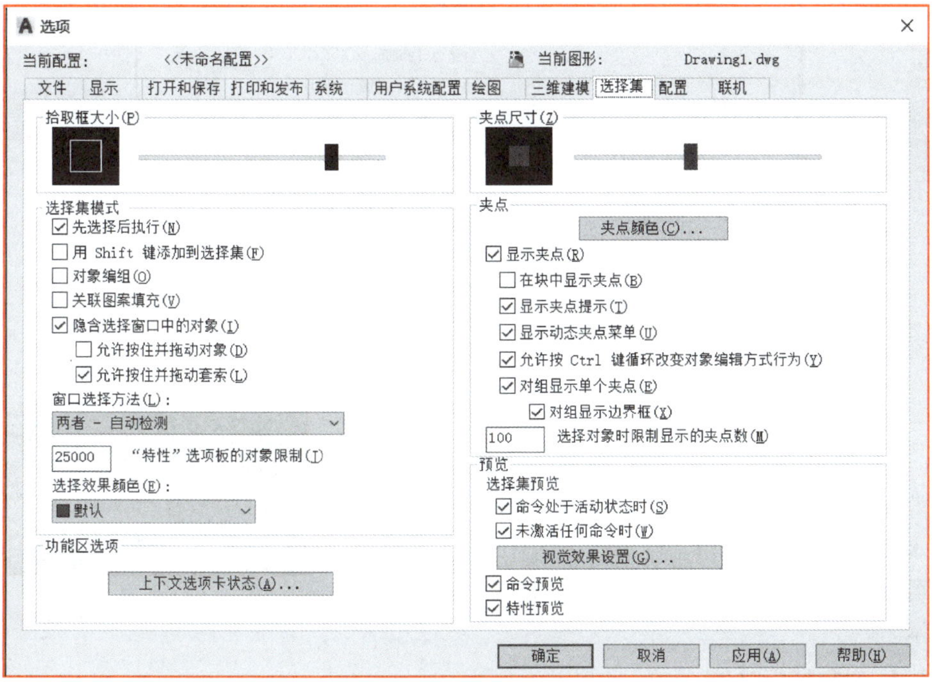

图 1-32　改变夹点尺寸

技能点 7 设置状态栏中的绘图辅助功能

1. 捕捉和栅格功能

利用栅格捕捉，可以使光标在绘图窗口按指定的步距移动。栅格显示是指在屏幕上显示出那些按指定行间距和列间距排列的栅格点，就像在屏幕上铺了一张坐标纸。用户可根据需要设置是否启用栅格捕捉和栅格显示功能，还可以设置对应的间距。

Step 01 选择“工具”|“草图设置”命令，AutoCAD 弹出“草图设置”对话框。

Step 02 选择对话框中的“捕捉和栅格”选项卡，如图 1-33 所示，用于栅格捕捉、栅格显示方面的设置。也可以在状态栏上的“捕捉”或“栅格”按钮上右击，从快捷菜单中选择“设置”命令，打开“草图设置”对话框。

注意

对话框中，“启用捕捉”“启用栅格”复选框分别用于启用捕捉和栅格功能。“捕捉间距”“栅格间距”选项组分别用于设置捕捉间距和栅格间距。用户还可通过此对话框进行其他设置。

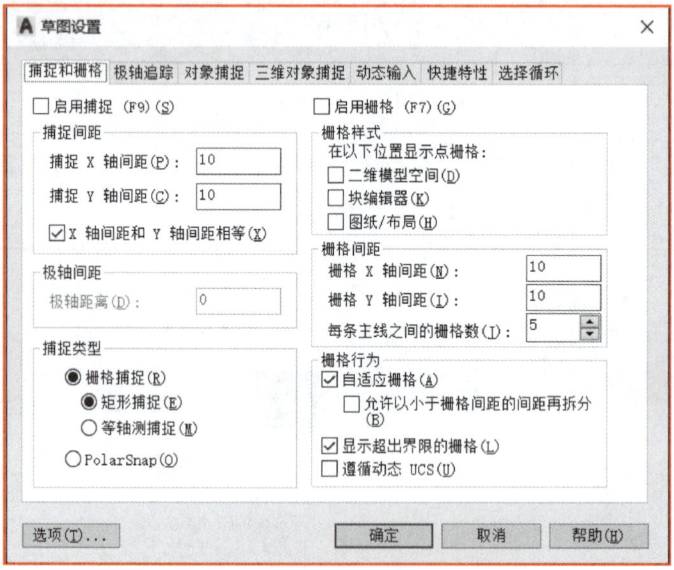

图 1-33 草图设置“捕捉与栅格”

2. 正交功能

利用正交功能，用户可以方便绘制与当前坐标系统的 *X* 轴或 *Y* 轴平行的线段，对于二维绘图而言，就是水平线或垂直线。单击状态栏上的“正交”切换按钮可快速实现正交功能启用与否的切换，如图 1-34 所示。

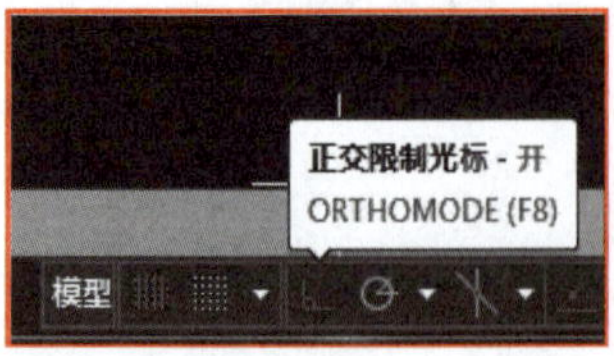

图 1-34 “正交”切换按钮

3. 对象捕捉功能

利用对象捕捉功能，在绘图过程中可以快速、准确地确定一些特殊点，如圆心、端点、中点、切点、交点、垂足等。可以通过“对象捕捉”工具栏（图 1-35），或按下 Shift 键后+鼠标右击弹出的对象捕捉快捷菜单（图 1-36），启动对象捕捉功能。

图 1-35　“对象捕捉”工具栏

4. 对象自动捕捉功能

利用对象自动捕捉模式可以使 AutoCAD 自动捕捉到某些特殊点。

Step 01　选择“工具”|“草图设置”命令，从弹出的“草图设置”对话框中选择“对象捕捉”选项卡，如图 1-37 所示。或在状态栏上的“对象捕捉”按钮上右击，从快捷菜单选择“设置”命令，也可以打开此对话框。

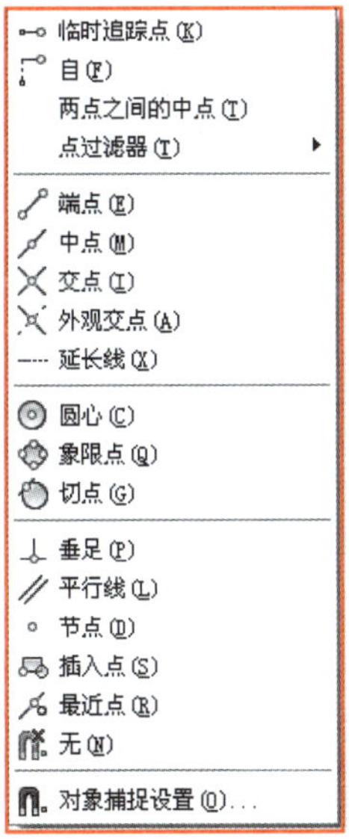

图 1-36　对象捕捉菜单

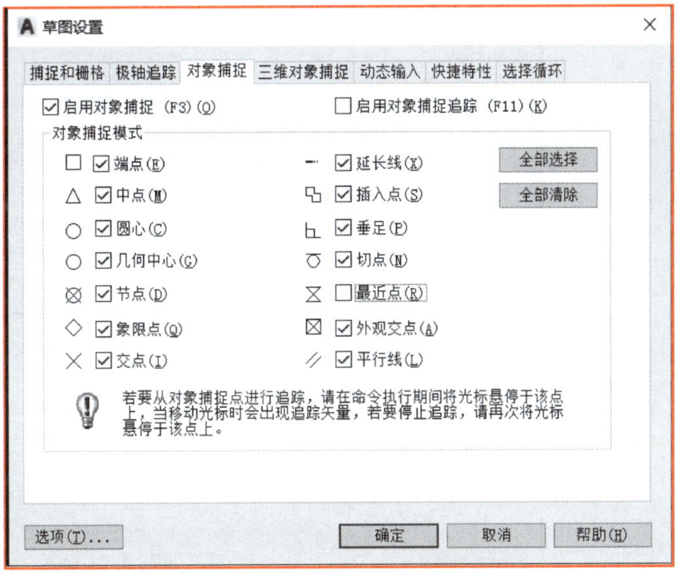

图 1-37　草图设置“对象捕捉”

Step 02　在“对象捕捉”选项卡中，可以通过“对象捕捉模式”选项组中的各复选框确定自动捕捉模式，即确定使 AutoCAD 将自动捕捉到哪些点。

注意

启用对象自动捕捉功能后，在绘图过程中每当用户确定点时，如果使光标位于对象上且在自动捕捉模式中设置的对应点的附近，AutoCAD 会自动捕捉到这些点，并显示出捕捉到相应点的小标签，此时单击拾取键，AutoCAD 就会确定捕捉到相应点。

5. 极轴追踪功能

所谓极轴追踪，是 AutoCAD 辅助用户绘制出有角度要求的图线。如指定直线的另一端点时，拖动光标，使光标接近预先设定的角度方向，AutoCAD 会自动将橡皮筋线吸附到该方向，同时沿该方向显示出极轴追踪矢量，并浮出一小标签，说明当前光标位置相对于前一点的极坐标，如图 1-38 所示。

可以看出，当前光标位置相对于前一点的极坐标为220<60°（显示为“距离<角度”），即两点之间的距离为220，极轴追踪矢量与 X 轴正方向的夹角为60°。此时单击拾取键，AutoCAD会将该点作为绘图所需点；如果直接输入一个数值如：50，AutoCAD则沿极轴追踪矢量方向按此长度值确定出点的位置。

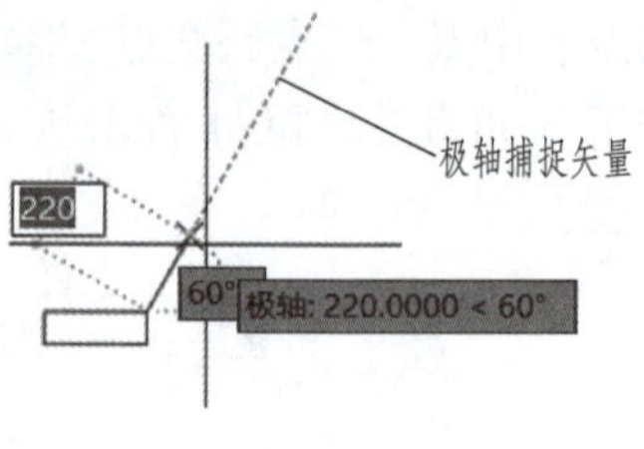

图1-38 极轴追踪

用户可以设置是否启用极轴追踪功能以及极轴追踪方向等性能参数，设置过程为：

Step 01 选择“工具”|“草图设置”命令，AutoCAD弹出“草图设置”对话框，打开对话框中的“极轴追踪”选项卡，如图1-39所示。也可在状态栏上的“极轴”按钮上右击，从快捷菜单选择“设置”命令，打开此对话框。

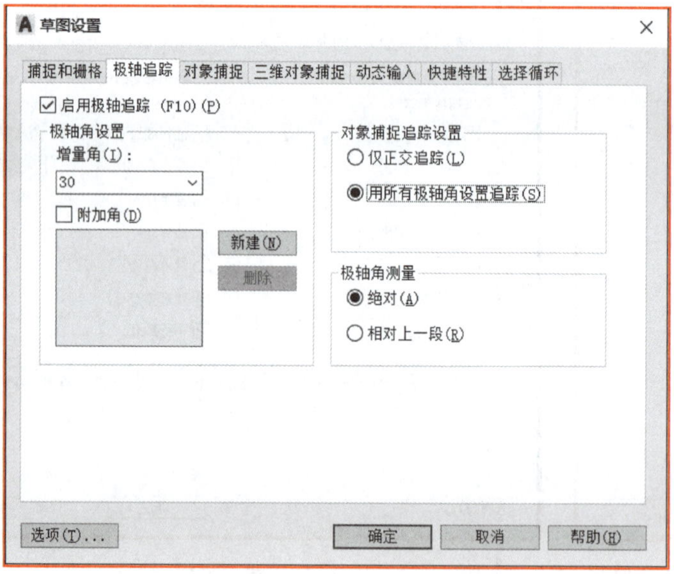

图1-39 草图设置“极轴追踪”

Step 02 在“增量角”文本框中，可以设置角度，如“30”，也可在“附加角”文本框中新建附加角。

6. 对象捕捉追踪功能

对象捕捉追踪是对象捕捉与极轴追踪的综合应用。单击状态栏上的“对象捕捉追踪”按钮可快速实现功能启用与否的切换，如图1-40所示。

图1-40 “对象捕捉追踪”按钮

例如，已知图1-41a中有一个圆和一条直线，当执行LINE命令确定直线的起始点时，利用对象捕捉追踪可以找到一些特殊点，如图1-41b和图1-41c所示。

图1-41b中捕捉到的点的 X、Y 坐标分别与已

有直线端点的 *X* 坐标和圆心的 *Y* 坐标相同。图 1-41c 中捕捉到的点的 *Y* 坐标与圆心的 *Y* 坐标相同，且位于相对于已有直线端点的 60°方向。如果单击拾取键，就会得到对应的点。

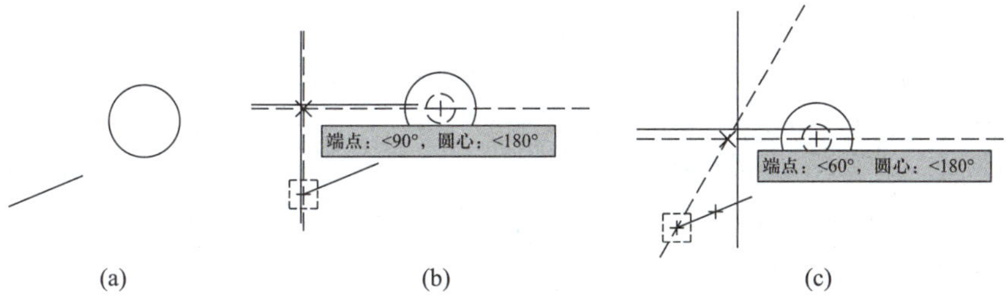

图 1-41　对象捕捉追踪

【课堂检测】

1. 绘图环境与我们所生活的环境的异同是什么？
2. 将十字光标大小设置为 10 的步骤是什么？
3. 设置自动保存的间隔时间为 5 分钟的步骤是什么？
4. 将夹点的大小设置为 5 的步骤是什么？
5. 如何启用中点和端点对象捕捉方式？
6. 如何打开对象捕捉追踪功能？

子任务 4　图 层 管 理

微课　图层管理

【工作任务】

任务描述：打开新建文件后，按照表 1-1 设置符合制图标准的图层，并应用图层管理，绘制一个标准的 A3 横式图框，文件命名为“A3 图框 . dwg”。

表 1-1　图 层 设 置

图 层 名 称	图 层 颜 色	图 层 线 型	图 层 线 宽
粗实线	洋红	Continuous	0. 5 mm
细实线	蓝色	Continuous	0. 25 mm
点画线	红色	CENTER	0. 25 mm
虚线	黄色	HIDDEN	0. 25 mm
图框层	青色	Continuous	0. 7 mm
尺寸文字层	绿色	Continuous	0. 25 mm

思政链接：图层设置中线型、线宽的设置要严格依据国家制图标准执行。正如，“国有国法，行有行规”，要养成良好的行业规范意识。工作中需要遵守各项规章制度，生活中更需要做一名遵纪守法的好公民。树立大局意识、标准意识，从而达到高标准、严要求，培养良好的职业品质。

【技能训练】

技能点 1 图层设置

（1）打开图层特性管理器的方法有两种：从工具栏单击“图层”图标按钮或从键盘输入 LAYER 命令，AutoCAD 将弹出“图层特性管理器”对话框，如图 1-42 所示。

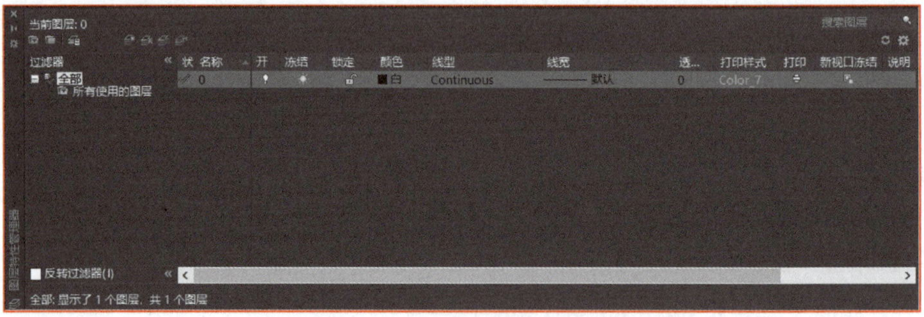

图 1-42 “图层特性管理器”对话框

默认情况下，AutoCAD 提供一个图层，该图层名称为“0”，颜色为“白色”，线型为“实线”，线宽为“默认”值，处于打开状态。

（2）单击“图层特性管理器”对话框上部“新建图层”按钮，AutoCAD 会创建一个名称为“图层 1”的图层。连续单击“新建图层”按钮，AutoCAD 会依次创建名称为“图层 2”“图层 3”……的图层，而且所创建新图层的颜色、线型均与“0”图层相同。

（3）绘制工程图时，建议不要用默认的图层名，因为那样会导致以后查询图层不方便。新建图层的名称一般用汉字并根据功能来命名，如“粗实线”“细实线”“点画线”“虚线”“尺寸”“文字”“图框”等，也可以根据专业图的需要按绘制的内容来命名。有计划、规范地命名，会给修改图、输出图带来很大方便。

给新建图层重新命名的方法是：双击该图层名，出现文字编辑框，输入新的图层名；也可在需要重新命名的图层名上右键单击，在弹出的右键菜单中选择“重命名图层”选项。

（4）改变图层线型，在默认情况下，新创建图层的线型均为 Continuous（实线），所以应根据需要改变线型。

如果要改变某图层线型，可单击“图层特性管理器”对话框中该图层的线型名称，AutoCAD 将弹出“选择线型”对话框，如图 1-43 所示。在“选择线型”对话框的列表中单击所需的线型名称，然后单击“确定”按钮可接受所做的选择并返回“图层特性管理器”对话框。

说明

可通过“选择线型”对话框中的“加载”按钮来载入新的线型。

（5）改变图层线宽，默认情况下，新创建图层的线宽为“默认”（AutoCAD 内定的默认线宽为 0.25 mm）。绘制工程图应根据制图标准，为不同的线型赋予相应的线宽。

如要改变某图层的线宽，可单击“图层特性管理器”对话框中该图层的线宽值，AutoCAD 将弹出“线宽”对话框，如图 1-44 所示。在“线宽”对话框的列表框中单击所需的线宽，然后单击“确定”按钮可接受所做的选择并返回“图层特性管理器”对话框。

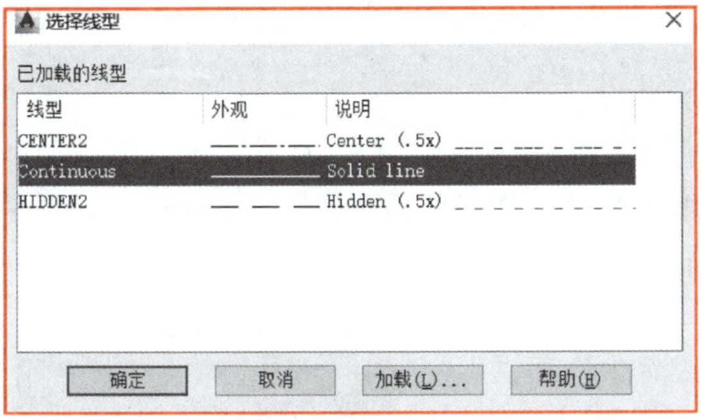

图 1-43　线型设置

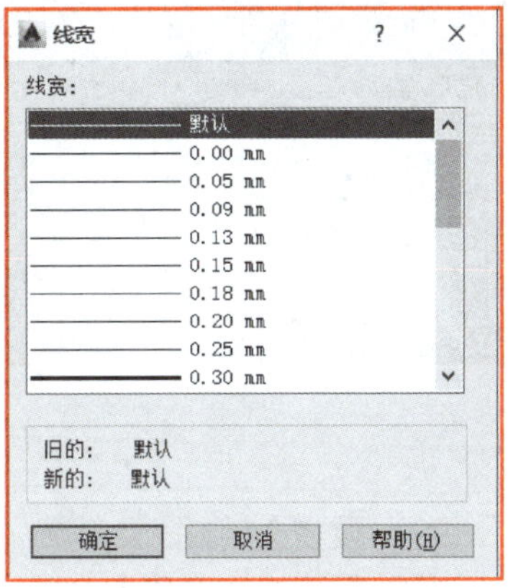

图 1-44　线宽设置

（6）改变图层颜色。默认情况下，新创建图层的颜色为“白色”（绘图区的背景色为白色时，新创建图层的颜色默认是按黑色绘制），为了方便绘图，应根据需要改变某些图层的颜色，单击“图层特性管理器”对话框中该图层的颜色图标，打开图 1-45 所示“选择颜色”对话框，即可选择相应的颜色。

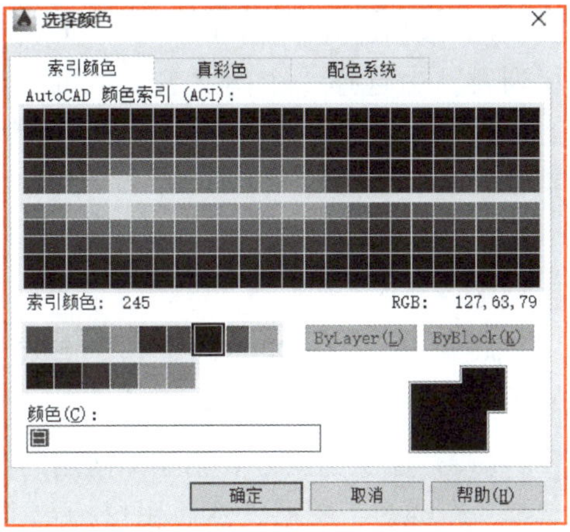

图 1-45　选择颜色对话框

（7）控制图层开关。默认状态下，新创建的图层均为“打开”“解冻”和“解锁”的开关状态，对应的反向状态为“关闭”“冻结”和“锁定”。在绘图时可根据需要改变图层的开关状态，只需单击相应图标按钮，即可进行状态转换。其各项功能与差别见表 1-2。

表 1-2　图层开关功能

项目与图标	功　　能	差　　别
关闭	隐藏指定图层的实体，使之不显示	冻结=关闭+锁定
冻结	冻结指定图层的全部实体，并使之不显示	
锁定	在锁定图层上的实体可见，也可以绘图但无法编辑	
打开	恢复已关闭的图层，使图层上的图形重新显示出来	打开是针对关闭而设的，解冻是针对冻结而设的，同理，解锁是针对锁定而设的
解冻	对冻结的图层解冻，使图层上的图形重新显示出来	
解锁	对加锁的图层解除锁定，使图形可编辑	

（8）控制图层打印开关。默认状态下，图层的打印开关均为打开状态，单击打印开关可使之变为关闭状态。按照图 1-46 所示依次设置以下图层。

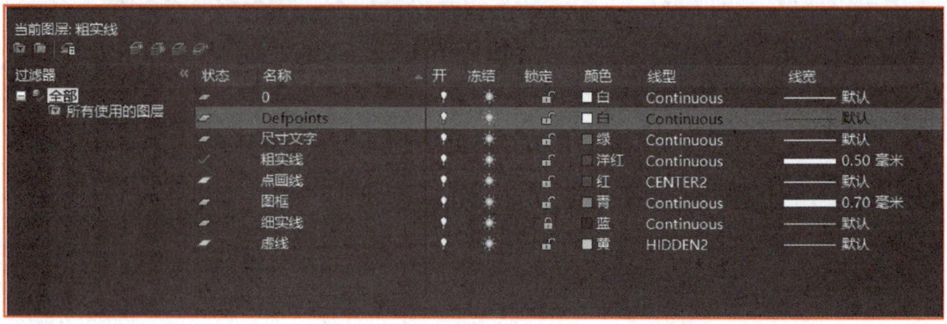

图 1-46 设置图层

（9）设置当前图层。在“图层特性管理器”对话框中选择某一图层名，然后单击对话框上部的“置为当前”按钮，就可以将该图层设置为当前图层。也可以在 AutoCAD“图层”工具栏下拉“图层列表”中选择一个图层名，也可将该图层设为当前图层，如图 1-47 所示。当前图层将显示在工具栏的窗口上。

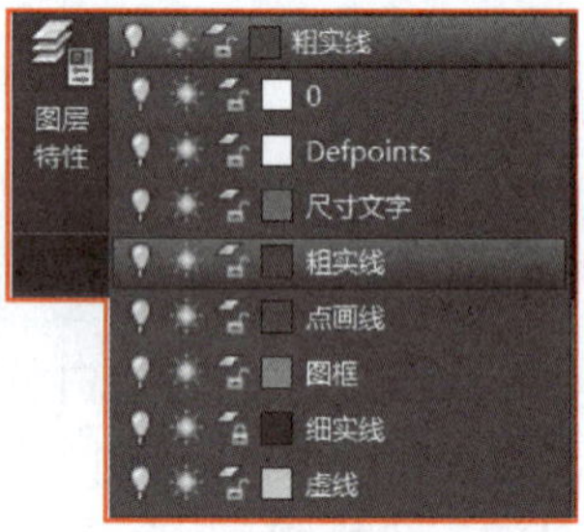

图 1-47 用“图层”工具栏“图层列表”设置当前图层

提示

设置当前图层最常用的方法是在“图层”工具栏的下拉“图层列表”中选择一个图层名，使其显示在工具栏的窗口上。

（10）删除图层。要删除不使用的图层，可先从“图层特性管理器”对话框中选择一个或多个图层，然后用鼠标单击该对话框上部的删除按钮，AutoCAD 将从当前图形中删除所选的图层。

技能点 2 绘制 A3 图框

Step 01 将图框层置为当前，绘制 A3 图纸大小，尺寸为 420×297（单位为 mm，下同）。用“直线”命令绘制即可。绘制完成后在特性面板修改其线宽为 0.25 mm。

Step 02 将图框层置为当前，绘制横式图框大小，上、下、右侧分别距图纸边界为 5mm，左侧距离图纸边界 25 mm。除直线命令外，可利用矩形或者偏移命令操作完成。

Step 03 绘制右下角标题栏外框，标题栏的尺寸为 180×32。绘制完成后修改线宽为 0.7 mm。

Step 04 绘制标题栏分格线，其线宽为 0.35 mm。

根据以上步骤绘制完成 A3 图框如图 1-48 所示，并将该文件保存。

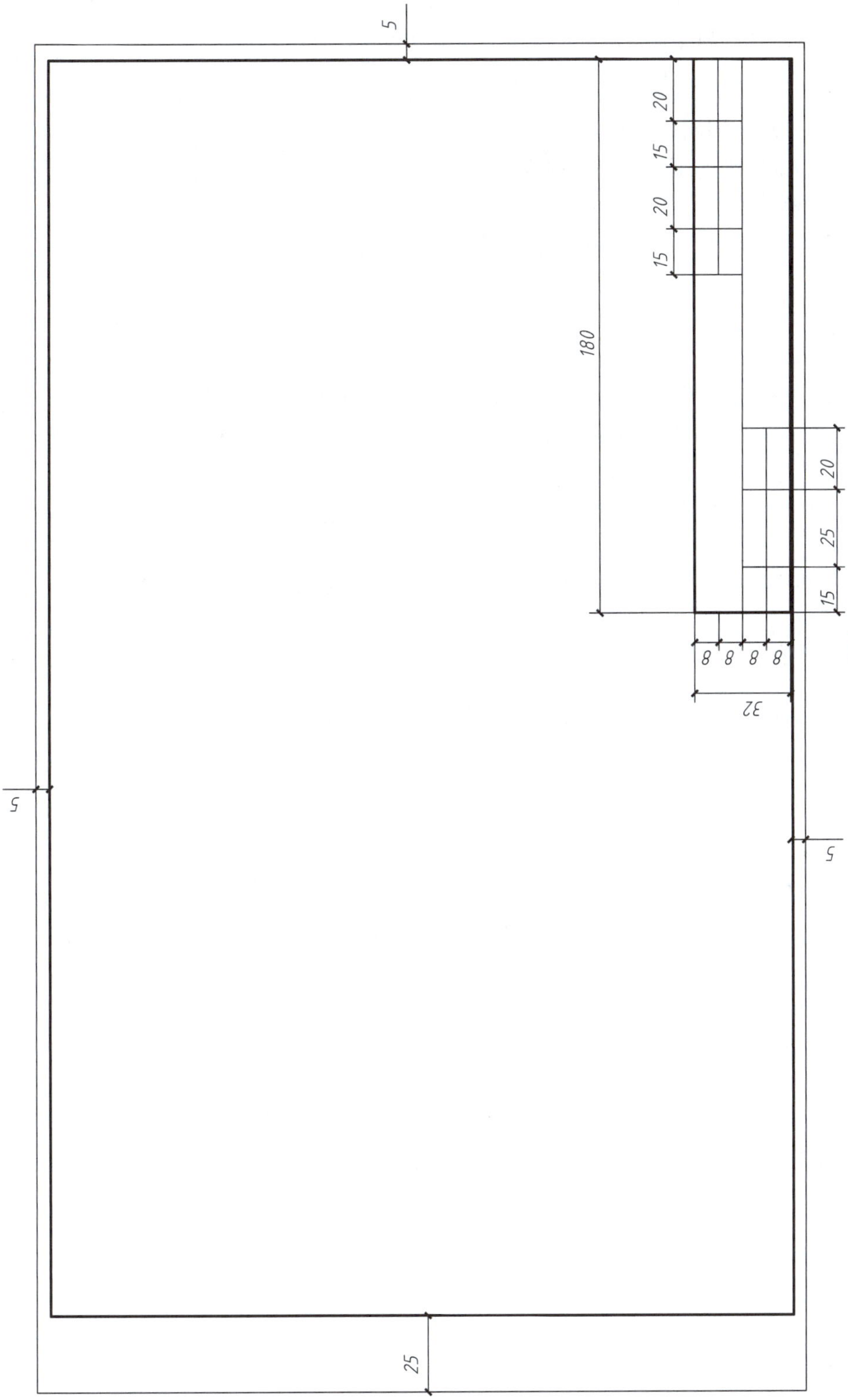

图 1-48　A3 图框

【课堂检测】

1. 打开图层特性管理器的快捷键是什么？
2. 默认的图层线宽是多少？
3. A3 图纸的纸张大小是多少？
4. 标题栏的尺寸是多少？
5. 请说出自己生活或者学习有哪些好的习惯。

【技能强化】

1. 设置 CAD 工作界面。

2. 进行绘图环境的设置，图幅为 A4（210×297）

（1）设置状态栏上辅助绘图工具模式，打开状态栏上“极轴”“对象捕捉”“对象追踪”“线宽”4 项模式开关，其他模式全部关闭。

（2）用“图层”命令新建以下 8 个图层，并按要求设置颜色、线型和线宽。

图层名称	图层颜色	线型	线宽（mm）
粗实线	红色	实线	0.5
虚线	蓝色	虚线	0.2
点画线	洋红	点画线	0.2
双点画线	白色（或黑色）	双点画线	0.2
细实线	白色（或黑色）	实线	0.2
剖面线	白色（或黑色）	实线	0.2
尺寸	白色（或黑色）	实线	0.2
文字	白色（或黑色）	实线	0.2

（3）绘制 A4 图框。

3. 将工作空间切换到“三维建模”工作空间中。

4. 掌握另存图、打开图与多个图形文件间切换的操作。

5. 设置图形单位中的长度、角度的精度（保留至小数点后两位）。

6. 根据绘图习惯，调整绘图选项板中十字光标大小、自动捕捉标记大小、靶框大小、拾取框大小和夹点大小。

【评价与小结】

任务一：AutoCAD 界面工作任务评价与分析					
评价项目	评价标准	参考分值	学生自评（15%）	学生互评（15%）	教师及企业导师评价（70%）
CAD 界面认知	熟悉界面，找到对应位置	15			
文件的建立存储	操作正确	15			
CAD 环境设置	按照要求正确设置	25			
CAD 图层的创建	按要求创建图层并操作	30			
素质与思政		15			
总评					
任务一：AutoCAD 界面工作任务小结					

任务二 二维图形的绘制与编辑

子任务 1 二维图形的绘制

【工作任务】

任务描述：大家认识中国铁路路徽标识吗？中国铁路路徽标识是中华人民共和国铁路企业专用标识，如图 1-49 所示，路徽上部表示人民，下部为钢轨截面图形，代表铁路，总的含义为人民铁路，路徽标记的图形和尺寸应符合标准。请大家利用所学的二维图形的绘制与编辑技能，来完成铁路路徽标识图形吧，绘图要求须符合制图国家标准的规定。

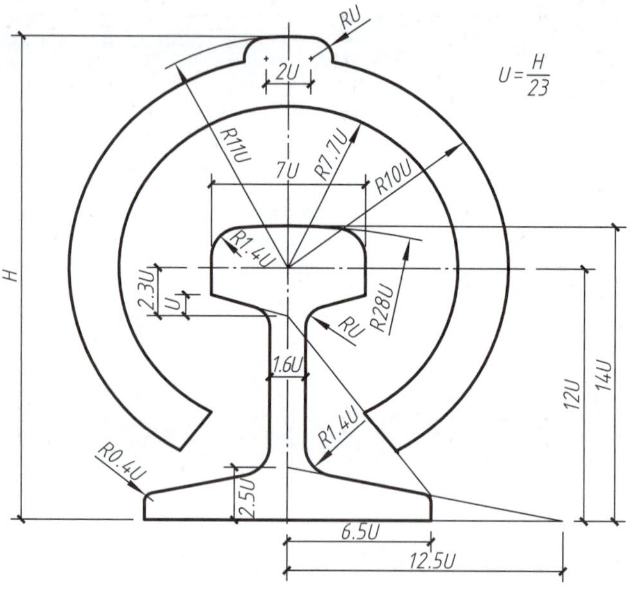

图 1-49 中国铁路路徽标识

思政链接：中国铁路路徽整个外形上组成了一个完整的火车头形象。它夺面而来，蕴含了磅礴的气势，孕育着无穷的力量。路徽图案由两部分组成：外围圆图案为蒸汽机车锅炉和烟管，象征机车车辆部门；中下部为标准钢轨截面，象征路网（工务段、电务段、供电段等）部门。图案含义为机车车辆行驶在钢轨上，标志我国铁路各部门。它代表的含义为：“工人”点明铁路行业之属性，即铁路是属于工人阶级的，而工人阶级又是国家的主人，它洋溢着铁路工人当家做主的自豪感、责任感。“人工”表达在新中国成立初期，中国处于一穷二白的阶段，而这一标志的含义恰在说明广大铁路工人乃至中国人民勇于战天斗地，不畏艰难险阻，誓与“天公”一比高的豪迈之气，歌颂了人改造自然的力量和精神。作为新时代的青年人，我们要学习铁路工人不畏艰难险阻，勇于战胜困难的精神，在强大的民族自豪感中持续奋进。

【技能训练】

技能点 1　直线类图形绘制

1. 绘制直线

“直线（LINE）”命令是最简单、最基本的绘图命令，用于绘制直线段。使用 LINE 命令，可在两点之间进行直线段的绘制。当使用 LINE 命令连续绘制线段时，上一个线段的终点直接作为下一个线段的起点，如此循环直到按下空格或 Esc 键撤消命令为止。在绘图过程中，如果绘制了错误的线段，这时可以在提示行中输入 UNDO（U）命令将其取消，然后重新执行下一步绘制操作。根据指定的端点绘制一系列直线段操作如下。

微课

直线类图形绘制

单击“绘图”工具栏上的直线按钮，或选择“绘图”|“直线”命令，或输入 LINE 命令。指定第一点，如果以按 Enter 键响应，则为连续绘制方式，该段线段的第一点为上一个线段的终点。指定下一点为定义线段的下一个端点。放弃（U）为放弃刚绘制的一段直线。闭合（C）为封闭线段使之首尾相连成封闭图形。

使用 LINE 命令绘制一条长 300 的水平线段，其操作如下。

Step 01　开启正交模式功能，输入 L（直线）命令，然后按下空格键进行确定，在绘图区指定第一个点，如图 1-50 所示。

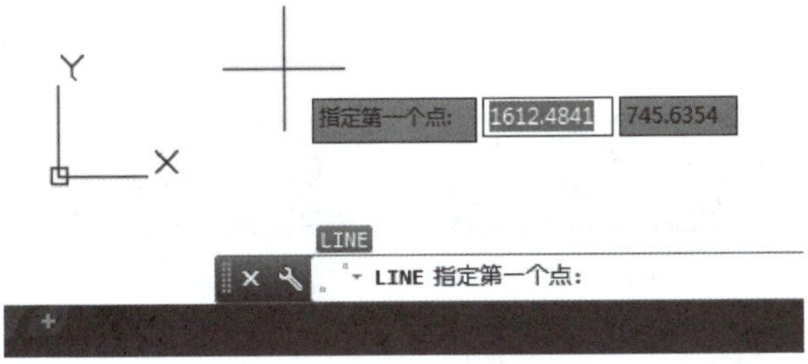

图 1-50　指定第一个点

Step 02　向右移动鼠标，然后输入 300，如图 1-51 所示。

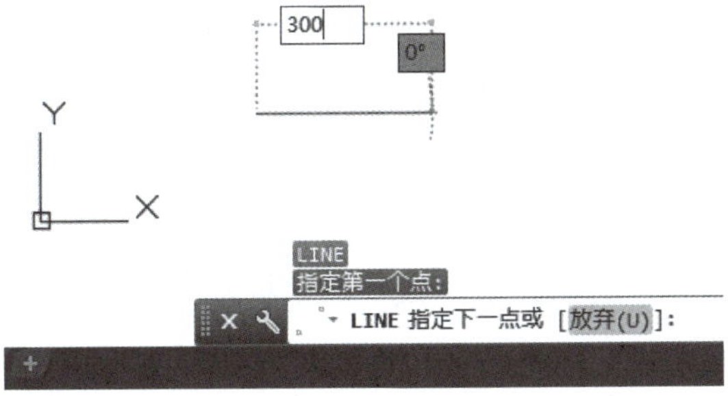

图 1-51　输入长度

Step 03 按下空格键进行确定，完成线段的绘制。

注意

用 LINE 命令绘制出的一系列直线段中的每一条线段均是独立的对象。

（1）动态输入。如果单击状态栏上的 DYN 按钮，使其压下，会启动动态输入功能。启动动态输入并执行 LINE 命令后，AutoCAD 一方面在命令窗口提示“指定第一点:”，同时在光标附近显示出一个提示框（称之为“工具栏提示”），工具栏提示中显示出对应的 AutoCAD 提示“指定第一点:”和光标的当前坐标值，如图 1-52 所示。此时用户移动光标，工具栏提示也会随着光标移动，且显示出的坐标值会动态变化，以反映光标的当前坐标值。

在图 1-52 所示状态下，用户可以在工具栏提示中输入点的坐标值，而不必切换到命令行进行输入（切换到命令行的方式：在命令窗口中，将光标放到“命令:”提示的后面单击鼠标左键）。

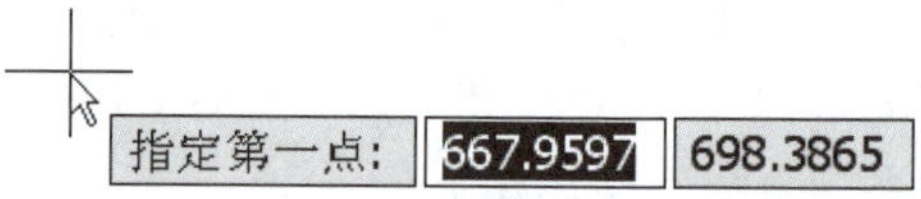

图 1-52 动态输入

（2）动态输入设置。选择“工具”|“草图设置”命令，AutoCAD 弹出“草图设置”对话框，如图 1-53 所示。用户可通过该对话框中“动态输入”标签页进行对应的设置。

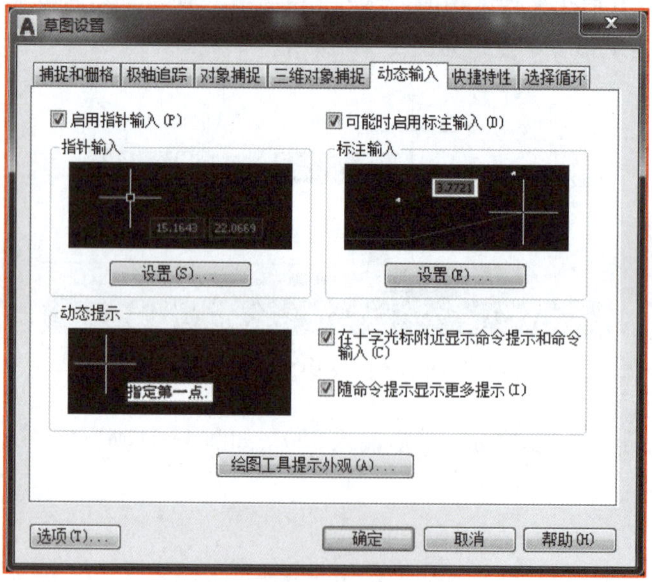

图 1-53 动态输入设置

2. 绘制构造线

执行构造线 XLINE（XL）命令，可以绘制向两端无线延伸的结构线，在建筑绘图中常用来绘制图形中的辅助线，如基准坐标轴。例如：使用 XLINE 命令绘制两条构造线命令如下。

Step 01 在命令行输入 XL 命令，然后按下空格键进行确定，如图 1-54 所示。

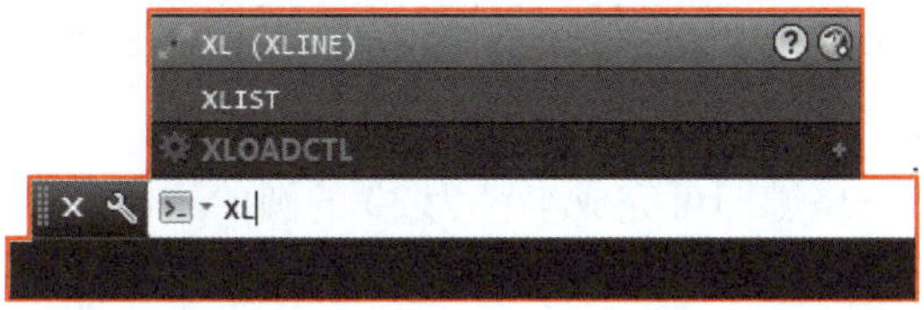

图 1-54　执行 XL 命令

Step 02　单击鼠标左键，指定第一个点，然后指定要通过的点，如图 1-55 所示。

Step 03　完成第一条构造线的创建后，继续指定第二条构造线的通过点，即可完成两条构造线的绘制，如图 1-56 所示。

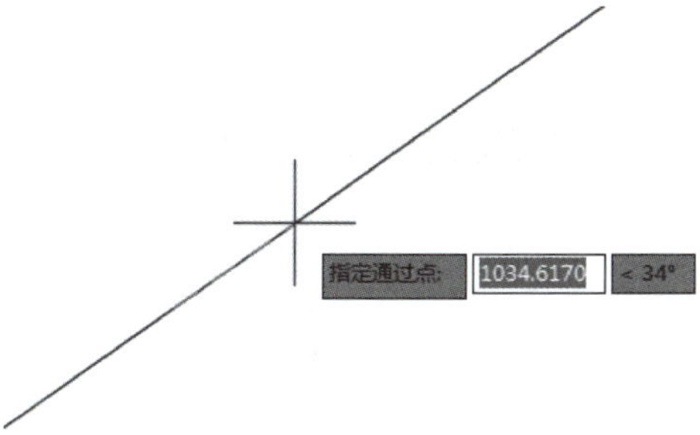

图 1-55　第一条构造线绘制

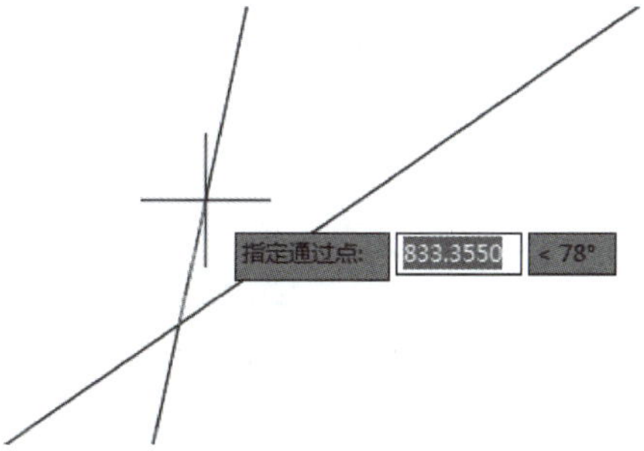

图 1-56　第二条构造线绘制

技能点 2　曲线类图形绘制

1. 圆的绘制

微课　曲线类图形绘制

在 AutoCAD 中，可以通过指定圆心和半径或者通过三个点等方式来绘制圆形。在默认状态下，圆形的绘制方式是先确定圆心，再确定半径。

单击“绘图”工具栏上的圆命令按钮，即执行 CIRCLE 命令。AutoCAD 提示“指定圆的圆心或[三点(3P)/两点(2P)/切点、切点、半径(T)]:”其中，“指定圆的圆心”选项用于根据指定的圆心以及半径或直径绘制圆弧；“三点”选项根据指定的三点绘制圆；“两点”选项根据指定两点绘制圆；“切点、切点、半径”选项用于绘制与已有两对象相切，且半径为给定值的圆。

(1) 绘制指定半径的圆

Step 01　在命令行输入 CIRCLE（C）命令，并确定，如图 1-57 所示。

Step 02　当系统提示“指定圆的圆心或[三点(3P)/两点(2P)/切点、切点、半径(T)]:”时，在绘图区单击鼠标左键指定圆心的位置，如图 1-58 所示。

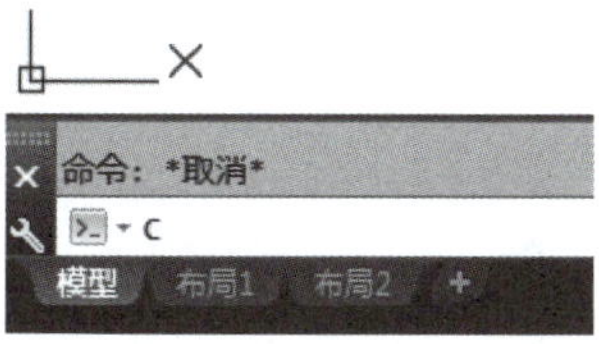

图 1-57　执行“圆”命令

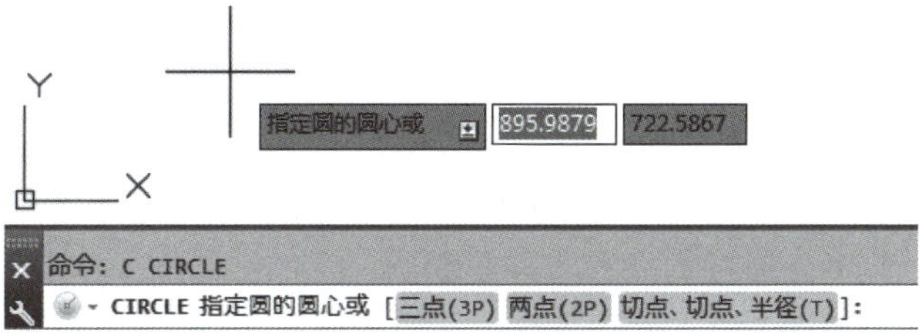

图 1-58　指定圆心

Step 03 当系统提示“指定圆的半径或[直径(D)]<当前>:”时，输入圆的半径值（如30），如图1-59所示。

Step 04 按下空格键即可完成半径为30的圆的绘制。

（2）通过三点绘制圆

Step 01 在命令行输入CIRCLE（C）命令，并确定。

Step 02 当系统提示“指定圆的圆心或[三点(3P)/两点(2P)/切点、切点、半径(T)]:”时，选择“三点”命令。

Step 03 当系统提示“指定圆上的第一个点”时，指定圆的第一点，如图1-60所示。

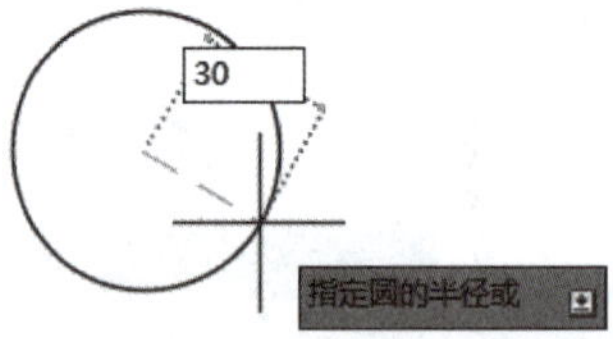

图1-59 输入圆半径

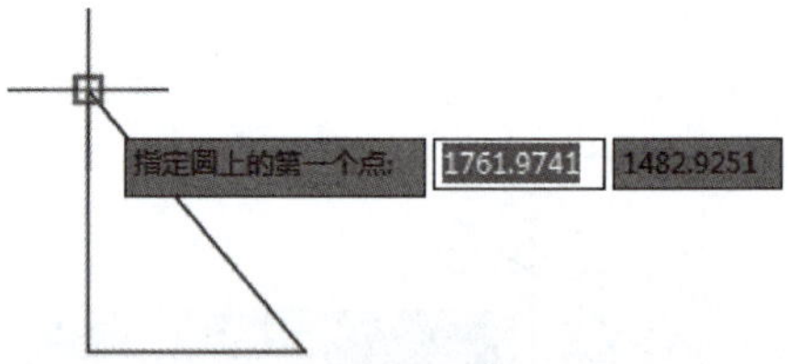

图1-60 指定圆上的第一个点

Step 04 捕捉三角形的另一个顶点作为圆的第二个点，如图1-61所示。

Step 05 捕捉三角形的剩下的一个顶点作为圆的第三个点，得到的圆如图1-62所示。

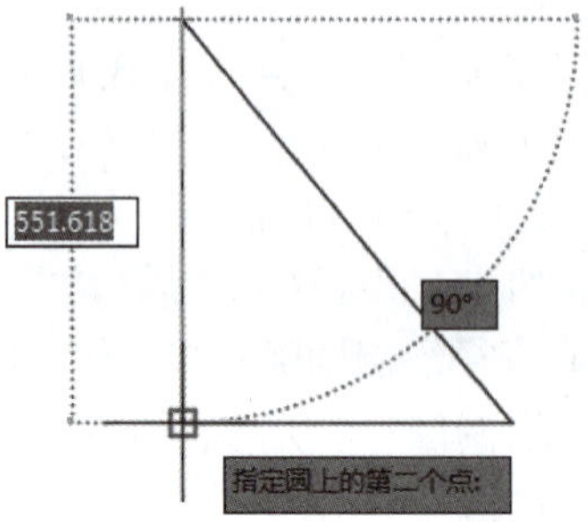

图1-61 指定圆上第二个点

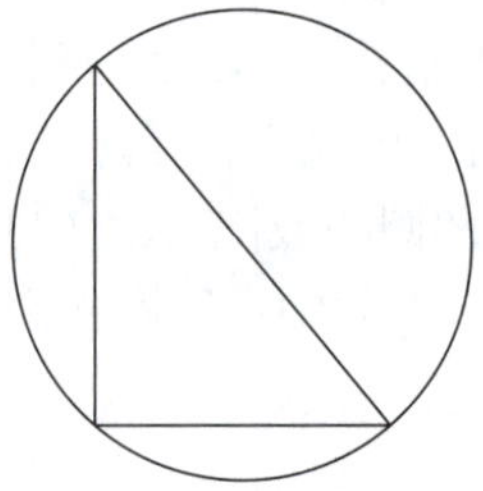

图1-62 三点方式绘制的圆

（3）通过两点绘制圆

Step 01 在命令行输入CIRCLE（C）命令，并确定。

Step 02 当系统提示“指定圆的圆心或[三点(3P)/两点(2P)/切点、切点、半径(T)]:”时，选择“两点”命令。

Step 03 指定圆直径的第一个端点，如图1-63所示。

Step 04 指定圆直径的第二个端点，得到的圆如图1-64所示。

（4）通过切点和半径绘制圆

Step 01 在命令行输入CIRCLE（C）命令，并确定，然后输入T并确定，如图1-65所示。

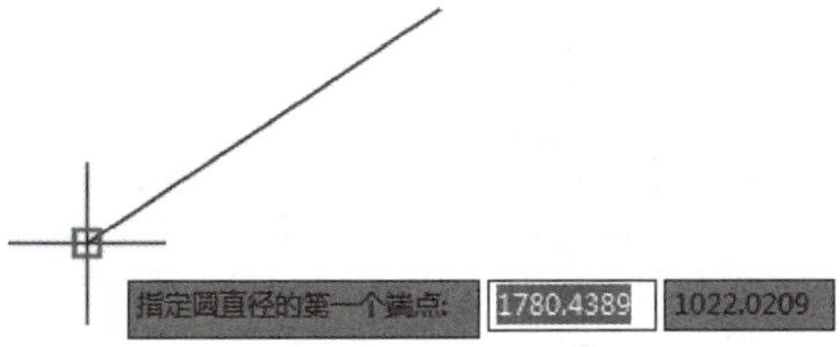

图 1-63　指定圆直径的第一个端点

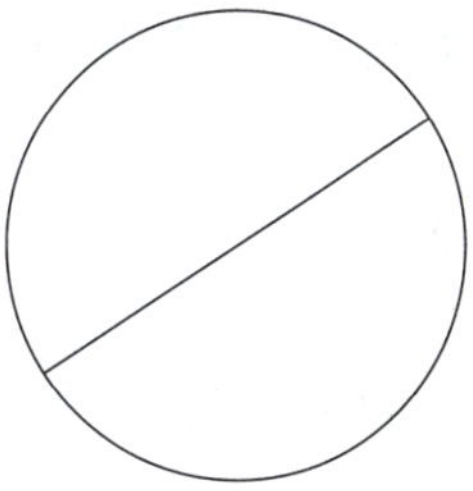

图 1-64　两点方式绘制的圆

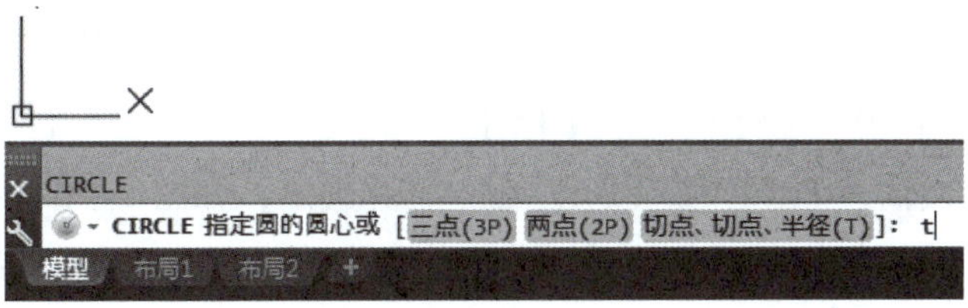

图 1-65　执行切点、切点、半径方式

Step 02　指定对象与圆的第一个切点位置，如图 1-66 所示。

图 1-66　指定对象与圆的第一个切点

Step 03　指定对象与圆的第二个切点位置，如图 1-67 所示。

Step 04　指定圆的半径并确定，得到的圆如图 1-68 所示。

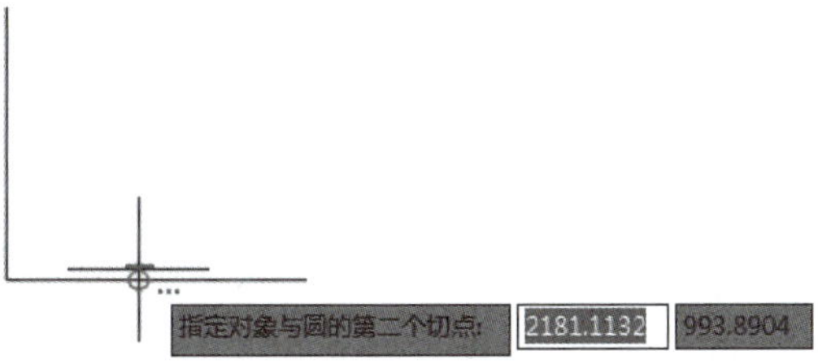

图 1-67　指定对象与圆的第二个切点

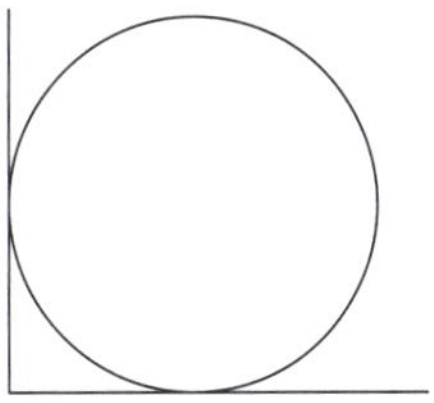

图 1-68　切点、切点、半径方式绘制的圆

2. 圆弧的绘制

AutoCAD 提供了多种绘制圆弧的方式，用户可根据情况选择不同的方式。可通过图 1-69 所示的“圆弧”子菜单执行绘制圆弧操作，或在命令行输入 ARC（或 A）。使用“三点”方式绘制圆弧操作流程如下：

Step 01　选择“绘图”|“圆弧”|“三点”命令。

Step 02　指定圆弧的起点或[圆心(C)]：(确定圆弧的起始点位置)。

Step 03 指定圆弧的第二个点或[圆心(C)/端点(E)]：(确定圆弧上的任一点)。

Step 04 指定圆弧的端点：(确定圆弧的终止点位置)。

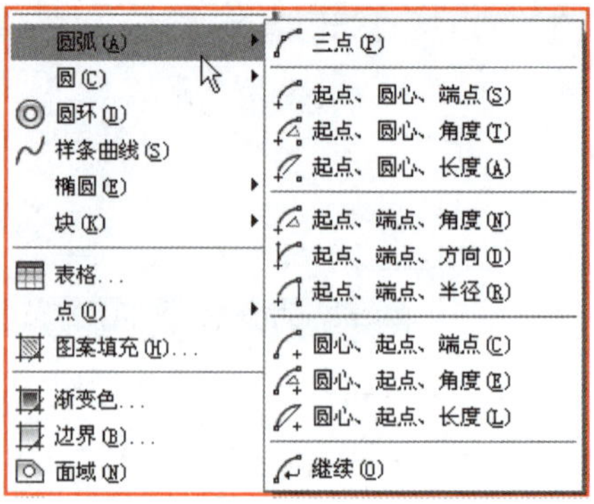

图 1-69 “圆弧”子菜单

3. 椭圆的绘制

AutoCAD 中绘制椭圆是由定义其长轴和短轴的两条轴线决定的。当两条轴的长度不相等时，形成的对象为椭圆；当两条轴的长度相等时，则形成的对象为圆形。

Step 01 单击“绘图”工具栏上“椭圆”按钮；或输入 ELLIPSE（EL）命令，并确定，如图 1-70 所示。

Step 02 指定椭圆的轴端点或［圆弧（A）/中心点（C）］；输入 C 并按空格键，指定椭圆的中心点；单击鼠标左键在绘图区拾取一点，作为椭圆的中心点。

Step 03 指定椭圆的轴端点，输入半轴长度为 500，如图 1-71 所示。

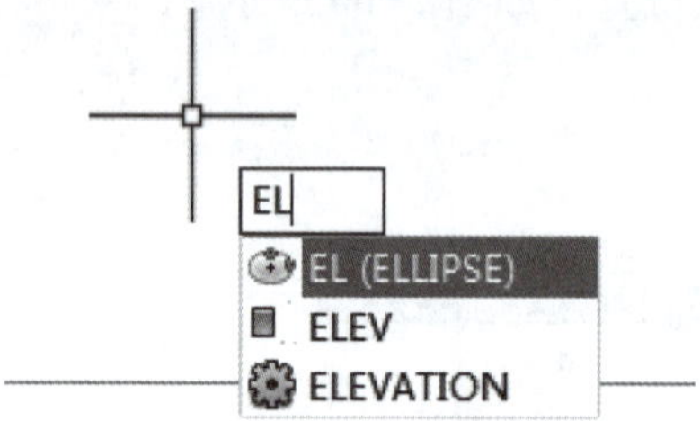

图 1-70 执行椭圆命令

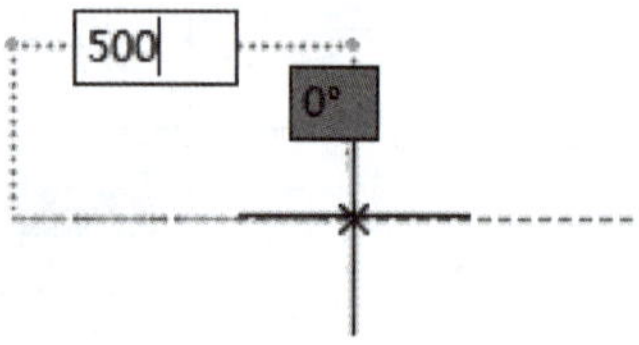

图 1-71 指定椭圆半轴

Step 04 指定另一条半轴长度，如图 1-72 所示。

Step 05 得到半轴长分别是 500 mm、300 mm 的椭圆。

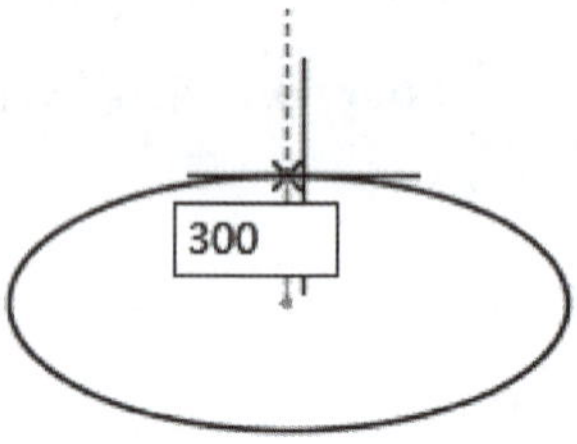

图 1-72 指定椭圆另一条半轴

技能点 3 多边形绘制

微课

多边形绘制

1. 矩形的绘制

根据指定的尺寸或条件绘制矩形。

Step 01 单击“绘图”工具栏上的“矩形”按钮，或选择“绘图”|“矩形”命令，或输入 RECTANG（REC）命令。

Step 02 指定第一个角点或[倒角(C)/标高(E)/圆角(F)/厚度(T)/宽度(W)]。

执行 RECTANG 命令时，“倒角”选项表示绘制在各角点处有倒角的矩形。“标高”选项用于确定矩形的绘图高度，即绘图面与 *XY* 面之间的距离。“圆角”选项确定矩形角点处的圆角半径，使所绘制矩形在各角点处按此半径绘制出圆角。“厚度”选项确定矩形的绘图厚度，使所绘制矩形具有一定的厚度。“宽度”选项用于确定矩形的线宽。

Step 03 指定矩形的另一角点。

Step 04　指定另一个角点或[面积(A)/尺寸(D)/旋转(R)]。此时可通过指定另一角点完成矩形绘制。

注意

绘制矩形，通过“面积”选项根据面积绘制矩形，通过“尺寸”选项根据矩形的长和宽绘制矩形，通过“旋转”选项表示绘制按指定角度放置的矩形。

2. 正多边形的绘制

Step 01　单击“绘图”工具栏上的“多边形”按钮，或选择“绘图”|“多边形”命令，或输入 POLYGON 命令，AutoCAD 提示：指定正多边形的中心点或[边(E)]。

Step 02　指定正多边形的中心点，此默认选项要求用户确定正多边形的中心点，指定后将利用多边形的假想外接圆或内切圆绘制等边多边形。执行该选项，即确定多边形的中心点后，AutoCAD 提示：输入选项[内接于圆(I)/外切于圆(C)]，其中，“内接于圆”选项表示所绘制多边形将内接于假想的圆；“外切于圆”选项表示所绘制多边形将外切于假想的圆。也可根据多边形某一条边的两个端点绘制多边形，采用“边（E）”方式完成多边形绘制。

技能点 4　绘制点图形

微课

绘制点图形

1. 绘制点

Step 01　执行 POINT（PO）命令。

Step 02　在提示下确定点的位置，AutoCAD 就会在该位置绘制出相应的点。

用户可设置点的样式与大小，选择“格式”|“点样式”命令，或输入 DDPTYPE 命令，AutoCAD 弹出图 1-73 所示的“点样式”对话框，用户可通过该对话框选择自己需要的点样式。此外，还可以利用对话框中的“点大小”编辑框确定点的大小。

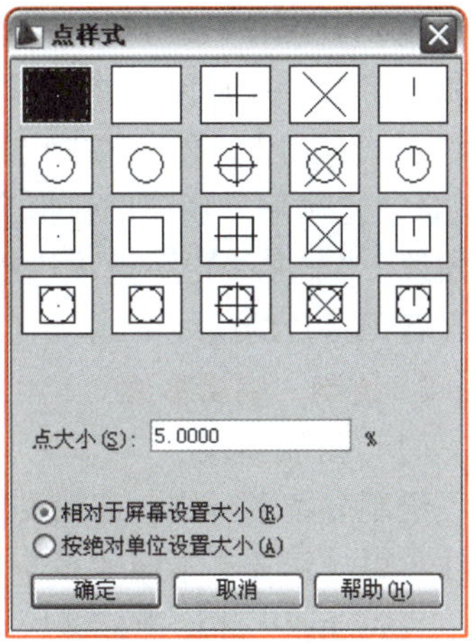

图 1-73　“点样式”对话框

2. 等分点

（1）绘制定数等分点

Step 01　选择“绘图”|“点”|“定数等分”命令，或输入 DIVIDE（DIV）命令。

Step 02　选择要定数等分的对象：选择对应的对象。

Step 03　输入线段数目或[块(B)]：直接输入等分数，即响应默认项，AutoCAD 在指定的对象上绘制出等分点。另外，利用“块（B）”选项可以在等分点处插入块。

（2）绘制定距等分点

指将点对象在指定的对象上按指定的间隔放置。

Step 01　选择“绘图”|“点”|“定距等分”命令，或输入 MEASURE 命令。

Step 02　选择要定距等分的对象。

Step 03 指定线段长度或[块(B)]:在此提示下直接输入长度值，即执行默认项，AutoCAD在对象上的对应位置绘制出点。同样，可以利用“点样式”对话框设置所绘制点的样式。如果在“指定线段长度或[块(B)]:”提示下执行“块(B)”选项，则表示将在对象上按指定的长度插入块。

技能点 5 绘制、编辑复杂图形对象

微课

绘制、编辑复杂图形对象

1. 绘制、编辑多段线

(1) 绘制多段线

多段线是由直线段、圆弧段构成，且可以有宽度的图形对象，命令为PLINE (PL)。

Step 01 单击“绘图”工具栏上的多段线按钮，或选择“绘图”|“多段线”命令，或输入PLINE命令。

Step 02 指定起点，确定多段线的起始点。

Step 03 指定下一个点或[圆弧(A)/半宽(H)/长度(L)/放弃(U)/宽度(W)]，其中，“圆弧”选项用于绘制圆弧。“半宽”选项用于指定多段线的半宽。“长度”选项用于指定所绘多段线的长度。“宽度”选项用于确定多段线的宽度。

(2) 编辑多段线

Step 01 单击“修改”工具栏上的“编辑多段线”按钮，或输入PEDIT命令。

Step 02 选择多段线或［多条(M)]，选择要编辑的多段线，即执行“选择多段线”默认项。

Step 03 输入选项[闭合(C)/合并(J)/宽度(W)/编辑顶点(E)/拟合(F)/样条曲线(S)/非曲线化(D)/线型生成(L) /反转(R) /放弃(U)]，其中，“闭合”选项用于将多段线封闭。“合并”选项用于将多条多段线（及直线、圆弧）合并。“宽度”选项用于更改多段线的宽度。“编辑顶点”选项用于编辑多段线的顶点。“拟合”选项用于创建圆弧拟合多段线。“样条曲线”选项用于创建样条曲线拟合多段线。“非曲线化”选项用于反拟合。“线型生成”选项用来规定非连续型多段线在各顶点处的绘线方式。“反转”选项用于改变多段线上的顶点顺序。

2. 绘制、编辑多线

(1) 绘制多线

绘制多条平行线，即由两条或两条以上直线构成的相互平行的直线，且这些直线可以分别具有不同的线型和颜色。

Step 01 选择“绘图”|“多线”命令，或输入MLINE (ML) 命令。

Step 02 当前设置：对正=上，比例=20.00，样式=STANDARD

指定起点或[对正(J)/比例(S)/样式(ST)]:

提示中的第一行说明当前的绘图模式。本提示示例说明当前的对正方式为“上”方式，比例为20.00，多线样式为STANDARD；第二行为绘多线时的选择项。其中，“指定起点”选项用于确定多线的起始点。“对正”选项用于控制如何在指定的点之间绘制多线，即控制多线上的哪条线要随光标移动。“比例”选项用于确定所绘多线的宽度相对于多线定义宽度的比例。“样式”选项用于确定绘多线时采

用的多线样式。

（2）定义多线样式

选择“格式”|“多线样式”命令，或输入 MLSTYLE（MLS）命令，AutoCAD 弹出如图 1-74 所示的“多线样式”对话框，利用其设置即可。

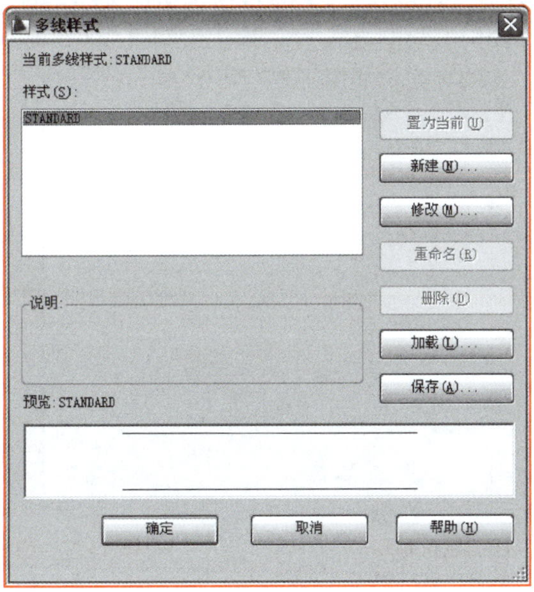

图 1-74　“多线样式”对话框

（3）编辑多线

选择“修改”|“对象”|“多线”命令，或输入 MLEDIT 命令，AutoCAD 弹出如图 1-75 所示的“多线编辑工具”对话框。对话框中的各个图像按钮形象地说明了各编辑工具的功能，根据需要选择按钮，然后根据提示操作即可。

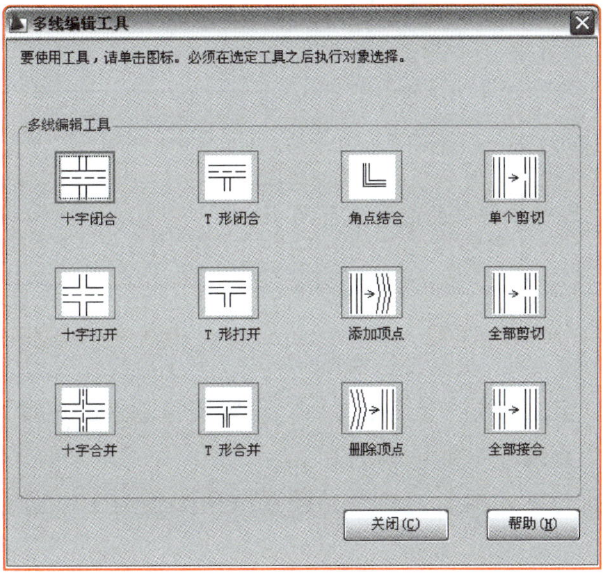

图 1-75　“多线编辑工具”对话框

技能点 6 中国铁路路徽标识图形绘制

微课

铁路徽标图形绘制

学习二维图形的绘制后，绘制中国铁路路徽标识图形，具体的操作流程如下：

Step 01 利用“直线”命令绘好定位轴线，如图 1-76 所示。

Step 02 以定位轴线的交点为基点，设置偏移基点位置为“@0，-60”，依次使用 L（直线）命令向右绘制直线 35，向上绘制直线 6，向左上角绘制直至竖向定位轴线的坡度为 1:5 的直线。如图 1-77 所示。

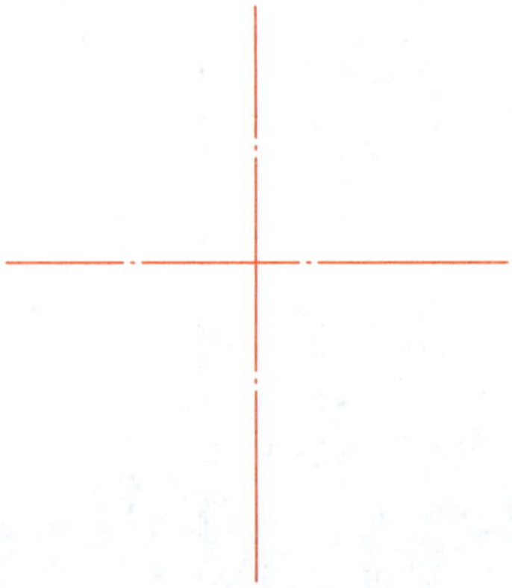

图 1-76 绘制定位轴线

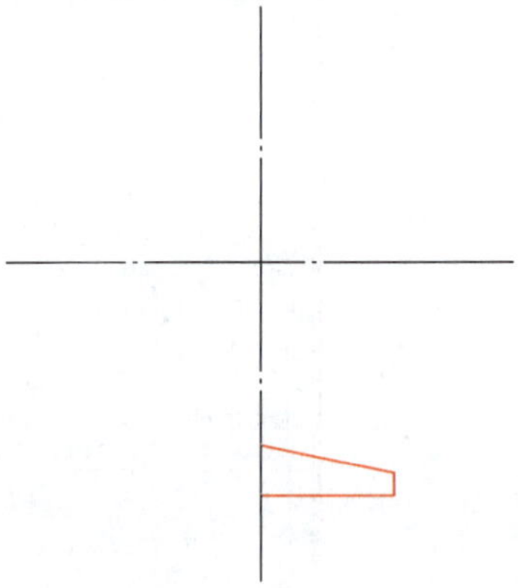

图 1-77 绘制直线

Step 03 绘制偏离竖向中心线为 4 的竖线，如图 1-78 所示。

Step 04 执行 F（圆角）命令，设置圆角半径为 10，进行圆角处理，如图 1-79 所示。

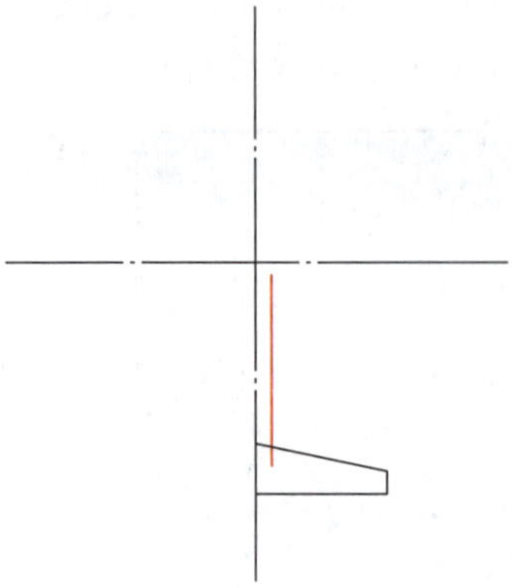

图 1-78 绘制直线

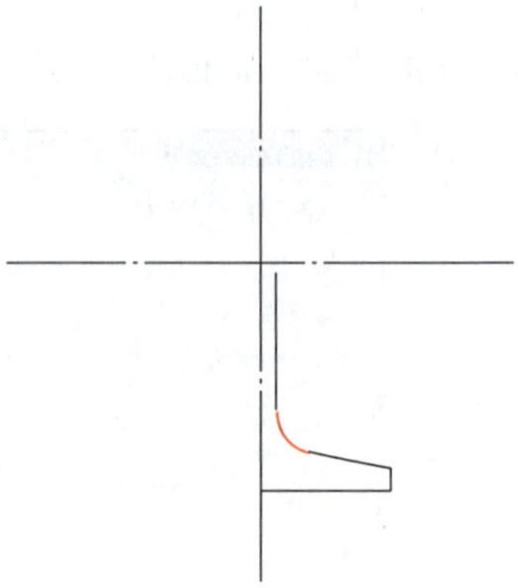

图 1-79 绘制圆角

Step 05 以定位轴线的交点为基点，设置偏移基点的位置为“@0，-11”，绘制坡度为 1:5 的直线，如图 1-80 所示。

Step 06 执行 F（圆角）命令，设置圆角半径为 10，进行圆角处理，如图 1-81 所示。

Step 07 设置偏移基点位置为“@17.5，0”，绘制向上距离为 10 的竖线，如图 1-82 所示。

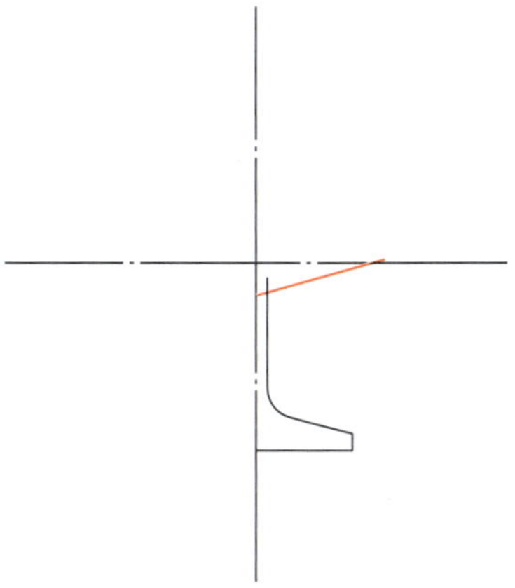

图 1-80　绘制直线

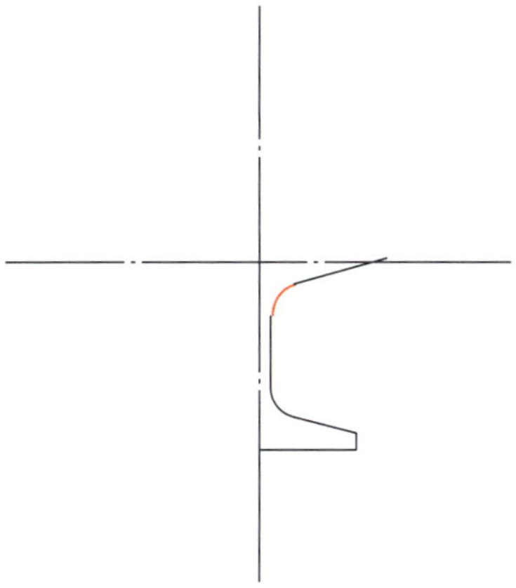

图 1-81　绘制圆角

Step 08　设置偏移基点的位置为“@0，-130”，以其为圆心位置绘制半径为 140 的圆弧，如图 1-83 所示。

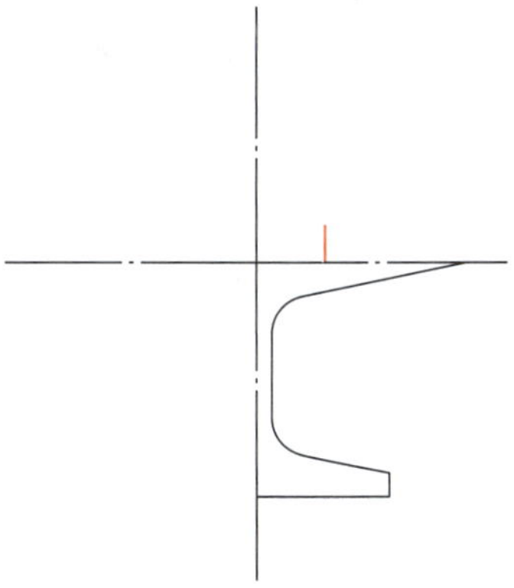

图 1-82　绘制直线

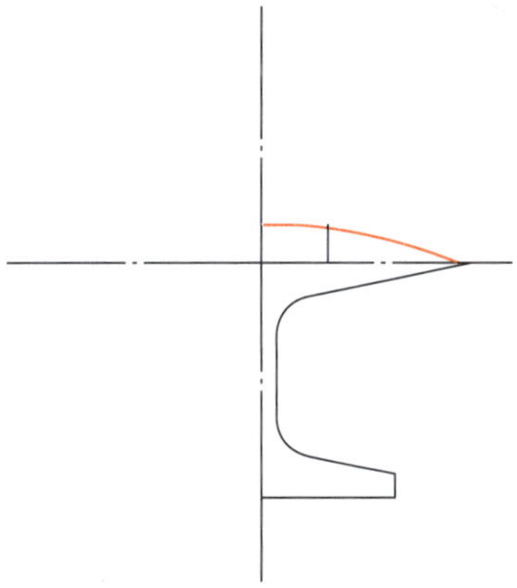

图 1-83　绘制圆弧

Step 09　执行 F（圆角）命令，设置圆角半径为 0 和 10，对所绘直线进行圆角处理，如图 1-84 所示。

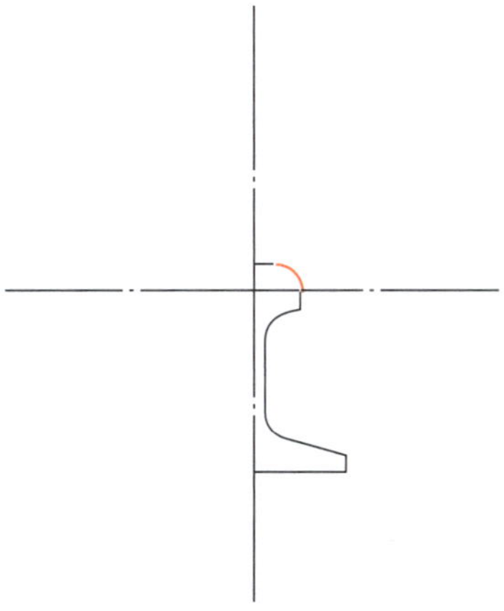

图 1-84　绘制圆角

Step 10　执行 MI（镜像）命令，即可完成对应的左侧部分，对最下端的两根直线和最上端的两根圆弧线运用 J（合并）命令将两根直线整合为一根直线，如图 1-85 所示。（“镜像”命令及“合并”命令操作步骤详见本任务中子任务 2。）

Step 11　绘制两根辅助线，其中一端在定位轴线交点向下 11 的位置，如图 1-86 所示。

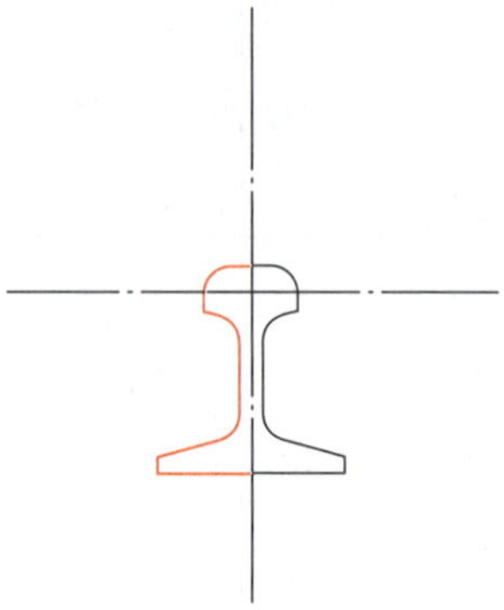

图 1-85 镜像图形

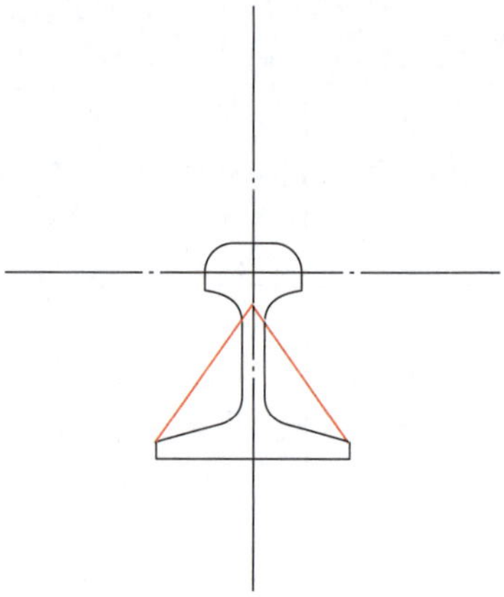

图 1-86 绘制辅助线

Step 12 执行 C（圆）命令，绘制以定位轴线交点为圆心半径为 40 和 50 的圆，并从上一步的两根辅助线处打断，如图 1-87 所示。

Step 13 执行 C（圆）命令，绘制以竖向定位轴线与半径为 50 圆的交点为圆心，绘制半径为 5 的圆，执行 CO（复制）命令，复制出两侧的圆，如图 1-88 所示。（“复制”命令操作步骤详见本任务子任务 2。）

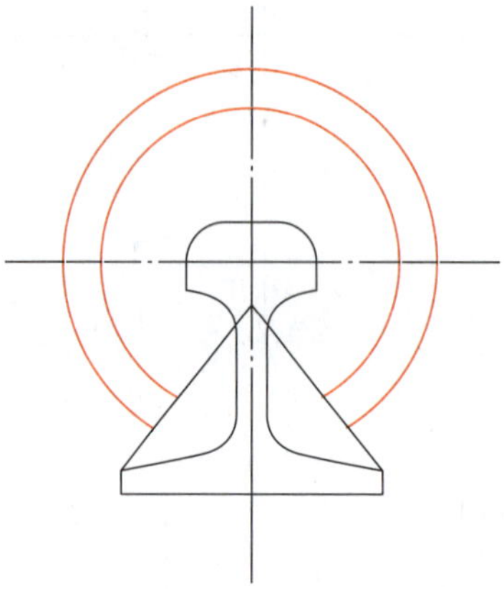

图 1-87 绘制圆并打断

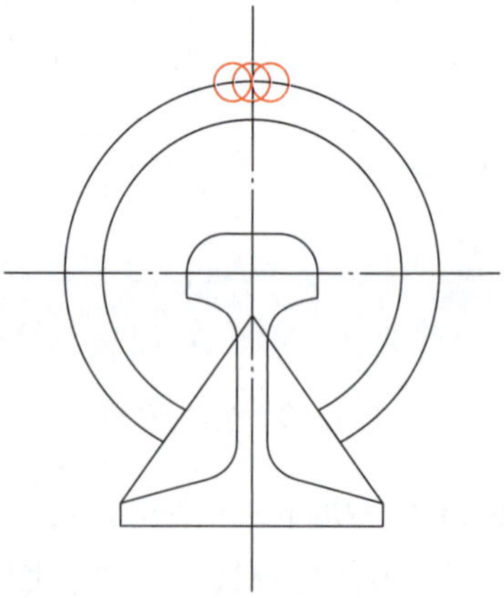

图 1-88 绘制圆并复制

Step 14 利用“起点，圆心，端点”命令绘制连接两边小圆的弧线，并利用 TR（修剪）命令将多余的弧线和直线修剪，如图 1-89 所示。（“修剪”命令操作步骤详见本任务子任务 2。）

Step 15 调整线宽，并打开线宽按钮，如图 1-90 所示。

Step 16 执行圆角命令，设置圆角半径为 2，对钢轨底部进行圆角处理，最终的绘图结果如图 1-49 所示。

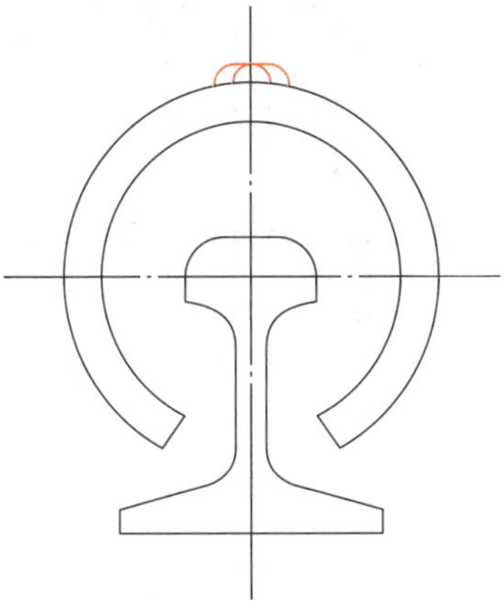

图 1-89　绘制圆弧并修剪

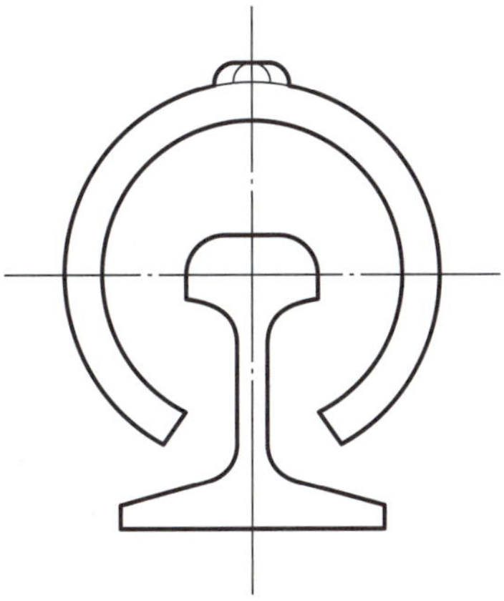

图 1-90　铁路徽标绘制

【课堂检测】

1. AutoCAD 提供了几种画正多边形的方式？分别是什么？

2. 用“矩形”命令还可以画四角是斜角或者是圆角的矩形。这种说法是否正确？

3. AutoCAD 默认画圆的方式是什么？

4. 执行什么命令不仅可以画直线，还可以画圆弧，画直线与圆弧、圆弧与圆弧的组合线？

5. 绘制等分点有哪几种方式？

6. 铁路路徽是铁路企业专用标志，中华人民共和国铁路路徽上部表示人民，下部为钢轨截面图形，代表铁路，总的含义为人民铁路。请同学们从“工人”“人工”两个关键词出发谈谈中国铁路路徽代表的含义有哪些。

子任务 2　二维图形的编辑

【工作任务】

任务描述：生活中有很多美妙的平面图形都可以用 AutoCAD 软件进行绘制，这些美妙的图形广泛应用于布艺、家装、建筑等行业，为我们创造了丰富多彩的美好生活。请大家仔细观察图 1-91 所示的平面图形，利用所学的二维图形绘制与编辑技能来进行图形的绘制与编辑，绘图过程中要注意细节，精准绘图，做到精益求精，图线须符合制图国家标准。

思政链接：“中铁二局二公司隧道爆破高级技师彭祥华，能在岩层间做到精准爆破，误差控制远小于规定的最小值；金川集团铜业有限公司贵金属冶炼分厂提纯班班长潘从明数十年如一日专注于铂族贵金属高效提炼技术，通过特定试剂溶解含稀有贵金属的矿渣，能从其溶液的颜色中迅速判断铜、铁等杂质含量……”小到一枚螺丝钉、一根电缆的打磨，大到飞机、高铁等大国重器的锻造，都展现出工匠们笃实专

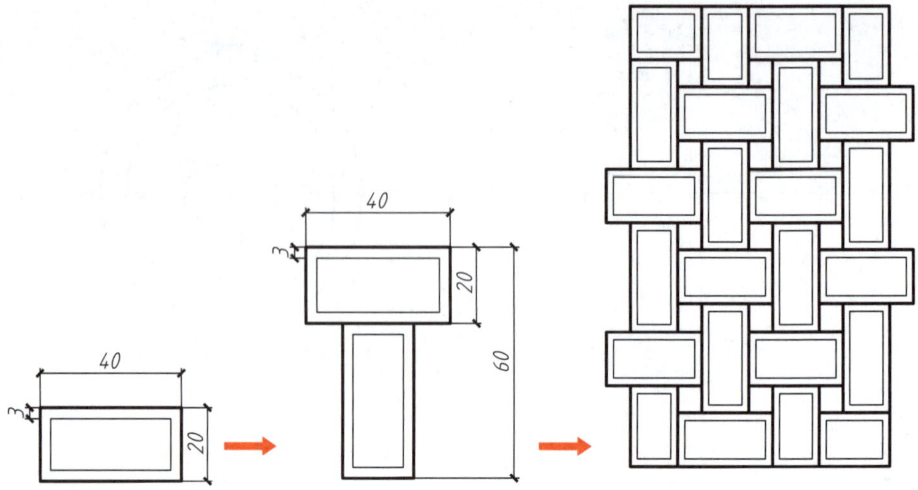

图 1-91 平面图形

注、严谨执着的匠心。工匠以工艺专长造物，在专业的不断精进与突破中演绎着“能人所不能”的精湛技艺，凭借的是精益求精的追求。正是对工匠精神的继承与发扬，一代代产业劳动者勇于创新、追求卓越，奋力让我们的国家成长为世界制造大国。我们相信，以工匠精神激励更多劳动者争做高技能人才，用实干成就梦想，必将汇聚起推进高质量发展的坚实力量，在新征程上创造新的辉煌。

【技能训练】

微课 选择图形

技能点 1 选择图形

1. 直接选择图形

在没有对图形进行编辑操作时，单击对象即可将其选中。使用单击对象的选择方法一次只能选择一个实体，被选中的目标将呈虚线加夹点的形式显示，如图 1-92 所示。

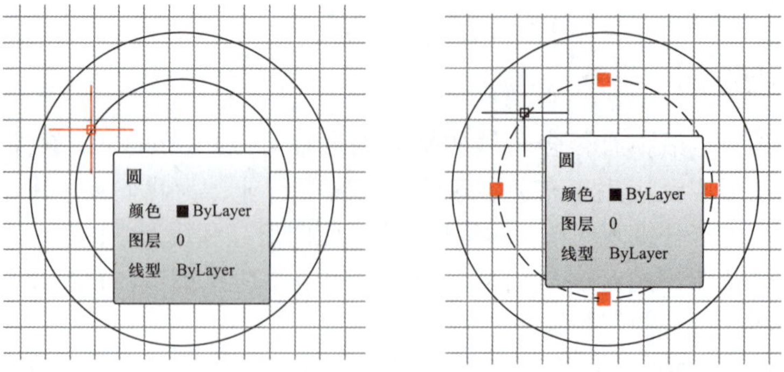

(a) 单击对象　　(b) 被选中的目标

图 1-92 直接拾取（一）

在编辑过程中，当用户选择要编辑的对象时，十字光标将变为一个小正方形框，这个小正方形框就叫拾取框。将拾取框移至要编辑的目标上，单击，即可选中目标。在编辑过程中，被选中的目标呈虚线显示，如图 1-93 所示。

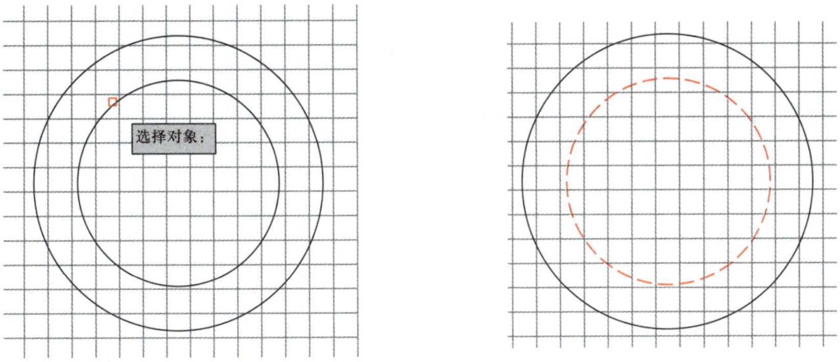

(a) 单击对象　　(b) 被选中的目标

图 1-93　直接拾取（二）

Step 01　选择“工具”|“草图设置”命令，AutoCAD 弹出“草图设置”对话框。

Step 02　选择对话框中的“捕捉和栅格”选项卡，如图 1-94 所示，用于栅格捕捉。（在状态栏上的“捕捉”或“栅格”按钮上右击，从快捷菜单中选择“设置”命令，也可以打开“草图设置”对话框“捕捉和栅格”选项卡。）

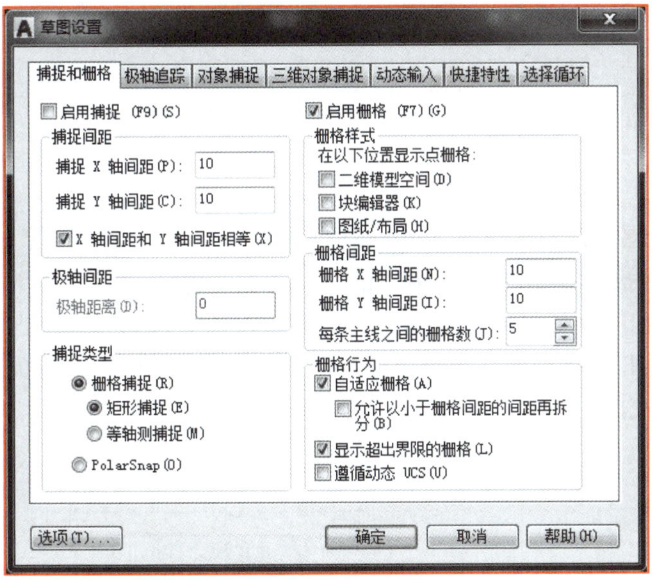

图 1-94　草图设置“捕捉与栅格”

2. 窗口选择图形

使用窗口选择对象的方法是使用鼠标自左向右拉出一个矩形，将被选择的对象全部框在矩形内。在使用窗口选择方式选择目标时，拉出的矩形方框为实线，如图 1-95 所示。使用窗口选择对象时，只有被完全框住的对象才能被选中；若只框住对象的一部分，则无法将其选中，如图 1-96 所示。

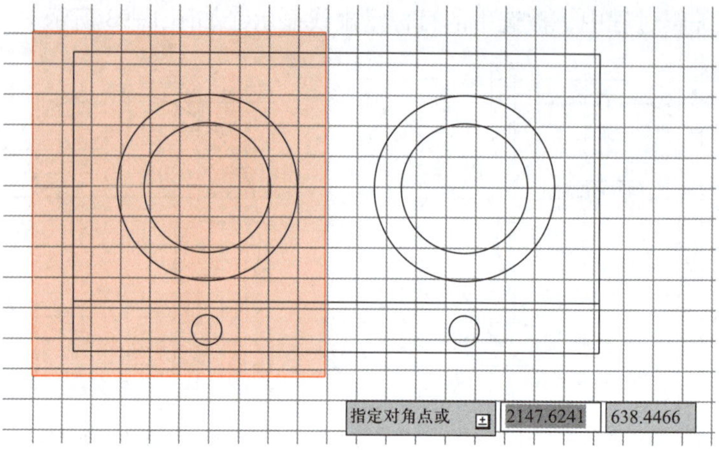

图 1-95 拉出的窗口区域

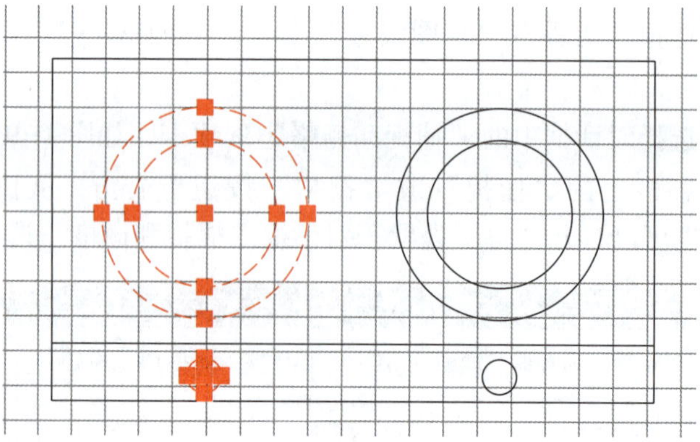

图 1-96 窗口选择选中的对象

3. 交叉选择图形

使用交叉选择的操作方法与窗选的操作方法正好相反，是使用鼠标在绘图区内自右向左拉出一个矩形，在使用交叉选择方式选择目标时，拉出的矩形方框呈虚线显示，如图 1-97 所示。通过交叉选择方式，可以将矩形框内的图形对象以及与矩形边线相交的图形对象全部选中，如图 1-98 所示。

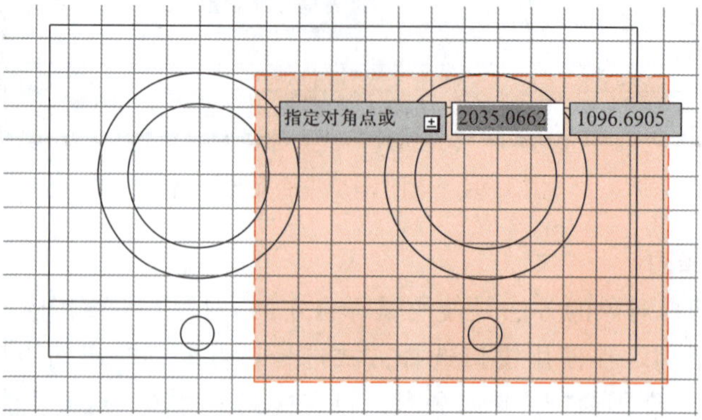

图 1-97 拉出的交叉区域

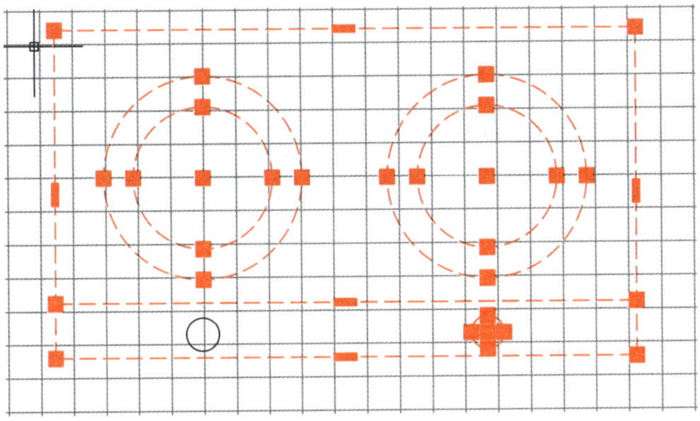

图 1-98　交叉选择选中的对象

4. 栏选图形

栏选对象的操作是指在编辑图形的过程中，当系统给出“选择对象”提示时，输入 F 并确定，如图 1-99 所示，然后单击鼠标左键绘制任意折线，如图 1-100 所示，与这些折线相交的对象都被选中。

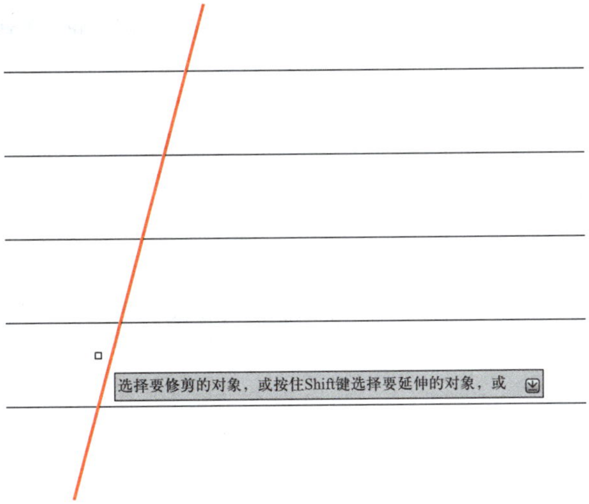

图 1-99　栏选对象

5. 快速选择图形

AutoCAD 提供了快速选择功能，运用该功能可以一次性选择绘图区中具有某一属性的所有图形对象。输入 QSELECT（快速选择）命令并确定，或单击鼠标右键，在弹出的快捷菜单中选择“快速选择”命令，如图 1-101 所示，将打开“快速选择”对话框，如图 1-102 所示。用户可以根据所要选择目标的属性，一次性选择绘图区具有该属性的所有实体。

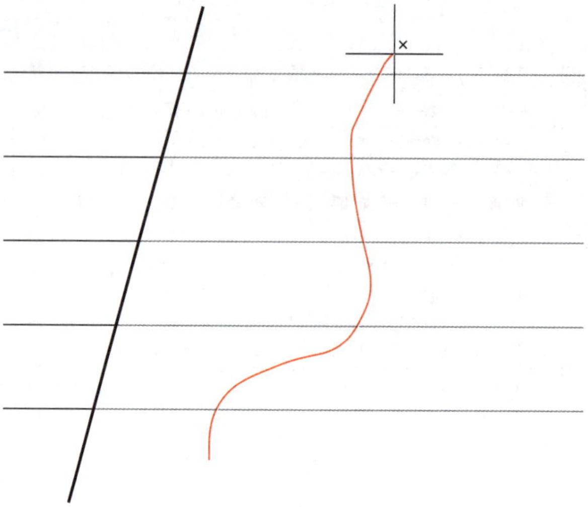

图 1-100 折线相交选中

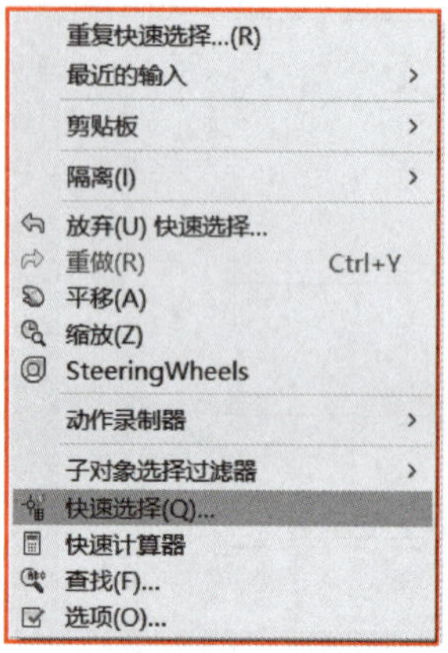

图 1-101 快捷菜单

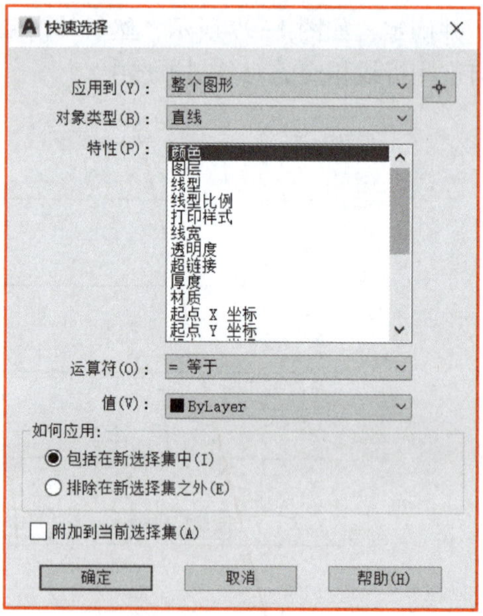

图 1-102 "快速选择"对话框

微课

调整图形

技能点 2 调整图形

1. 移动图形

移动操作是在指定方向上按指定距离移动对象，不改变其方向和大小。执行"移动"命令的方法有两种：单击"默认"选项卡下"修改"选项组中的"移动"按钮或在命令行中输入 MOVE（M）命令，然后按下空格键进行确定。具体操作流程如下：

执行 MOVE 命令后，即可选择要移动的图形，然后将其按指定的位置和方向移动，命令提示及操作如下：

Step 01 执行“移动”命令：MOVE。

Step 02 使用鼠标在绘图区内选择需要移动的对象。

Step 03 使用鼠标在绘图区内指定移动基点。

Step 04 使用鼠标指定对象移动的目标位置或使用键盘输入对象位移位置。

Step 05 按下空格键或 Esc 键结束移动操作。

2. 旋转图形

旋转图形的操作是指以某一点为旋转基点，将选定的图形对象旋转一定的角度，主要用于转换图形对象的方位，执行“旋转”命令的方法有两种：单击“默认”选项卡下“修改”选项组中的“旋转”按钮或输入并执行 ROTATE（RO）命令。执行“旋转”命令后，即可选择要旋转的图形，然后将其按指定的角度旋转即可，命令提示及操作如下：

Step 01 执行“旋转”命令：ROTATE（RO）。

Step 02 使用鼠标在绘图区内选择需要旋转的图形对象。

Step 03 使用鼠标在绘图区内指定旋转基点。

Step 04 使用鼠标旋转图形或使用键盘输入旋转角度值，或者选择“复制（C）”或“参照（R）”选项。

3. 缩放图形

使用“缩放”命令可以按指定的比例因子改变实体的尺寸大小，从而改变对象但不改变其状态。在缩放图形时，可以将整个对象或者对象的一部分沿 X、Y、Z 方向以相同的比例放大或缩小，由于 3 个方向上的缩放率相同，因此保证了对象的形状不变。执行“缩放”命令的方法有两种：单击“默认”选项卡下“修改”选项组中的“缩放”按钮或输入并执行 SCALE（SC）命令。执行“缩放”命令后，即可选择要缩放的图形，然后将其按指定的大小缩放即可，命令提示及操作如下：

Step 01 执行缩放命令：SCALE（SC）。

Step 02 选择缩放对象。

Step 03 指定缩放对象的基点位置。

Step 04 指定缩放的比例，或按参照长度和指定的新长度比例缩放所选对象，如果新长度大于参照长度，对象将放大。

4. 删除图形

使用“删除”命令可以将选定的图形对象从绘图区内删除。另外，在绘图区内选中对象后，用户也可以按 Delete 键将其删除。执行“删除”命令的方法有两种：单击“默认”选项卡下“修改”选项组中的“删除”按钮或输入并执行 ERASE（E）命令。操作如下：

Step 01 执行“删除”命令：ERASE（E）。

Step 02 选择删除对象，按下空格键进行确定。

Step 03 要取消删除操作，可以按 Esc 键退出操作。

技能点 3 复制图形

微课

复制图形

1. 复制对象

使用“复制”命令可以为对象在指定的位置创建一个或多个副本，该操作是以选定对象的某一基点将其复制到绘图区内的其他地方，如图 1-103 所示为原图，图 1-104 所示为复制后的效果。执行“复制”命令的方法有两种：单击“默认”选项卡下“修改”选项组中的“复制”按钮或输入并执行 COPY（CO）命令。

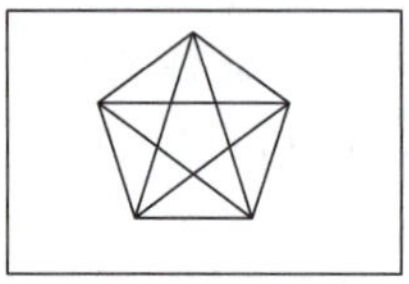

图 1-103 复制原图

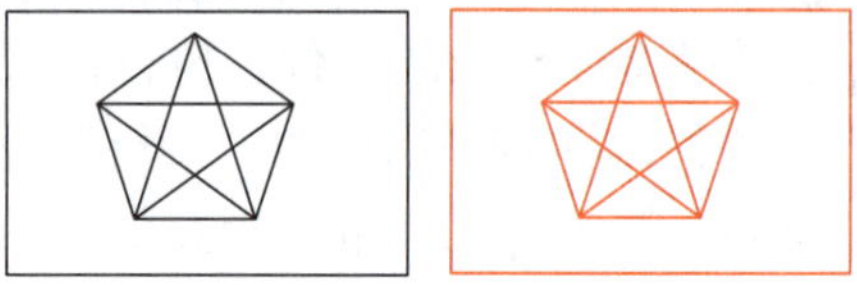

图 1-104 复制后效果

使用“复制”命令可以直接对指定的对象进行连续复制，直到按下空格键进行确定后即可完成作。操作步骤如下：

Step 01 执行“复制”命令：COPY。

Step 02 使用鼠标在绘图区内选择复制对象。

Step 03 使用鼠标在绘图区内选择一点作为复制移动的基点。

Step 04 使用鼠标在绘图区内选择复制对象的目标点。

Step 05 指定第二次复制的目标点或按下空格键结束复制操作。

2. 阵列对象

使用“阵列”命令可以对选定的图形对象进行阵列操作，对图形进行阵列操作的方式包括按矩形方式、环形方式和路径方式的排列复制。执行“阵列”命令的方法有两种：单击“默认”选项卡下“修改”选项组中的“阵列”按钮或在命令行中输入 ARRAY（AR）命令。

（1）矩形阵列图形是指将阵列的图形按矩形进行排列，用户可以根据需要设置阵列的行数和列数，具体的操作方法如下：

Step 01 单击“修改”选项组中的“矩形”阵列。

Step 02 选择要阵列的对象。

Step 03 输入 C 并确定，以选择“计数”选项。

Step 04 输入行数并确定，输入列数并确定。

Step 05 选择间距 S，输入行间距、列间距。

Step 06 选择“退出”选项。

（2）环形阵列图形是指将阵列的图形按环形进行排列，用户可以根据需要设置阵列的总数和填充的角度，具体的操作方法如下：

Step 01 单击“修改”选项组中的“环形”阵列。

Step 02 选择要阵列的对象并确定。

Step 03　指定阵列的中心点，输入阵列的总数。

Step 04　指定阵列填充的角度（如 360°）。

Step 05　选择“退出”选项。

3. 偏移对象

使用“偏移”命令可以将选定的图形对象以一定的距离增量值单方向复制一次，偏移图形的操作主要包括通过指定偏移距离、通过指定点、通过指定图层等方式。执行“偏移”命令的方法有两种：单击“默认”选项卡下“修改”选项组中的“偏移”按钮或输入并执行 OFFSET（O）命令。偏移对象的具体操作如下：

Step 01　执行“偏移”命令：OFFSET。

Step 02　输入偏移距离值或选择其他方式偏移对象。

Step 03　选择要偏移的对象。

Step 04　使用鼠标在绘图区内选择偏移方向。

4. 镜像对象

使用“镜像”命令可以将选定的图形对象以某一对称轴镜像到该对称轴的另一边，还可以使用镜像复制功能将图形以某一对称轴进行镜像复制，如图 1-105 和图 1-106 所示。执行“镜像”命令的方法有两种：单击“默认”选项卡下“修改”选项组中的“镜像”按钮或输入并执行 MIRROR（MI）命令。镜像对象的具体操作如下：

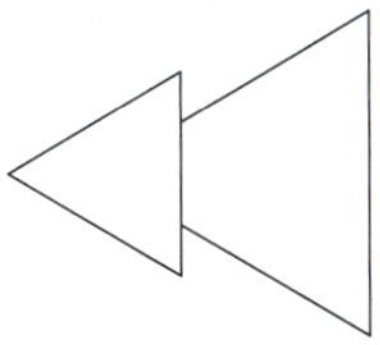

图 1-105　镜像复制前

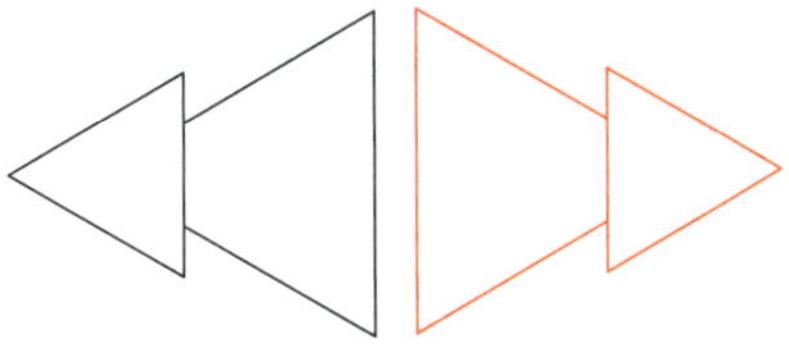

图 1-106　镜像复制后

Step 01　执行“镜像”命令：MIRROR。

Step 02　选择镜像的图形对象。

Step 03　使用鼠标指定镜像线的起点。

Step 04　使用鼠标指定镜像线的终点。

Step 05　根据对话框提示执行是否删除源对象。

在镜像过程中，系统出现“要删除源对象吗？［是（Y）否（N）］<N>:”提示，在默认情况下保留源对象设置。如果要保留源对象，直接按下空格键进行确定即可，要删除源对象，则应该选择“是（Y）”选项。

技能点 4　编辑图形

1. 修剪图形

使用“修剪”命令可以通过指定的边界对图形对象进行修剪。运用该命令可以修剪圆弧、射线、样条曲线、面域、尺寸、文本以及非封闭的多段线等对象；

微课

编辑图形

修剪的边界可以是除图块、网格、三维面、轨迹线以外的任何对象。执行“修剪”命令的方法有两种：单击“默认”选项卡下“修改”选项组中的“修剪”按钮或输入并执行 TRIM（TR）命令。修剪图形的具体操作如下：

Step 01 执行“修剪”命令：TRIM。

Step 02 选择作为修剪边界的对象并确定，如图 1-107 所示。

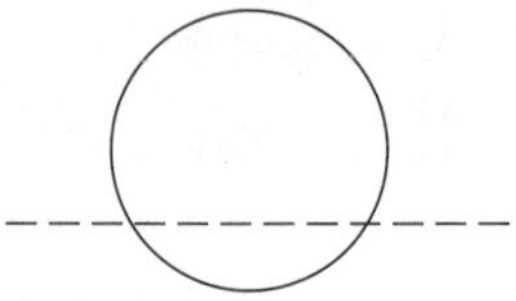

图 1-107 选择修剪边界

Step 03 选择要修剪的对象，如图 1-108 所示。

Step 04 完成修剪后进行确定，效果如图 1-109 所示。

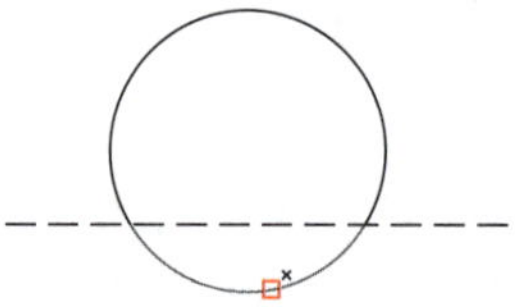

图 1-108 选择要修剪的对象

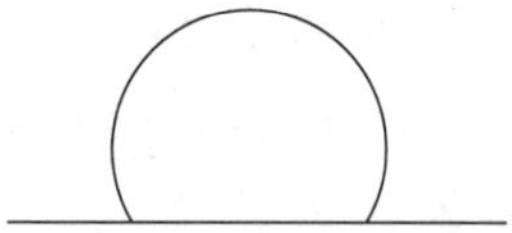

图 1-109 修剪完成后的效果

2. 延伸图形

使用“延伸”命令可以将直线、弧和多段线等图元对象的端点延长到指定的边界，可以延伸的对象包括圆弧、椭圆弧、直线、非封闭的 2D 和 3D 多段线等。如果以具有一定宽度的 2D 多段线作为延伸边界时，在执行延伸操作时会忽略其宽度，直接将对象延伸到多段线的中心线上。执行“延伸”命令通常有两种方法：单击“默认”选项卡下“修改”选项组中的“延伸”按钮或输入并执行 EXTEND（EX）命令。延伸图形的具体操作如下：

Step 01 单击“修改”选项组中的“修剪”按钮右侧的下三角形按钮，单击“延伸”按钮。

Step 02 选择作为延伸边界的对象并确定，如图 1-110 所示。

Step 03 选择要延伸的对象，如图 1-111 所示。

Step 04 完成延伸后进行确定，效果如图 1-112 所示。

图 1-110 选择延伸边界

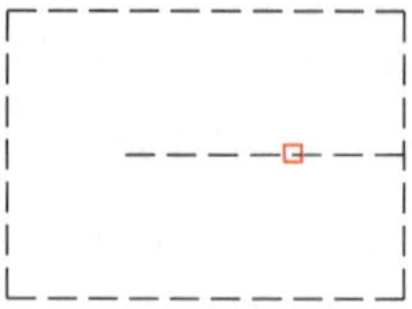

图 1-111 选择要延伸的对象

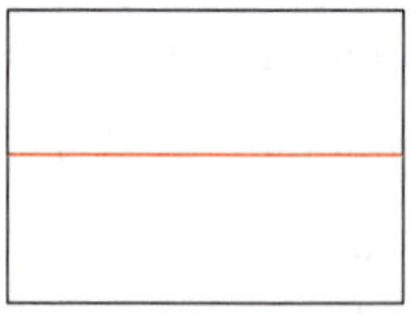

图 1-112 延伸完成后的效果

注意

使用“延伸”命令时，一次可以选择多个实体作为边界，选择被延伸实体时应选取靠近边界的一端，否则会出现错误。选择要延伸的实体时，应该从拾取框靠近延伸实体边界的那一端来选择目标。

3. 圆角

使用“圆角”命令可以用一段指定半径的圆弧将两个对象连接在一起，还能将多段线的多个顶点一次性倒圆角。使用此命令应先设定圆弧半径，再进行倒圆角，图 1-113 所示为倒圆角前的效果，图 1-114 所示为倒圆角后的效果。

图 1-113　使用圆角命令前效果

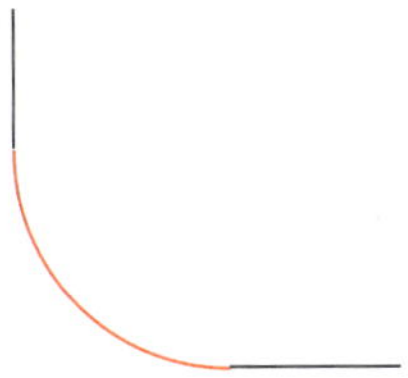

图 1-114　使用圆角命令后效果

使用“圆角”命令可以选择性地修剪或延伸所选对象，以便更好地圆滑过渡，该命令可以对直线、多段线、样条曲线、构造线、射线等进行处理，但是不能对圆、椭圆和封闭的多段线等对象进行倒圆角。执行“圆角”命令通常有如下两种方法：单击“默认”选项卡下“修改”选项组中的“圆角”按钮或输入并执行 FILLET（F）命令。对图形进行倒圆角处理的具体操作如下：

Step 01　单击“修改”选项组中的“圆角”按钮。

Step 02　输入 R 并确定，以选择“半径（R）”命令。

Step 03　输入圆角半径的大小。

Step 04　选择要进行倒圆角操作的第一个对象。

Step 05　选择要进行倒圆角操作的第二个对象。

4. 倒角

使用“倒角”命令可以通过延伸或修剪的方法，用一条斜线连接两个非平行的对象。使用该命令执行倒角操作时，应先设定倒角距离，再指定倒角线。执行“倒角”命令通常有两种方法：单击“默认”选项卡下“修改”选项组中的“倒角”按钮或者输入并执行 CHAMFER（CHA）命令。对图形进行倒角的操作步骤如下：

Step 01　执行 CHAMFER 命令，选择距离（D）。

Step 02　指定第一个倒角距离。

Step 03　指定第二个倒角距离。

Step 04　选择第一条直线。

Step 05　选择第二条直线。

5. 拉伸图形

使用“拉伸”命令可以按指定的方向和角度拉长或缩短实体，也可以调整对象大小，使其在一个方向上按比例增大或缩小；还可以通过移动端点、顶点或控制点来拉伸某些对象，图 1-115 所示为拉伸前的图形；图 1-116 所示为拉伸矩形右上角顶点后的图形。

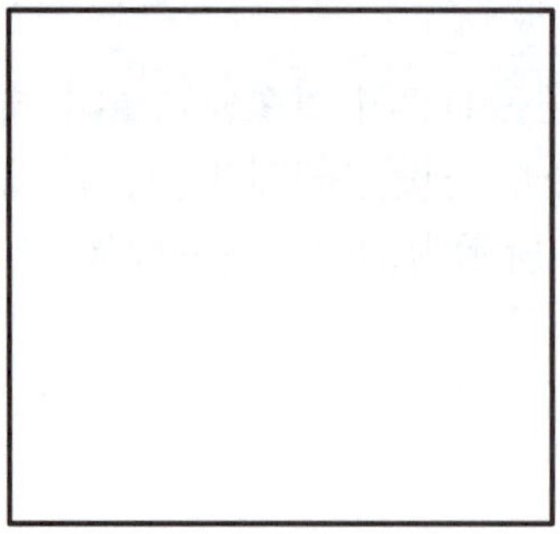

图 1-115 拉伸前的图形

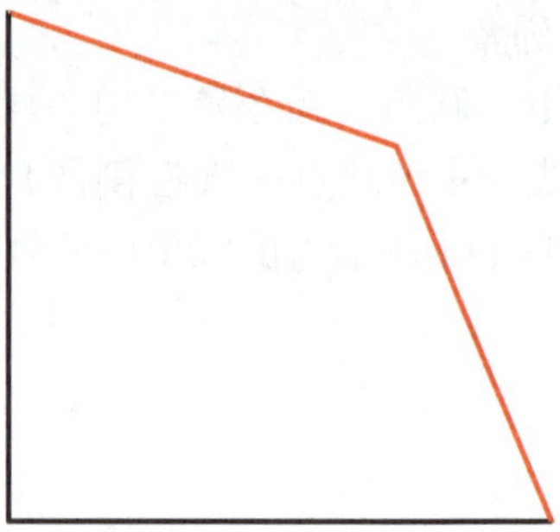

图 1-116 拉伸后的图形

使用“拉伸”命令可以拉伸线段、弧、多段线和轨迹线等实体，但不能拉伸圆、文本、块和点。执行“拉伸”命令改变对象的形状时，只能以窗选方式选择实体，与窗口相交的实体将被执行拉伸操作，窗口内的实体将随之移动。执行“拉伸”命令通常有两种方法：单击“默认”选项卡下“修改”选项组中的“拉伸”按钮或者输入并执行 STRETCH（S）命令。拉伸操作步骤如下：

Step 01 执行“拉伸”命令：STRETCH。

Step 02 使用鼠标以交叉窗口选择要拉伸的对象。

Step 03 使用鼠标在绘图区内指定拉伸基点或位移。

Step 04 使用鼠标指定另一点或使用键盘输入另一点坐标。

6. 打断图形

“打断”命令用于将对象从某一点处断开，从而将其分成两个独立的对象，经常用于剪断图形，但不删除对象。执行该命令可将直线、圆、弧、多段线、样条线、射线等对象分成两个实体。该命令可以通过指定两点以及选择物体后再指定两点两种方式断开形体。执行“打断”命令通常有两种方法：单击“默认”选项卡下“修改”选项组中的“打断”按钮或者输入并执行 BREAK（BR）命令。操作步骤如下：

Step 01 执行 BREAK 命令，然后选择要打断的对象，系统将提示“指定第二个打断点或［第一点（F）］：”信息。

Step 02 此时可以直接指定第二个打断点，第一个打断点为选择对象时鼠标指定的位置，用户也可以输入 F 并确定，放弃第一个打断点（即选择点），然后重新指定两个断点。

7. 合并图形

使用“合并”命令可以将相似的对象合并以形成一个完整的对象。可以合并的对象包括直线、多段线、圆弧、椭圆弧、样条曲线，但是要合并的对象必须是相似的对象，且位于相同的平面上。执行“合并”命令通常有两种方法：单击“默认”选项卡下“修改”选项组中的“合并”按钮或者输入并执行 JOIN（J）命令。操作步骤如下：

Step 01 执行“合并”命令：JOIN，选择源对象。

Step 02 选择要合并的对象。

Step 03　按 Enter 键结束。

8. 分解图形

使用“分解”命令可以将多个组合实体分解为单独的图元对象。例如，可以将矩形、多边形等图形分解成单独的多条线段，将图块分解为单个独立的对象等。执行“分解”命令通常有两种方法：单击“默认”选项卡下“修改”选项组中的“分解”按钮或者输入并执行 EXPLODE（X）命令。操作步骤如下：

Step 01　执行 EXPLODE 命令后，AutoCAD 提示选择操作对象。

Step 02　用选择方式中的任意一种方法选择操作对象。

Step 03　按下空格键进行确定，即可将选择的对象分解开。

注意

具有一定宽度的多段线被分解后，系统将放弃多段数的任何宽度和切线信息，分解后的多段线的宽度、线性、颜色将变为当前层的属性。

技能点 5　编辑图形训练

微课　编辑图形训练

学习二维图形的绘制与编辑后，我们一起绘制如图 1-117 所示几何图形，重点训练编辑命令的操作，具体的操作流程如下。

Step 01　设粗实线图层为当前图层，执行“矩形”命令，按尺寸画出长 40、宽 20 的矩形，再用“偏移”命令画出里面的细实线矩形，偏移距离为 3，如图 1-118 所示。

图 1-117　几何图形

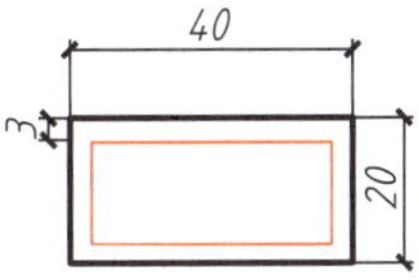

图 1-118　偏移

Step 02　用“复制”命令复制一组矩形，用“旋转”命令将该组矩形旋转 90°，使用“移动”命令将该组矩形移动到所需位置，用对象追踪定位，效果如图 1-119 所示。

Step 03　用“镜像”命令将两组矩形以水平线为镜像线进行对称复制，再用“移动”命令将镜像复制出的图形移动到所需位置，用对象追踪定位，效果如

图 1-120 所示。

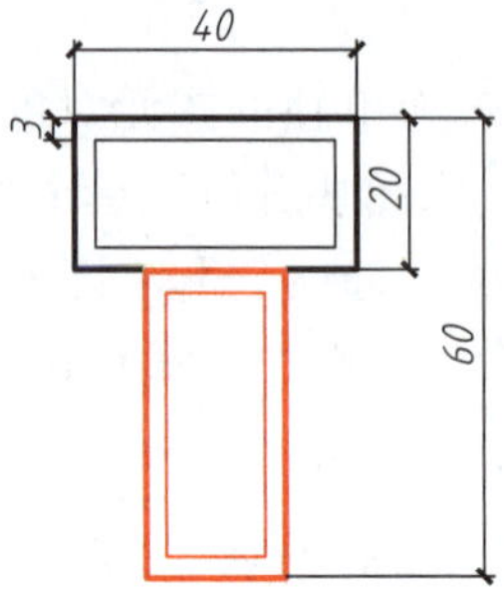

图 1-119 复制、旋转、移动

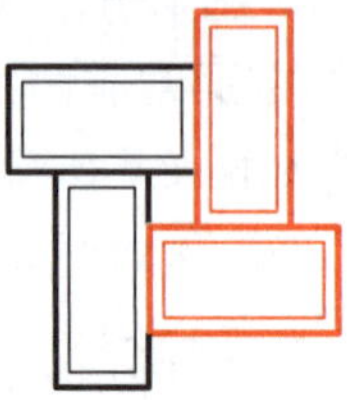

图 1-120 镜像、移动

Step 04 用“阵列”命令按 3 行、2 列进行矩形阵列，阵列的行间距为“-60”，列间距为“60”，效果如图 1-121 所示。

Step 05 用“拉伸”命令，将图 1-122 中用窗口选择的 6 处分别缩短到所需位置，基准点和捕捉点用对象捕捉定位，完成图形，效果如图 1-123 所示。

图 1-121 阵列

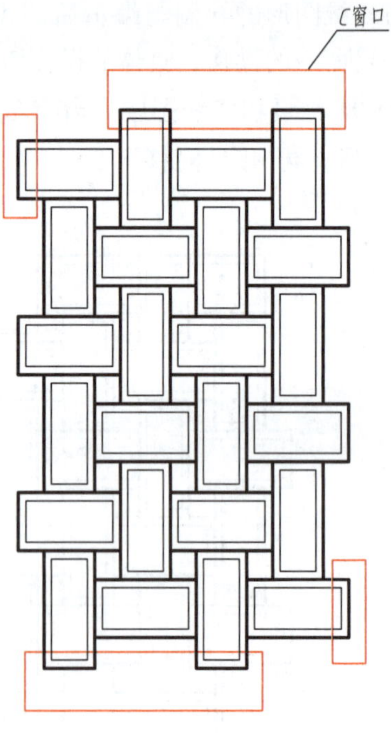

图 1-122 拉伸

【课堂检测】

1. “复制”命令是指以相反的方向复制生成所选择的图形。这种说法是否正确？

2. 复制图形中规律分布的实体用什么命令？

3. 用“比例缩放”命令可将选中的图形相对于基点按比例进行放大或缩小。

图 1-123　完成图形

这种说法是否正确？

4. 绘图时常会出现误差，当所绘两线段相交处出现出头时，用什么命令去掉出头最准确？

5. 在移动图形的操作中，可以结合坐标和对象捕捉功能，从而快速、准确地移动图形到指定位置。这种说法是否正确？

6. 请结合本节任务的完成过程谈谈对“严谨执着的匠心”“精益求精的追求”的理解及对你学习的启示。

子任务 3　文字样式设置与注写

【工作任务】

任务描述： 图纸的标题栏用文字来填写设计单位、工程名称、图名、图纸编号、比例、设计者和审核者等内容。标题栏一般位于图框右下角，文字方向为看图的方向。标题栏的文字国家标准规定为仿宋字体，汉字的仿宋字体笔画粗细均匀，出锋犀利，刚柔相济、挺拔秀丽、结构紧致。请大家在 A3 图框标题栏中对应框内加入图名、姓名、校名等内容，完成标题栏中文字的注写，如图 1-124 所示。书写“规范”字体、绘制宏伟“蓝图”。

微课
文字样式设置与注写

思政链接： 汉字是我国古代劳动人民在长期的社会实践中创造出来的。汉字在世界文字体系中有着独特而又崇高的地位。汉字有长达数千年的发展和演变的历史过程：商代之前为起源史，殷商甲骨文为成熟期。此后出现一系列演化，特别是到了汉代，隶书取代小篆成为主要字体，中国文字发展历史就脱离古文字阶段进入隶楷阶段；楷书到隋唐基本定型，在宋朝刻印的书籍中被美术化成为宋体字，后有模仿宋体字而来的仿宋体。仿宋体由宋体变化而来，带有楷书味，横竖笔画粗细一致，最初的仿宋字都是方形的，高宽相近。为适应竖排左行和正文夹注的需要，丁辅之又设计了一种长仿宋字，高三宽二，体形修长，愈发瘦硬清秀。

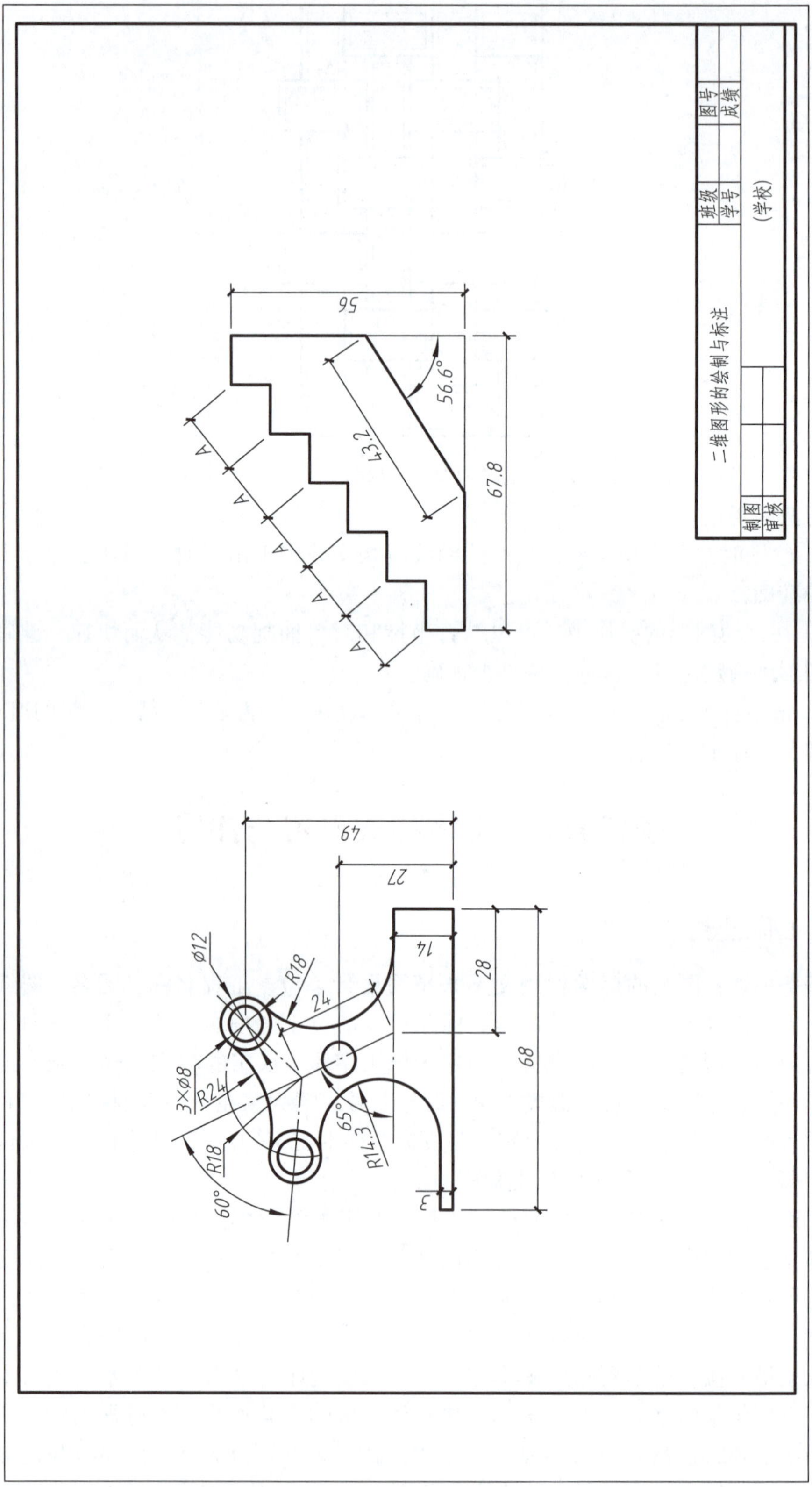

图 1-124 A3 图框及标题栏文字

在仿宋体诞生和完善过程中，我国现代科学技术开始发展。机械、建筑、桥梁、铁路等专业的技术成果都需要用大量的设计图纸来表述，仿宋体成了在图纸上书写汉字的首选用字，其端庄、工整的法度和严格的规范性，令人不容置疑地表达文字内容，更加烘托出技术成果的严肃性、科学性和权威性。

【技能训练】

技能点 1　文字样式的设置

在进行文字注写之前，需要设置文字样式。文字样式是一组可随图形保存的文字设置集合，用于控制字体、字高、宽度因子、文字倾角以及特殊效果等。默认情况下，“Standard”样式为当前的文本样式，绘图时需要根据国标规定创建新的文本样式。具体创建步骤如下：

Step 01　打开“文字样式”对话框。选择“默认”菜单中的“注释”选项组，左键单击下拉菜单第一行文字样式按钮，如图 1-125 所示，打开“文字样式”对话框，如图 1-126 所示。

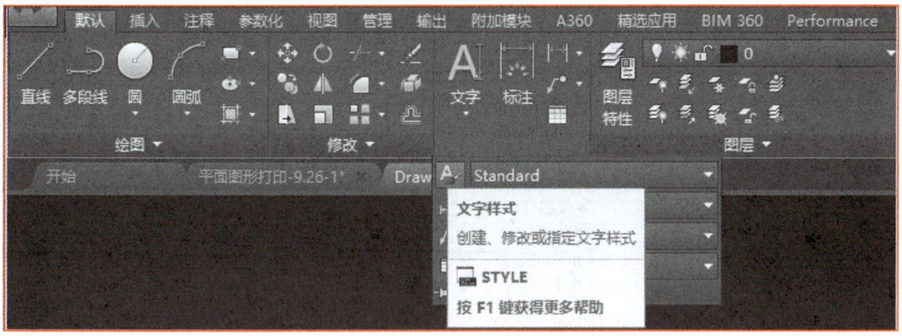

图 1-125　文字样式打开路径

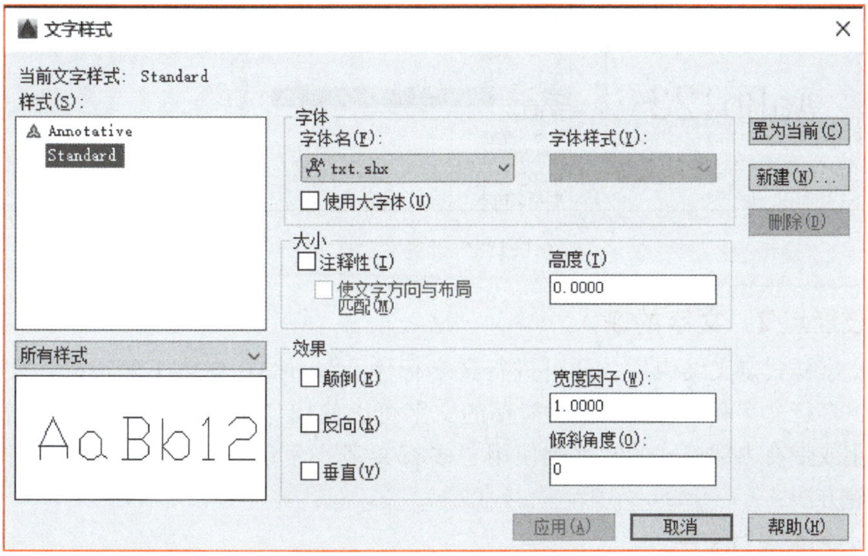

图 1-126　“文字样式”对话框

也可以输入 DDSTYLE 或 STYLE（ST）命令，按 Enter 键打开“文字样式”对话框。

Step 02 在“文字样式”对话框中，单击“新建”按钮，打开“新建文字样式”对话框（图 1-127），对文字样式进行命名，例如命名新的文字样式为“汉字”，单击“确定”按钮。

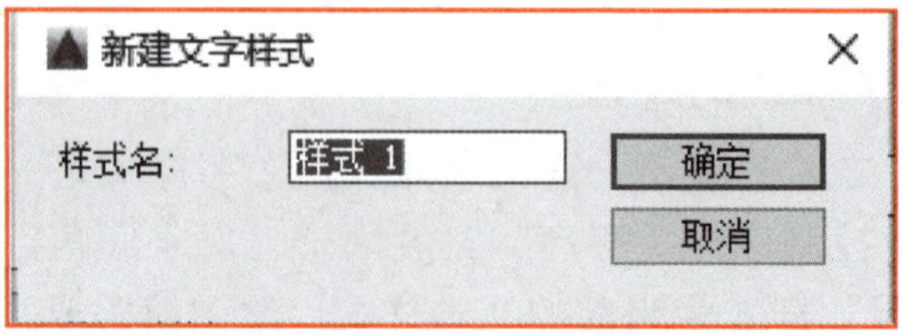

图 1-127 新建文字样式

Step 03 将汉字样式的字体按照国标要求，在下拉列表中选中“仿宋”字体（图 1-128）。文字高度不需要进行更改，设置为 0，这样在进行文字注写时，可以按照不同的文字高度，单独进行设置。将宽度因子设置为 0.7，单击“应用”按钮，完成字体样式的设置，关闭“文字样式”对话框，退出文字样式设置操作。

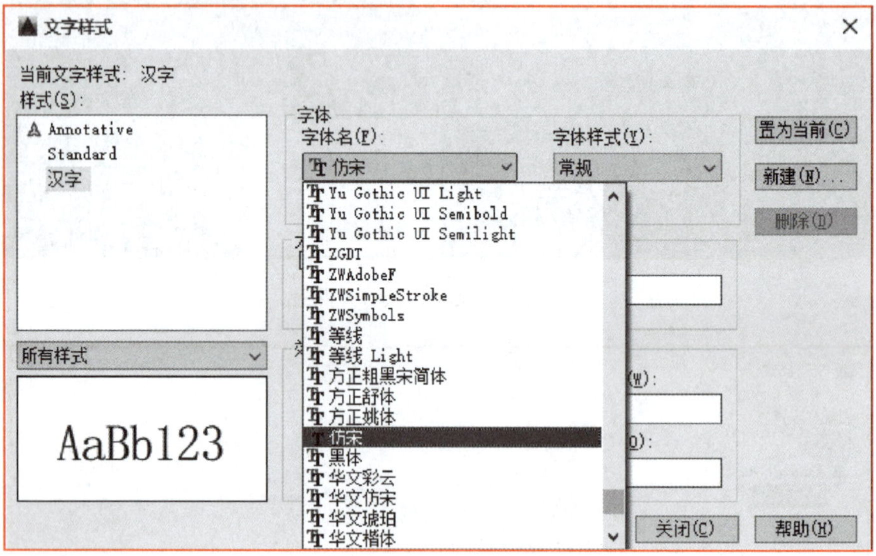

图 1-128 设置文字样式

技能点 2 文字的输入

文字样式定义结束后，便可进行文字标注。AutoCAD 提供了两种标注文字的方法：多行文字和单行文字。对简单的文字可以使用“单行文字”命令，对于较长文字或带有内部格式的文字则使用“多行文字”命令。下面分别介绍两种文字的创建方法：

1. 创建多行文字

Step 01 单击“默认”菜单中的“文字”下拉列表中的“多行文字”命令，

如图 1-129 所示。

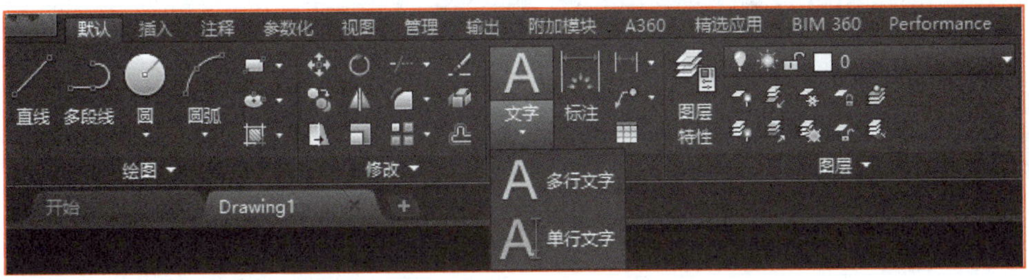

图 1-129　选择“多行文字”

Step 02　使用“多行文字”命令注写文字，首先需要在绘图窗口指定注写文字的区域，即文字框。文字框通过两个对角顶点来确定，确定一个顶点后，还需要输入文字的高度、位置，文字高度输入 10，位置即对正方式选择正中，再确定另一个顶点，如图 1-130 所示。

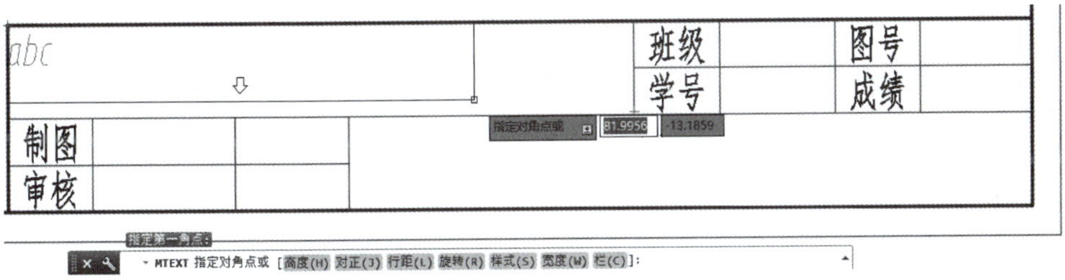

图 1-130　指定文字框

Step 03　在文字框中输入文字内容，例如“二维图形的绘制与标注”后，在文字框外单击，结束多行文字注写，如图 1-131 所示。

图 1-131　多行文字注写

2. 创建单行文字

Step 01　单击“默认”菜单中的“文字”下拉列表中的“单行文字”命令，或者在命令行输入 TEXT 或 DTEXT 命令。

Step 02　使用“单行文字”命令注写文字，文字位置正中，可以先在文字框中绘制一条对角线，以便确定中间点，文字高度输入 7，文字旋转角度输入 0，如图 1-132 所示。

Step 03　输入文字内容，例如“(学校)”后，按键盘 Esc 键退出，再删除开始绘制的对角线，结束单行文字的注写，如图 1-133 所示。

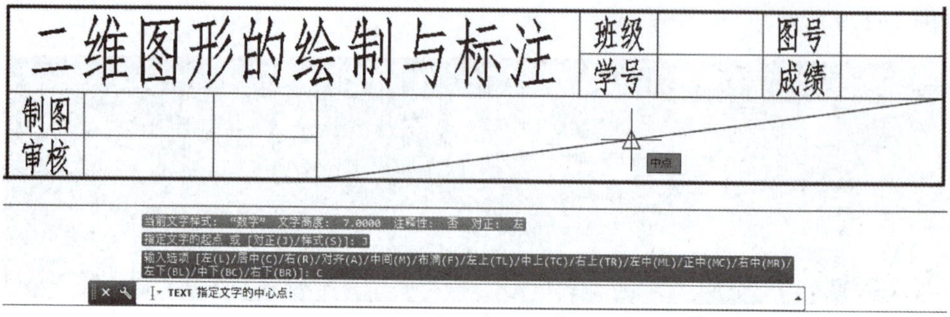

图 1-132　设置单行文字格式

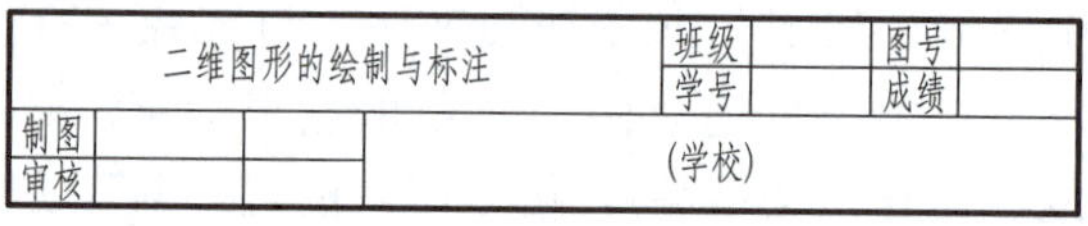

图 1-133　输入单行文字内容

注意

只有将当前文字样式中的高度设置为 0 时，在使用单行文本命令时 AutoCAD 才能出现要求输入文字高度的提示。

【课堂检测】

1. AutoCAD 提供了几种文字输入的方式？分别是什么？
2. 国家标准规定，工程字体的文字样式是什么？
3. 在文字样式创建时，就可以输入文字高度，不影响文字注写时文字高度的改变。这样的操作是否正确？
4. 用“单行文字”命令注写文字时，为什么要先绘制一条对角线？
5. “单行文字”和“多行文字”两种文字注写命令退出方式分别是什么？
6. 谈一谈工程字体为何要用仿宋字体。

子任务 4　尺寸标注样式设置与注写

【工作任务】

任务描述：请按照图 1-134 所示完成图形中直线、角度、直径、半径的尺寸标注，要求尺寸标注样式必须符合国家标准要求。图形只能表示形体的结构形状，形体的大小及各部分之间的相互位置，必须由尺寸确定，尺寸标注必须严谨、实事求是，养成规范画图、规范做事的习惯。

微课

尺寸标注样式设置与注写

思政链接：2019 年年底，全国人民从四面八方前往驰援建设火神山医院的场景令人动容。特别值得称赞的是，在这一过程中，火神山医院设计团队与时间赛跑，秉持“生命至上”的原则，在 12 小时内完成方案设计、3 天交付全部施工图纸。在此过程中，我们可以感受到工程师在祖国有需要时的敬业精神和家国担当，火神山医院

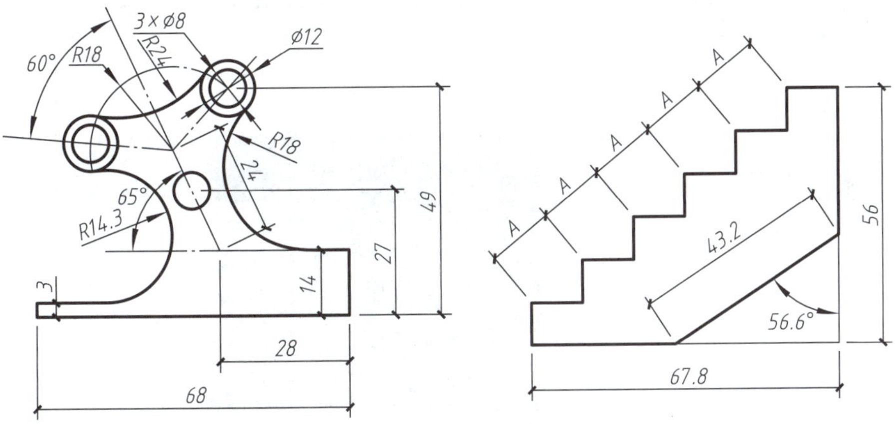

图 1-134　尺寸标注案例

设计师黄锡璆，花了 78 分钟整理并修订完善了当年小汤山医院的设计图，无偿交给了武汉中信建筑设计院。正是这份图纸的严谨、规范、无可挑剔，才使火神山医院的建设能够在设计阶段就与死神赛跑。这份图纸的每一页，都承载着黄锡璆老先生的家国梦想，每一所坚固的医院，都体现着他的工匠精神，因此，大家应该以严谨的态度绘制每条轮廓线，标注每一道尺寸，一丝不苟地完成工程图样的绘制。

【技能训练】

一个完整的尺寸标注由尺寸线、尺寸界线、尺寸起止符号和尺寸数字四部分组成，四个要素均要严格按照国家标准要求进行设置。一般情况下，为了方便，需要建立专用的标注图层，用于控制尺寸的显示和隐藏，以便于浏览和修改，尺寸线、尺寸界线的线型、线宽、颜色全部通过图层进行设置。

使用 AutoCAD 进行尺寸标注时，标注的外观是由当前标注样式控制的，因此在标注尺寸之前先要进行尺寸标注样式的设置。尺寸标注时先设置共性样式，再设置个性的样式，后进行标注。

技能点 1　尺寸标注样式的设置

Step 01　打开文字样式管理器。选择“默认”菜单中的“注释”选项组，左键单击下拉菜单第二行标注样式按钮，如图 1-135 所示，打开“标注样式管理器”对话框，如图 1-136 所示。

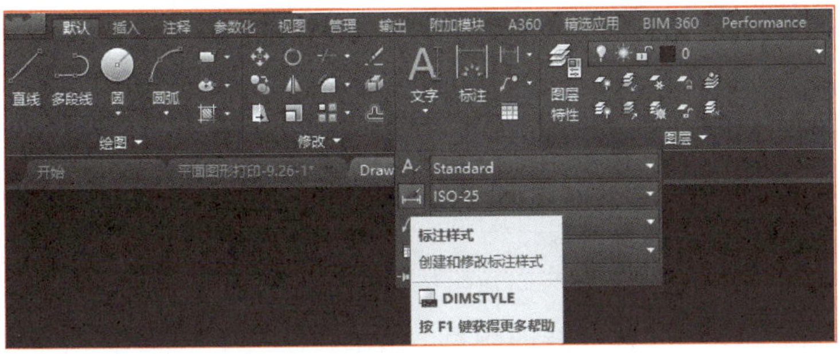

图 1-135　选择“标注样式”

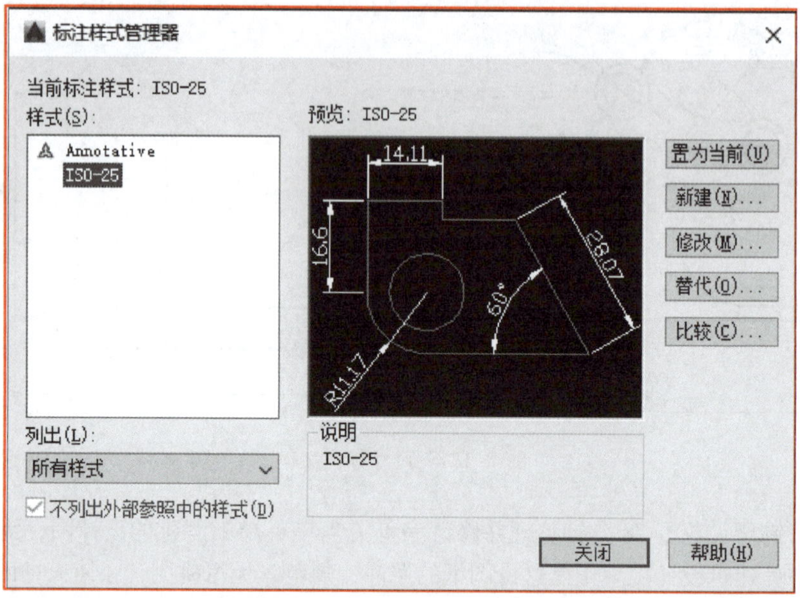

图 1-136 “标注样式管理器”对话框

也可以输入命令 DIMSTYLE（D），按 Enter 键打开“标注样式管理器”对话框。

Step 02 在“标注样式管理器”对话框中，可以创建或调用已有的尺寸标注样式，单击“新建”按钮，弹出“创建新标注样式”对话框，如图 1-137 所示。在“新样式名”文本框中输入新的样式名称，比如输入新的样式名为“土建”。

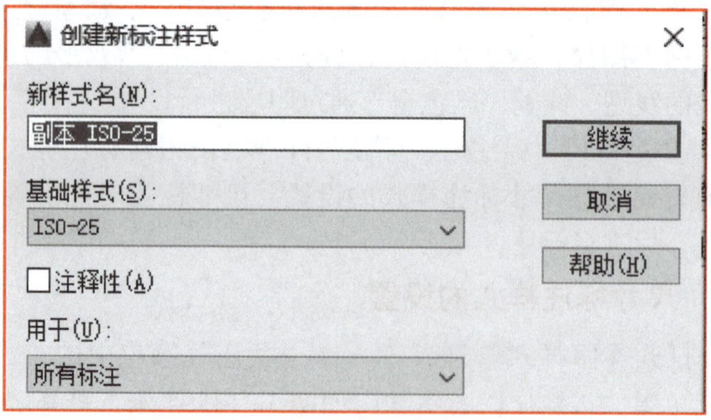

图 1-137 “创建新标注样式”对话框

Step 03 单击“继续”按钮弹出“新建标注样式：标注”对话框，在对话框中，可以创建或调用已有的尺寸标注样式，如图 1-138 所示。在该对话框中可对 7 个选项卡分别进行设置。

Step 04 “线”选项卡设置。“线”选项卡可以对尺寸线和尺寸界线的线型、线宽、颜色等参数进行设置。

设置尺寸线。在“尺寸线”选项组中可以设置影响尺寸线的一些变量：“颜色”下拉列表，用于选择尺寸线的颜色，由于在图层中已经对颜色进行了设置，

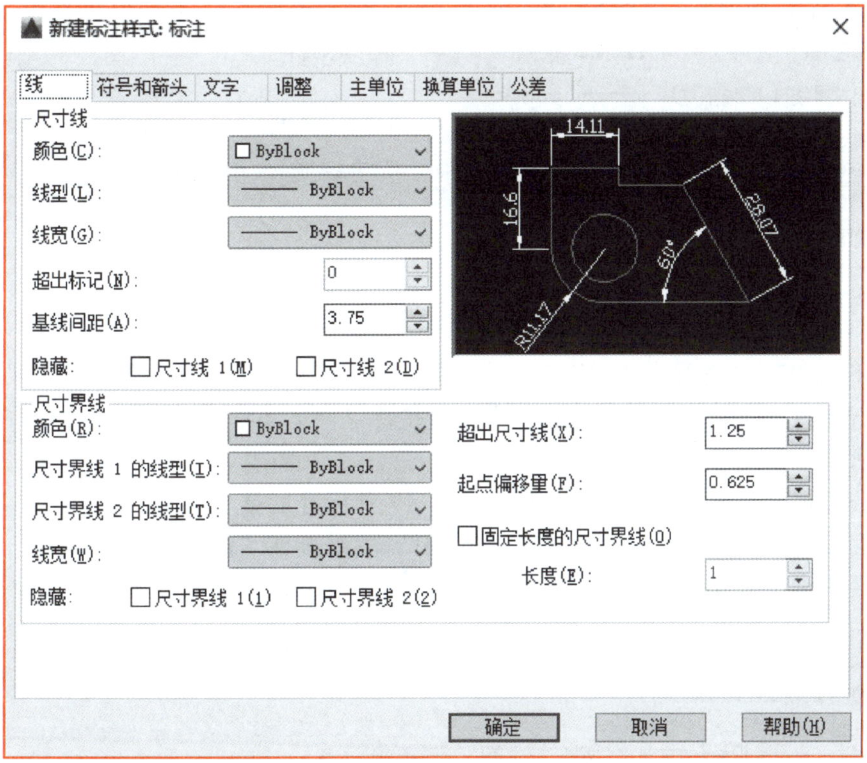

图 1-138　新建标注样式

因此选择“ByLayer”即随层。“线型”和“线宽”同样也在图层中进行了设置，也选择“ByLayer”，如图 1-139 所示。

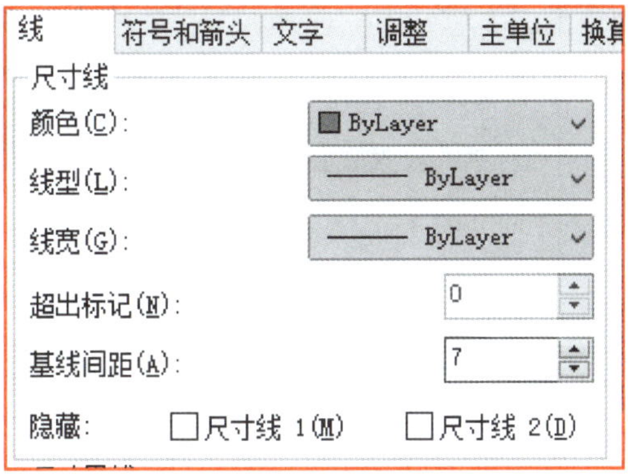

图 1-139　尺寸线设置

设置尺寸界线。在“尺寸界线”选项组中可以设置影响尺寸界线的一些变量：“颜色”下拉列表，用于选择尺寸界线的颜色，由于在图层中已经对颜色进行了设置，因此选择“ByLayer”即随层；“线型”和“线宽”同样也选择“ByLayer”；“超出尺寸线”选项即用于控制尺寸界线超出尺寸线的距离，国家标准规定超出的距离为 2~3 mm，因此该选项一般设为 2 或 3；“起点偏移量”选项用于设置图形中尺寸界线到轮廓线的偏移距离，通常尺寸界线与轮廓线对象之间有一定的距离，能够更清楚地区分尺寸标注和被标注轮廓线，国家标准规定，尺寸界线离开图样的轮廓线不小于 2 mm；“固定长度的尺寸界线”选项，用于指定尺寸界线从尺寸线到尺寸界线靠近图形一侧端部的总长度，一般不设置这个参数。尺寸界线所有的设置如图 1-140 所示。

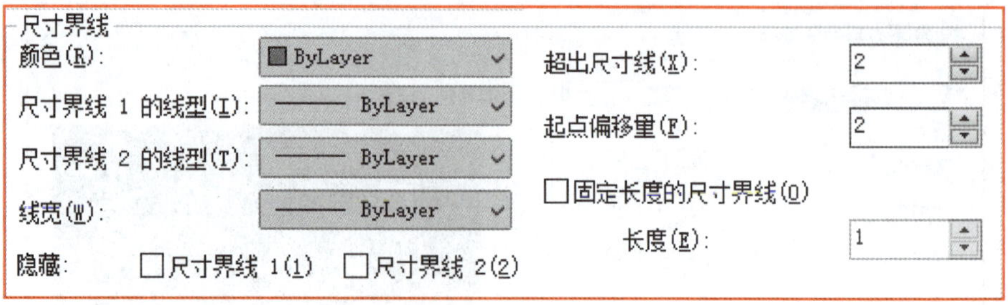

图 1-140 尺寸界线设置

Step 05 “符号和箭头”选项卡设置。“符号和箭头”选项卡可以对尺寸标注的起止符号、圆心标记、折断标注、弧长符号、半径折弯标注、线性折弯标注的样式等进行设置。

设置尺寸起止符号。AutoCAD 提供了 19 种标准的箭头类型，如图 1-141 所示，可以根据不同的标注类型进行选取，比如直线选择“建筑标记”，角度、直径和半径都选用“实心闭合”。箭头大小如果是 45° 中粗斜短线，大小一般设为 2，如果为“实心闭合”，大小一般设为 3。

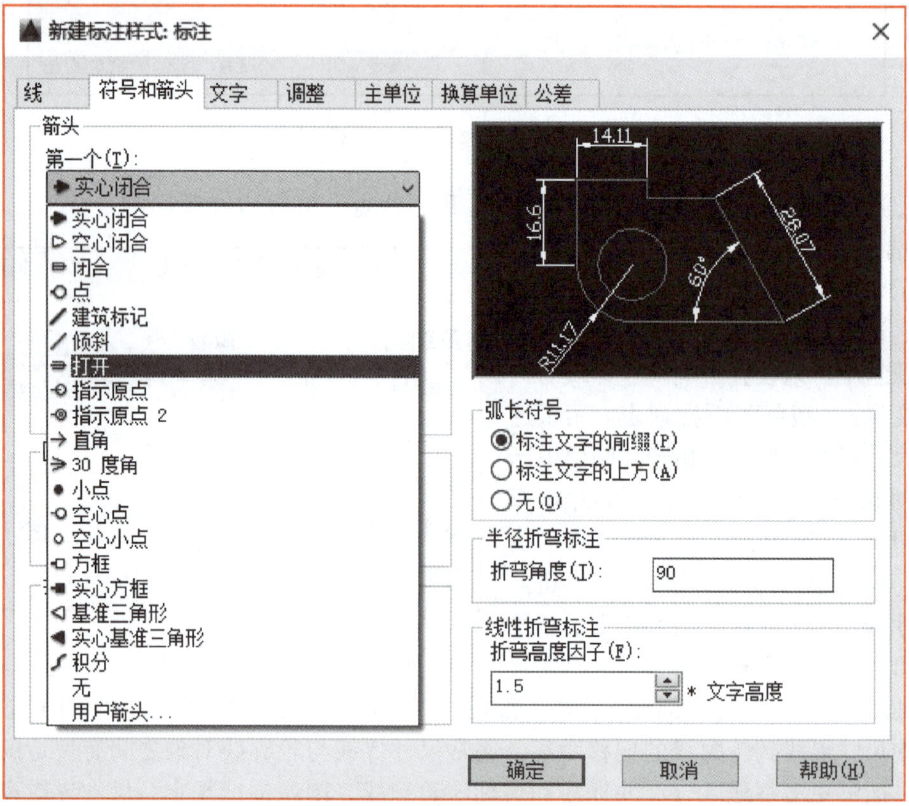

图 1-141 19 种标准箭头类型

Step 06 “文字”选项卡设置。“文字”选项卡可以对标注文字的外观、位置和对齐方式进行设置，如图 1-142 所示。

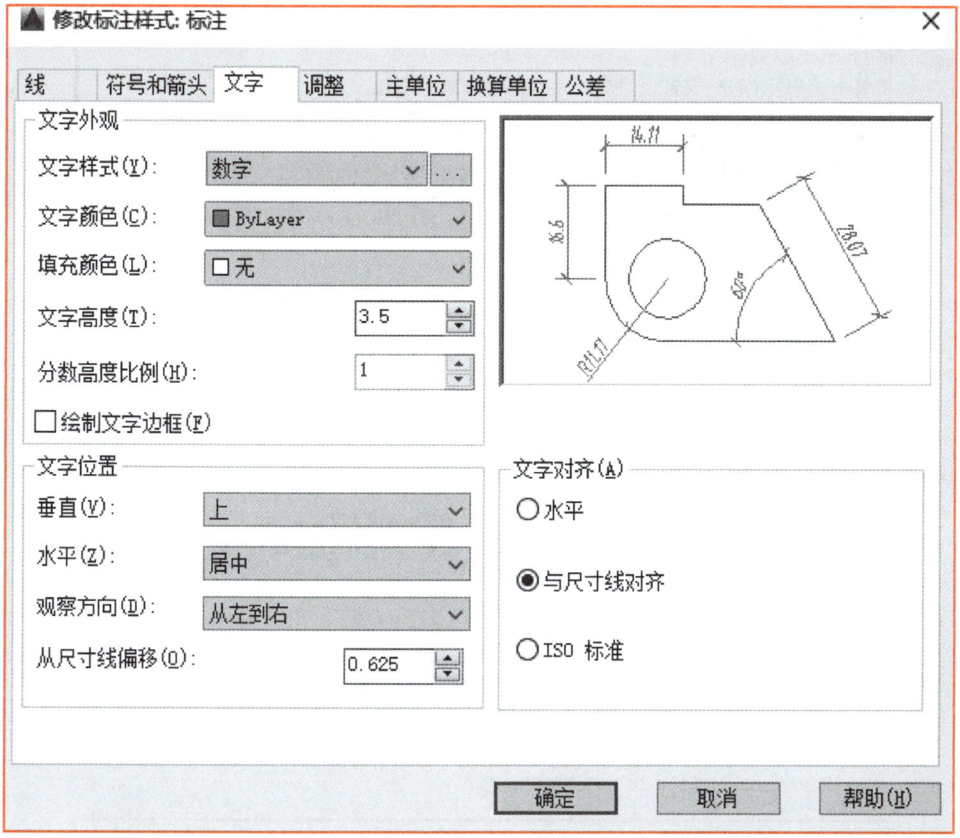

图 1-142　“文字”选项卡设置

“文字外观”中“文字样式”设置同子任务 3 中文字样式的设置，文字字体选择“gbeitc. shx”，高度为 0，宽度因子依然为 0.7；“文字颜色”在图层中已经进行了设置，因此选择“ByLayer”，“文字高度”设为 3.5；“分数高度比例”用于分数形式的字符与其他字符之间的比例，只有在分数的标注时，才进行此项设置。

Step 07　“调整”选项卡设置。“调整”选项卡可以对标注文字、箭头、文字与尺寸线的位置关系等进行设置，如图 1-143 所示。

“调整选项”用于控制尺寸界线之间可用空间的文字和箭头的位置。

注意

当尺寸界线间距离仅够容纳文字时，文字放在尺寸界线内，箭头放在尺寸界线外；当尺寸界线间距离仅够容纳箭头时，箭头放在延伸线内，文字放在延伸线外；当尺寸界线间的距离不够放文字又不够放箭头时，文字和箭头都放在尺寸界线外。

Step 08　“主单位”选项卡设置。“主单位”选项卡可以设置标注的单位格式和精度，标注文字的前缀和后缀等，如图 1-144 所示。

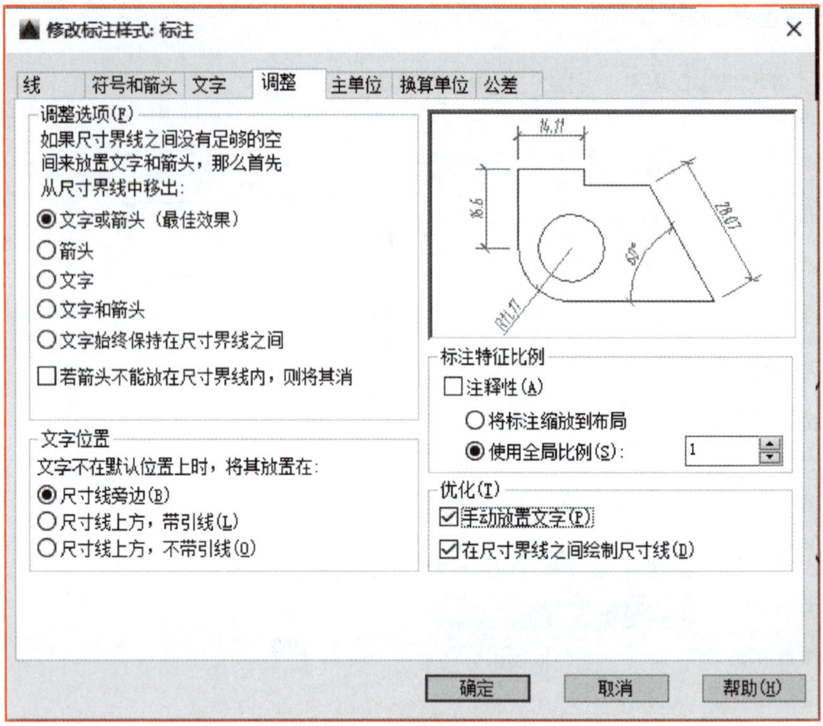

图 1-143 “调整”选项卡设置

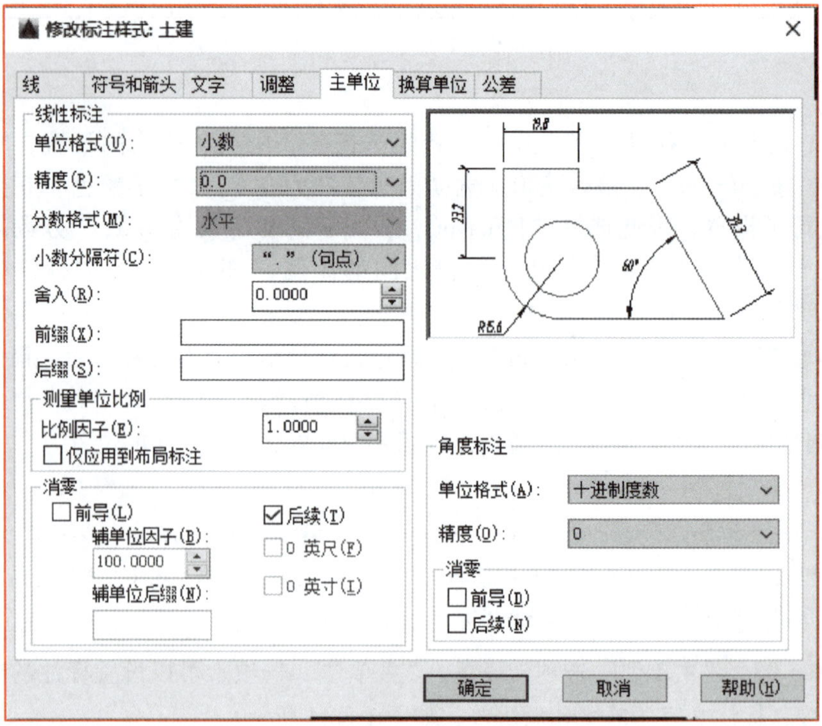

图 1-144 “主单位”选项卡设置

技能点 2　尺寸标注

1. 线性、对齐标注

Step 01　标注水平方向和垂直方向的尺寸，使用线性标注，具体操作为：

单击“标注”|“线性”命令，或输入 DIMLINEAR（或其快捷键 DLI）并按 Enter 键。通过移动光标指定尺寸线的位置可以标注水平或垂直尺寸，系统将自动测定尺寸数字，如图 1-145 所示标注的长度为 28、14 的线段。

Step 02　对于间距较小的尺寸标注，可在标注后光标放置在尺寸数字旁边，待弹出图 1-145 所示对话框，选择“随尺寸线移动”，将数字 3 移动至轮廓线外，如图 1-146 所示。

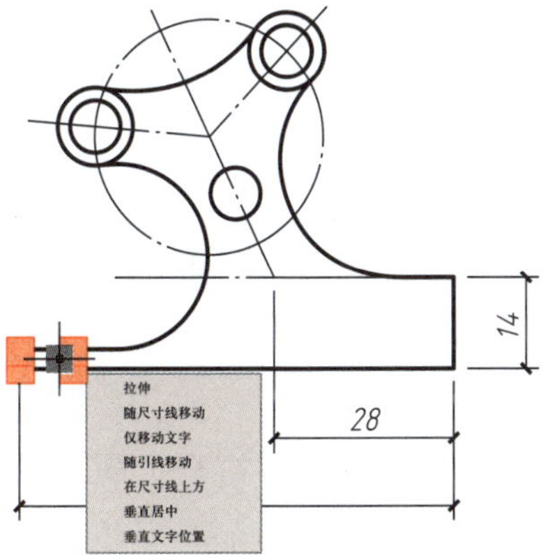

图 1-145　尺寸编辑对话框

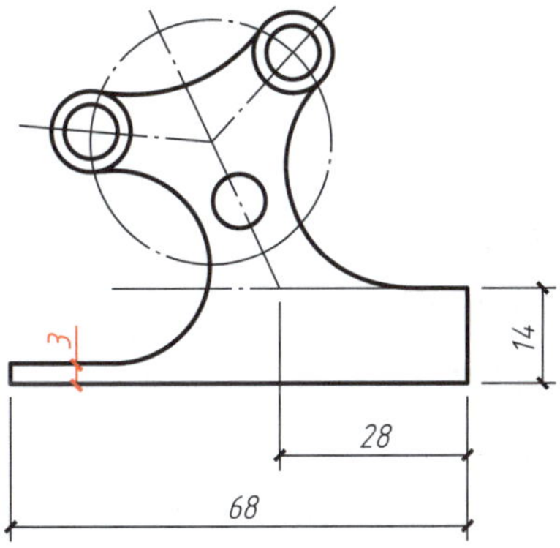

图 1-146　尺寸编辑后效果

Step 03　对于倾斜的线段，采用对齐标注。对齐标注是线性标注尺寸的一种特殊形式。单击“标注”|“对齐”命令，或输入命令 DIMALIGNED（DAL）并按 Enter 键。通过移动光标指定尺寸线的位置，这时系统将自动测定尺寸数字并标注，如图 1-147 所示尺寸数字为 24 和 43.4 这两个尺寸标注。

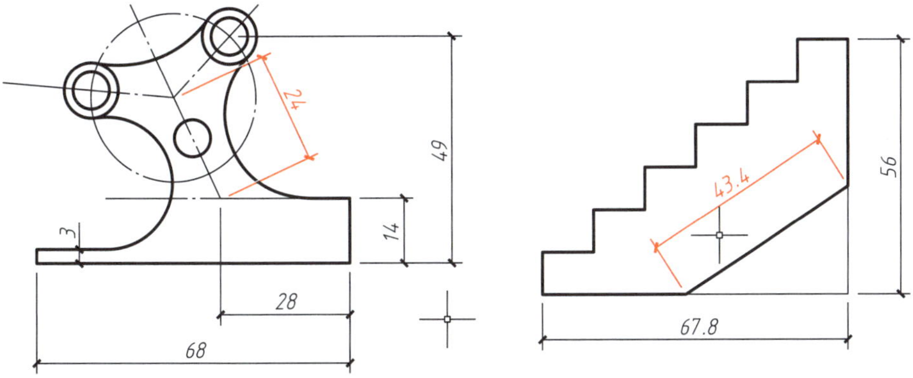

图 1-147　对齐标注

Step 04　对于标注的文字有特色的设置，可通过设置相应的选项来实现。例如两个台阶之间的倾斜距离标注应该为字母“*A*”，而一般按照对齐标注时，其自动测量的距离为 14.7，此时选择了两点时，还需要在命令行输入 T，选择文字，再键入字母 A，按 Enter 键，即完成了标注数字的改写，如图 1-148 所示。

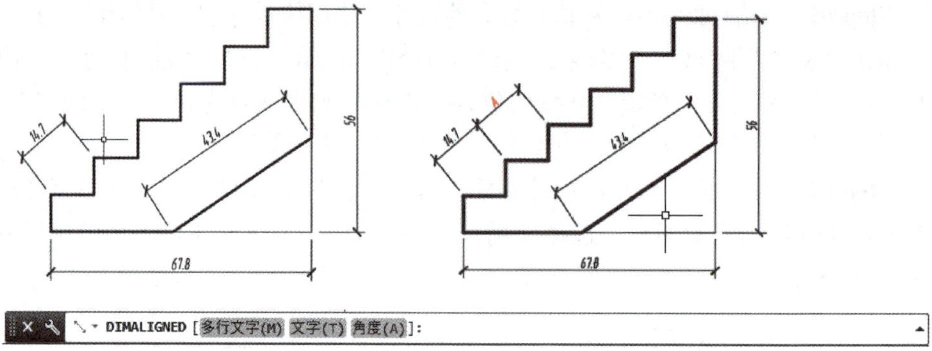

图 1-148 特色文字编辑标注

注意

如果要标注的第一条尺寸界线（起始界线）刚好是上一个标注的第二条尺寸界线（终止界线）时，可以使用连续标注命令。

2. 连续标注

Step 01 在进行连续标注之前，必须先创建（或选择）一个线性标注作为基准标注，以确定连续标注所需要的前一尺寸标注的延伸性。

Step 02 选择好基准标注后，单击“标注”|“连续”命令，或输入 DIMCONTINUE（DCO），对尺寸进行连续标注。

Step 03 对尺寸数字进行修改，双击尺寸数字，将尺寸数字逐一改为“A”，如图 1-149 所示。

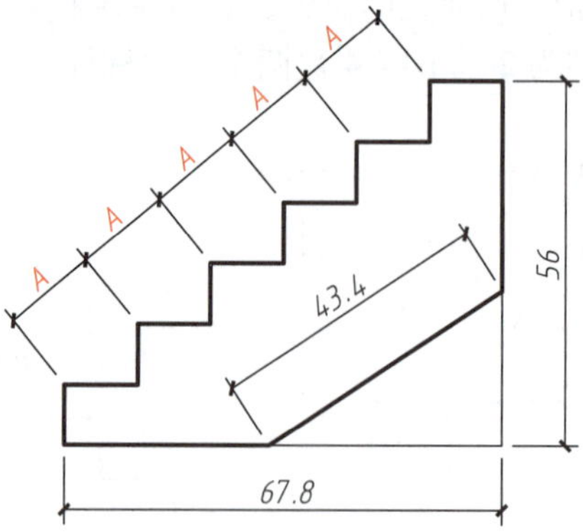

图 1-149 特色文字连续标注

3. 角度标注

Step 01 创建角度标注子样式，在“标注样式管理器”对话框中单击“新建”，用于“角度标注”，如图 1-150 所示。箭头改为实心闭合，文字位置垂直改为“外部”，文字对齐方式改为“水平”，如图 1-151 所示。

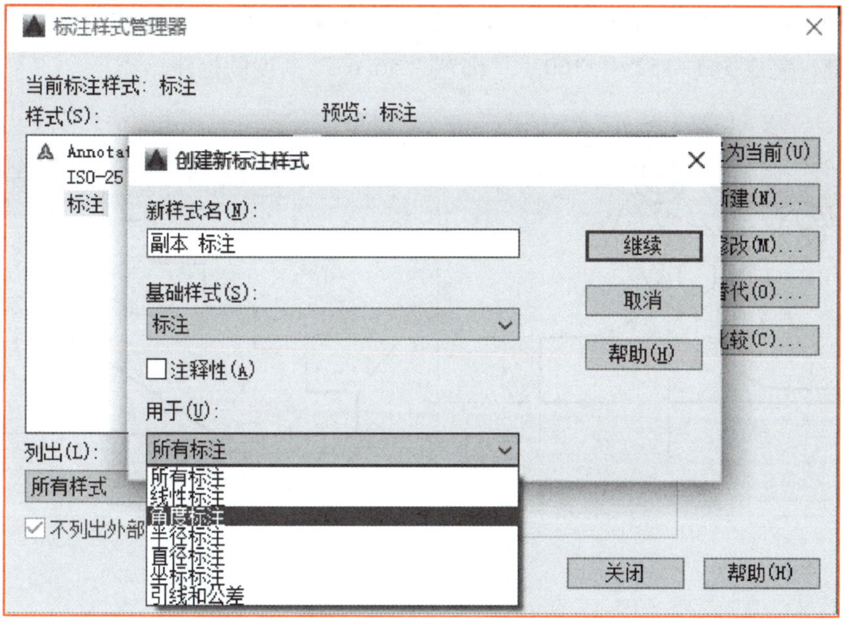

图 1-150　角度标注子样式创建

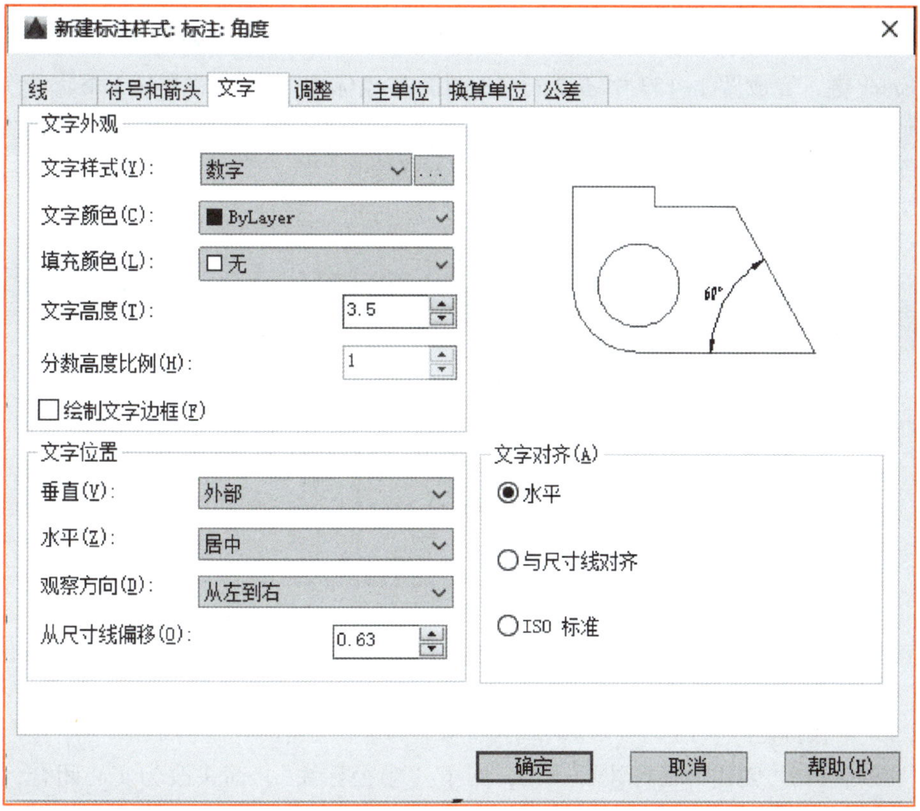

图 1-151　文字位置

Step 02 单击“标注”|“角度”命令，或输入 DIMANGULAR（DAN）并按 Enter 键，完成图 1-152 中“60°”“65°”“56.6°”角度的标注。

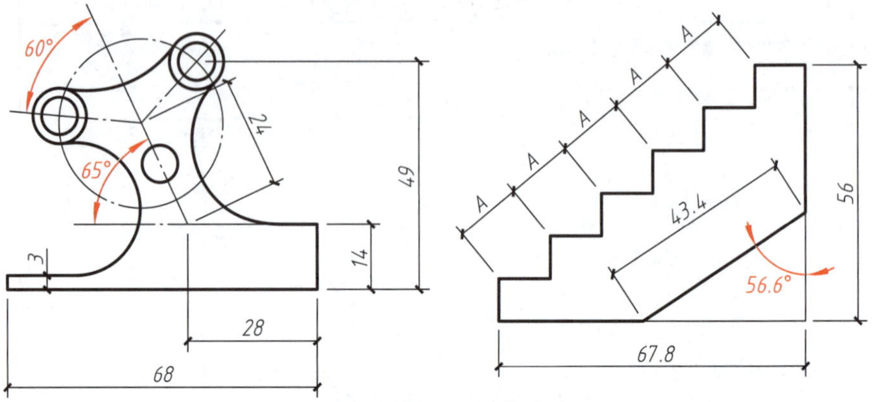

图 1-152 角度标注

4. 直径标注

Step 01 创建直径标注子样式，用于“直径标注”，箭头改为实心闭合，文字对齐方式改为 ISO 标准。

Step 02 单击“标注”|“直径”命令，或输入 DIMDIAMETER（DDI），并按 Enter 键，完成图 1-153 中 ϕ12 与 ϕ8 圆的直径标注。由于图中有 3 个直径为 8 的圆，因此可以在一个圆上直接标注出三个圆，即 3×ϕ8，此时在进行文字修改时，直径符号“ϕ”需用特殊字符“%%C”的方式输入。

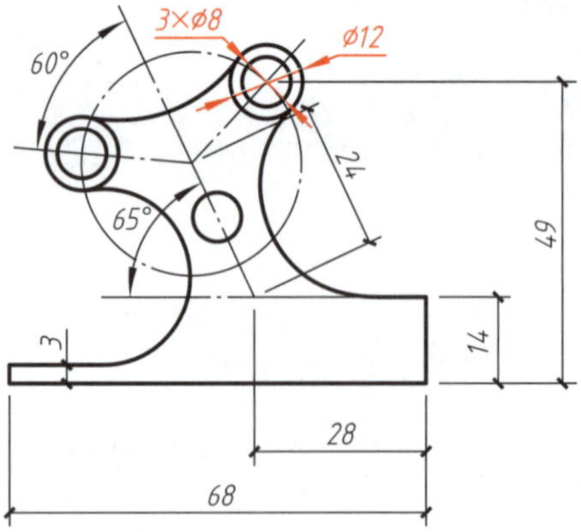

图 1-153 直径标注

5. 半径标注

Step 01 创建半径标注子样式，用于“半径标注”，箭头改为实心闭合，文字对齐方式改为“ISO 标准”。此时标注样式将是一个标准主样式下包含四个不同的子样式，如图 1-154 所示。

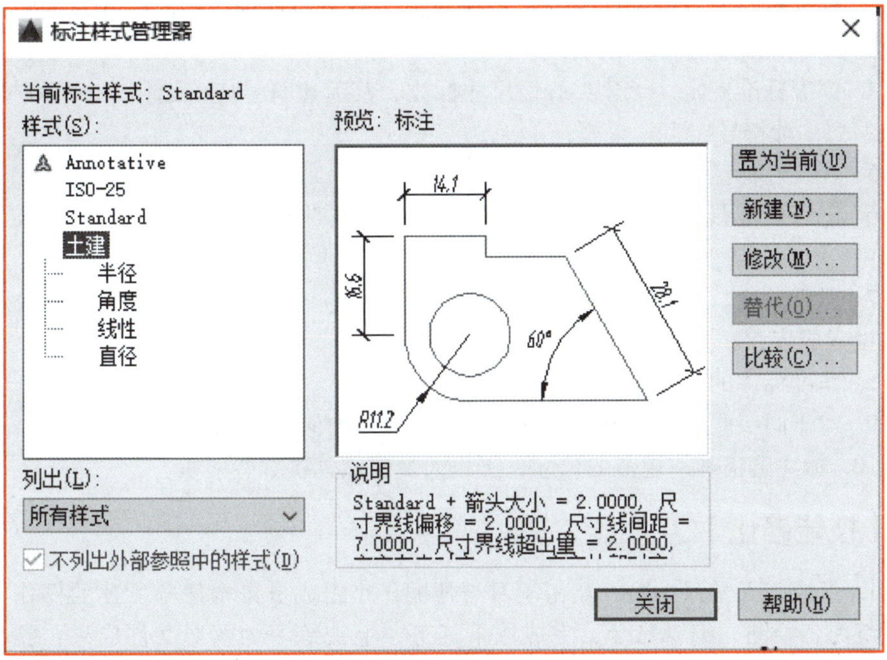

图 1-154　标注样式

Step 02　单击“标注”|“半径”命令，或输入 DIMRADIUS（DRA）并按 Enter 键，完成图 1-155 中 *R*18 与 *R*24、*R*14.3 等圆弧的半径标注。

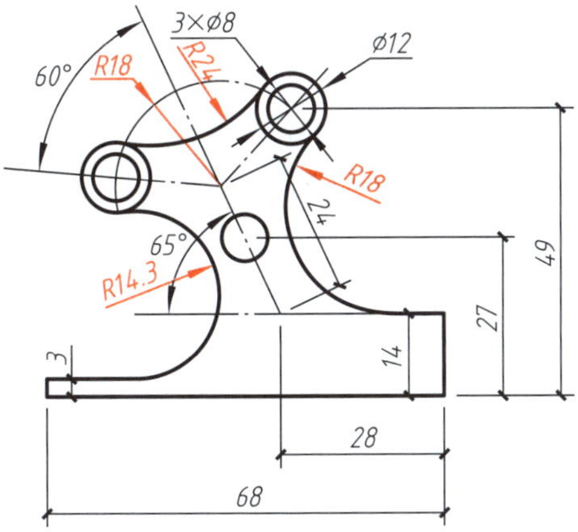

图 1-155　半径标注

【课堂检测】

1. 尺寸标注之前需要对尺寸的哪些要素进行设置？

2. 尺寸标注中尺寸线、尺寸符号、尺寸数字等的颜色、线型和线宽应该如何设置？

3. 尺寸标注时，国家标准规定基线间距一般设为多少？超出尺寸线的距离一般设为多少？起点偏移量设为多少？

4. 国家标准规定，土建类线性尺寸标注，其起止符号应该选用 AutoCAD 软件提供的哪一种符号？

5. 在线性标注时，箭头的大小一般设为多少？

6. 国家标准规定，尺寸数字的文字样式应该是哪一种？文字大小应该设为多少？

7. 对于角度、直径和半径，尺寸的起止符号应该设置成什么符号？其大小又应该设置成多大？

8. 角度标注的文字位置应该如何设置？

9. 对于同一张图纸中不同类型的标注，应该如何设置标注样式？

10. 标注出正确、规范的尺寸，工程人员应该具备哪些素质？

【技能强化】

1. 组成二人学习小组，互相学习与帮助，小组成员按本任务所述的操作方式依次练习各绘图、编辑命令，完成以下任务，上交练习的图形文件成果，验收并记录小组成绩。

（1）先用绘图命令画出一些基本图形，然后按本任务所述的操作方式依次练习复制、移动、改变大小、打断、合并、延伸与修剪、倒角、分解等编辑命令，各命令中的常用选项应逐一练到。

（2）再对所绘制的图形进行尺寸标注，要求按照国家标准要求创建尺寸标注样式，尺寸标注要求规范、美观、布置合理。

2. 将以下 50 个图形（强化图 1-1～强化图 1-50）随机分给班级中的同学进行考核或训练，要求完成平面图形绘制并标注尺寸，图线规格、尺寸标注要符合土建类制图国家标准，考核时间由教师给定。

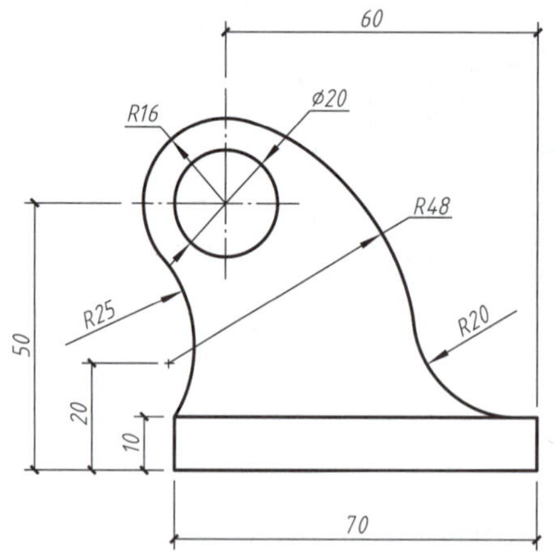

强化图 1-1

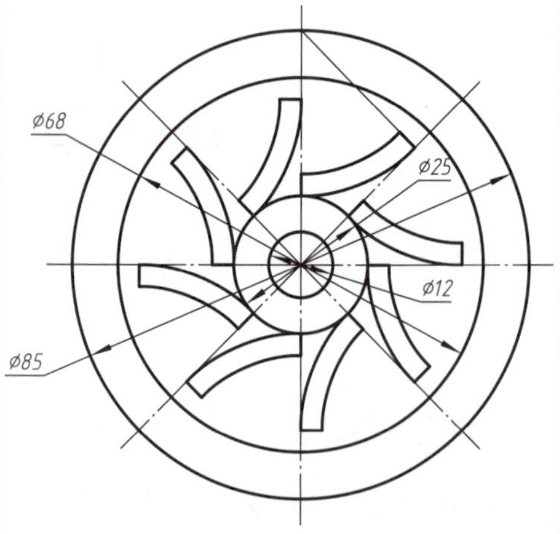

强化图 1-2

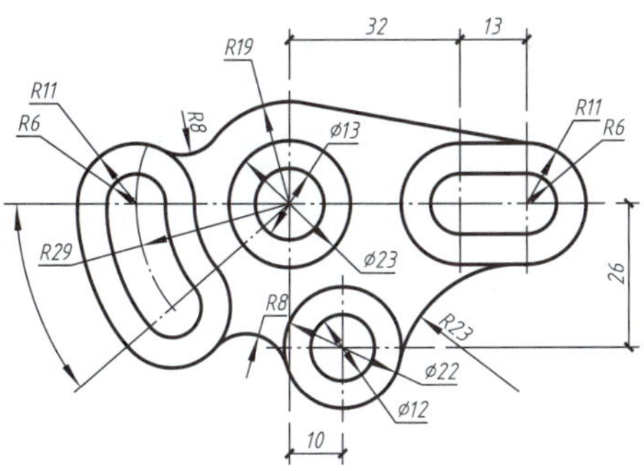

强化图 1-3

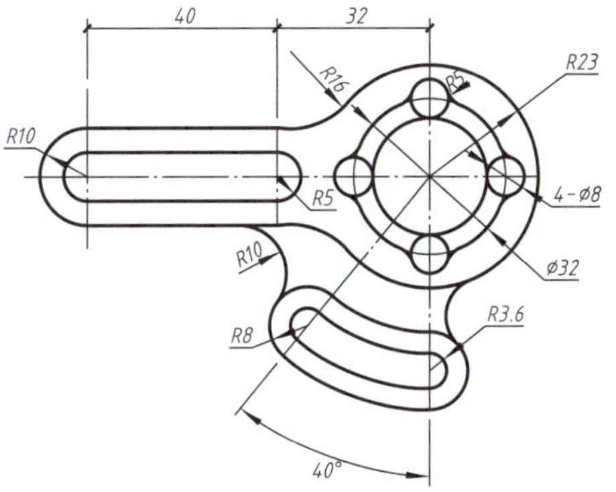

强化图 1-4

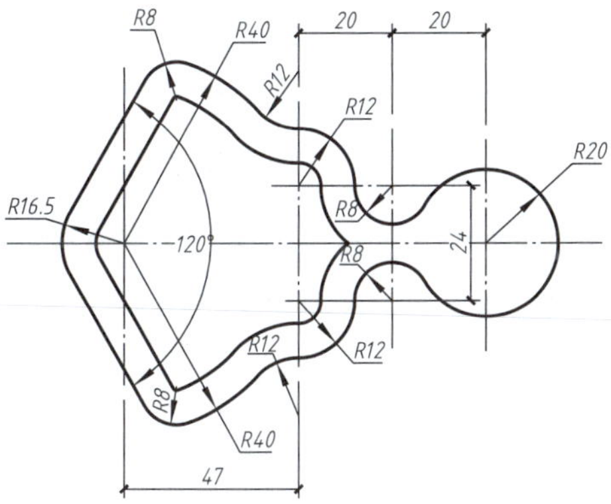

强化图 1-5

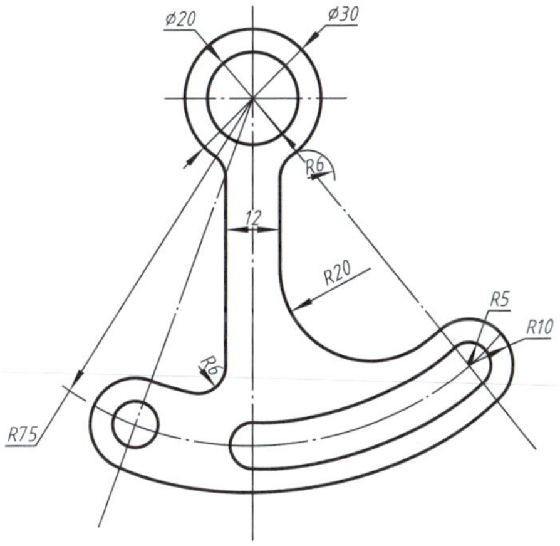

强化图 1-6

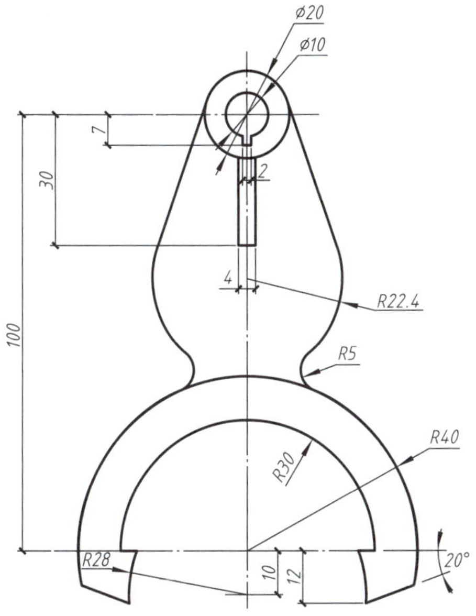

强化图 1-7

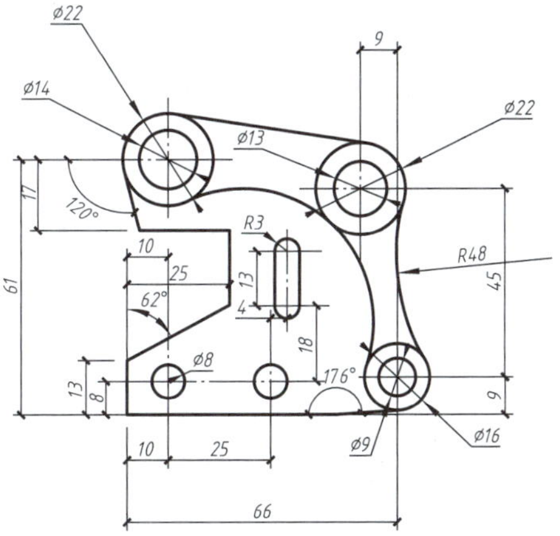

强化图 1-8

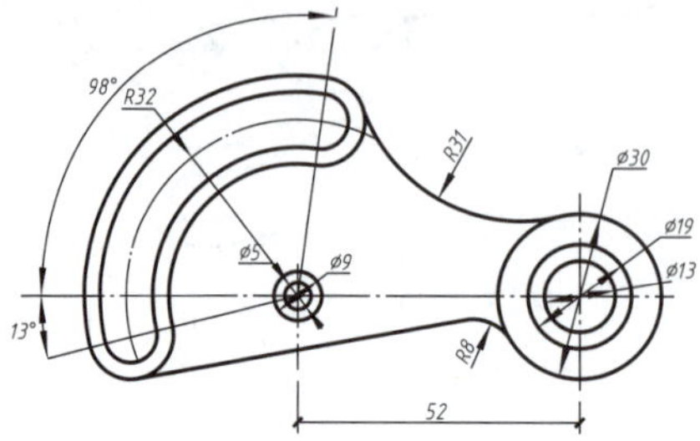

强化图 1-9

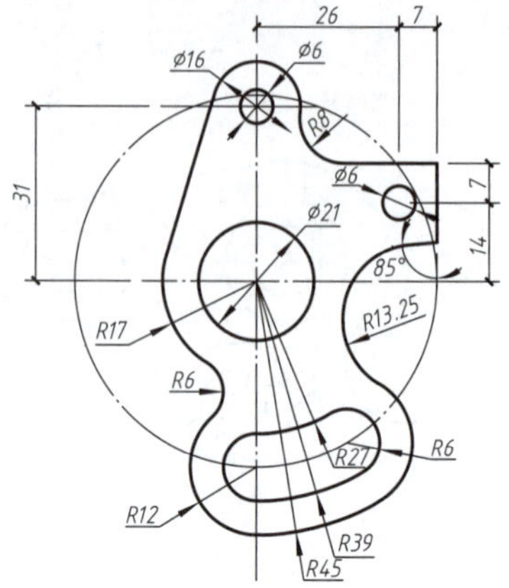

强化图 1-10

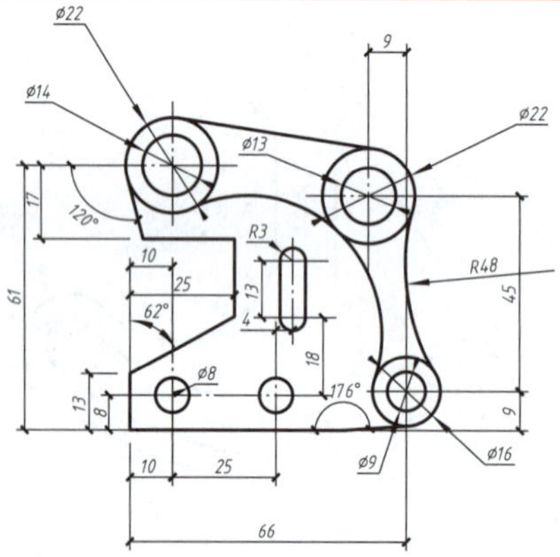

强化图 1-11

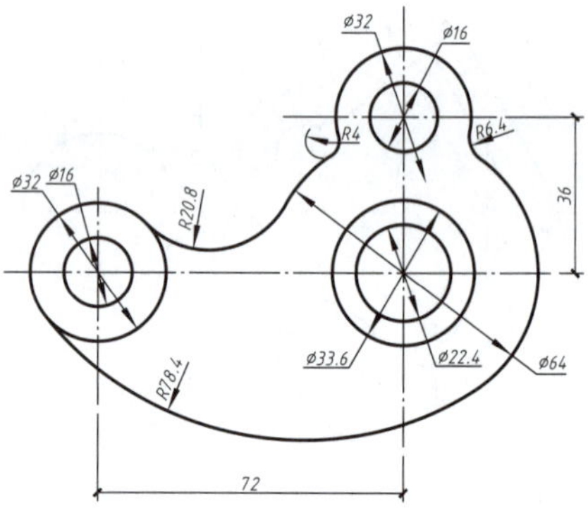

强化图 1-12

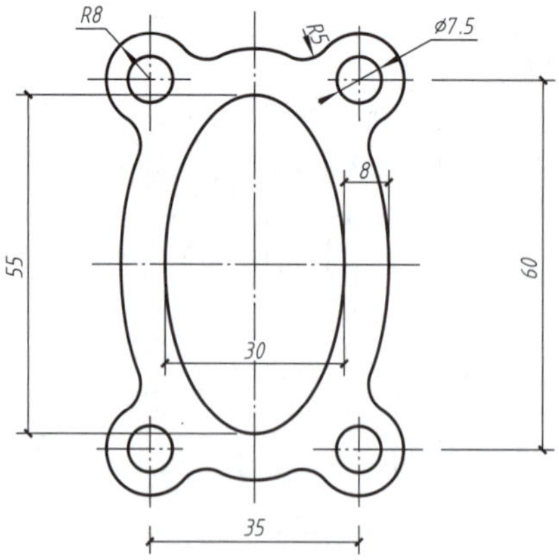

强化图 1-13

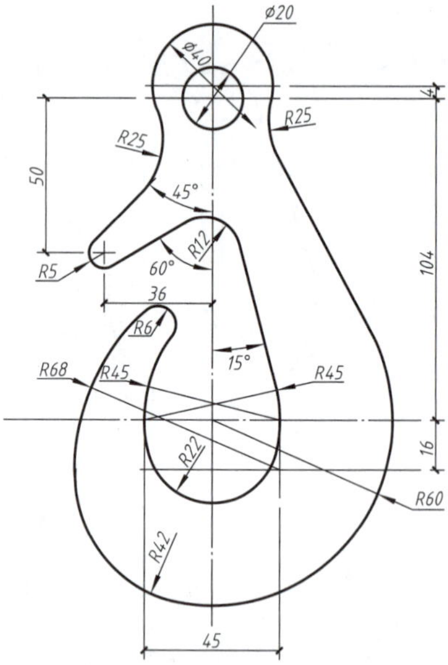

强化图 1-14

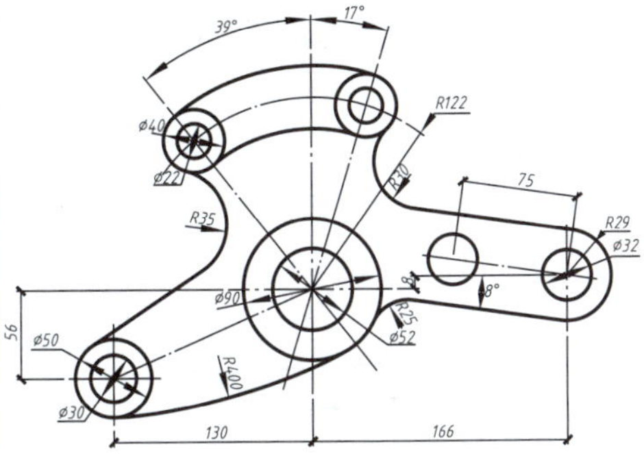

强化图 1-15

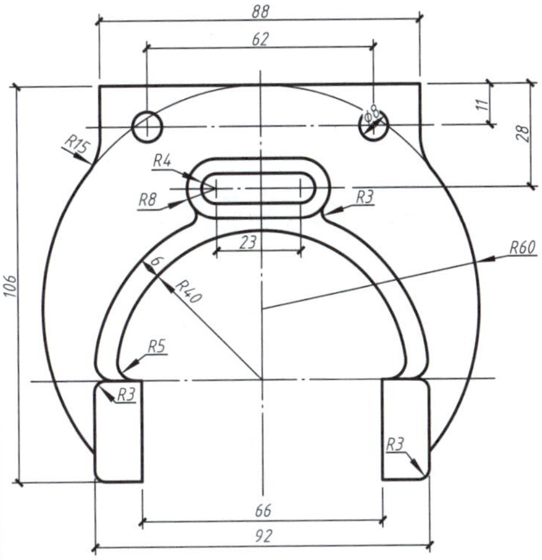

强化图 1-16

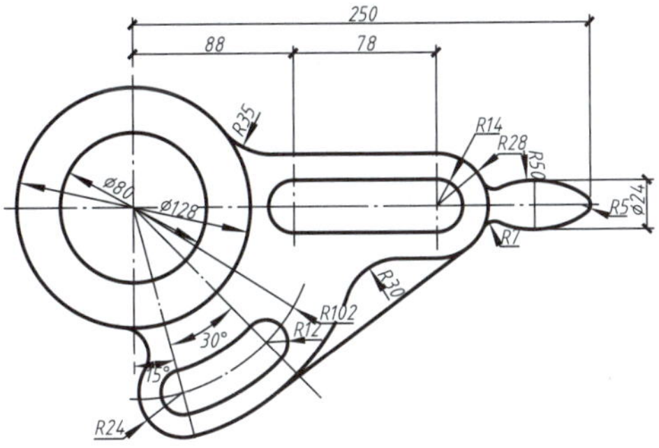

强化图 1-17

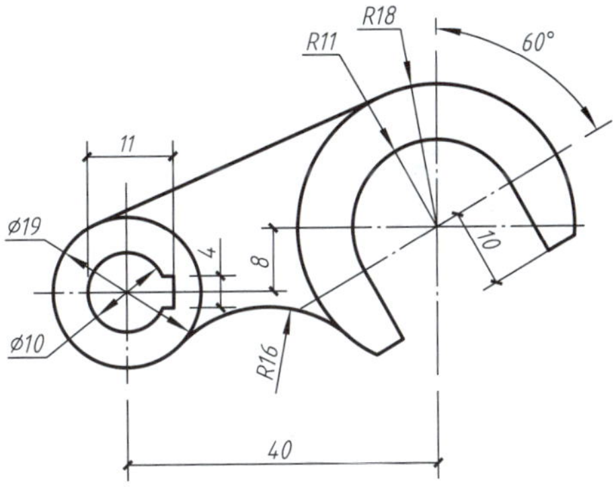

强化图 1-18

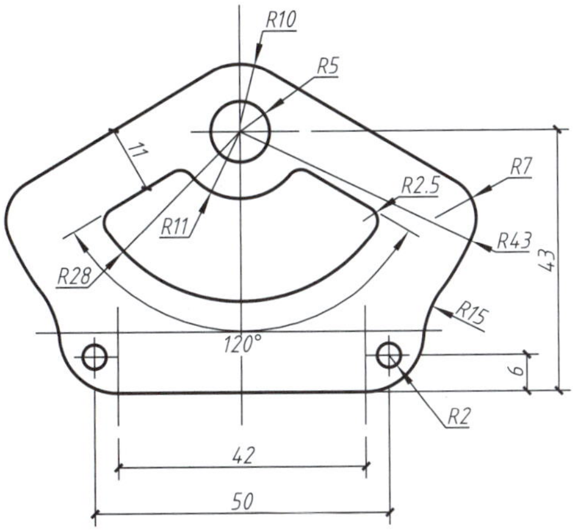

强化图 1-19

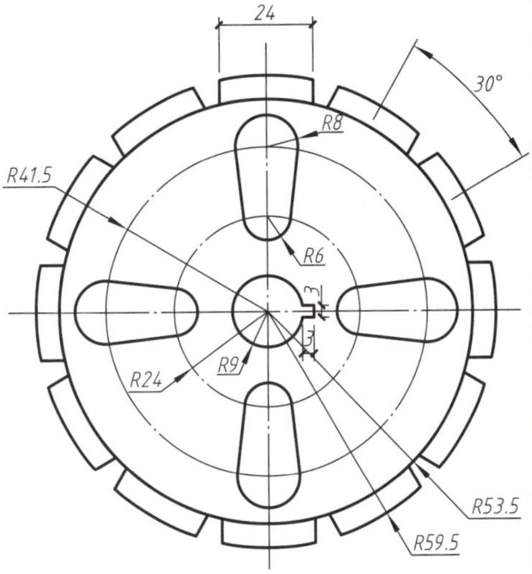

强化图 1-20

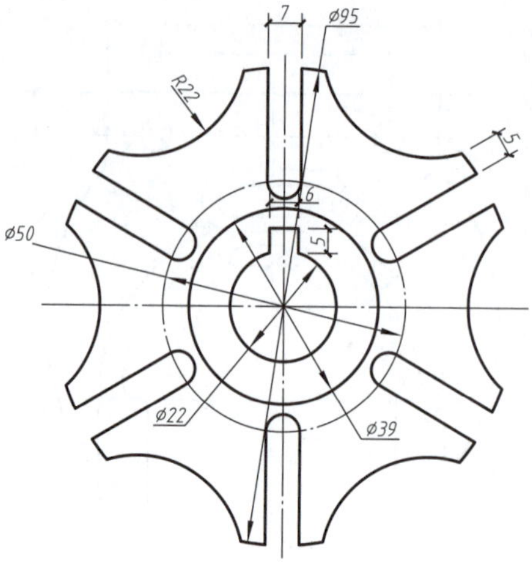

强化图 1-21

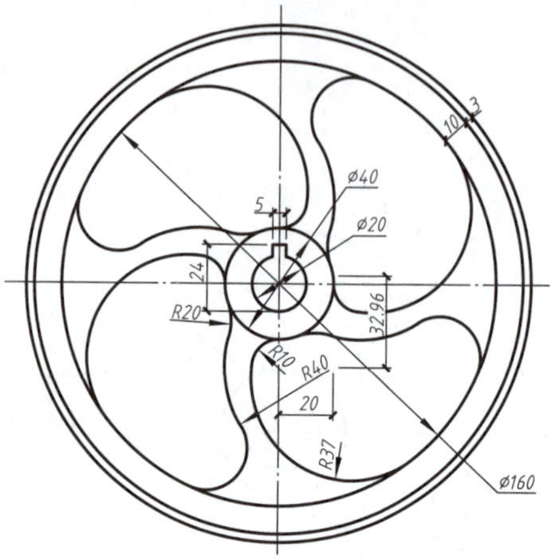

强化图 1-22

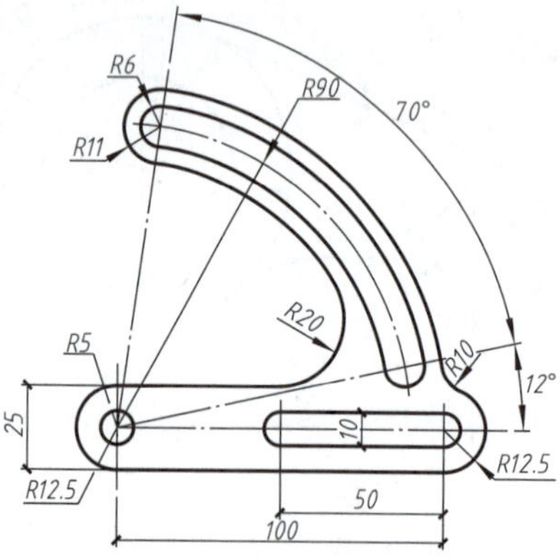

强化图 1-23

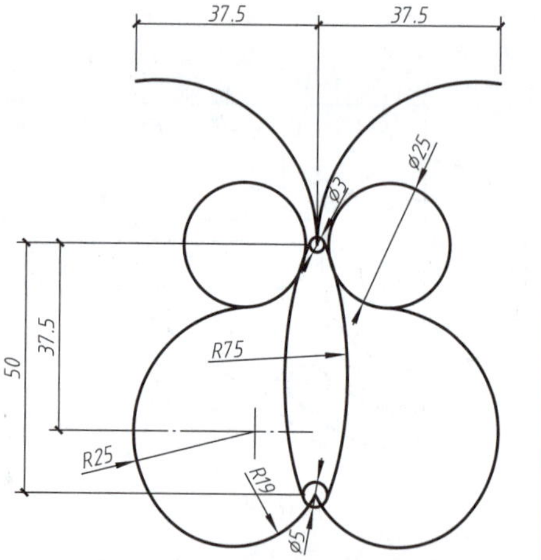

强化图 1-24

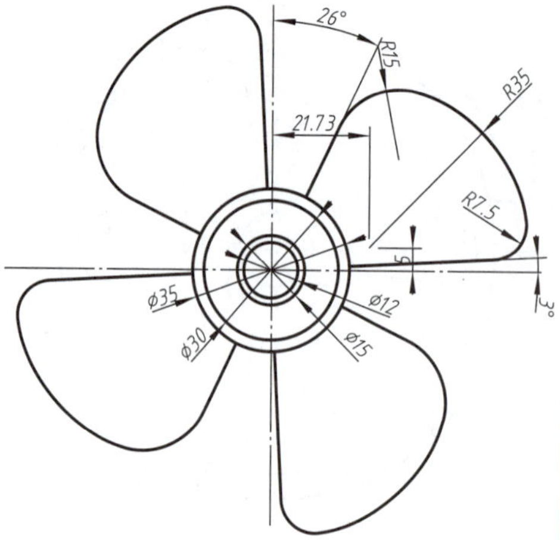

强化图 1-25

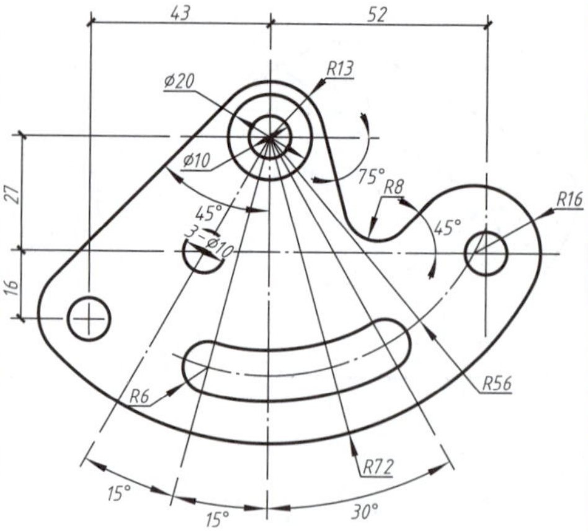

强化图 1-26

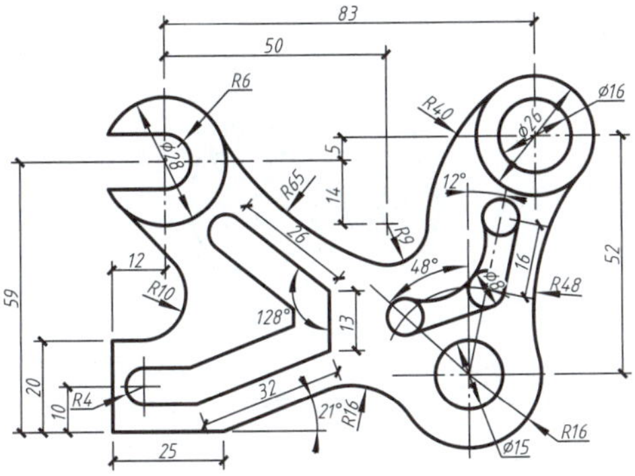

强化图 1-27

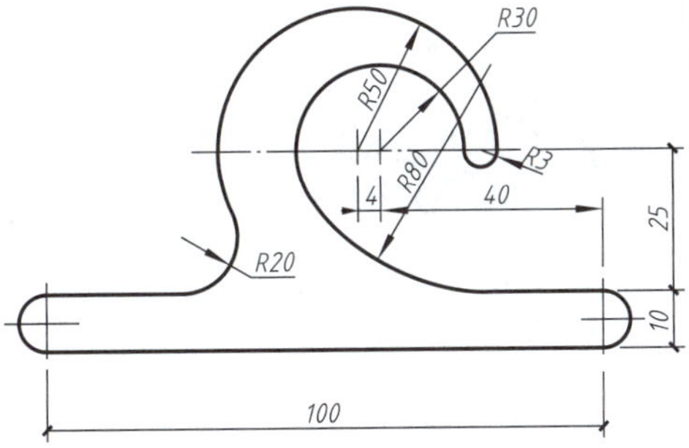

强化图 1-28

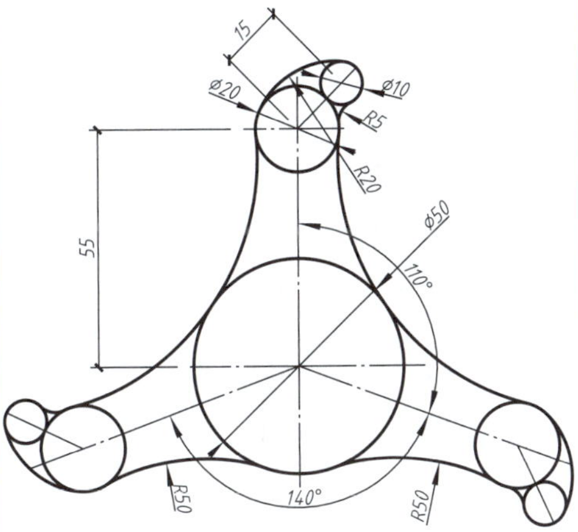

强化图 1-29

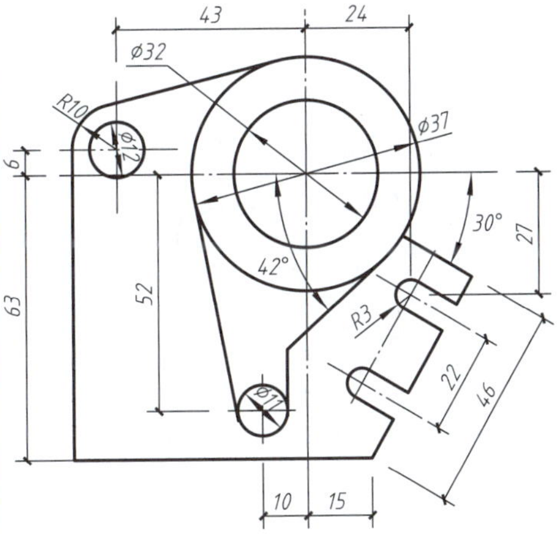

强化图 1-30

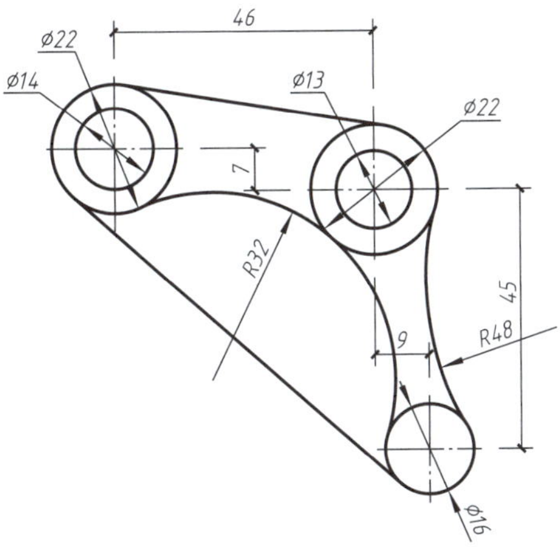

强化图 1-31

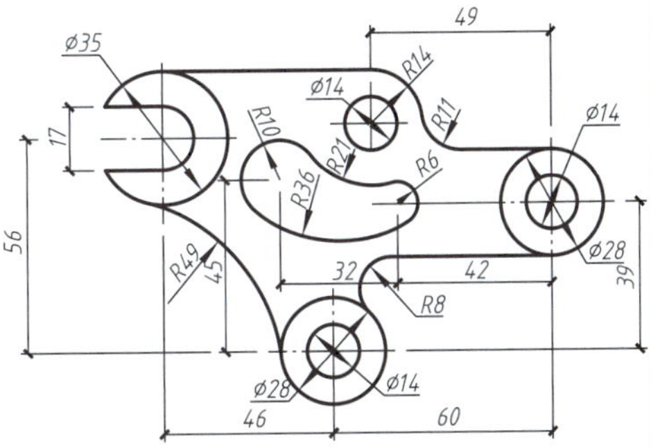

强化图 1-32

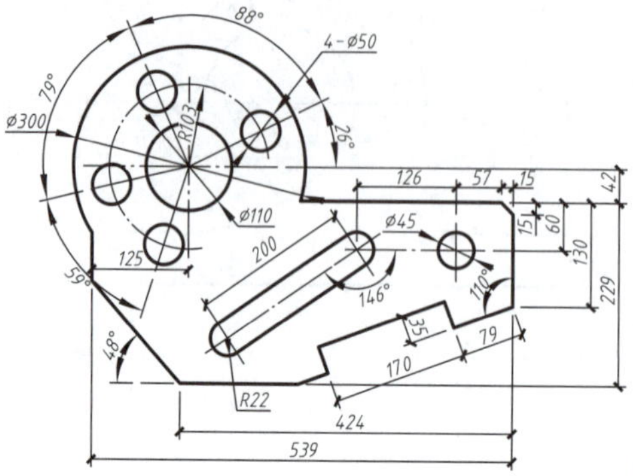

强化图 1-33

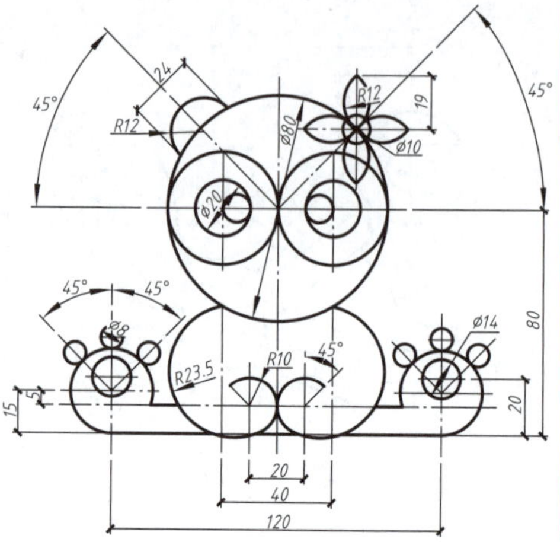

强化图 1-34

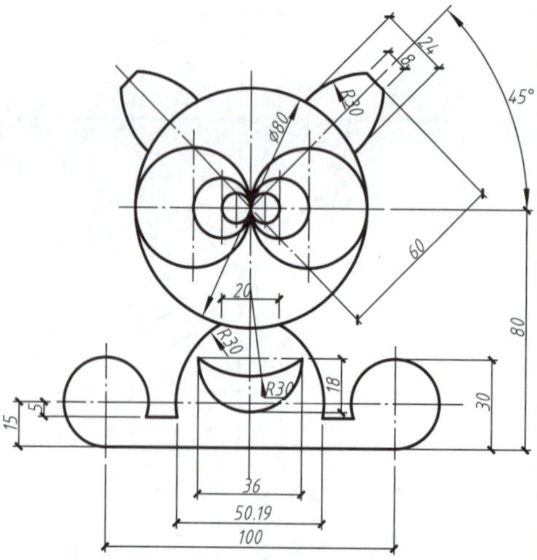

强化图 1-35

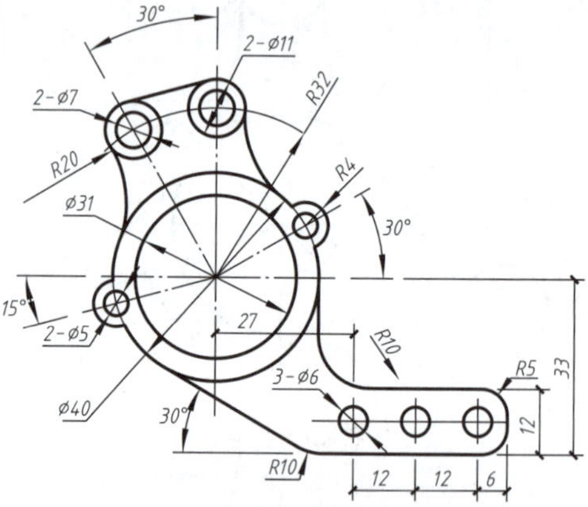

强化图 1-36

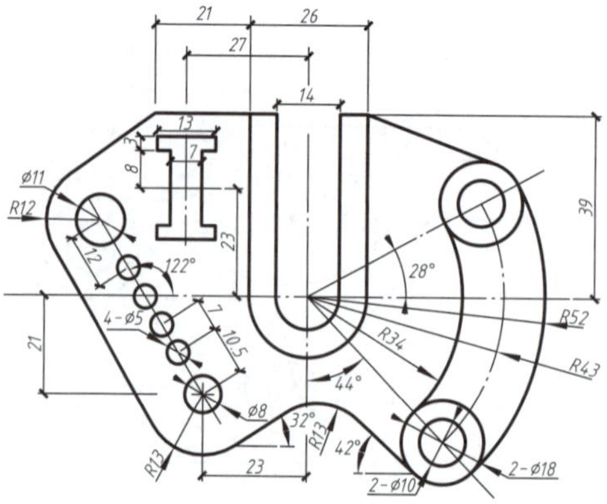

强化图 1-37

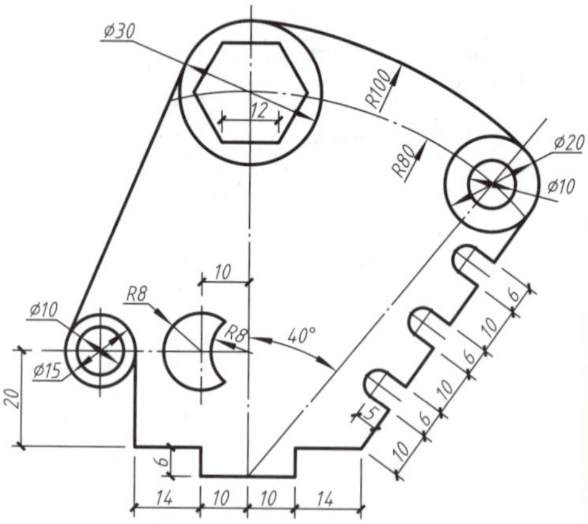

强化图 1-38

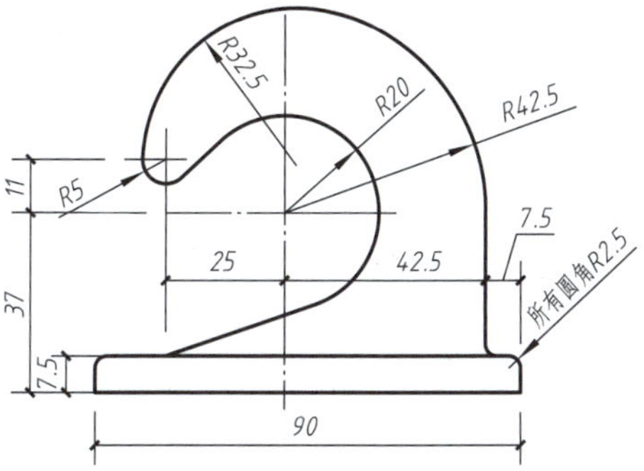

强化图 1-39

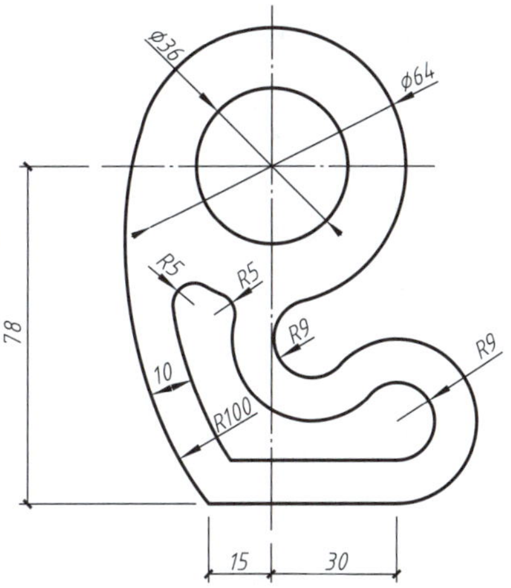

强化图 1-40

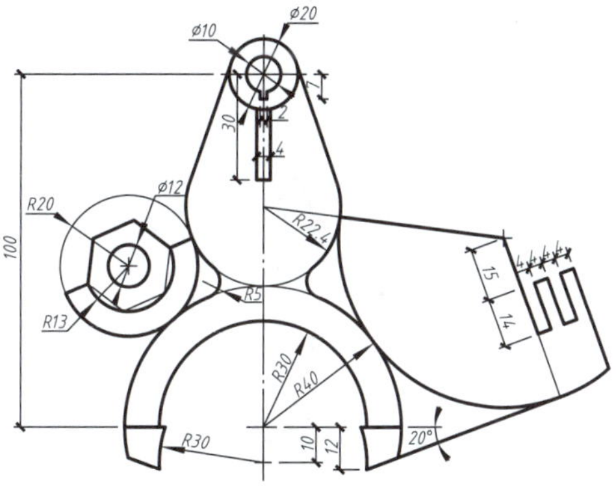

强化图 1-41

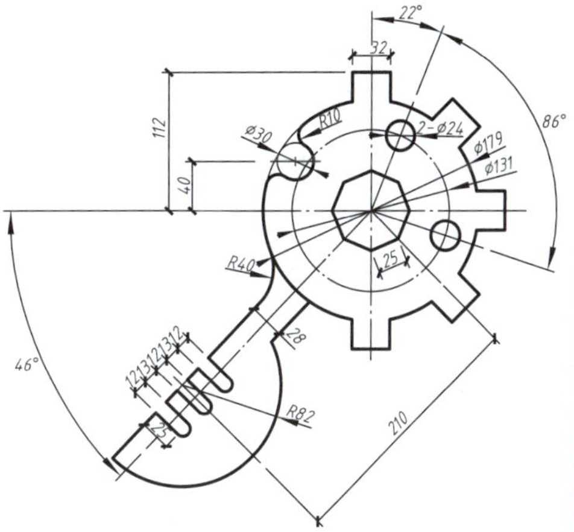

强化图 1-42

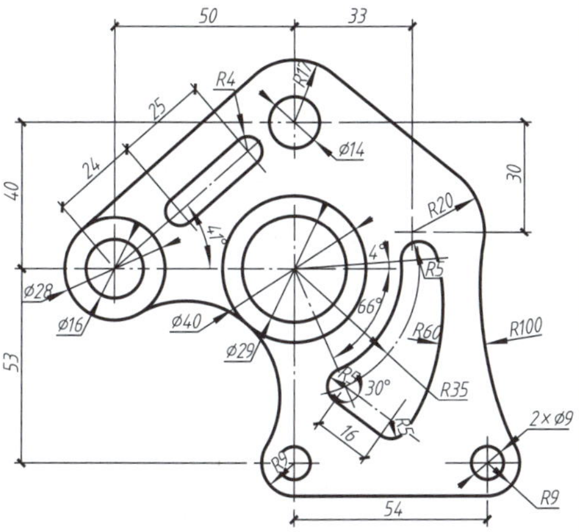

强化图 1-43

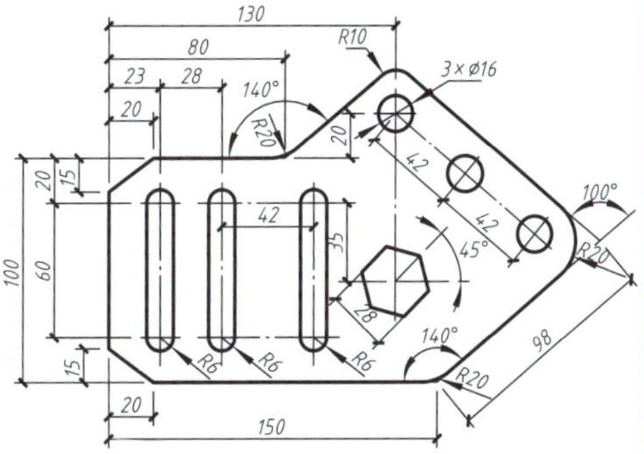

强化图 1-44

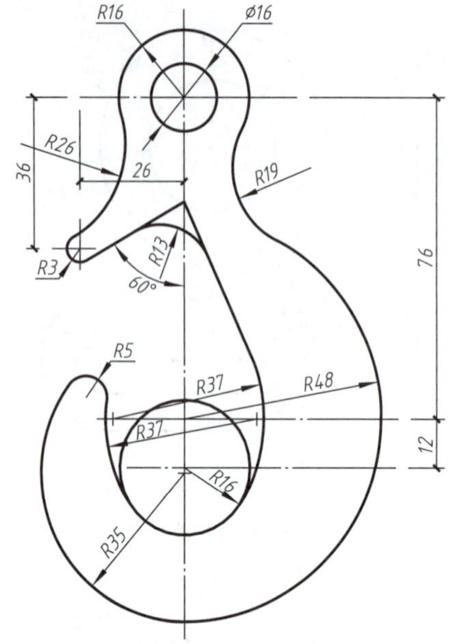

强化图 1-45

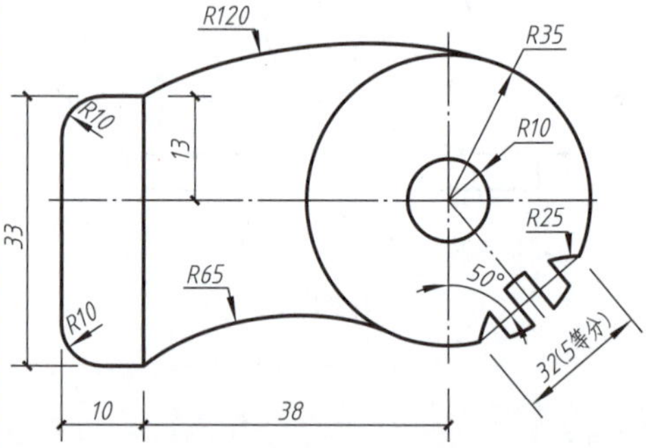

强化图 1-46

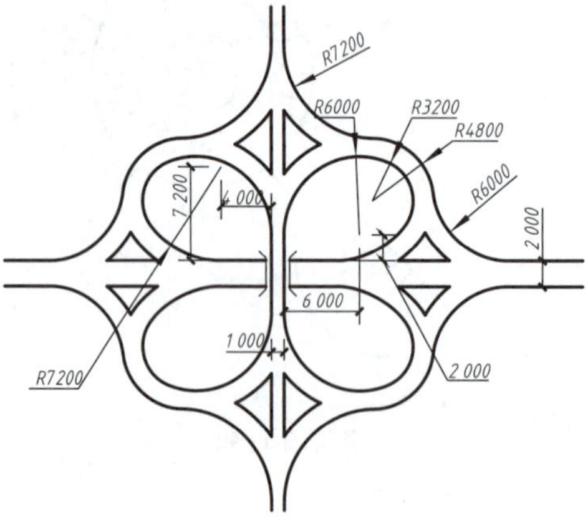

强化图 1-47

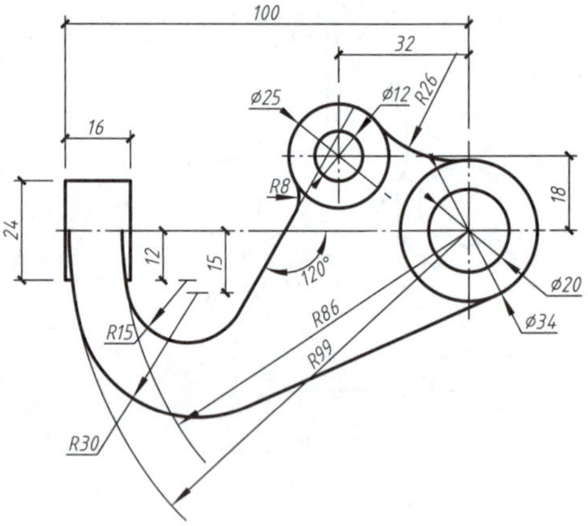

强化图 1-48

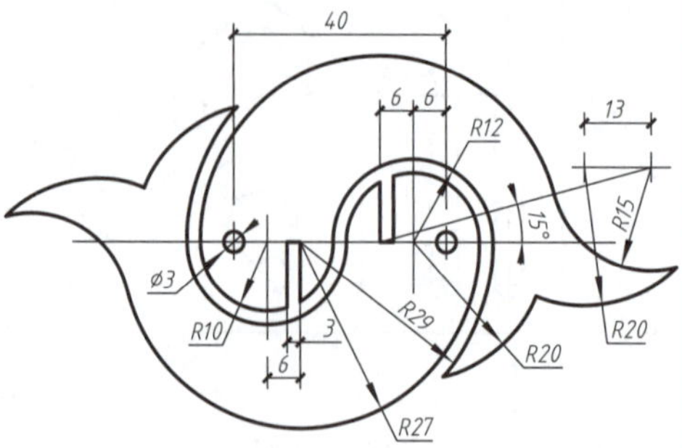

强化图 1-49

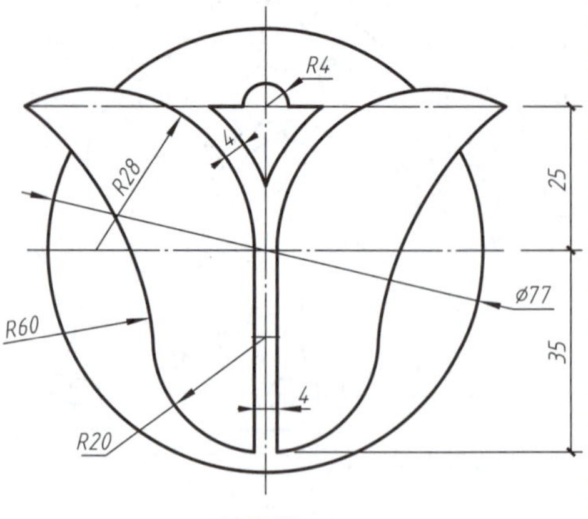

强化图 1-50

【评价与小结】

任务二　二维图形的绘制与编辑评价与分析					
评价项目	评价标准	参考分值	学生自评（15%）	学生互评（15%）	教师及企业导师评价（70%）
二维图形绘制与编辑	图层设置是否合理 轮廓线绘制是否正确	45			
文字创建	文字字体、大小是否按照国家标准要求设置	10			
尺寸标注	尺寸标注样式是否规范、标注是否正确、全面	30			
素质与思政	学习主动、认真，绘图严谨、规范	15			
总评					
任务二　二维图形的绘制与编辑任务小结					

模块二

形体的绘制与三维实体建模

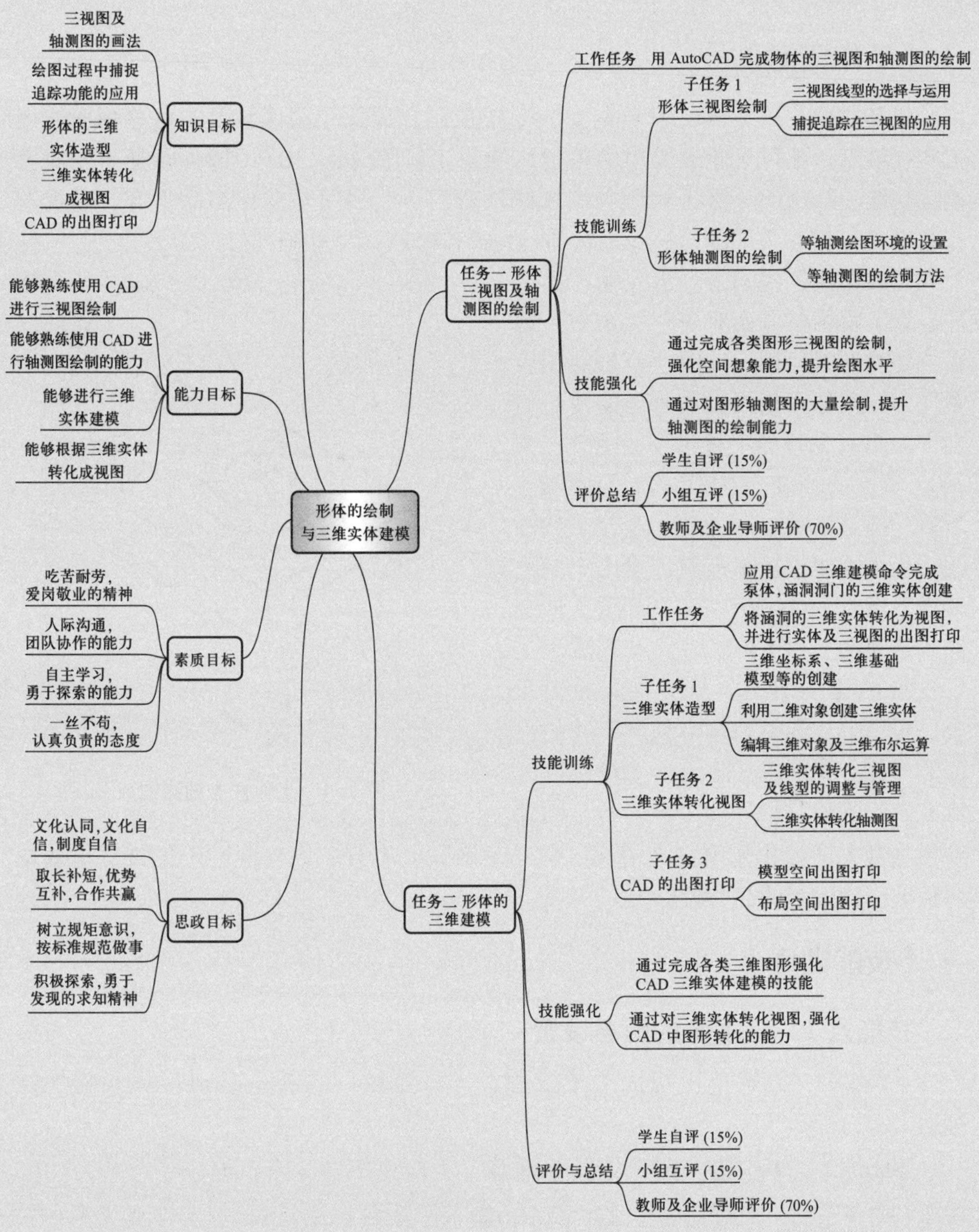

任务一　形体三视图及轴测图的绘制

子任务 1　形体三视图的绘制

【工作任务】

任务描述：用 AutoCAD 绘制如图 2-1 所示物体的三视图，要求可见轮廓线用粗实线绘制，不可见轮廓线用中粗虚线绘制，利用 AutoCAD 中捕捉特征点及对象追踪功能，绘制出满足主视图与俯视图长对正、主视图与左视图高平齐、俯视图与左视图宽相等要求的三视图，绘图过程操作熟练，尺寸精准。

微课
形体三视图的绘制

思政链接：我国是世界文明古国之一，在工程图学方面有着悠久历史。远在战国时期就运用设计图（有确定的绘图比例，类似用正投影法画出的建筑规划平面图）来指导工程建设，距今已有 2400 多年的历史。宋代李诫（仲明）所著《营造法式》一书中，总结了我国两千年来的建筑技术成就。全书 36 卷，其中 6 卷是图样（包括平面图、轴测图、透视图），图上运用了投影法表达了复杂的建筑结构。了解我国的建筑史，可以更加深刻地体会到属于我们自己的文化。我国古代建筑所取得的巨大成就，影响着我们每一个人，各位同学要树立远大理想和爱国主义情怀，树立正确的世界观、人生观、价值观，勇敢地肩负起时代赋予的光荣使命。

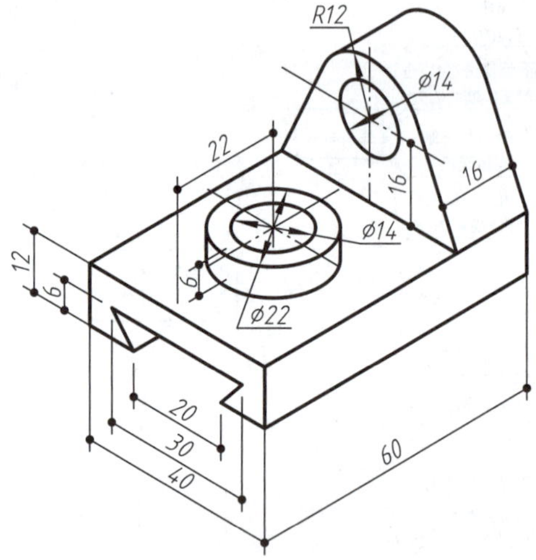

图 2-1　工作任务轴测图

【技能训练】

技能点 1　三视图的图层设置

Step 01　直接单击快捷菜单里的“图层特性”图标，启动“图层特性管理器”。

Step 02　单击该“图层特性管理器”中新建图层按钮，创建一个名为“图层 1”的新图层，此图层名呈编辑状态，输入图层名为“粗实线”。依此类推，新建三视图所需要的“粗实线”“虚线”“中心线”“标注”等图层。

Step 03　设置图层颜色、线型及线宽。依次设置粗实线层：线型 Continuous、线宽 0.50 mm；虚线层：线型 HIDDEN2、线宽 0.25 mm；中心线层：线型 CENTER、线宽 0.13 mm；标注层：线型 Continuous、线宽 0.13 mm，如图 2-2 所示。可自行设置不同图层的颜色，以示区别。

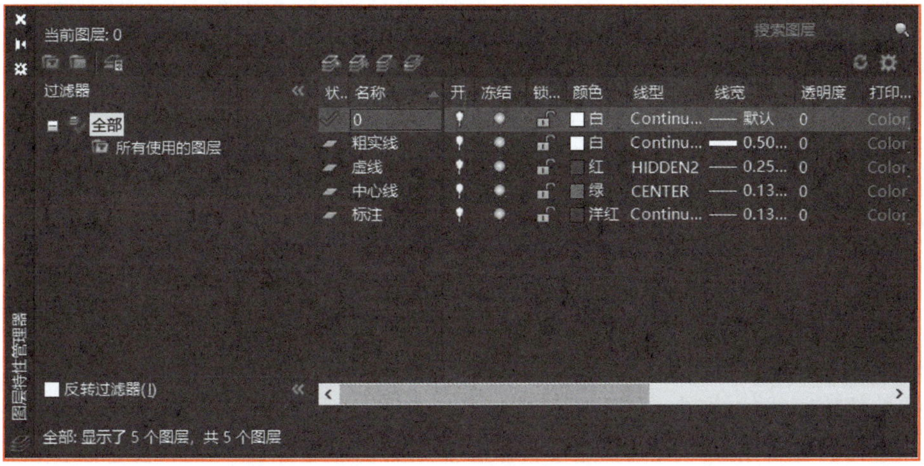

图 2-2　图层的设置

技能点 2　主视图的绘制

Step 01　切换到粗实线层，用“直线”命令绘制 60 mm×12 mm 的底板部分，并绘制底板上方 22 mm×6 mm，16 mm×28 mm 的矩形。

Step 02　切换到中心线层，用“直线”命令绘制两个圆孔的中轴线。

Step 03　切换到虚线层，用“直线”命令绘制圆孔主视图及底板底部槽孔的虚线，如图 2-3 所示。

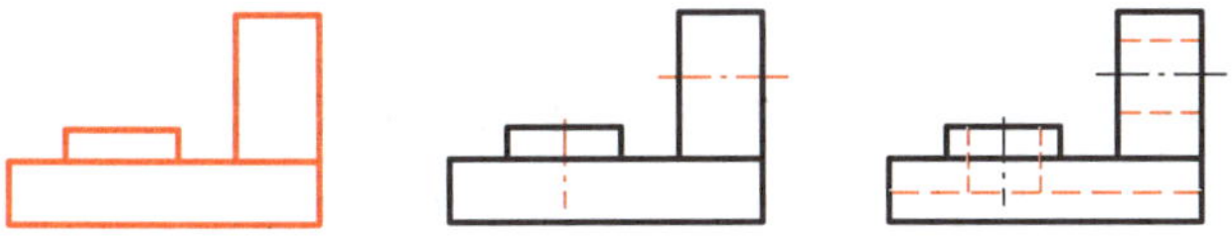

图 2-3　主视图的绘制

技能点 3　利用捕捉追踪绘制俯视图和左视图

1. 绘制俯视图

Step 01　切换到粗实线层，在命令行输入矩形“REC”命令，然后按回车键，捕捉主视图左下角端点，向下追踪确定起点，然后输入“@ 60,-40”，完成俯视图的外部轮廓线的绘制，并绘制距离右边外部轮廓线 16 mm 的竖直线。

Step 02　切换到中心线层，在命令行输入直线“L”命令，然后按回车键，捕捉主视图通孔的中心线，向下追踪，绘制俯视图对应的中心线；打开对象捕捉中的中点，绘制水平向的中心线。切换到粗实线层，以两条中心线的交点为圆心，分别绘制直径为 14 mm、22 mm 的同心圆。

Step 03　切换到虚线层，用“直线”命令绘制底板底部槽孔及圆孔在俯视图中的虚线，如图 2-4 所示。

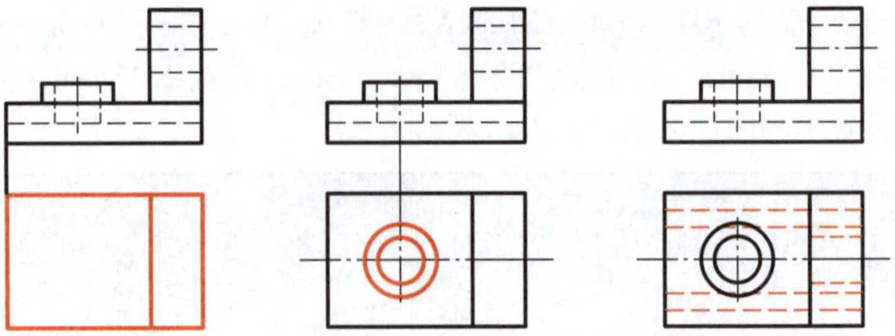

图 2-4 俯视图的绘制

2. 绘制左视图

Step 01 切换到粗实线层，在命令行输入矩形“REC”命令，然后按回车键，捕捉主视图 60 mm×12 mm 底板的右上角端点，向右极轴追踪确定起点，输入“@ 40,-12”完成矩形绘制。并利用直线命令“L”完成底板及竖向通孔在左视图中的外部轮廓线的绘制，利用捕捉功能，绘制底板底部槽孔的水平线，分别找到底部槽孔的各个角点，用直线连接，最后使用剪切命令“TR”剪掉多余线。

Step 02 切换到中心线层，在命令行输入直线“L”命令，然后按回车键，捕捉主视图通孔的中心线，向右追踪，绘制左视图对应的中心线；打开对象捕捉中的中点，绘制竖向的中心线。切换到粗实线层，以两条中心线的交点为圆心，分别绘制直径为 14 mm、半径为 12 mm 的同心圆，如图 2-5 所示。

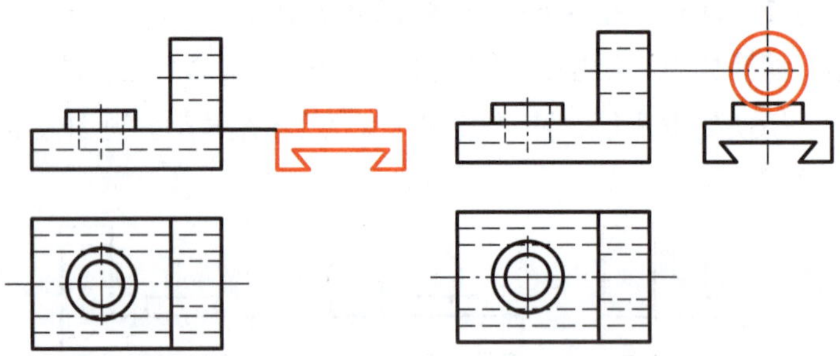

图 2-5 左视图的绘制

Step 03 切换到粗实线层，过底板端点，利用直线命令和捕捉功能绘制半径为12 mm 圆的切线，并剪切掉多余的线条。切换到虚线层，用“直线”命令绘制底座底部圆孔在左视图中的虚线，完成三视图的绘制，如图 2-6 所示。

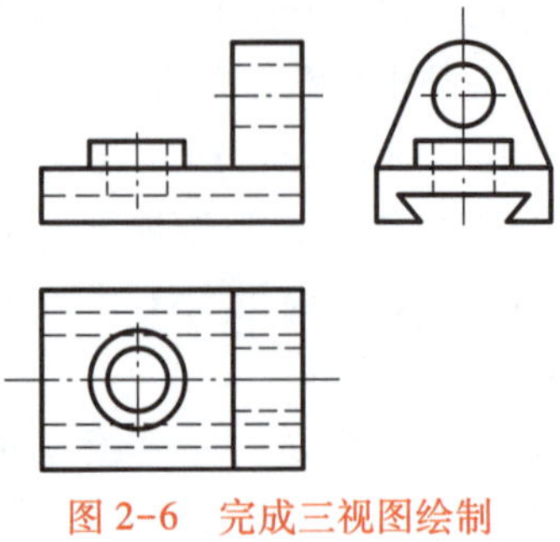

图 2-6 完成三视图绘制

注意

“对象捕捉”按钮的特点是单击凹下，再单击则凸起。凹下为开状态（即自动捕捉功能为有效状态），凸起为关状态（即自动捕捉功能为无效状态）。

【课堂检测】

1. 搜集《营造法式》的相关资料，针对里边的建筑图样谈谈自己的感受。

2. 主视图所在的投影面称为______，用字母__表示。俯视图所在的投影面称为______，用字母__表示。左视图所在的投影面称为______，用字母__表示。

3. 主视图是由__向__投射所得的视图，它反映形体的__和__方位，即__方向；俯视图是由__向__投射所得的视图，它反映形体的__和__方位，即__方向；左视图是由__向__投射所得的视图，它反映形体的__和__方位，即__方向。

4. 三视图的投影规律是：主视图与俯视图____，主视图与左视图____，俯视图与左视图____，远离主视图的方向为__方，靠近主视图的方向为__方。

5. 当直线或平面平行于投影面时，其投影为实形，这种性质叫____；当直线或平面垂直于投影面时，其投影________，这种性质叫____；当直线或平面倾斜于投影面时，其投影为________，这种性质叫____。

子任务 2　形体轴测图的绘制

【工作任务】

微课

形体轴测图的绘制

任务描述：用 AutoCAD 绘制子任务 1 物体的正等轴测图，要求对所画物体进行形体分析，搞清形体特征。画图时，先进行轴测图绘图环境设置，然后再逐步画出物体的轴测图，注意轴测轴的方向，确定好椭圆的朝向；轴测图中一般只画出可见部分，必要时才画出不可见部分，绘图过程要表达正确，线型符合制图国家标准规定，操作熟练，尺寸精准。

思政链接：工程上一般采用正投影法绘制物体的投影图，即三面投影图。它能完整、准确地反映物体的形状和大小，且度量性好，作图简单，但立体感不强，只有具备一定读图能力的人才看得懂；轴测图是用轴测投影的方法画出来的富有立体感的图形，它接近人们的视觉习惯，但不能确切地反映物体真实的形状和大小，并且作图较复杂，因而在生产中它作为辅助图样，用来帮助人们读懂三面投影图，以弥补其不足。生活当中，我们每一个人都有自己的长处和短处，一个人的力量是有限的，只有与同学互相学习、互相补充、取长补短，才能共同进步，以后进入工作岗位，才能与更多的人一道干一番事业，取得更大的成绩。

【技能训练】

技能点 1　轴测图绘图环境设置

AutoCAD 中轴测图绘图环境设置

在 AutoCAD 二维绘图环境中，以坐标原点 O 为起点，把 O 点水平向右定为极轴角的起始角 0°，按逆时针方向旋转的角为正，正等轴测图中的轴间角为 120°，Z 轴为竖直方向；我们建议在用 AutoCAD 绘制轴测图时，X 轴为 210°方向、Z 轴为 90°方向、Y 轴为 330°，如图 2-7 所示。

首先需要将捕捉样式设置为“等轴测捕捉”，即打开等轴测模式进行轴测图的绘制，具体操作步骤如下：

Step 01 选择下拉菜单“工具”|“绘图设置”命令，或单击状态栏中的“对象捕捉设置”按钮，或在命令行输入“SE”命令，即可弹出“草图设置”对话框，如图 2-8 所示。

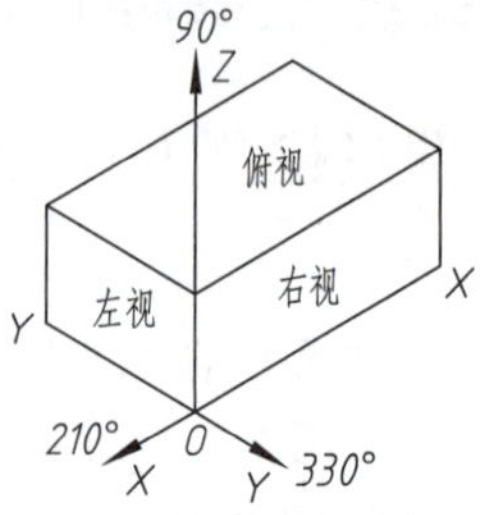

图 2-7 轴测图坐标轴设置

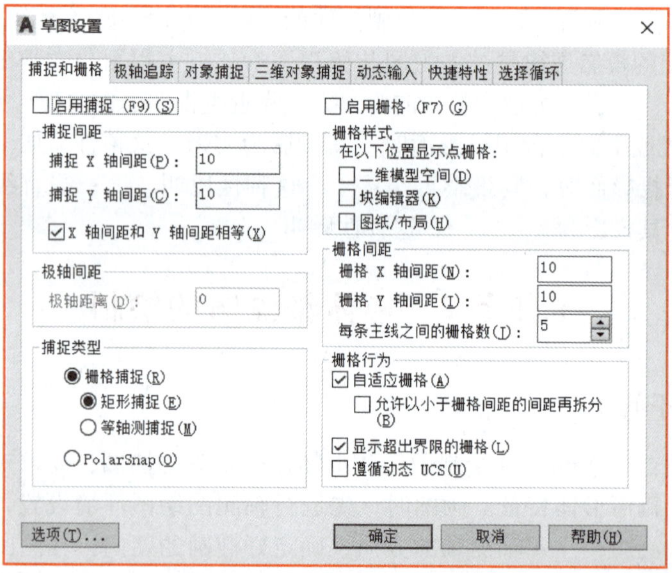

图 2-8 “草图设置”对话框

Step 02 在“草图设置”对话框中选择“捕捉和栅格”选项卡，找到对话框的左下角的“捕捉类型”选项组内的“栅格捕捉”设置选项，如图 2-9 所示。

Step 03 选择“栅格捕捉”样式为“等轴测捕捉”，即可打开等轴测模式。打开等轴测捕捉模式后，按 F5 键或 Ctrl+E 组合键，将按顺序遍历左视图、俯视图、右视图；同时建议，将极轴追踪的增量角设置成 30°，增加轴测图绘制的灵活性。

注意

一个实体的轴测投影只有三个可见平面，为了便于绘图，我们将这三个面作为画线、找点等操作的基准平面，并称它们为轴测平面，根据其位置的不同，分别称为等轴测左视、等轴测右视和等轴测俯视。当激活轴测模式之后，就可以分别在这三个面间进行切换。

技能点 2 绘制子任务 1 中物体的轴测图

1. 绘制底板

Step 01 切换轴测平面到左视。

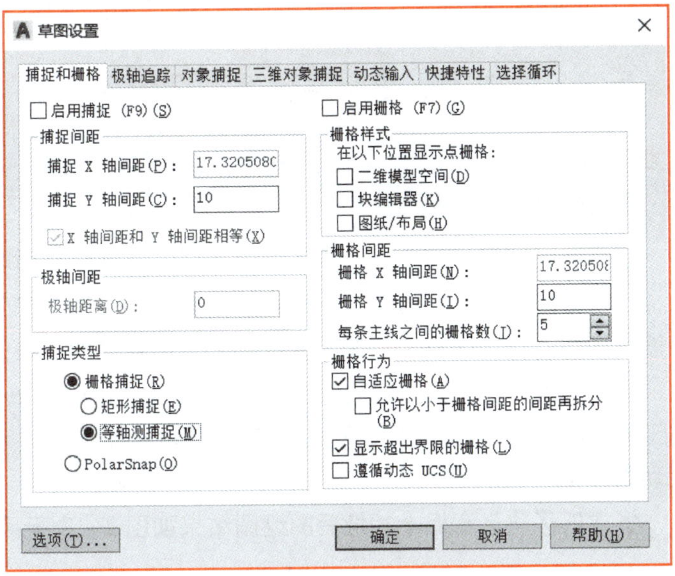

图 2-9　“捕捉和栅格”选项卡

Step 02　按图 2-10 所示绘制底板的左侧端立面，绘制底板长度方向的可见棱线，最后再复制底板右侧面上可见的边线。

2. 绘制底板上的圆管

需要注意的是，等轴测视图中的圆是不能使用平面圆的 CIRCLE 命令来画的，而要用椭圆 ELLIPSE 命令来画。绘图步骤如下：

Step 01　切换轴测平面到俯视。

Step 02　在已绘制好的底板旁边任意位置首先绘制圆管的上底面，在“绘图”工具栏上选择椭圆命令组中的“轴 端点”图标按钮，或在命令行键入“EL”，或选择“绘图”|“椭圆”命令，命令行出现多种选项，单击“等轴测圆”选项，或输入 I，即可激活等轴测圆绘制模式，任意位置指定圆心后按图示尺寸输入半径，分别绘制出上底面的两个同心圆。

Step 03　复制出下底面圆，利用对象捕捉追踪功能，分别从圆心沿 0° 和 180°方向追踪该方向与圆周的交点，即椭圆的象限点，连接出圆柱体左右两侧的公切线，并修剪掉下底面圆的后半个不可见部分。

Step 04　将绘制好的圆管移动到底板的正确位置。绘图结果如图 2-11 所示。

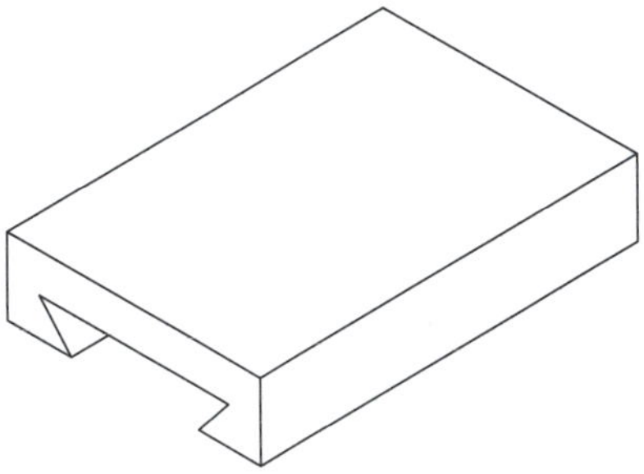

图 2-10　底板轴测图绘制

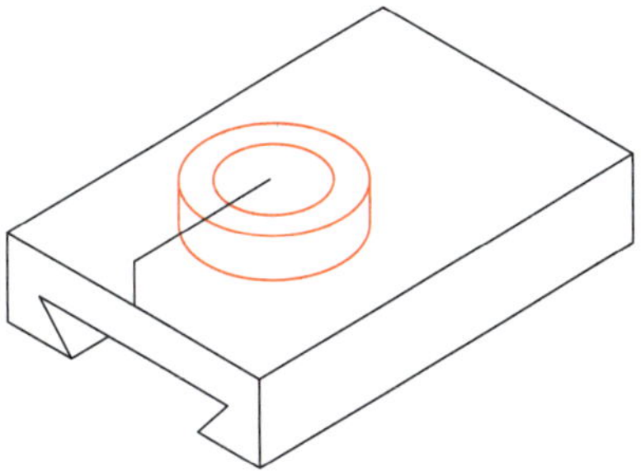

图 2-11　圆管轴测图的绘制与定位

注意

I 的选项只有在“等轴测捕捉/栅格”模式开启的时候才显示并起作用。

3. 绘制立板部分

Step 01 切换轴测平面到左视。

Step 02 利用椭圆命令，绘制出一圆管的左端面，复制出右端面。

Step 03 利用对象捕捉追踪功能，从圆心沿 Z 轴和 Y 轴的角平分线方向，即 120°方向追踪该方向与圆周的交点，绘制出圆柱体后上方可见的一条公切线。

Step 04 接着绘制立板上其余的直线部分，在圆心的正下方 16 mm 处绘制平行于 Y 轴方向长度为 40 mm 的直线，再利用对象捕捉功能捕捉端点及切点，补画出与圆柱体相切的两侧直线。

Step 05 将立板移动至底板上，最后的绘图结果如图 2-12 所示。

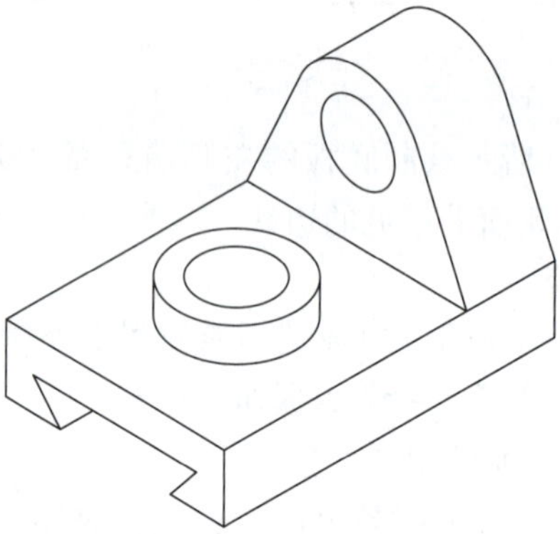

图 2-12 物体轴测图

【课堂检测】

1. 你是如何理解“尺有所短，寸有所长；取长补短，相得益彰”这句话的？

2. 利用 AutoCAD 绘制轴测图时可以使用“镜像”命令吗？为什么？

3. 轴测图绘制圆的时候选用的命令是圆的命令“C”吗？应该用哪个？为什么？

4. 轴测图不能用“偏移”命令，只能用“复制”命令，这句话对吗？为什么？

5. 画正二轴测图，首先要确定（　　）。

A. 轴测轴　　B. 三视图位置

C. 物体的位置　　D. 投影方向

6. 画正二轴测图时，在坐标面上的圆投影均为椭圆（　　）。

A. 三个椭圆均不同　　B. 三个椭圆均相同

C. 其中两个椭圆相同　　D. 三个椭圆的短轴相同

【技能强化】

抄绘强化图 2-1～强化图 2-50 形体轴测图，并绘制其三视图，具体要求如下：

（1）每两个同学一组，二人互相帮助、互相配合，完成强化图 2-1～强化图 2-10 形体的轴测图和三视图，两个人均正确无误地完成三视图与轴测图的绘制。

（2）以个人为单位绘制完成强化图 2-11～强化图 2-38 的三视图与轴测图。

（3）四人一组为单位，进行分组竞赛，每组四人合作完成强化图 2-39～强化图 2-50 的三视图和轴测图，要求各个小组阅读，分析图形绘制过程中可见与不可见部分，小组内讨论绘图中可能碰到的问题及解决办法，同时组间检查绘制准确度，确保无误，最终完成图形的绘制。

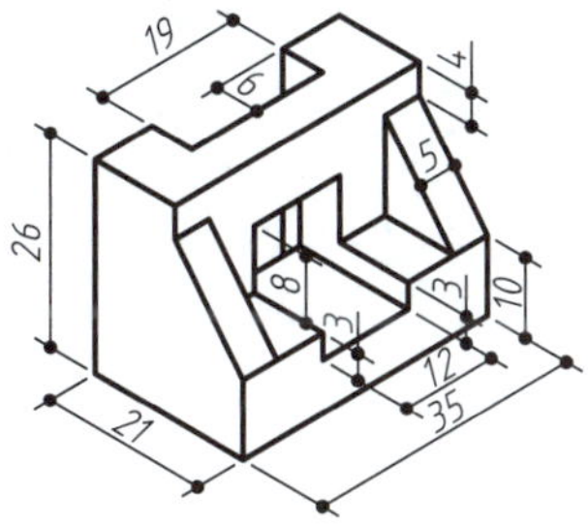

强化图 2-1

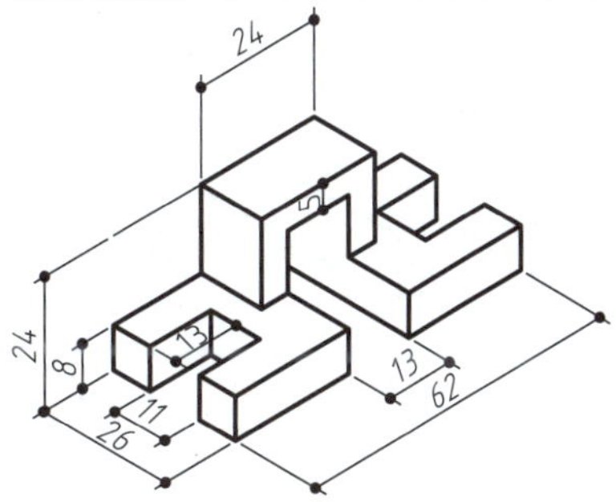

强化图 2-2

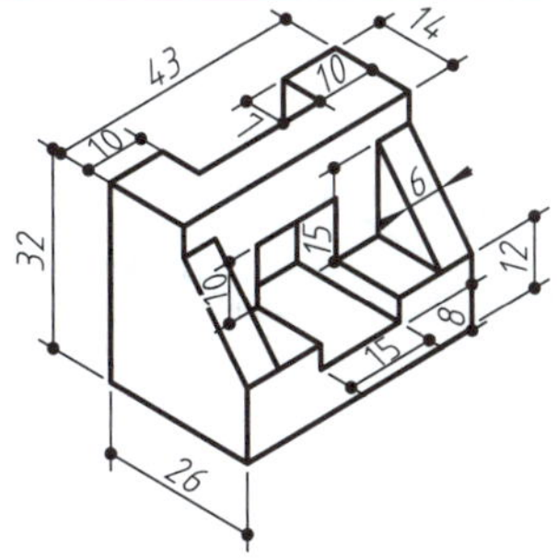

强化图 2-3

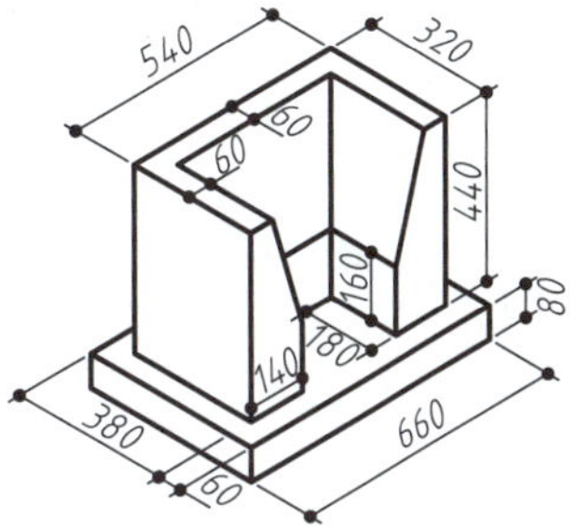

强化图 2-4

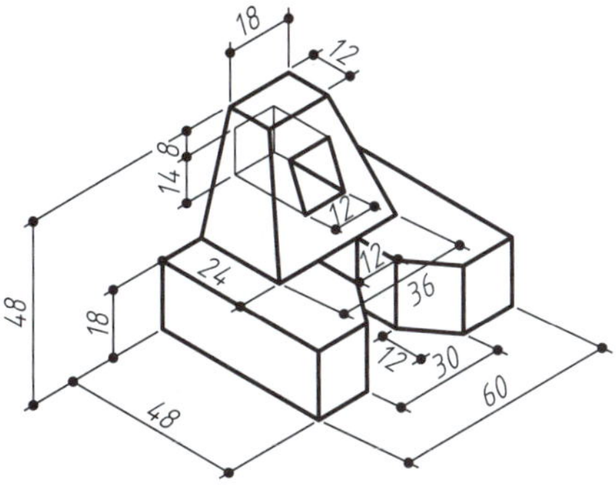

强化图 2-5

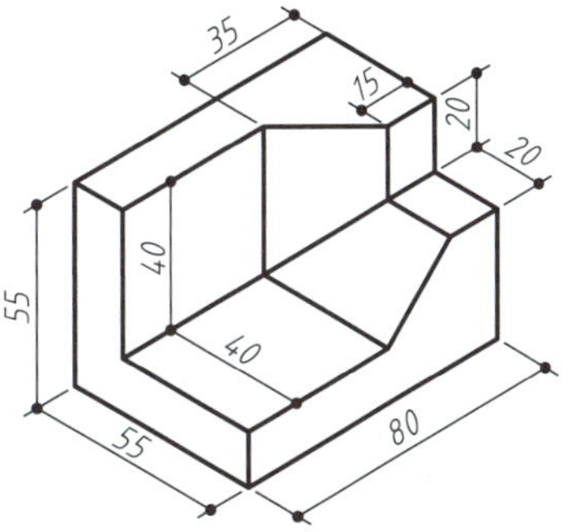

强化图 2-6

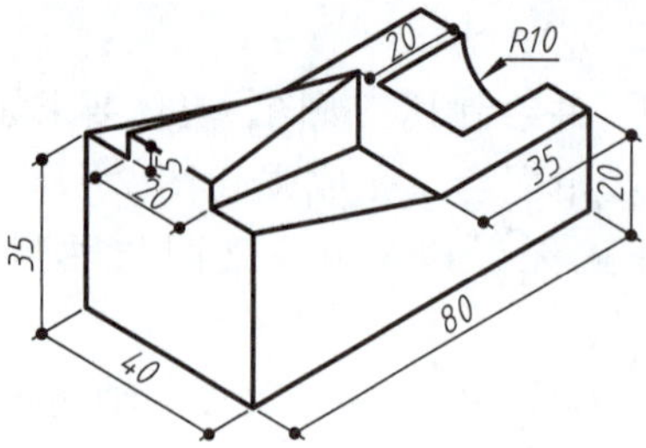

强化图 2-7

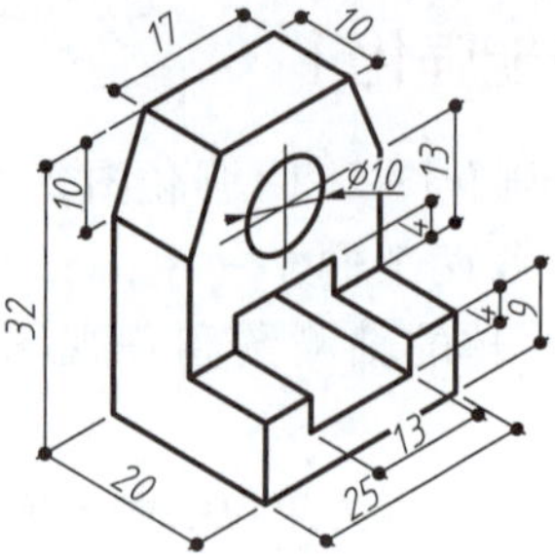

强化图 2-8

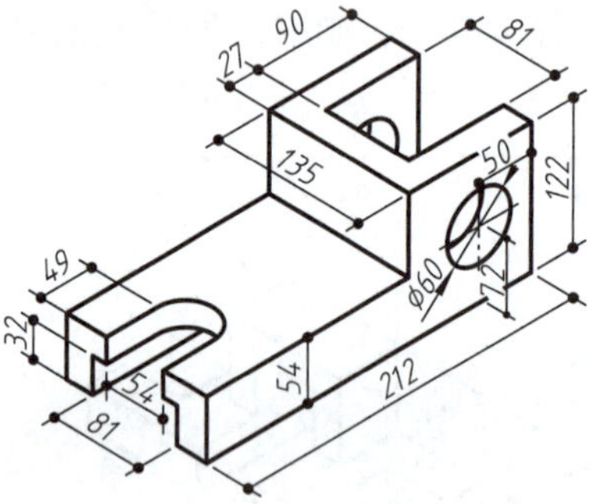

强化图 2-9

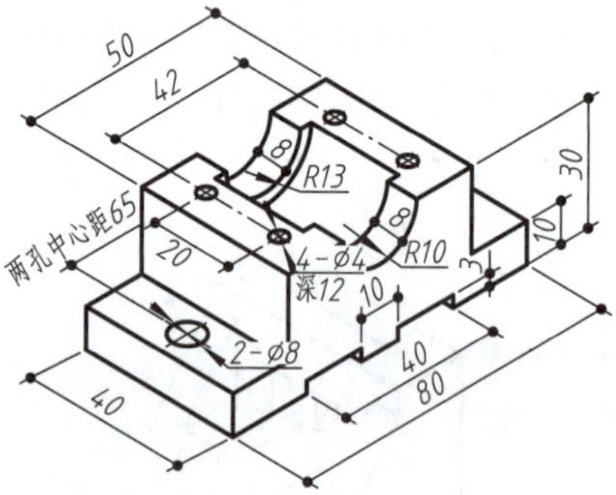

强化图 2-10

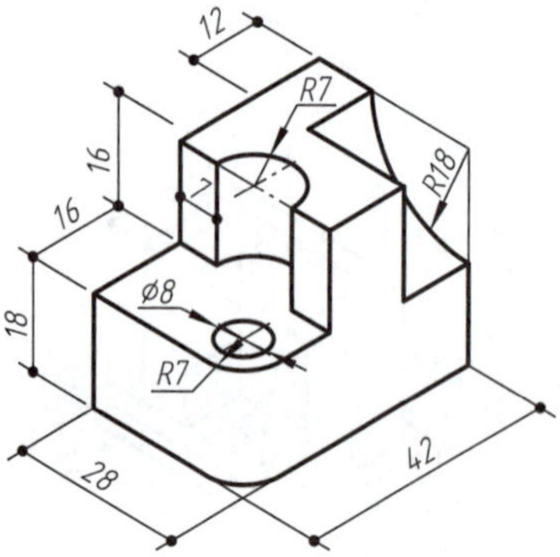

强化图 2-11

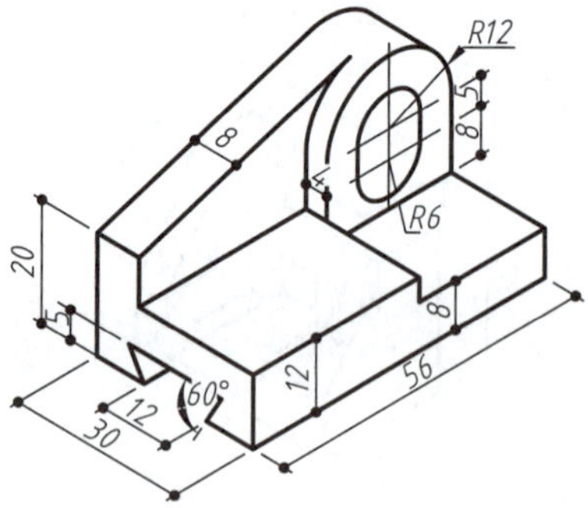

强化图 2-12

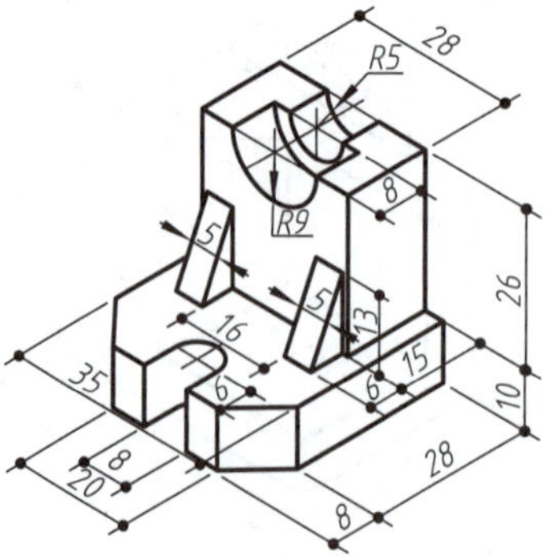

强化图 2-13

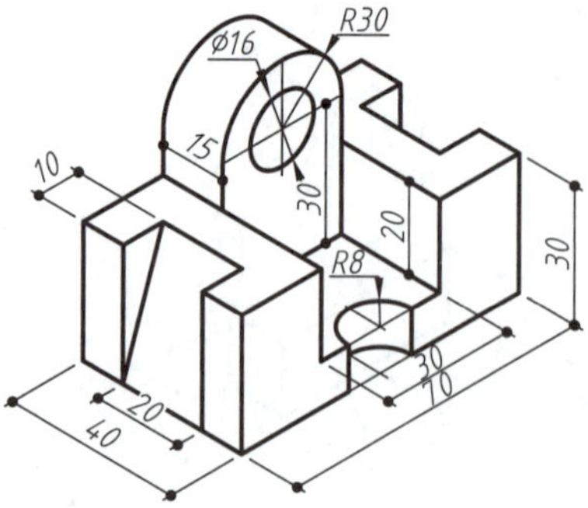

强化图 2-14

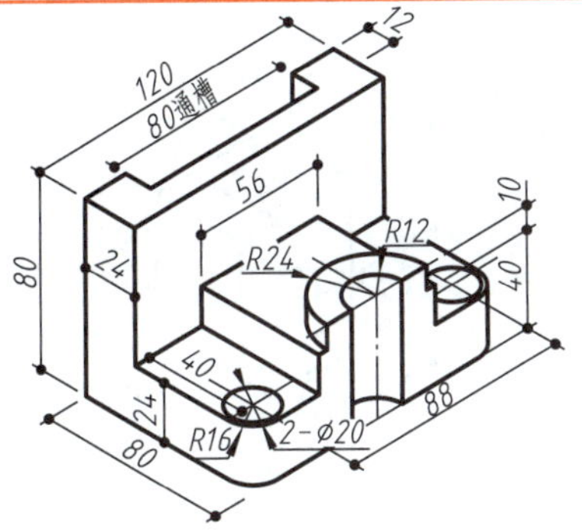

强化图 2-15

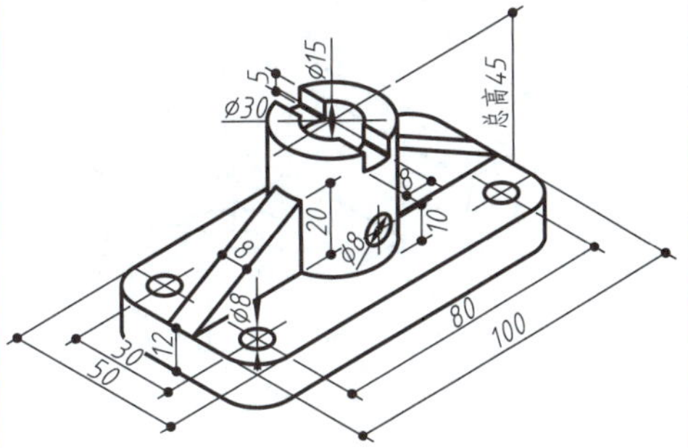

强化图 2-16

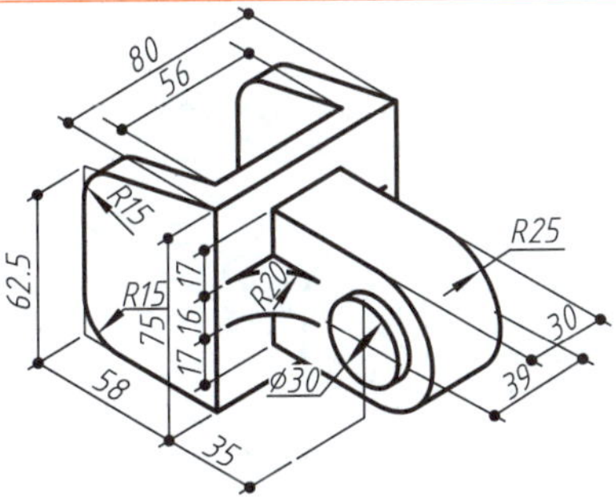

强化图 2-17

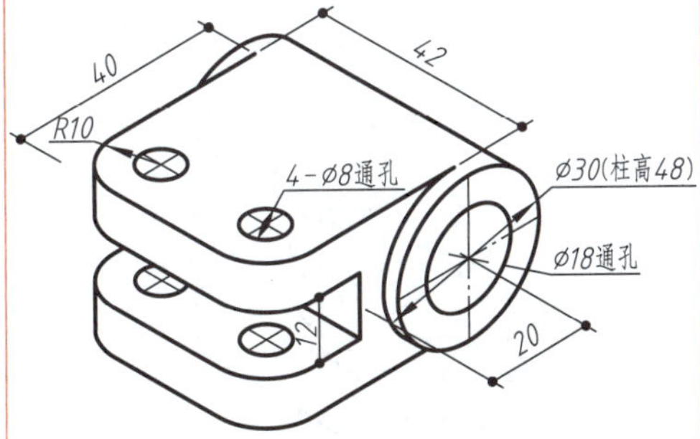

强化图 2-18

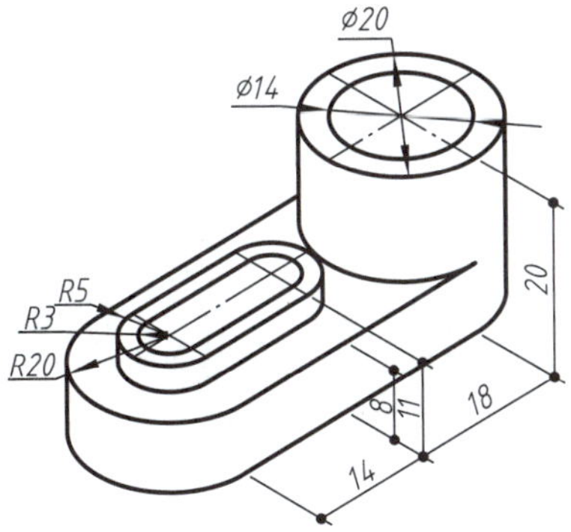

强化图 2-19

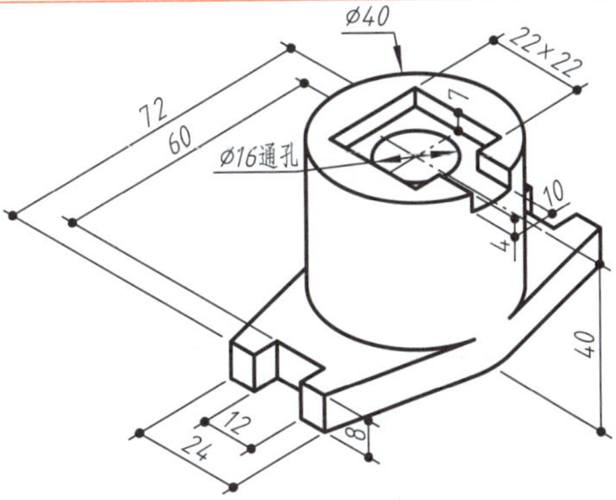

强化图 2-20

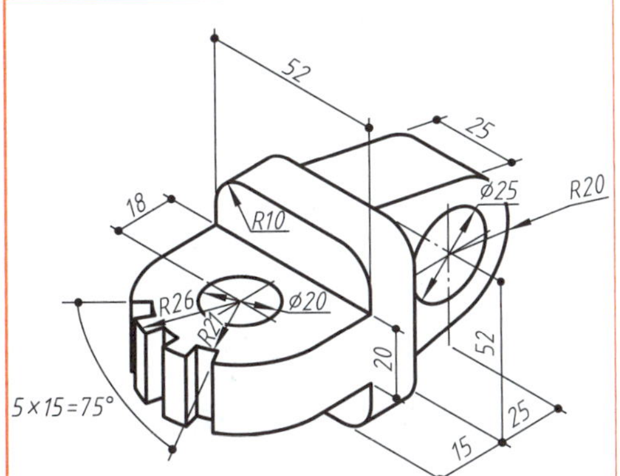

强化图 2-21

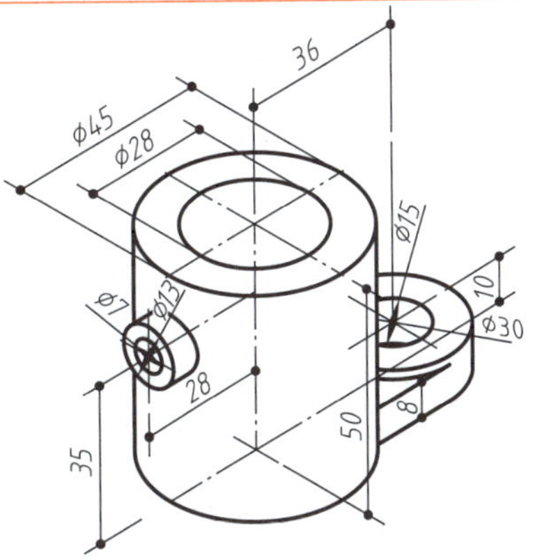

强化图 2-22

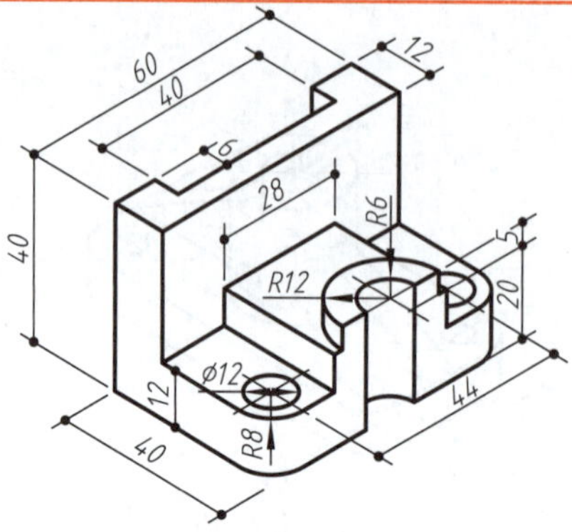

强化图 2-23

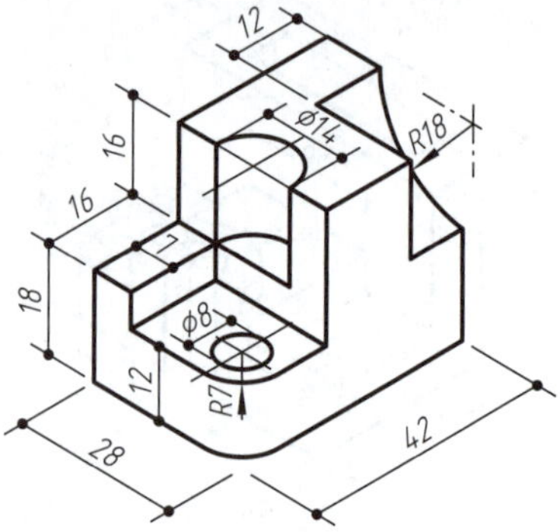

强化图 2-24

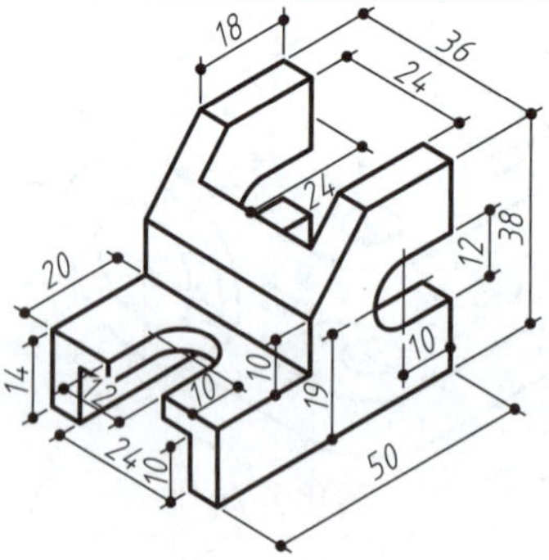

强化图 2-25

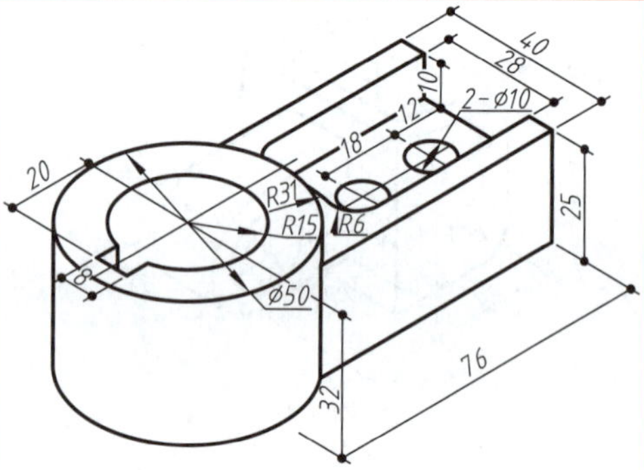

强化图 2-26

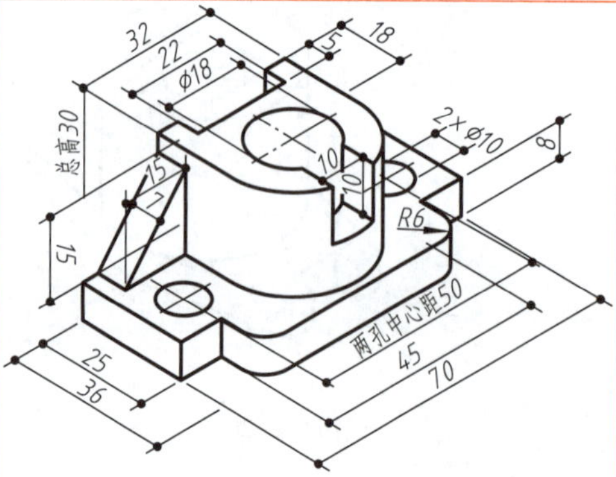

强化图 2-27

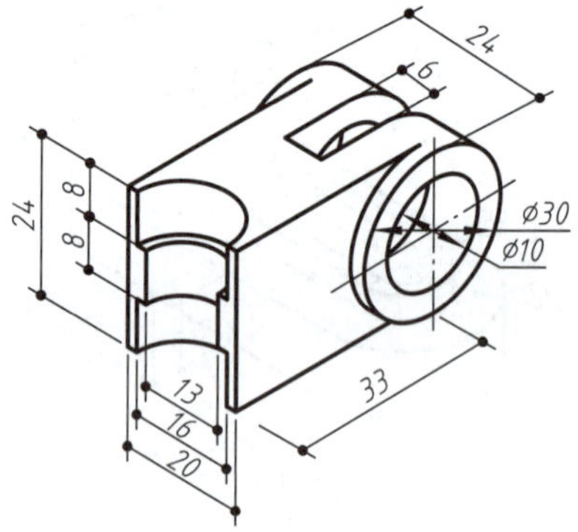

强化图 2-28

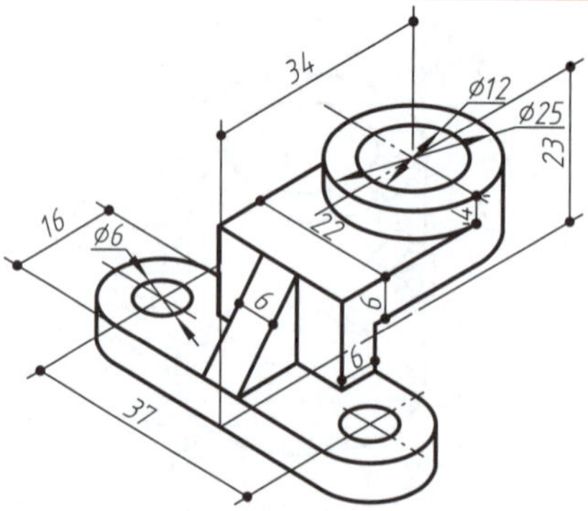

强化图 2-29

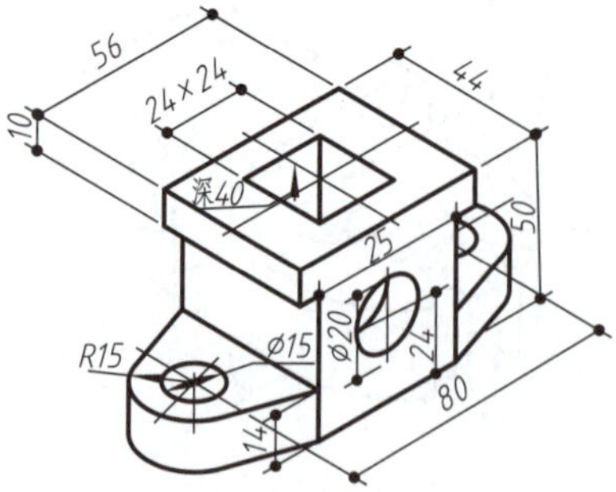

强化图 2-30

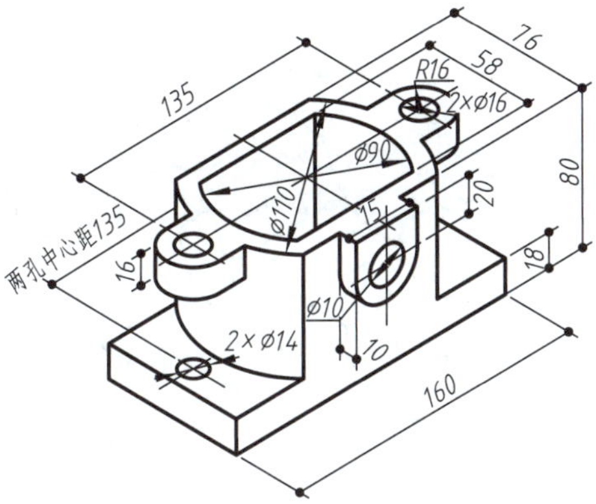

强化图 2-31

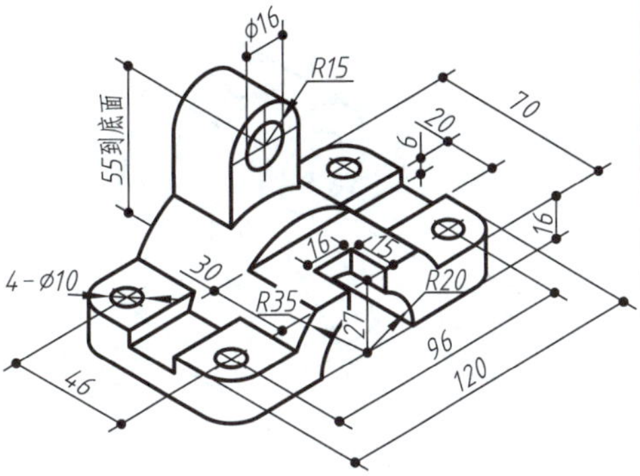

强化图 2-32

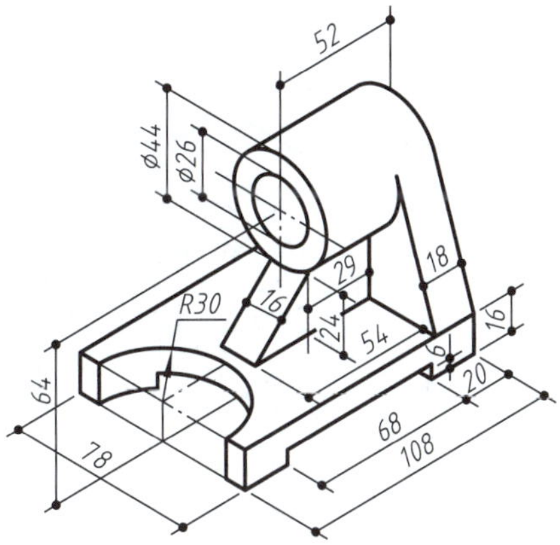

强化图 2-33

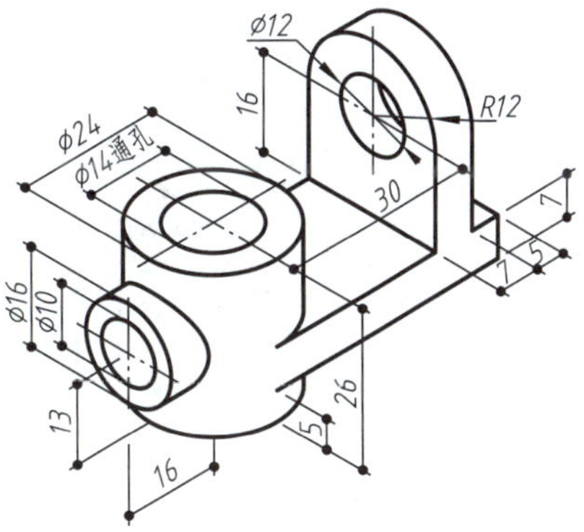

强化图 2-34

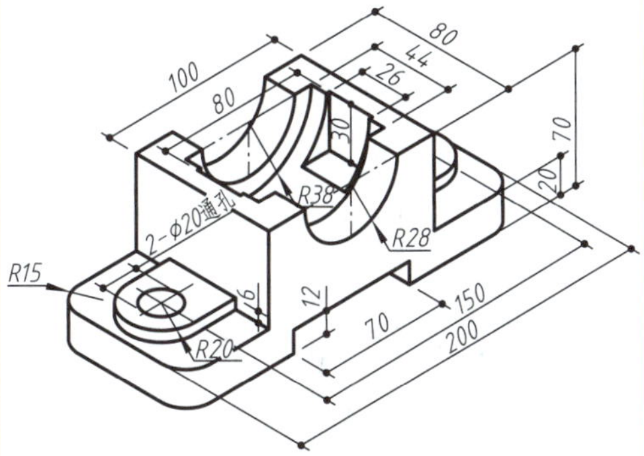

强化图 2-35

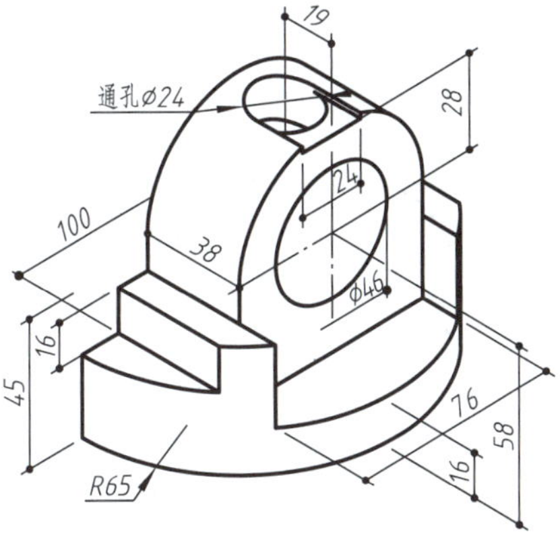

强化图 2-36

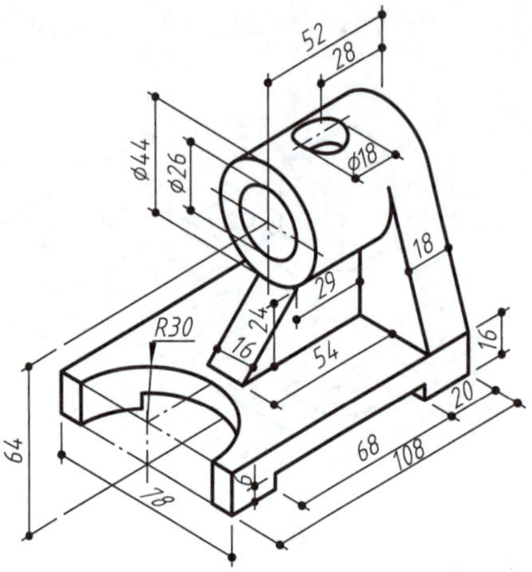

强化图 2-37

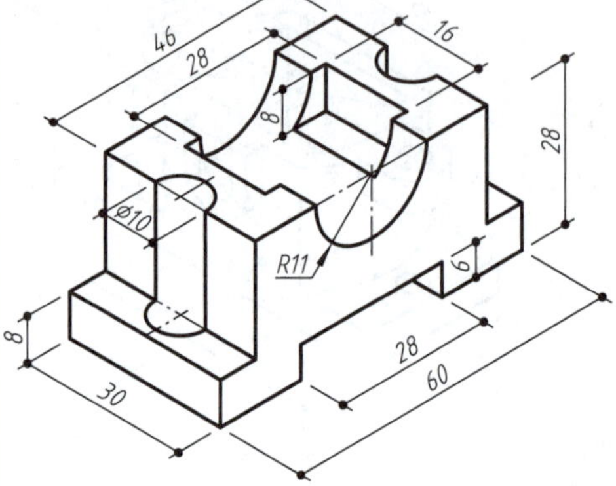

强化图 2-38

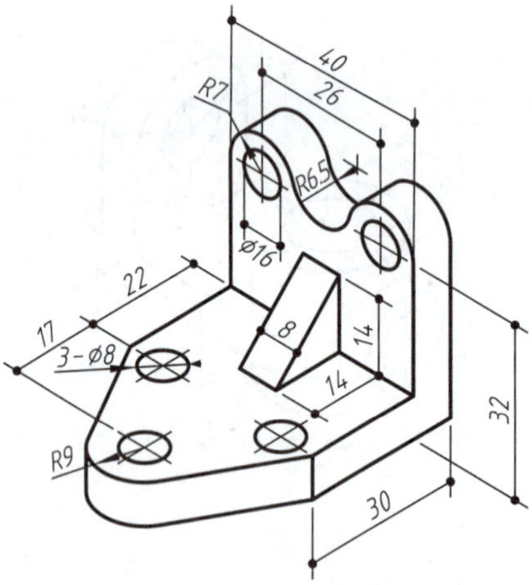

强化图 2-39

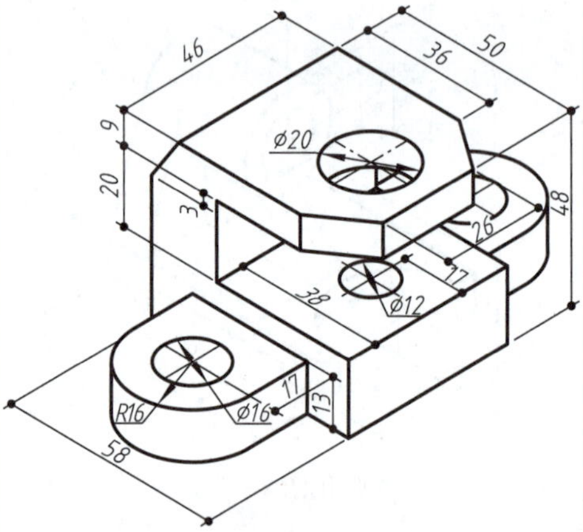

强化图 2-40

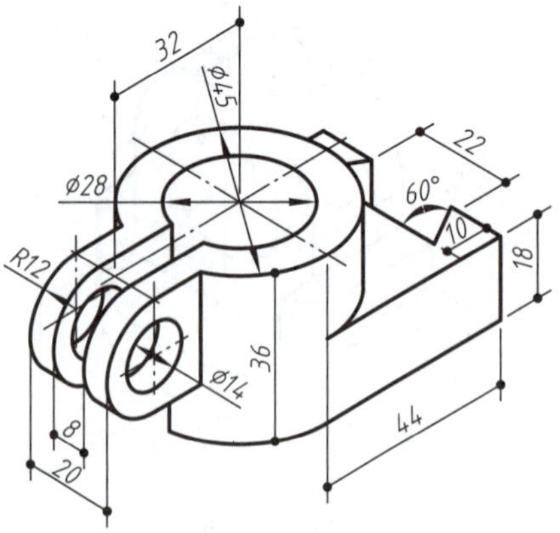

强化图 2-41

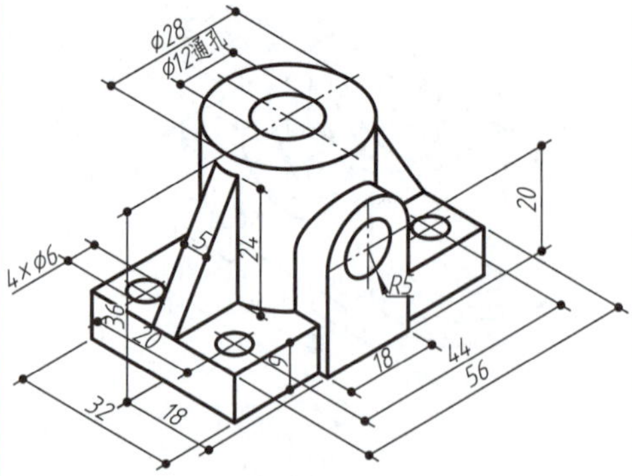

强化图 2-42

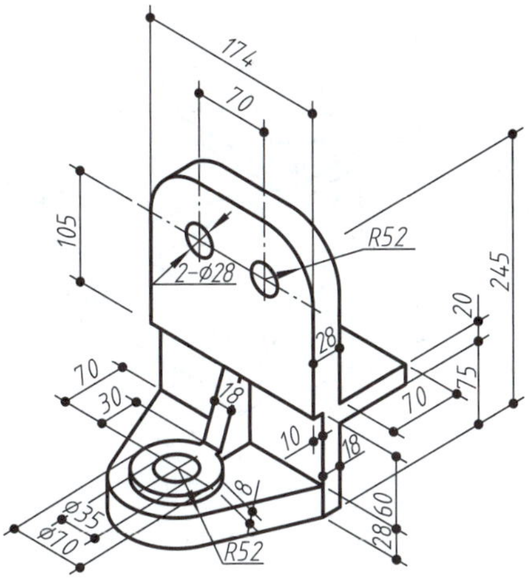

强化图 2-43

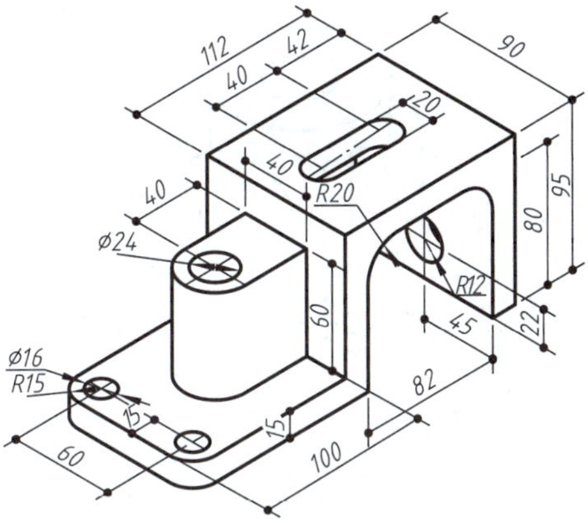

强化图 2-44

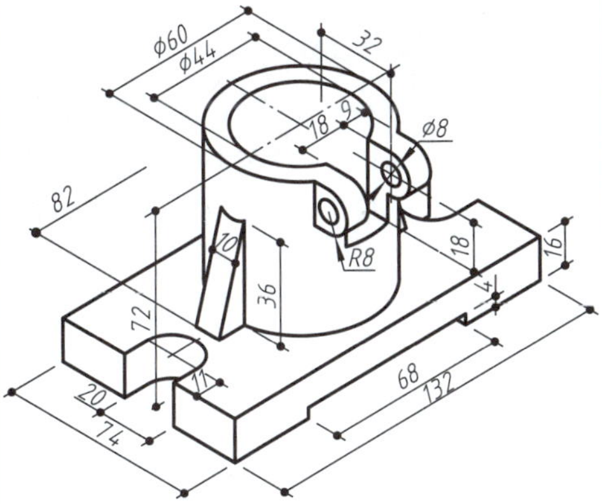

强化图 2-45

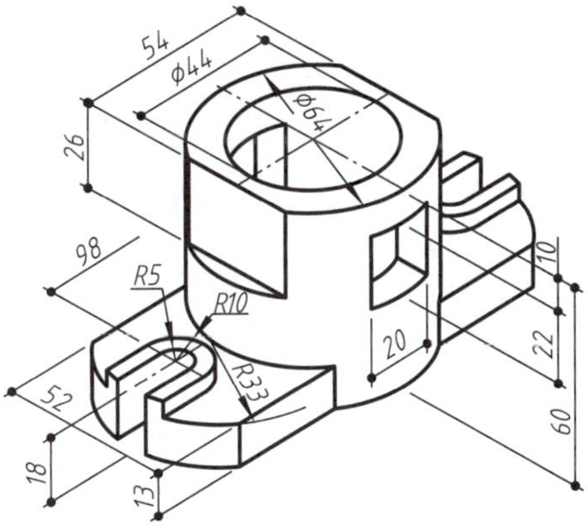

强化图 2-46

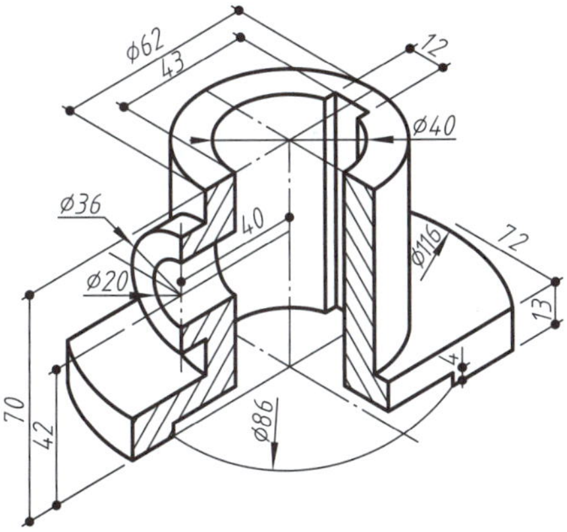

强化图 2-47

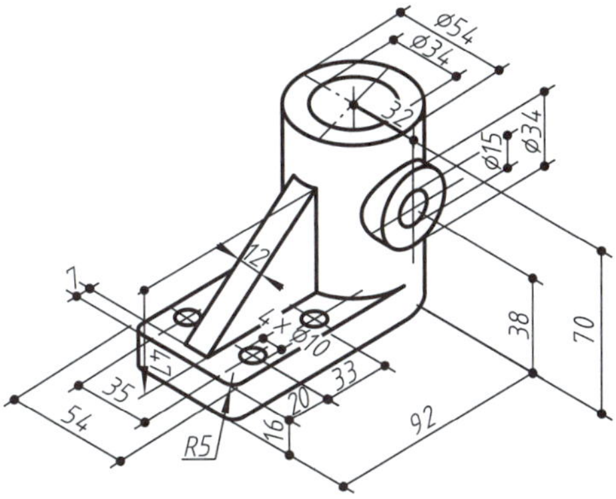

强化图 2-48

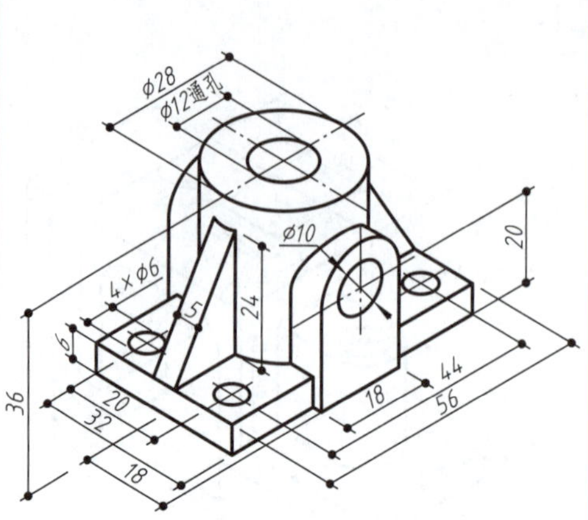

强化图 2-49

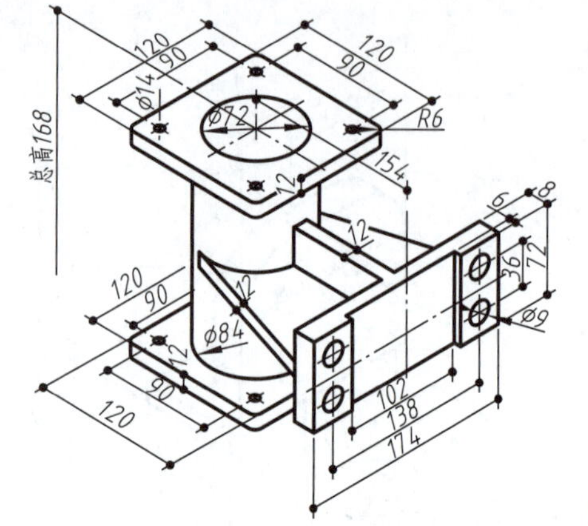

强化图 2-50

【评价与小结】

任务一　形体三视图及轴测图的绘制评价与分析					
评价项目	评价标准	参考分值	学生自评（15%）	学生互评（15%）	教师及企业导师评价（70%）
三视图的绘制	图层设置及线型应用符合国标 三视图满足三等关系 绘制过程操作熟练	15			
轴测图的绘制	线条完整 各构件创建及编辑操作熟练	30			
素质与思政	吃苦耐劳、爱岗敬业的养成 人际沟通及团队协作水平 中国古建筑历史的认识程度 取长补短，优势互补的能力	15			
总评					
任务一　形体三视图及轴测图的绘制任务小结					

任务二　形体的三维建模

子任务1　三维实体造型

【工作任务】

任务描述：已知泵体、涵洞洞门三视图及立体图如图2-13、图2-14所示，识读泵体及涵洞洞门三视图，应用CAD三维建模命令绘制泵体、涵洞洞门的3D实体，要求操作熟练、建模形状正确、尺寸精准。

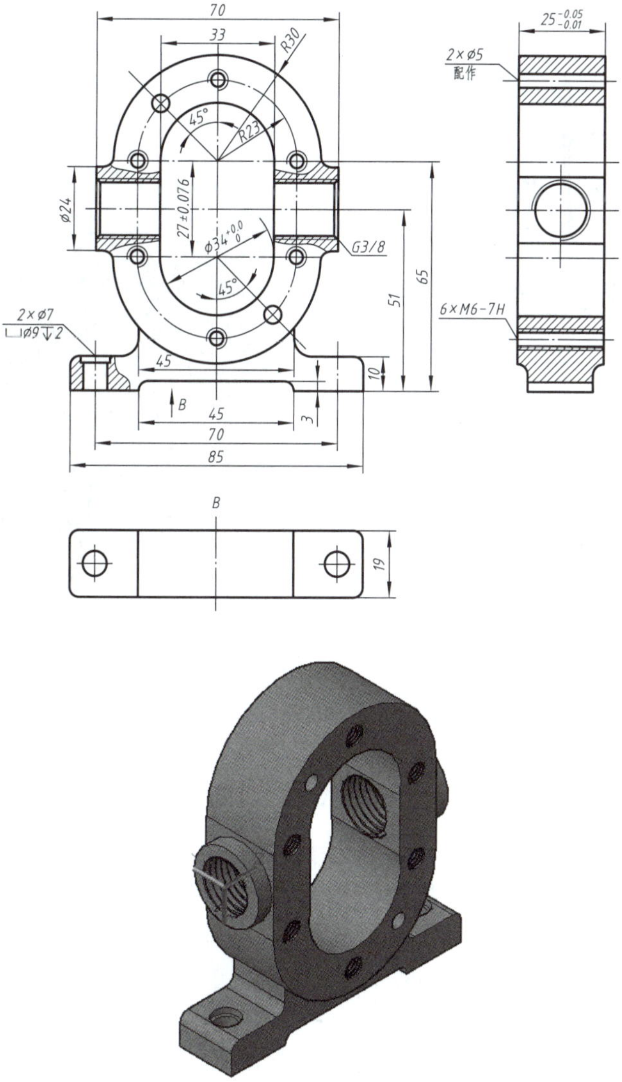

图2-13　泵体三视图及立体图

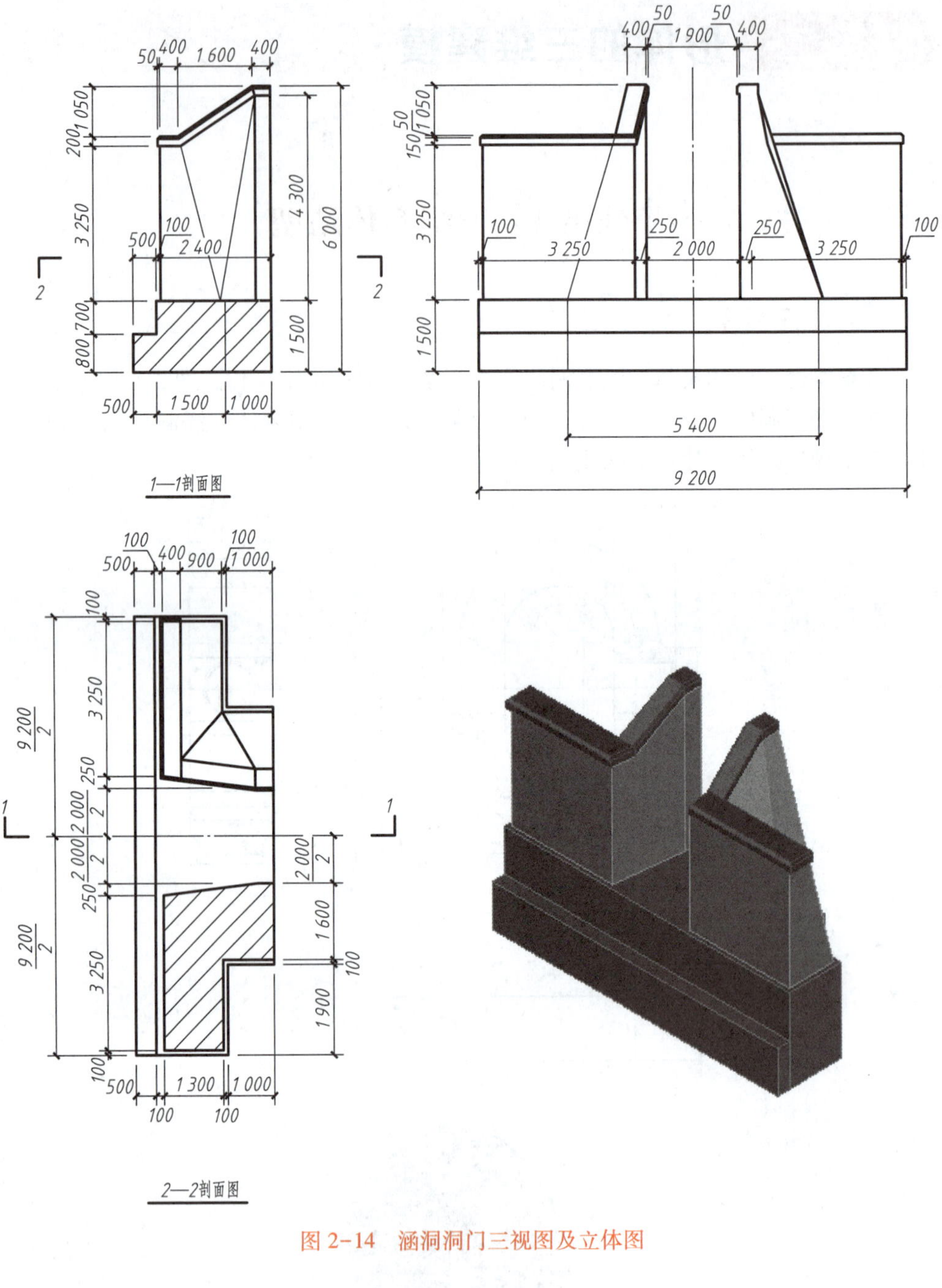

图 2-14　涵洞洞门三视图及立体图

思政链接：3D 打印技术，是一种以数字模型文件为基础，运用粉末状金属或塑料等可黏合材料，通过逐层打印的方式来构造物体的技术。它无需机械加工或任何模具，就能直接从计算机图形数据中生成任何形状的零件，从而极大地缩短产品的研制周期，提高生产率和降低生产成本。3D 打印技术被应用于医疗，建筑设计，机械零部件、生活用品、玩具生产等领域。近年来，我国多部门相继推出相关产业政策，大力发展 3D 打印技术。三维建模是 3D 打印等新型技术的基础，学好三维建模可以为以后的职业生涯打好基础，更好地实现个人发展，为国家建设做出贡献。

【技能训练】

技能点 1　泵体三维实体造型

1. 三维坐标系

AutoCAD 使用的坐标系有两种类型：一是系统默认的世界坐标系 WCS，不能重新定义，是其他坐标系的基础。二是用户坐标系 UCS。三维建模过程当中，经常使用的是用户坐标系，它可以确定在三维空间的任意位置，可以设置坐标轴的方向，任意转动或倾斜，可以根据需要定义、保存和调用。在用户坐标系中，XY 平面称为工作平面。

微课
三维坐标系

Step 01　新建 UCS。在命令栏输入 UCS，执行命令后，可以用几种不同的方式来定义 UCS。①“原点”：移动原点来定义新的 UCS，此项为默认选项，通过移动目前 UCS 的原点且保持 X、Y、Z 轴方向不变，如图 2-15 所示；②“上一个”：从当前的坐标系恢复使用上一个坐标系；③“面”：使用三维表面建立 UCS，如图 2-16 所示，创建新的 UCS 与实体的选定面对齐，X 轴与指定面上最近的边对齐；④“对象”：根据所选的对象来定义新的 UCS，被选定的实体与新坐标系有相同的 Z 轴；⑤“视图”：建立的新坐标系 XY 平面平行于当前视图，原点不变；⑥“Z轴矢量”：指定新的原点和 Z 轴正方向上的点来定义 UCS，系统自动设置 X 轴、Y 轴；⑦“三点”：指定新的 UCS 原点和 X 轴、Y 轴的正方向，可以任意指定坐标系；⑧“X、Y、Z”：绕指定轴旋转当前坐标系，从而得到一个新的 UCS；⑨“世界”：将 UCS 设置为世界坐标系，也就是将当前坐标系定义为与世界坐标系重合。

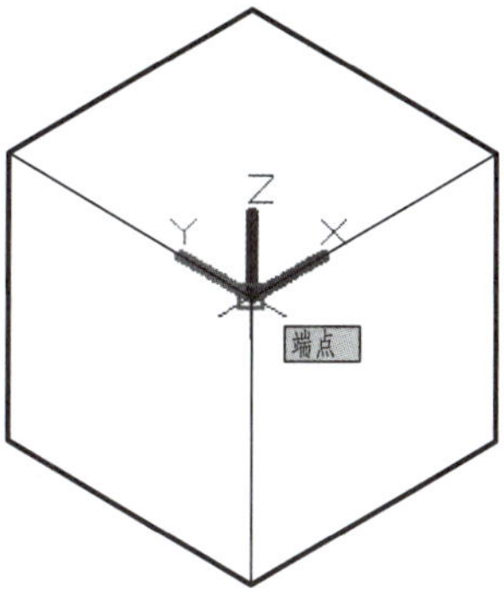

图 2-15　指定新原点

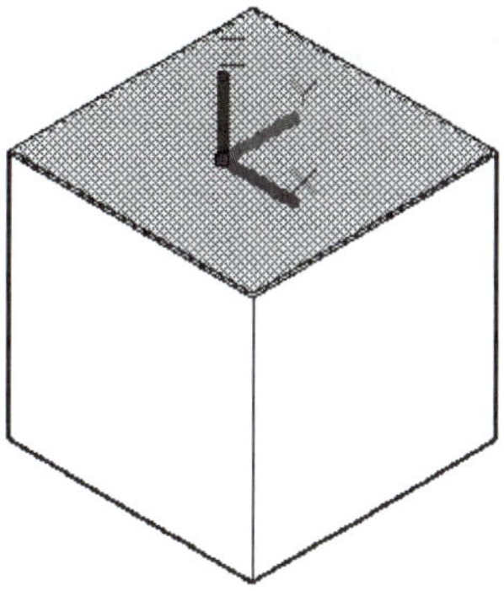
图 2-16　选择面建立 UCS

Step 02　命名 UCS。在命令栏输入 UCSMAN，执行命令后弹出如图 2-17 所示的“UCS”对话框，显示所有使用过的 UCS，可选择其中任意一个 UCS，单击“置为当前”。

Step 03　动态 UCS。通过单击状态栏上的“允许/禁止动态 UCS”按钮，可打开或关闭动态 UCS 功能。打开动态 UCS 后，不用建立或指定 UCS，就可以切换。

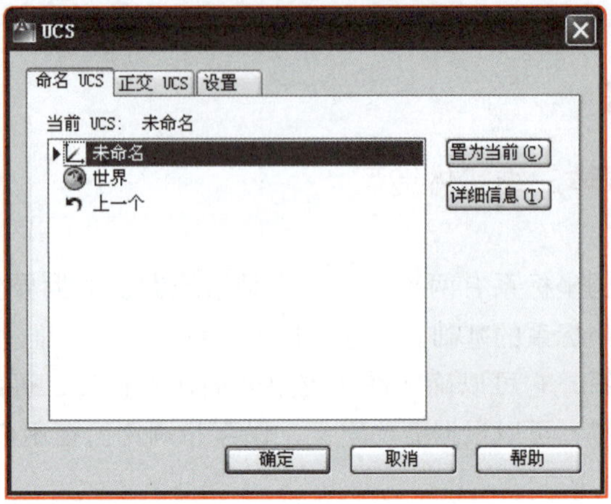

图 2-17 “UCS”对话框

2. 三维基础模型的创建

微课
三维基础模型的创建

(1) 创建长方体

Step 01 在命令栏输入 BOX。

Step 02 执行命令后，命令行提示“指定第一个角点或[中心(C)]”，默认选项为按要求指定长方体底面的两个对角点，输入长方体的高度，创建长方体，如图 2-18 所示；“中心”：指定长方体底面的中心。选中角点或中心点后，命令行提示“指定其他角点或[立方体(C)长度(L)]”，再指定一个角点，确定底面，输入高度，创建长方体；“立方体”：指定一个角点或中心点的位置，输入边长，创建立方体；“长度”：分别指定长方体的长、宽、高，创建长方体。

(2) 创建楔形体

Step 01 在命令栏输入 WEDGE。

Step 02 绘制楔体的命令操作与绘制长方体相同，不过得到的实体是长方体的一半，如图 2-19 所示。

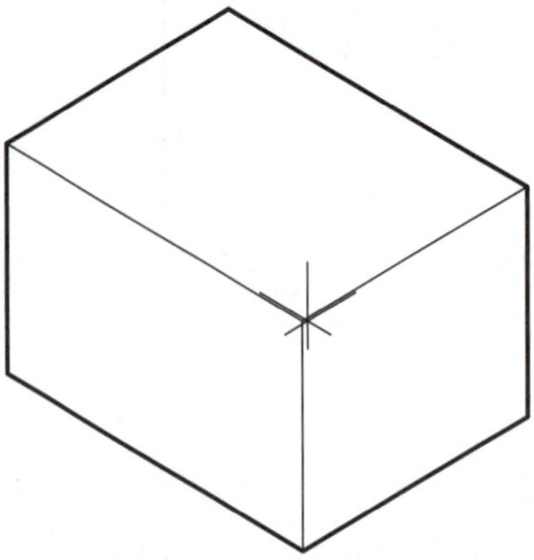

图 2-18 长方体的绘制

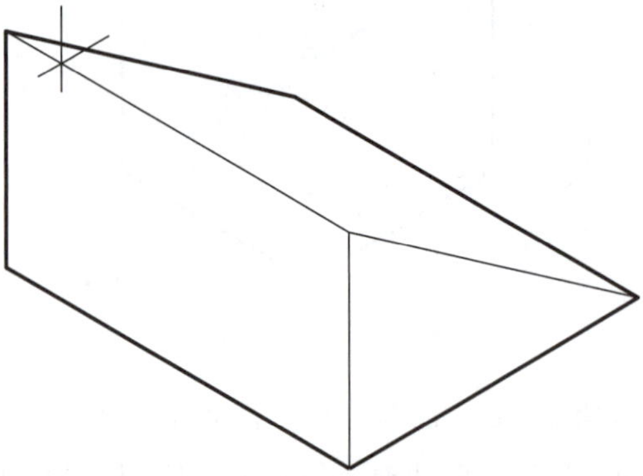

图 2-19 楔体的绘制

(3) 创建圆锥体

Step 01 在命令栏输入 CONE。

Step 02　执行命令后，提示以下信息：“指定底面的中心点或［三点(3P)/两点(2P)/切点、切点、半径(T)/椭圆(E)］:”，选择相应的绘制圆与椭圆的方法确定底面，输入圆锥的高度，创建圆锥体，如图 2-20 所示。此外还可以绘制底面为椭圆的圆锥体和圆台。

（4）创建圆柱体

Step 01　在命令栏输入 CYLINDER（CYL）。

Step 02　创建圆柱体的方法与圆锥体的方法相同，命令执行结果如图 2-21 所示，同时还可以绘制底面为椭圆的柱体。

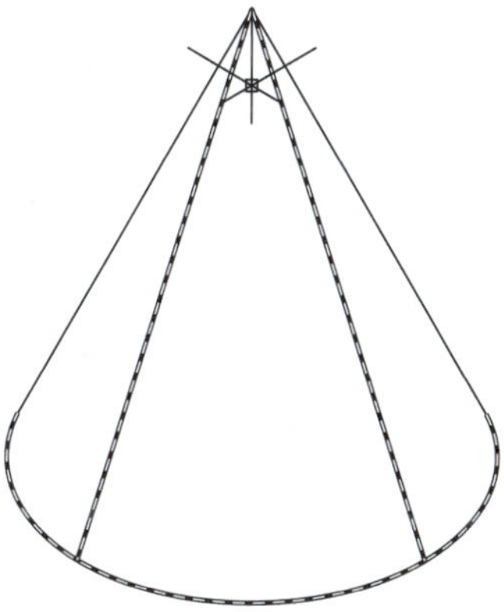

图 2-20　圆锥体的绘制

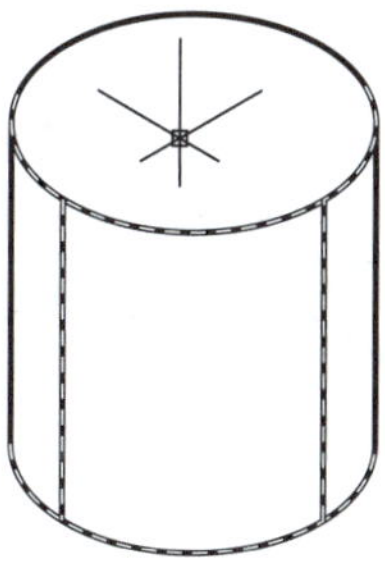

图 2-21　圆柱体的绘制

（5）创建球体

Step 01　在命令栏输入 SPHERE（SPH）。

Step 02　球体的绘制方法比较简单，只需要确定球心和球半径即可，如图 2-22 所示。

（6）创建圆环体

Step 01　在命令栏输入 TORUS。

Step 02　执行命令后，按提示分别指定圆环体的中心、圆环体中心圆半径或者直径、圆管的半径或直径，就可以创建圆环体，如图 2-23 所示。

微课

利用二维对象创建三维实体

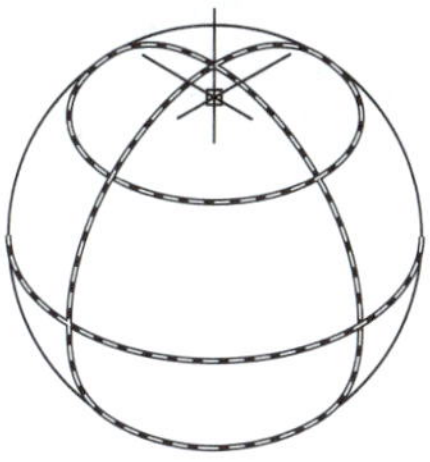

图 2-22　球体的绘制

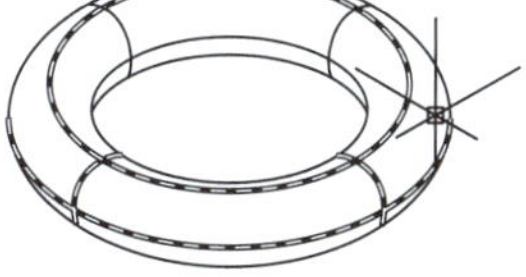

图 2-23　圆环体的创建

3. 利用二维对象创建三维实体

以上讲解了基础三维模型的绘制方法，但上述方法创建三维实体还不能满足工程应用的需要，下面为大家讲述几个高级三维实体模型的创建方法，用以绘制复杂的三维对象。

（1）拉伸实体

Step 01 在命令栏输入 EXTRUDE（EXT）。

Step 02 选择要拉伸的对象，输入拉伸高度即可完成拉伸命令。使用“拉伸”命令可以通过拉伸二维对象创建三维实体或曲面，可以拉伸的对象包括直线、圆弧、二维多段线、二维样条曲线、圆、椭圆、二维实体、面域等。如果为闭合多段线或面域，拉伸为三维实体，如图 2-24 所示；如果为开放对象，拉伸为曲面。拉伸可沿路径进行，路径的几何对象包括直线、圆、圆弧、样条曲线、螺旋线等，如图 2-25 所示。

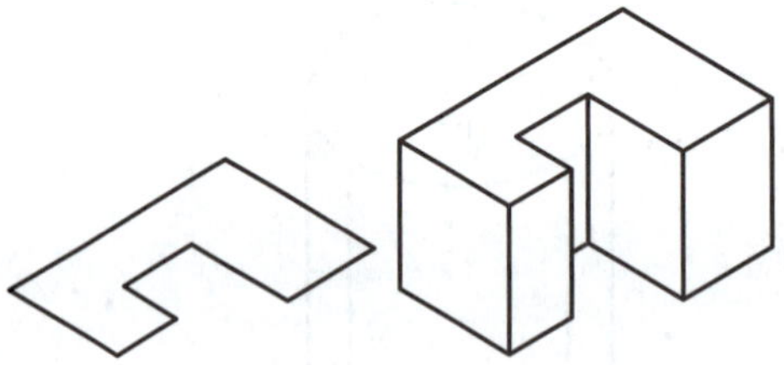

图 2-24 实体拉伸

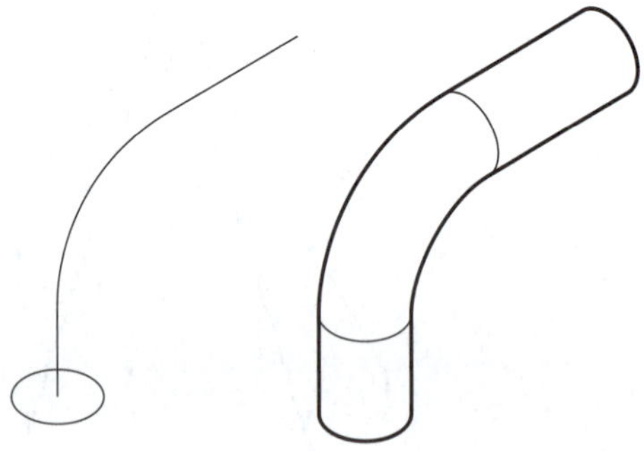

图 2-25 沿路径拉伸实体

（2）旋转实体

Step 01 在命令栏输入 REVOLVE（REV）。

Step 02 使用“旋转”命令可以通过绕一固定轴旋转二维对象来创建三维实体或曲面，旋转的几何对象和拉伸的几何对象是一样的，如图 2-26 所示。

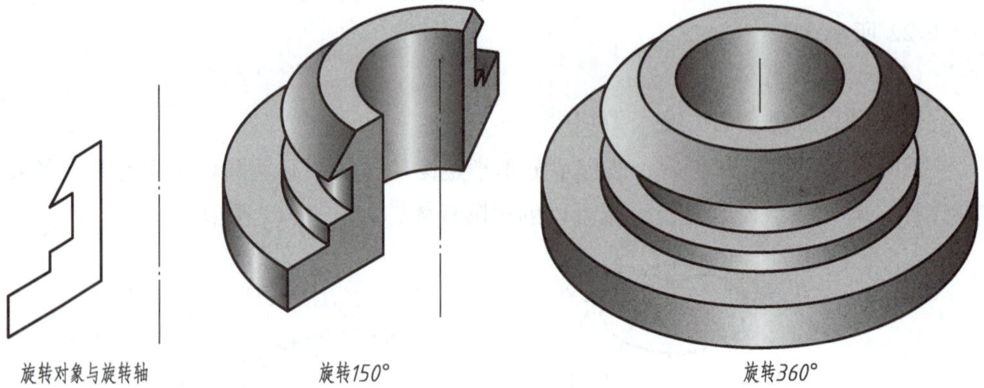

图 2-26 旋转三维实体

（3）扫掠实体

Step 01 在命令栏输入 SWEEP（SW）。

Step 02 执行命令后，选择扫掠对象和路径，即可完成。“扫掠”命令可以通过沿路径扫掠二维对象来创建三维实体。如先创建螺旋线，移动坐标系至螺旋线起点，沿螺旋线扫掠，得如图 2-27 所示实体。

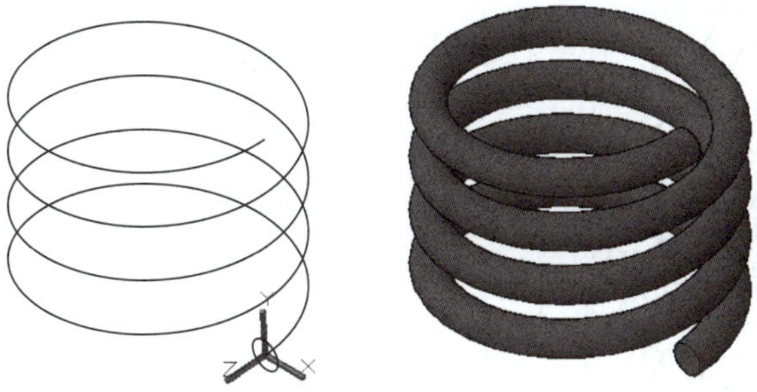

图 2-27　扫掠实体

4. 编辑三维对象

（1）三维移动

Step 01　执行三维移动命令或在命令行输入 3DMOVE。

Step 02　执行命令后选中对象，选择夹点沿指定方向移动即可，如图 2-28 所示。

微课

编辑三维对象

（2）三维旋转

Step 01　执行三维旋转命令或在命令行输入 3DMOVE。

Step 02　执行命令后，选择对象，可将三维实体绕指定轴旋转一定的角度，如图 2-29 所示。

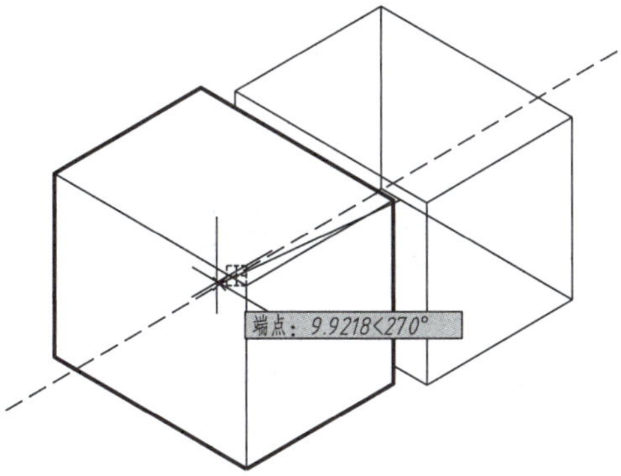

图 2-28　三维移动对象

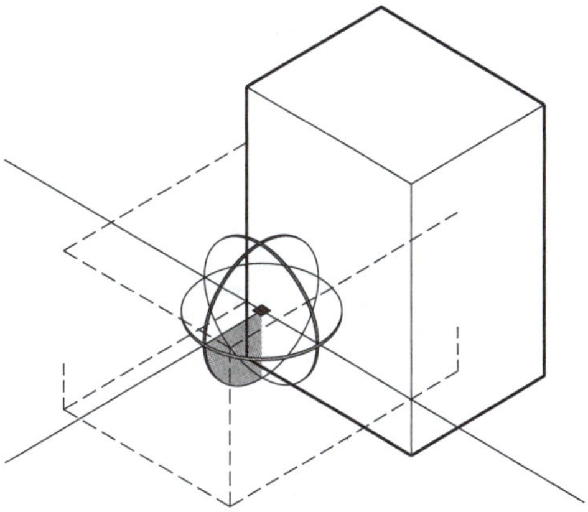

图 2-29　三维旋转对象

（3）三维阵列

Step 01　执行三维阵列命令或在命令行输入 3DARRAY。

Step 02　执行命令后如图 2-30 所示。三维阵列有两种阵列方式：矩形阵列和环形阵列。

（4）三维镜像

Step 01　执行三维镜像命令或在命令行输入 MIRROR3D。

Step 02　三维镜像可以将三维实体以指定的平面进行镜像，选择对象后指定镜像平面即可，如图 2-31 所示。

微课

编辑三维对象

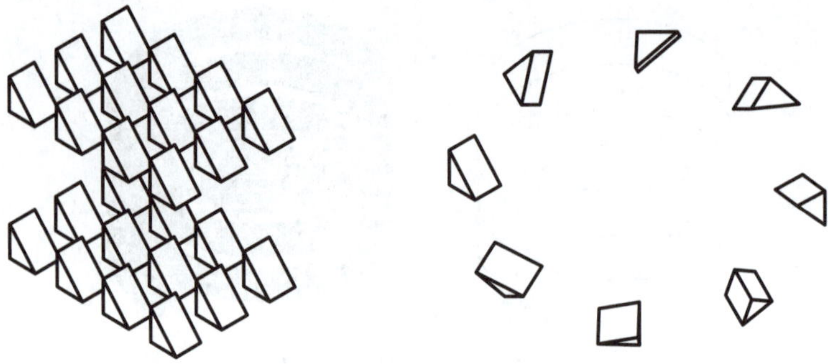

图 2-30　三维阵列对象

（5）三维对齐

Step 01　执行三维对齐命令或在命令行输入 ALIGN（AL）。

Step 02　三维对齐可以将三维实体与其他实体的某个面、边、点对齐。执行命令的过程中，指定一个点后按 Enter 键，对齐到点；指定两点后按 Enter 键，对齐到边；指定三点后按 Enter 键，对齐到面，同时可选择是否缩放对象。操作结果如图 2-32 所示。

图 2-31　三维镜像对象

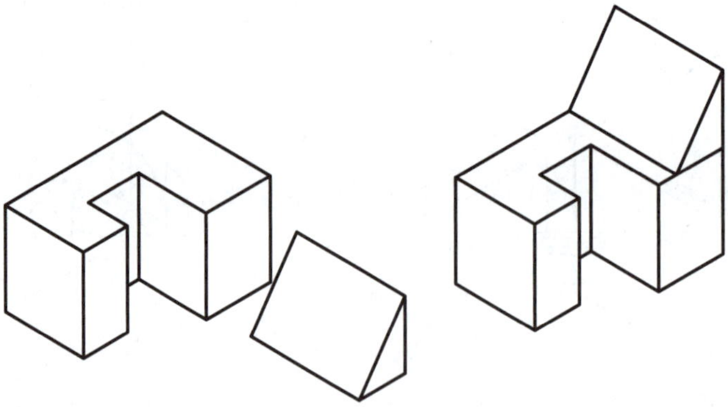

图 2-32　三维对齐对象

（6）三维实体倒角

Step 01　执行倒角命令或在命令行输入 CHAMFER（CHA）。

Step 02　执行命令后，选择实体边，系统自动识别实体，边所在的一个面处于被选择状态，按 Enter 键默认选择当前面，然后根据系统提示输入倒角距离，可选择“边”倒角和“环”倒角，如图 2-33 所示。

（7）三维实体圆角

Step 01　执行圆角命令或在命令行输入 FILLET（F）。

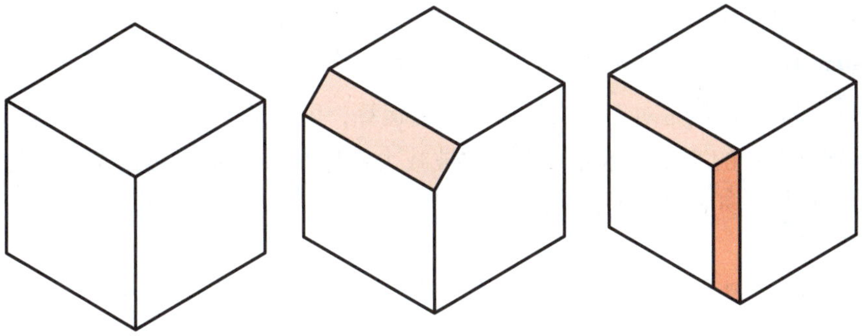

图 2-33　实体倒角

Step 02　执行三维圆角命令与三维倒角命令相似。

（8）抽壳三维实体

Step 01　执行抽壳命令。

Step 02　可在三维实体对象中按指定的壁厚来创建空壳。执行命令后，选择要抽壳的实体，确定删除的面，输入抽壳距离，即可创建壳体实体，如图 2-34 所示。

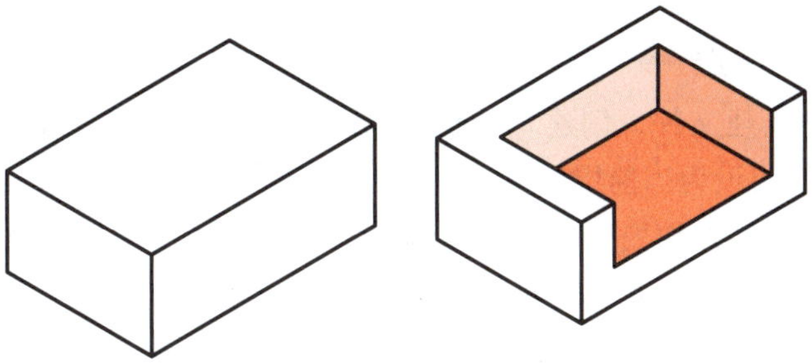

图 2-34　抽壳实体

5. 三维布尔运算

（1）并集

Step 01　执行实体编辑中并集命令或在命令行输入 UNION（UNI）。

Step 02　并集可以将两个或两个以上的多个实体进行合并，使得多个形体成为一个整体，如图 2-35 所示。

微课　三维布尔运算

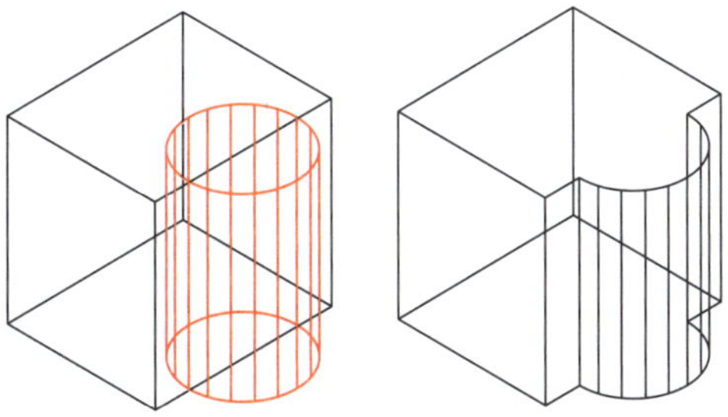

图 2-35　并集布尔运算

（2）差集

Step 01 执行实体编辑中差集命令或在命令行输入 SUBTRACT（SU）。

Step 02 差集是对三维实体进行求差运算，即是从一个实体中减去另一个实体，得到一个新的实体。运算过程中，被减去实体与减去实体必须要有公共部分，否则无法运算，如图 2-36 所示。

（3）交集

Step 01 执行实体编辑中交集命令或在命令行输入 INTERSECT（IN）。

Step 02 选择需要交集的对象，确定即可，如图 2-37 所示。交集是对三维实体进行重叠部分运算，要求实体要有公共部分。

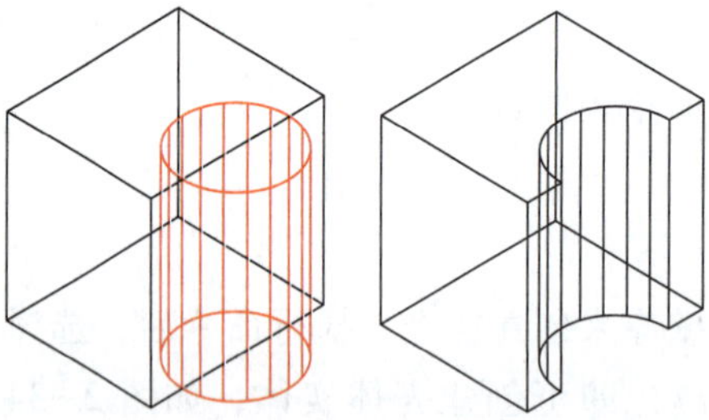

图 2-36 差集布尔运算

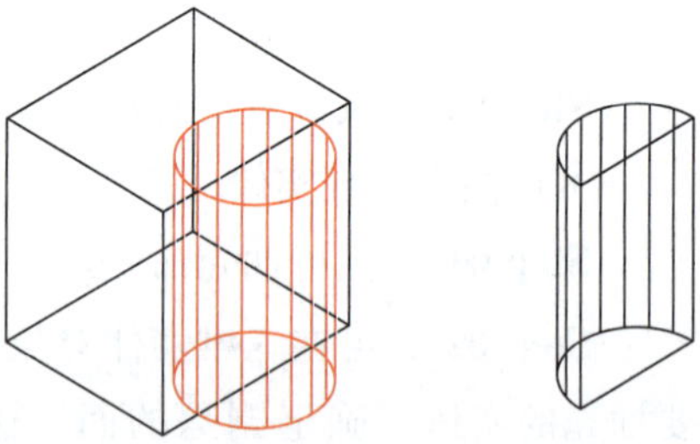

图 2-37 交集布尔运算

6. 绘制泵体三维实体

微课

绘制泵体三维实体

Step 01 新建文件，创建“线框”层和“实体”层，将“线框”层设为当前层。

Step 02 将视图切换到西南等轴测，将坐标轴绕 X 轴旋转 90°，绘制泵体主体二维线框如图 2-38 所示，也可切换到主视图下，以便于绘制。

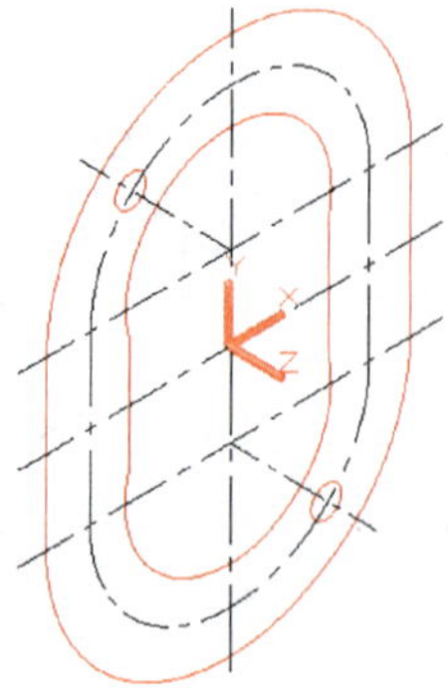

图 2-38 泵体主体二维线框

Step 03 将二维线框合并成多段线，分别用拉伸命令进行拉伸，拉伸高度为-25，得如图 2-39 所示实体。移动坐标系并将坐标系旋转至图 2-39 所示位置，创建圆柱体，圆柱体起点坐标为(0,0,-5)，高度为 70，得图 2-40 所示实体。

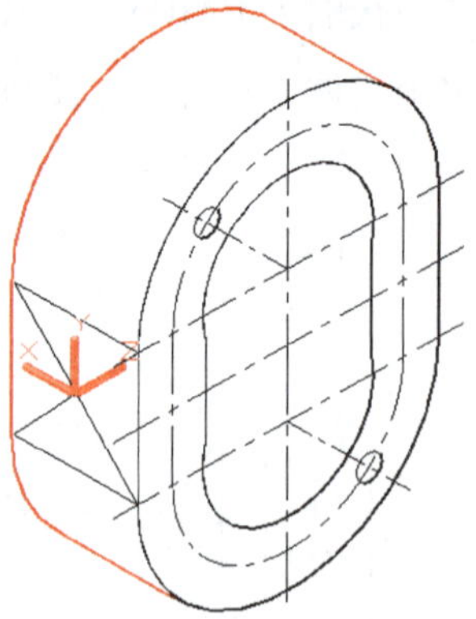

图 2-39 泵体主图拉伸

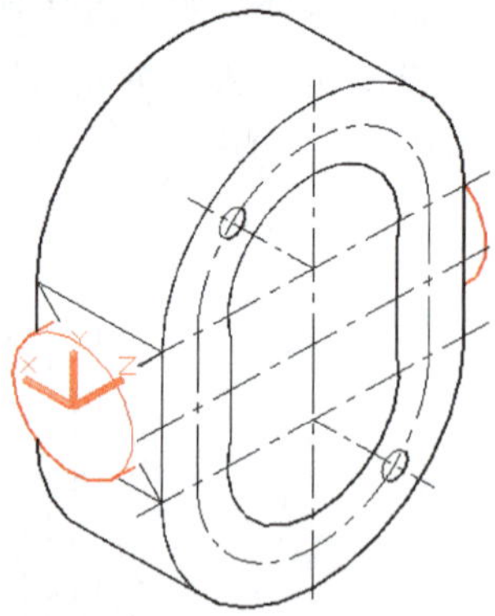

图 2-40 泵体圆柱体创建

Step 04　返回上一次坐标如图 2-41 所示，切换到主视图绘制底座及底座台阶孔二维线框，如图 2-42 所示，并将这两个二维线框执行 PE 命令合并为多段线。拉伸底座线框，输入高度为-19，并将拉伸的底座沿 Z 轴负方向移动 3，得到实体如图 2-43 所示。将三维实体先隐藏，旋转台阶孔二维线框 360°，沿 Z 轴移动-12.5，并将其沿 YZ 平面镜像复制一个，如图 2-44 所示。

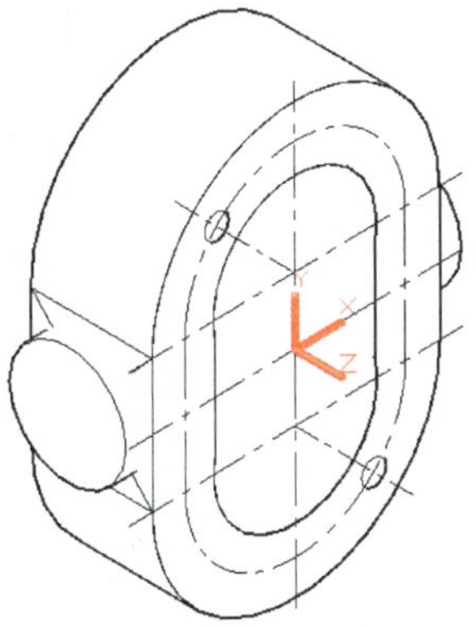

图 2-41　泵体移动坐标

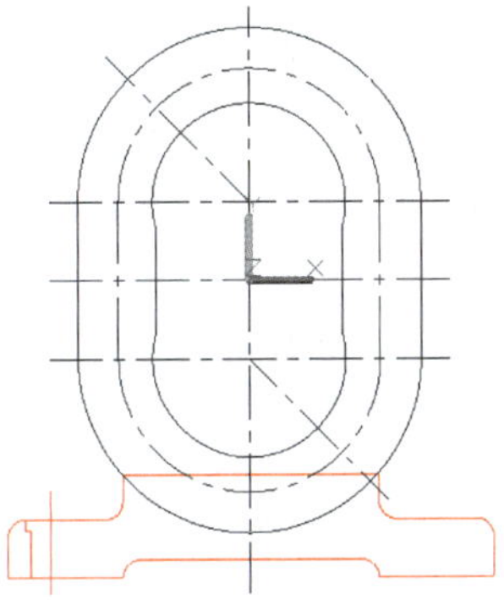

图 2-42　绘制泵体底座线框

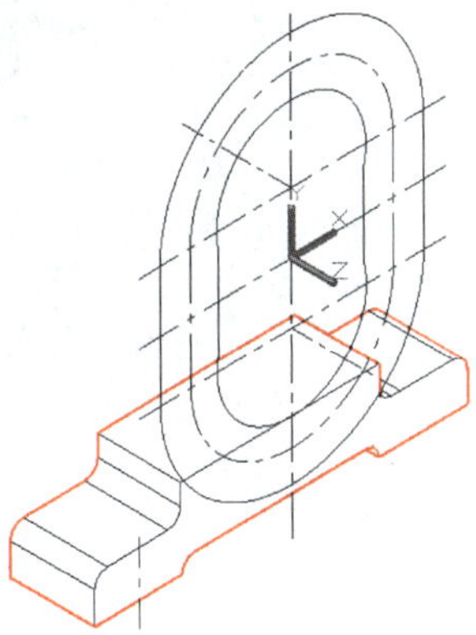

图 2-43　拉伸泵体底座

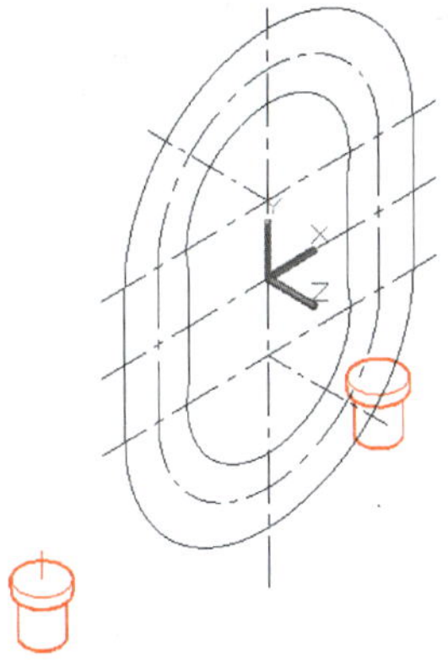

图 2-44　泵体底座台阶孔

Step 05　隐藏实体，绘制 M6 外螺纹。绘制螺旋线，底面和顶面的半径为 3，高度为 30，圈数为 30（螺纹为差集被剪去部分，可适当长些），将坐标轴按“对象”的方式移动到图 2-45 所在位置，绘制等边三角形，外接圆半径为 0.5。执行扫掠命令，将三角形沿螺旋线扫掠成实体，同时在螺旋线位置创建一个半径为 3，高度为 30 的圆柱体，与扫掠所得实体做并集，并按位置复制其余五个，如图 2-46 所示。

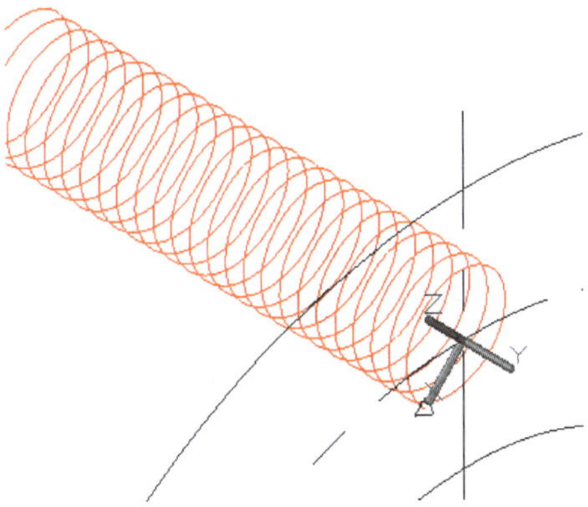

图 2-45　绘制螺旋线

Step 06　将二维图线隐藏，实体显示出来，如图 2-47 所示。执行布尔运算，将泵体主体、底座、水平圆柱做并集后，与其余小实体做差集，得图 2-48 所示实体，切换到“概念”视觉样式如图 2-49 所示。

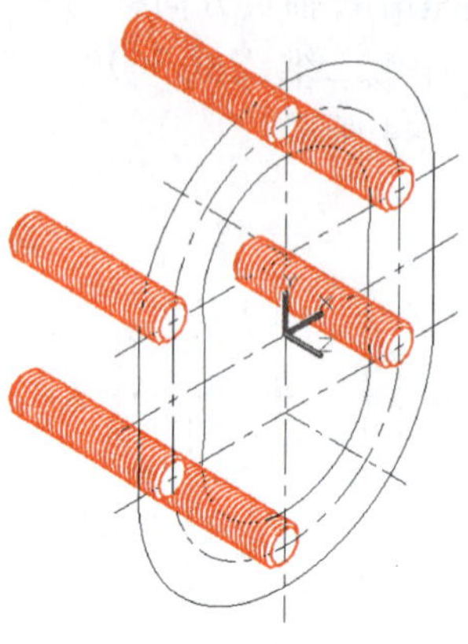

图 2-46 泵体螺纹三维复制

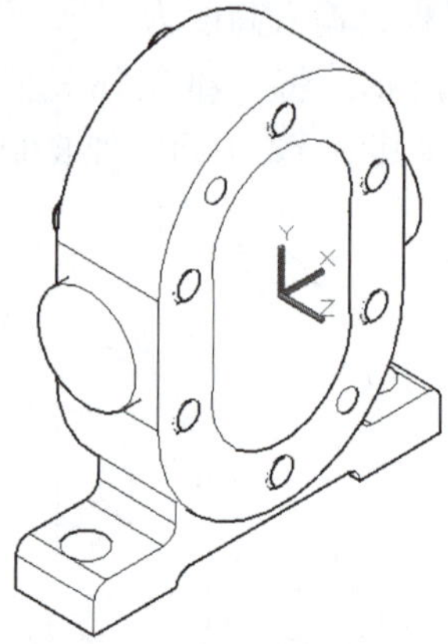

图 2-47 泵体基本实体

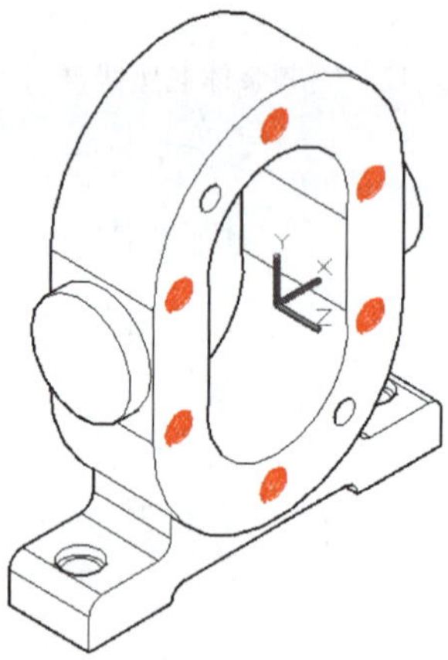

图 2-48 布尔运算实体

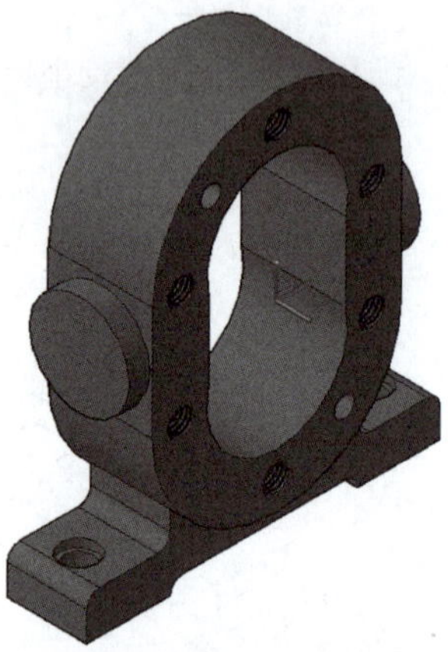

图 2-49 “概念”视觉样式显示

Step 07 移动坐标系如图 2-50 所示，按前面的方法创建管螺纹如图 2-51 所示。

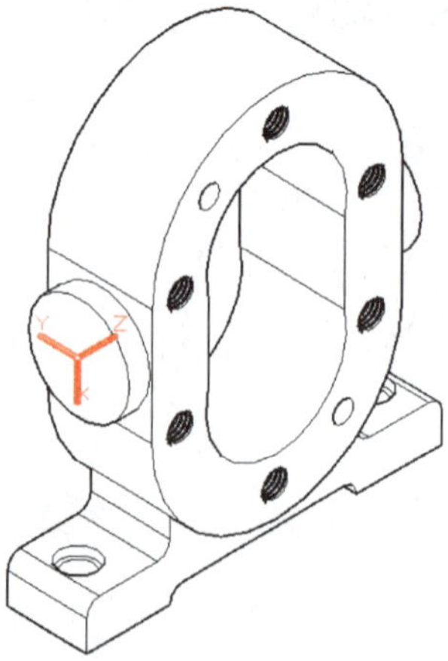

图 2-50 泵体坐标移动

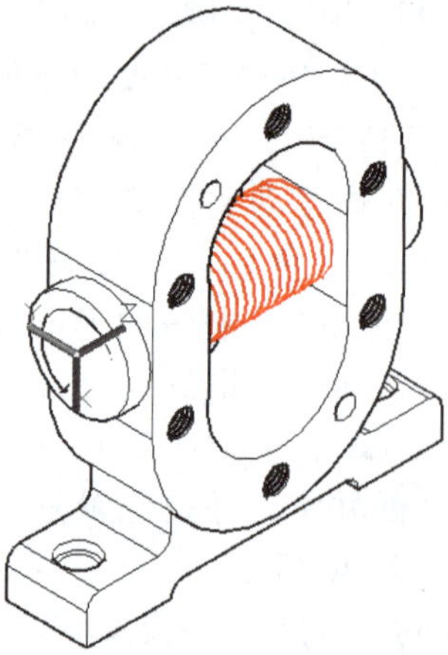

图 2-51 泵体管螺纹绘制

Step 08　做差集，如图 2-52 和图 2-53 所示。

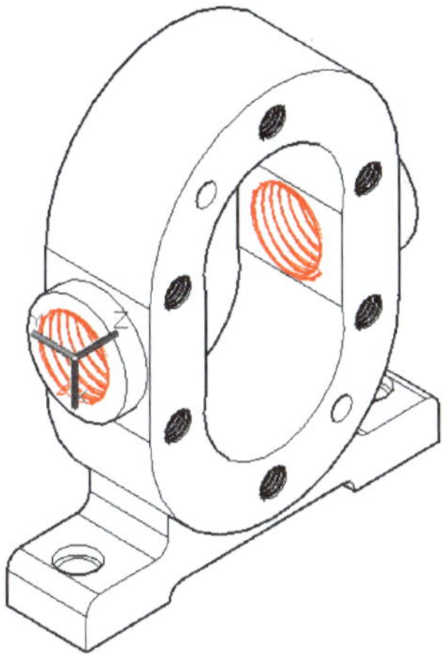
图 2-52　泵体管螺纹布尔运算

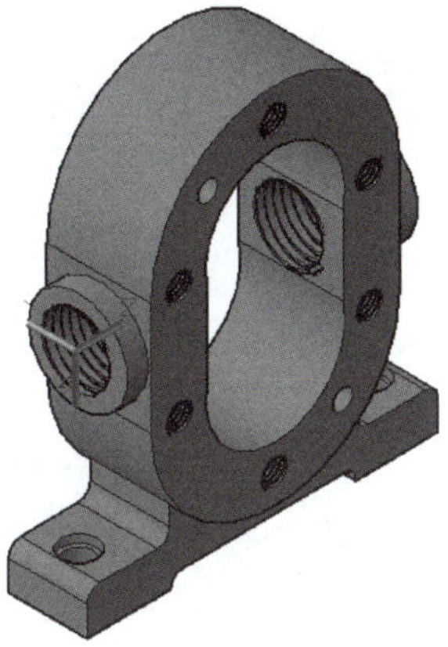
图 2-53　泵体实体“概念”视觉样式显示

Step 09　对实体进行三维圆角，完成泵体三维实体，如图 2-54 和图 2-55 所示。

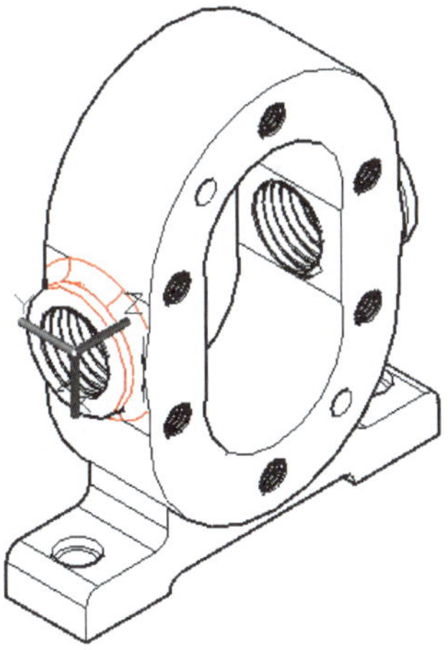
图 2-54　泵体实体

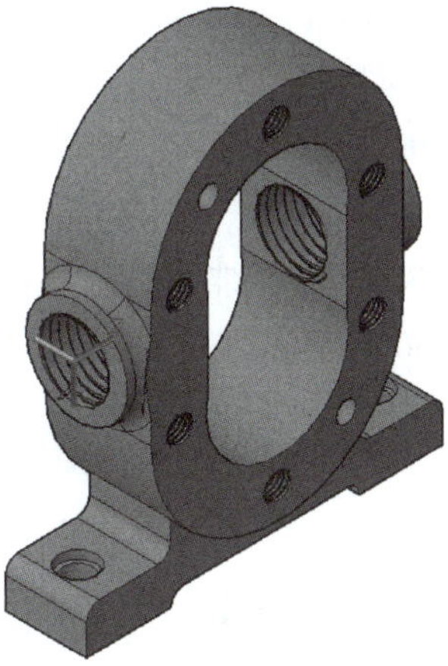
图 2-55　泵体实体“概念”视觉样式显示

技能点 2　涵洞洞门三维建模

1. 绘制洞门基础

微课

涵洞洞门三维建模

Step 01　新建文件，创建“线框”层和“实体”层，将“线框”层设为当前层。

Step 02　将视图切换到西南等轴测，将坐标轴绕 X 轴旋转 90°，绘制基础二维线框如图 2-56 所示，也可切换到俯视图下，以便于绘制。

Step 03　将二维线框制作为面域并用拉伸命令进行拉伸，拉伸高度为 1500，结果如图 2-57 所示。

Step 04　按照图中尺寸完成小长方体的三维实体，并与图 2-57 中实体作并集，最终得到基础实体，如图 2-58 所示。

图 2-56　绘制基础二维线框

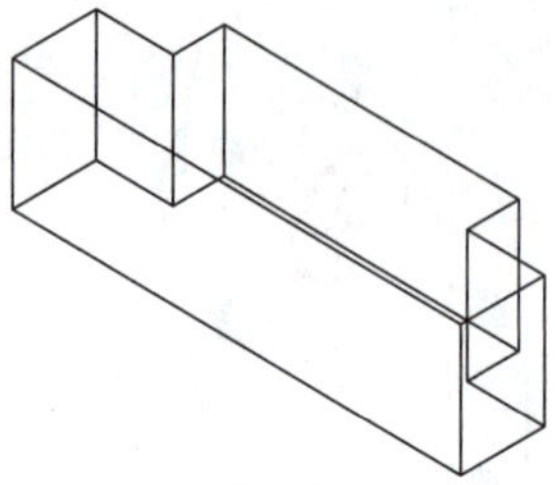

图 2-57　绘制基础三维实体

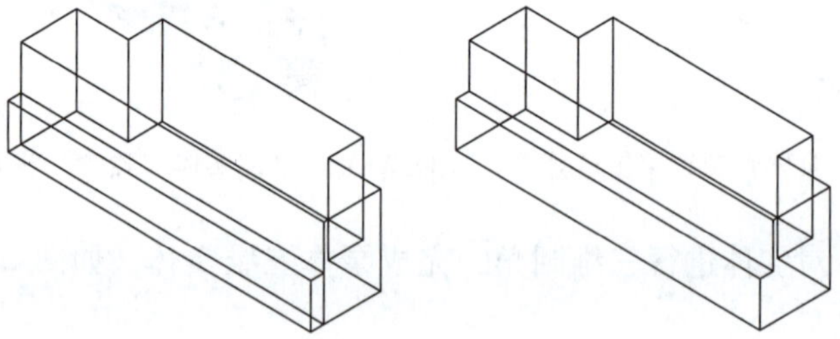

图 2-58　完成基础三维实体建模

2. 绘制洞门雉墙

Step 01　绘制雉墙二维线框，也可切换到俯视图下，以便于绘制，如图 2-59 所示。

Step 02　将二维线框做成面域，用拉伸命令进行拉伸，拉伸高度为 4300，得如图 2-60 所示实体。

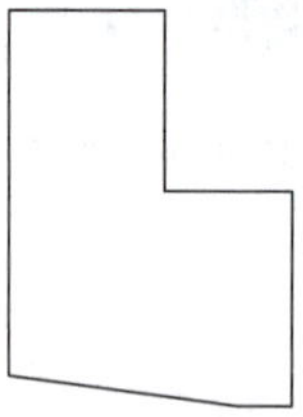

图 2-59　雉墙外轮廓

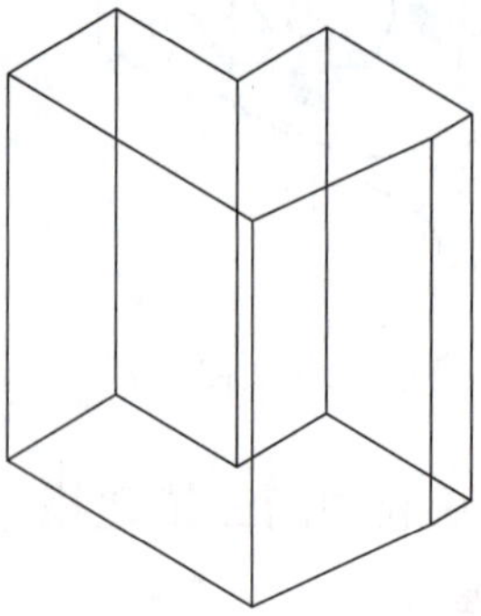

图 2-60　用拉伸命令进行拉伸

Step 03　在距离底部 3250 处，执行剖切命令，结果如图 2-61 所示。继续将上半部分按照图 2-62 所示位置进行剖切，删除左上角，并将剩余部分合并，结果如图 2-63 所示。

Step 04　按照同样的方法，按图 2-64a、b 所示执行剖切命令，删除多余部分，将剩余部分合并，如图 2-64c 所示。

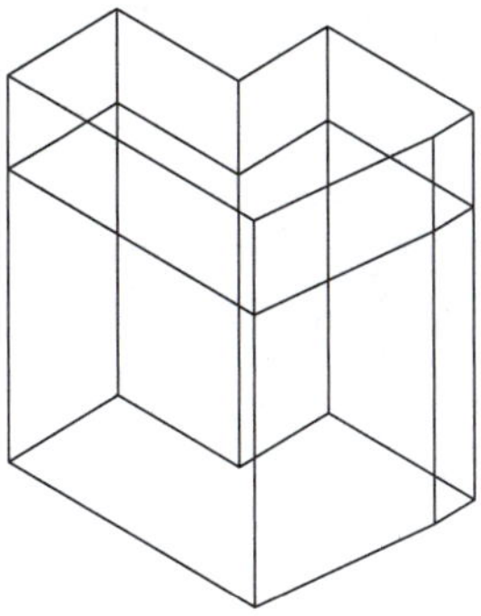

图 2-61　距离底部 3250 处剖切

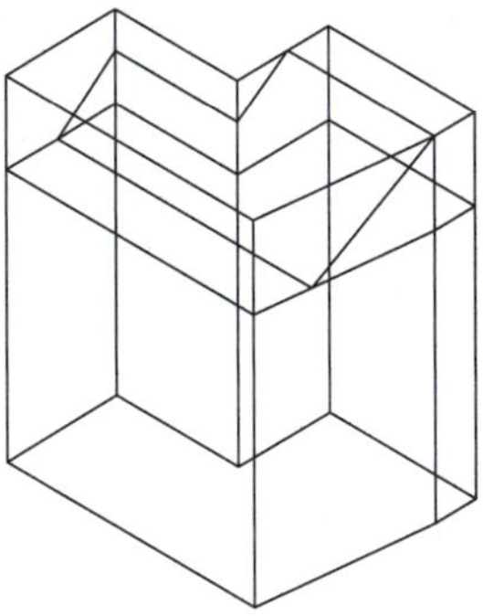

图 2-62　对上半部分进行剖切

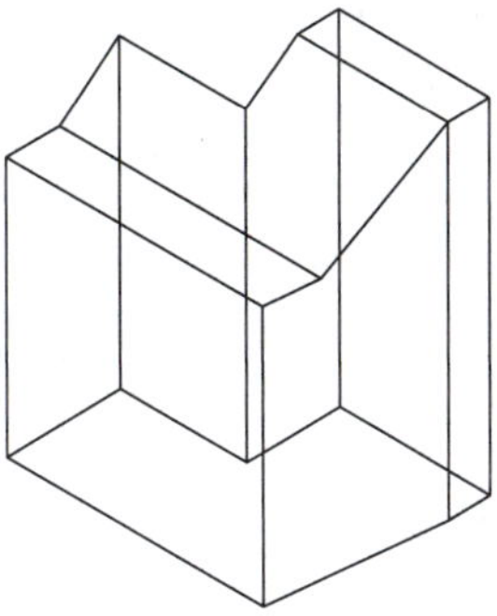

图 2-63　删除左上角并合并剩余部分

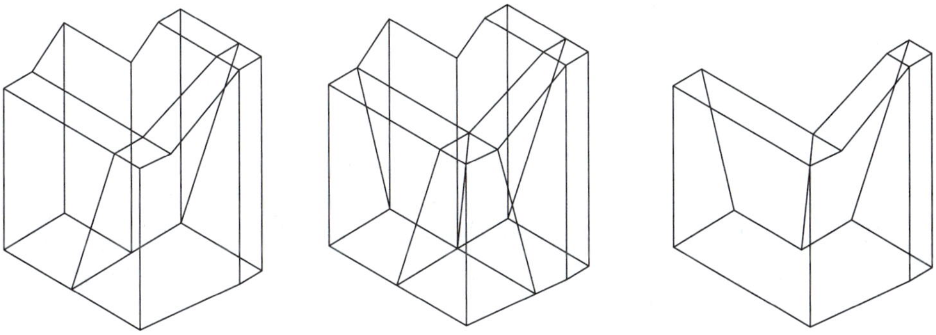

(a)　(b)　(c)

图 2-64　继续执行剖切

Step 05　绘制图 2-65a 中的辅助线，应用辅助线继续执行两次剖切命令，如图 2-65b 所示，删去多余部分，将剩余部分作并集，最终得到涵洞雉墙的三维实体如图 2-65c 所示。

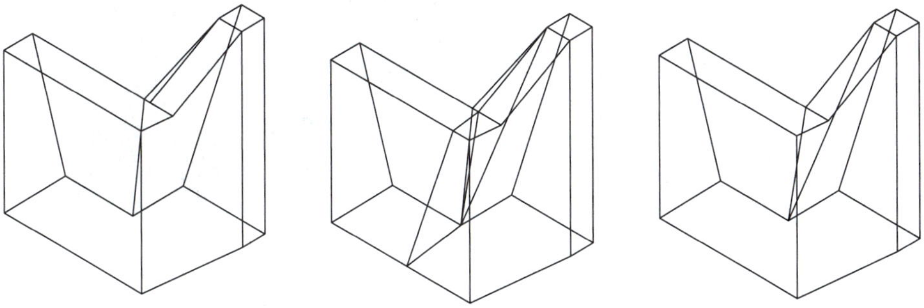

(a)　(b)　(c)

图 2-65　完成一个雉墙的三维建模

3. 绘制洞门帽石

Step 01　按照图 2-14 中帽石尺寸，完成如图 2-66 所示三个线框绘制，并作成面域，分别执行拉伸和路径拉伸命令，结果如图 2-67 所示。

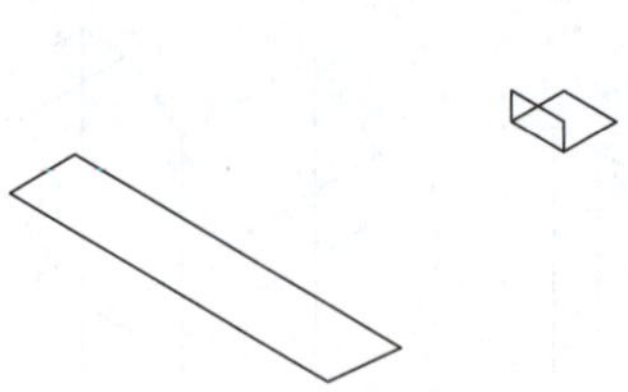

图 2-66 绘制三个线框

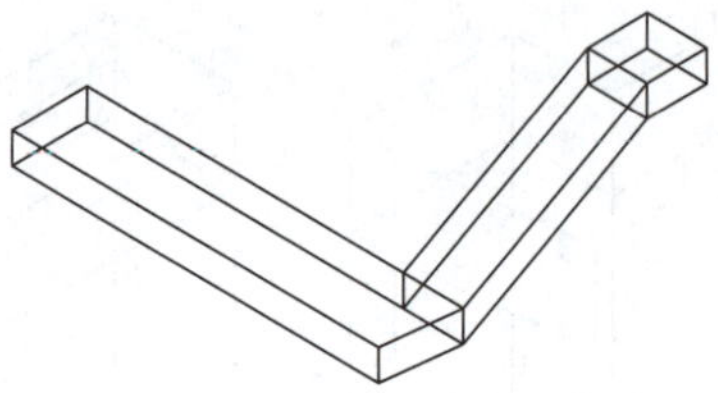

图 2-67 执行拉伸和路径拉伸命令

Step 02 执行倒角命令，结果如图 2-68 所示。

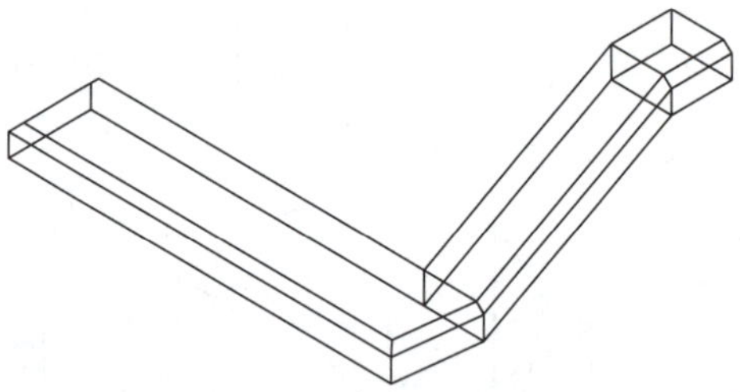

图 2-68 执行倒角命令完成帽石

Step 03 将已经创建好的帽石和雉墙分别执行镜像命令，如图 2-69 所示，最后按照图 2-14 中尺寸移动各部分到正确的位置后执行并集命令，完成涵洞洞门三维实体，如图 2-70 所示。

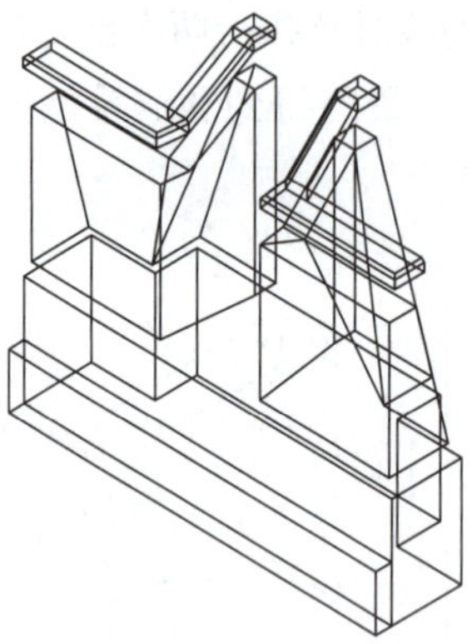

图 2-69 执行镜像命令

图 2-70 涵洞洞门三维实体

【课堂检测】

1. 中国第一家 3D 打印公司是哪家公司，成立于哪一年？
2. 用倒角命令 CHAMFER 进行倒角时（ ）。

A. 不能对多段线对象进行倒角　　B. 可以对样条曲线对象进行倒角

C. 不能对文字对象进行倒角　　D. 不能对三维实体对象进行倒角

3. 用旋转命令 ROTATE 旋转对象时（　　）。

A. 须指定旋转角度　　B. 必须指定旋转基点

C. 必须使用参考方式　　D. 可以在三维空间缩放对象

4. 用缩放命令“SCALE”缩放对象时（　　）。

A. 必须指定缩放倍数　　B. 可以不指定缩放基点

C. 必须使用参考方式　　D. 可以在三维空间缩放对象

5. 简单描述三维剖切命令的几种操作适用情况及操作要领。

子任务 2　三维实体转化视图

【工作任务】

任务描述：应用子任务 1 中完成的涵洞的三维实体，完成其三视图及轴测图，要求三视图及轴测图表达正确，线型符合制图国家标准规定。

思政链接：标准是规范经济和社会发展的重要技术制度。改革开放以来，我国的标准化工作取得了令人瞩目的成绩，对于推动技术进步、规范市场秩序、提高产品竞争力和促进国际贸易发挥了重要作用。我们应坚持科学发展观，不断增强全社会的标准化意识，实现我国标准化工作的跨越式发展。

【技能训练】

技能点 1　三维实体转化三视图

微课　三维实体转化三视图

AutoCAD 具有将创建好的三维实体转化成二维的三视图的功能，利用该功能，只要在 AutoCAD 虚拟的三维空间中创建出物体的三维造型，就可以将物体的三维造型按照投影法的原理将其转化成分别在三个坐标平面内的三视图。这样就省去逐段线条绘制三视图的繁琐步骤，为绘制三视图提供了一种更加便捷的途径。

1. 转化三视图

在开始转化三视图之前，应该将 AutoCAD 由模型空间切换到布局空间。否则，在模型空间中不能执行三维实体转化三视图相关命令的操作。AutoCAD 默认的是在模型空间下绘图，单击状态栏上的“模型或图纸空间”按钮，按钮名称为“模型”，如图 2-71 所示，即可切换到布局空间。在布局空间下，该按钮名称为“图纸”，如图 2-72 所示。单击状态栏最左侧的“模型”选项，即可切换到模型空间。下面，应用子任务 1 中创建好的涵洞洞门三维实体来学习三维实体转化三视图。

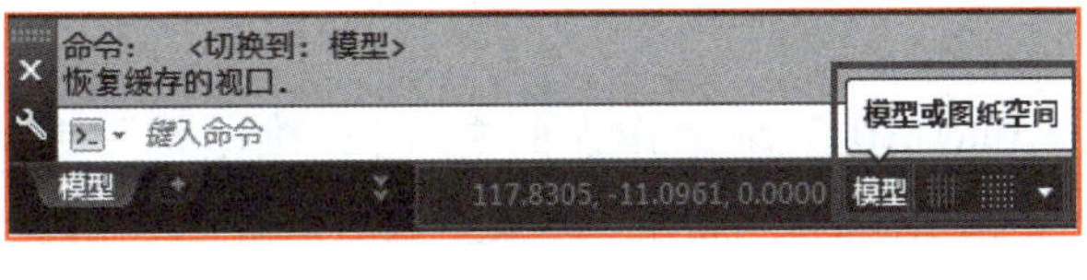

图 2-71　模型空间下的“模型或图纸空间”按钮

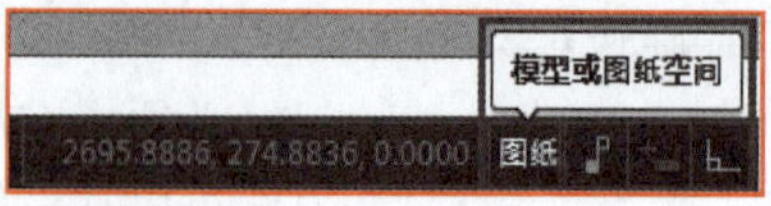

图 2-72 布局空间下的“模型或图纸空间”按钮

Step 01 先单击状态栏上的“模型或图纸空间”按钮，将软件切换到布局空间，如图 2-73 所示。图中的白色区域即为图纸幅面，细线框为视口范围。在执行相关的命令之前，要先激活该视口，只要将光标移动至矩形的视口范围内，双击鼠标左键，即可激活视口。激活视口后，表示视口范围的细线框会变为粗线，如图 2-74 所示。

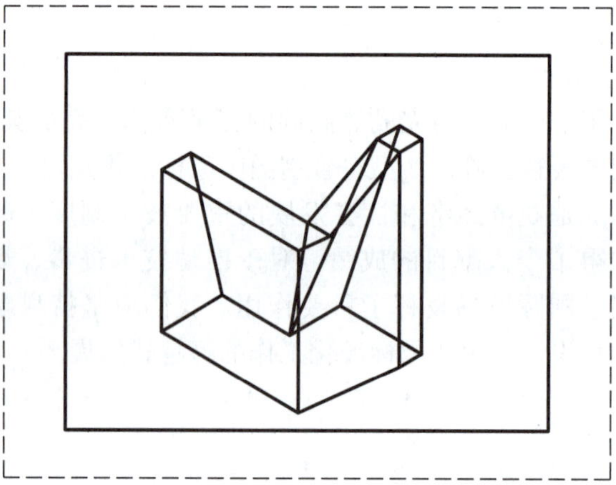

图 2-73 切换到布局空间

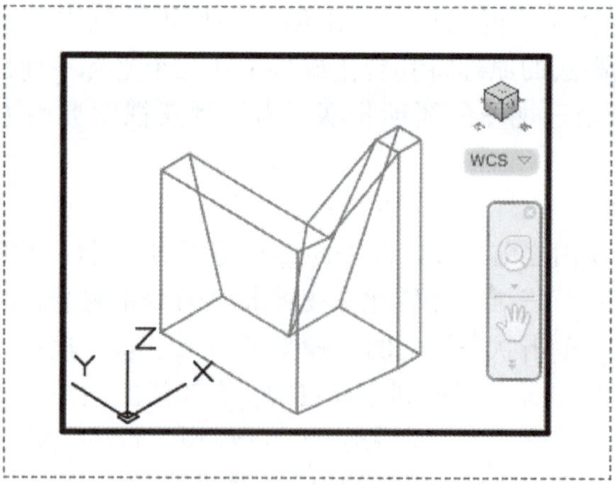

图 2-74 激活视口

Step 02 在 AutoCAD 三维操作界面中（“三维基础”或“三维建模”均可），在“可视化”选项板的“视图”面板中通过“左视、俯视、前视”三个按钮，切换界面至所需的三视图视角，这里以“俯视”视角为例，介绍将该三维实体转化成俯视图的步骤，其余两个视角的操作步骤与其相同。切换后的界面如

图 2-75 所示。

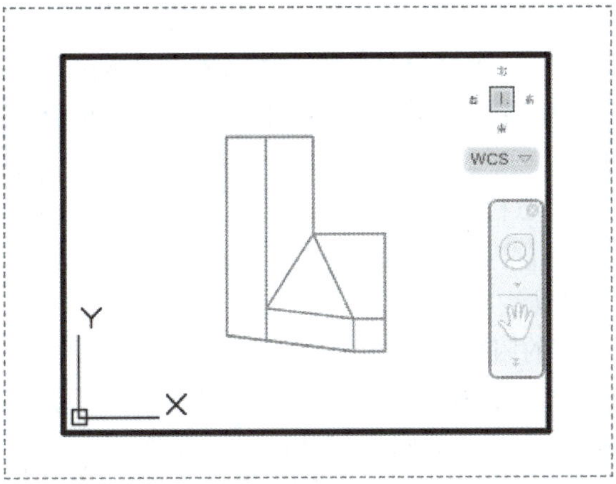

图 2-75　“俯视”视角

Step 03　在“绘图”菜单依次展开“建模”|“设置”|“轮廓”，或在命令行输入“SOLPROF”，激活“轮廓”命令，如图 2-76 所示。

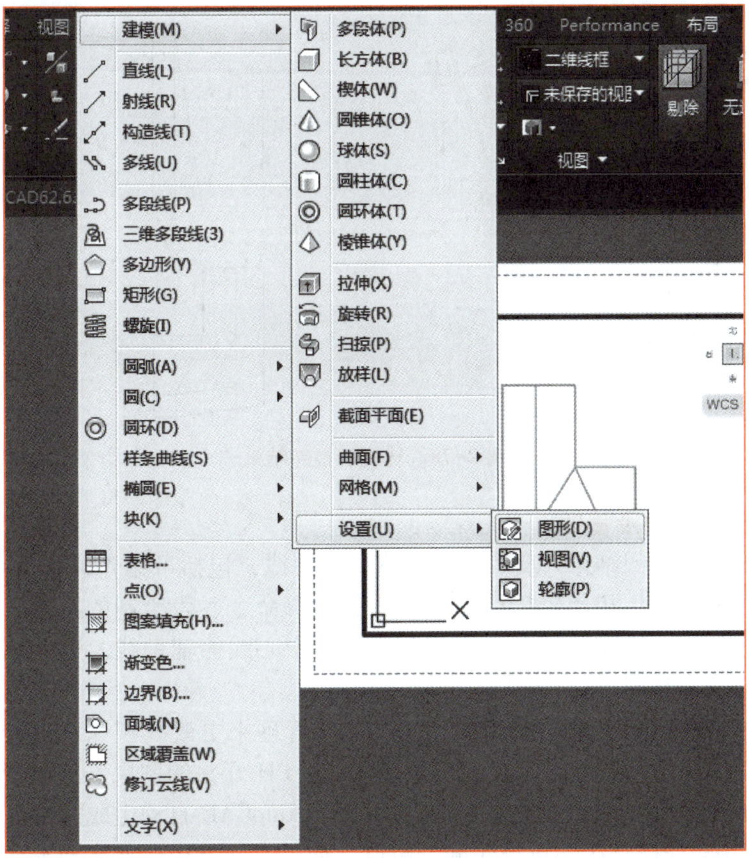

图 2-76　激活“轮廓”命令

Step 04 用拾取框在该实体的轮廓线上单击左键，轮廓线变为虚线状态，即选中该实体。

Step 05 按空格键结束选择对象后，连续敲击三次空格键，表示将命令提示行中的默认选项均取为“是”。至此，“轮廓”命令执行完毕，该三维实体的俯视图已经转化成功。

Step 06 单击状态栏最左侧的“模型”选项，将软件切换到“模型空间”，切换视角至“西南等轴测”、视觉样式为“二维线框”，选中三维实体后将其移开，就会看到转化好的俯视图，如图 2-77 所示。

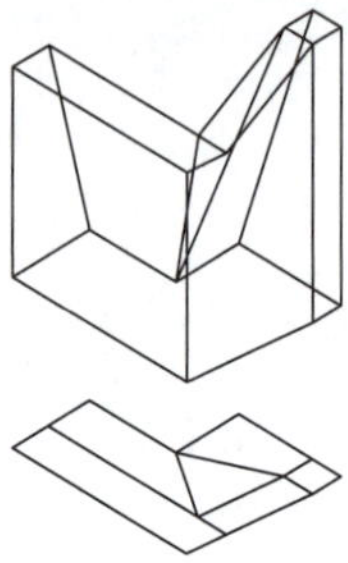

图 2-77 转化好的俯视图

由于转化好的三视图分别在三个坐标平面内，下面介绍一下将转化好的三个平面图形放在同一个平面内的操作过程。让俯视图的空间位置保持不动，在“模型空间”下，分别在“左视”“前视”视角状态下选中转化好的左视图、前视图，用“Ctrl+X”组合键将其剪切下来，再分别将视角切换到“俯视”视角，用“Ctrl+V”组合键将其粘贴在“俯视”视口即可，这样就将三个平面图形放在了俯视图所在的 XOY 坐标平面内，最终结果如图 2-78 所示。

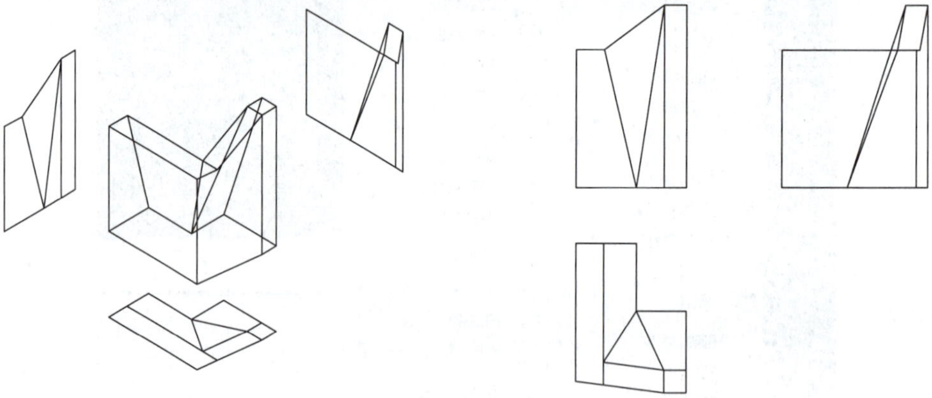

图 2-78 转化的最终结果

2. 线型的调整及管理

转化好的三视图结果只反映三维实体的轮廓线，包括可见轮廓和不可见轮廓，分别为实线和虚线，相比较于用二维绘图和编辑命令逐段绘制的图形，该转化出来的三视图并没有线宽的区分，而且没有对称中心线等辅助线，这些图形中的辅助线需要后期来补画。

当选中这些转化出来的图形线，通过图层管理来更改线型和线宽的时候，会发现这些图线是一个整体对象，分别属于 PV 和 PH 开头的图层。这两个图层是用“轮廓”命令将三维实体转化成三视图的时候，AutoCAD 自动生成的两个图层，PV 代表可见轮廓，PH 代表不可见轮廓。所以，如果直接选中这些生成好的图线，即使切换完图层后，这些图线的特性也不会发生变化。这里应该先将这些图线全部选中，用分解命令“EXPLODE”将这些整体对象变成分散开的线段后，再切换这些线段的图层即可。

技能点 2　三维实体转化轴测图

用“轮廓”命令也可将三维实体转化成轴测图，在“布局空间”转化的时候要将视角切换为“西南等轴测”，其余的操作步骤与转化三视图相同。另外，要将轴测图放在俯视图所在的坐标平面 XOY 内，在“模型空间”下将视角切换为“西南等轴测”后，在命令行输入“UCS”，激活该命令后再输入“V”激活“视图”选项，其他操作与三视图的方法相同，此处不再赘述，转化后的轴测图如图 2-79 所示。

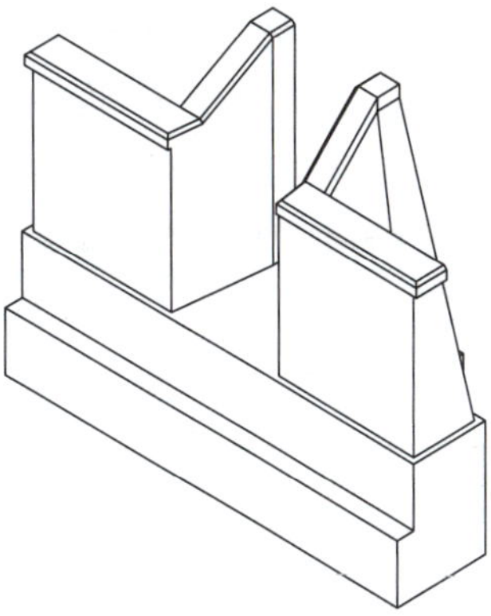

图 2-79　涵洞洞门轴测图

微课

三维实体转化轴测图

【课堂检测】

1. 什么是标准化工作？阐述标准化工作在建设行业的重要性。
2. 分小组讨论三维实体转化轴测图的方法，并描述其操作步骤。
3. 分小组讨论三维实体转化主视图的方法，并描述其操作步骤。
4. 用“轮廓”命令将三维实体转化成三视图的时候，CAD 自动生成的两个图层 PV 和 PH 代表什么？
5. 怎样将转化好的分别在三个坐标平面的三视图放在同一个平面内？

子任务 3　CAD 的出图打印

【工作任务】

任务描述： 将子任务 1、2 中完成的涵洞洞门三视图及实体，选择合适的比例，布置在 A3 图框中，保存为 PDF 文件并出图打印。

思政链接： 毕昇发明的活字印刷术，是中国古代四大发明之一，它为中国文化经济的发展开辟了广阔的道路，是人类近代文明的先导，为知识的广泛传播、交流创造了条件。王选研制了汉字激光照排系统，在世界上首次使用“参数描述方法”描述笔画特性，这些成果开创了汉字印刷的一个崭新时代，引发了我国报业和印刷出版业“告别铅与火，迈入光与电”的技术革命。国产激光照排系统使我国传统出版印刷行业仅用了短短数年时间，从铅字排版直接跨越到激光照排，走完了西方几十年才完成的技术改造道路。

【技能训练】

微课

模型空间出图打印

技能点 1　模型空间出图打印

如果要打印的图形只使用一个比例，则该比例既可以预先设置，也可以在出图时修改比例。在出图时设置比例这种方式适用于大多数施工图的设计与出图，如果整张图形使用同一个比例，即单比例布图，则可以直接在模型空间出图打印。下面讲解将涵洞洞门图按 1∶100 在模型空间打印出图的步骤。

Step 01　确定打印纸张的大小。通常在 CAD 中绘制图形时一般采用 1∶1 的比例，这就需要在出图之前设置比例。按照 A3 图框大小，计算图 2-14 中尺寸，选取 1∶100 作为涵洞洞门图的出图比例。

Step 02　执行 AutoCAD 的“文件”|“打印”命令或单击标准工具栏“打印”按钮，弹出“打印-模型”对话框，如图 2-80 所示。

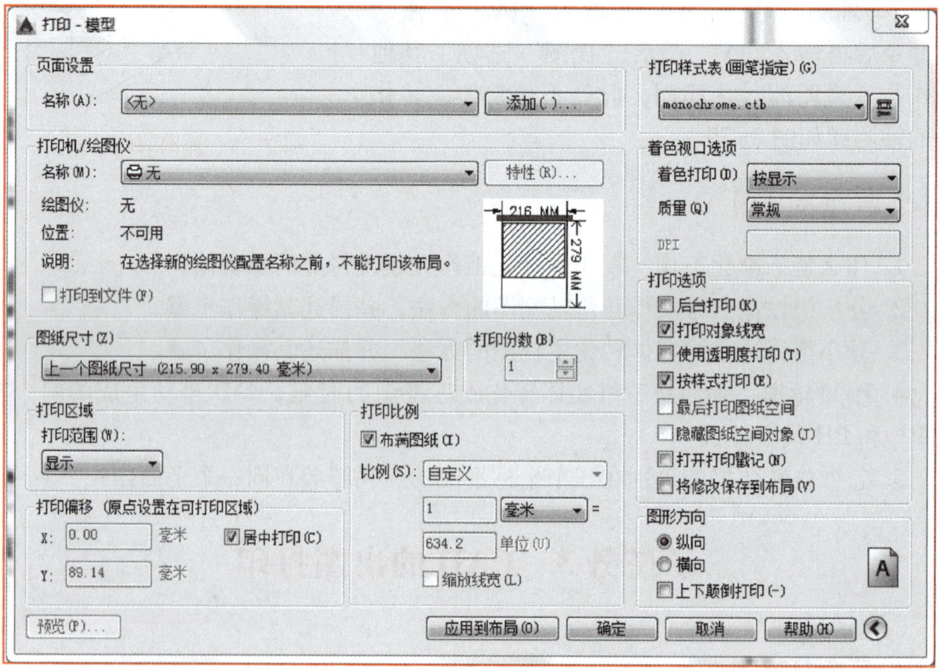

图 2-80　“打印-模型”对话框

Step 03　根据打印图纸的要求，对“打印-模型”对话框中的各选项进行设置。本例中各选项的设置如图 2-81 所示。

Step 04　单击图 2-81 所示“窗口”，选择涵洞洞门图 A3 图幅，单击“打印-模型”对话框中的“预览”，可以对打印图纸进行预览。检查打印图纸无误后，单击“打印-模型”对话框中的“确定”可以直接将图纸打印成“PDF”格式文件。

技能点 2　布局空间出图打印

微课

布局空间出图打印

如果要打印的图形中图样采用多个比例，或者需要将二维图形与三维图形一起打印在同一张图中，此时可采用布局空间出图打印。

Step 01　在模型页面左下角的“模型”标签处单击鼠标右键，在弹出的页面中选择“新建布局”。

Step 02　新建布局后在“布局”字样上单击右键，选择“页面设置管理器”选项，如图 2-82 所示，打开页面设置管理器，在打开的页面中找到“修改”，单击修改，在弹出的窗口中选择如图 2-83 所示的打印机样式，单击右边**“特性”**。

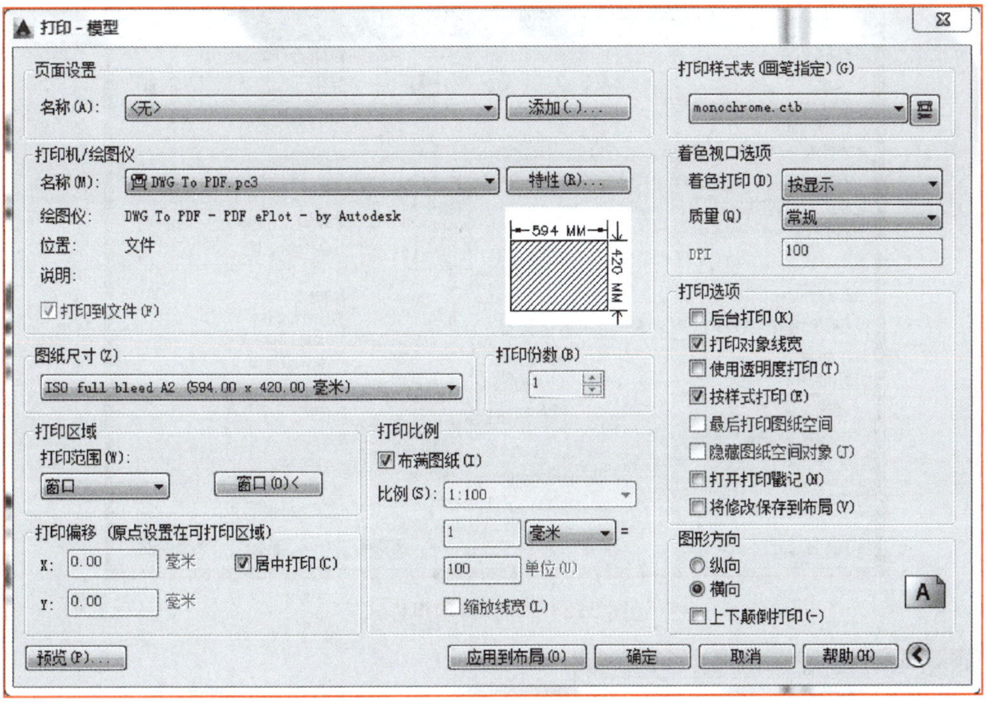

图 2-81　本例中的设置

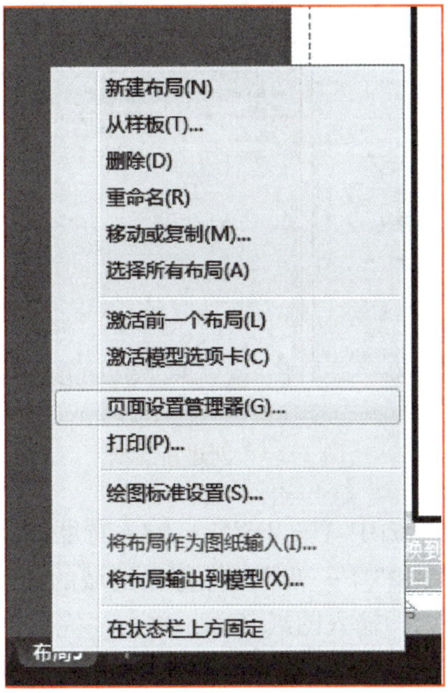

图 2-82　选择“页面设置管理器”选项

Step 03　在打开的页面中（图 2-84a）选择“自定义图纸尺寸”，然后单击下面的添加，在打开的页面中（图 2-84b）选择“创建新图纸”，然后单击“下一步”。

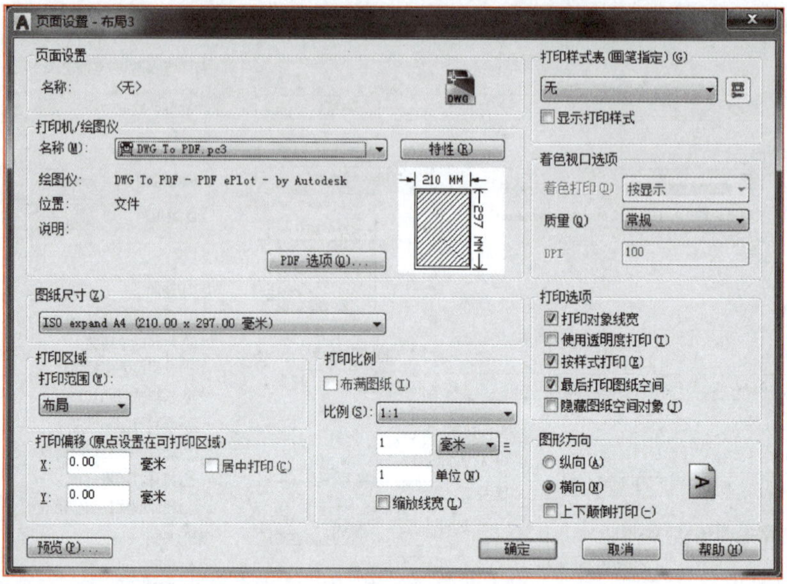

图 2-83 选择打印机样式

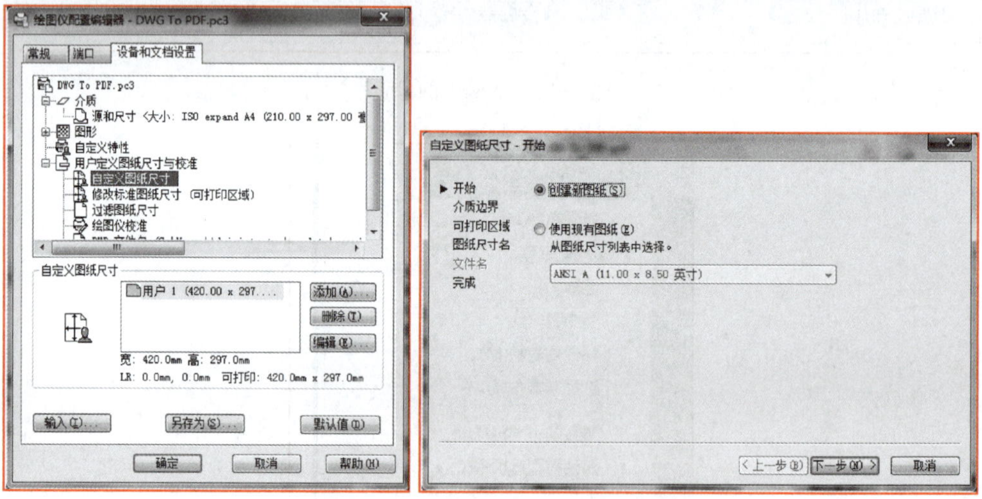

(a) (b)

图 2-84 创建新图纸

Step 04 在打开的页面中（图 2-85a）输入宽度、高度分别是 420、297，然后选择单位为毫米，再单击“下一步”，将打印区域的值均设置为 0，如图 2-85b 所示，继续单击“下一步”，输入图纸名称，单击“完成”即可。

Step 05 回到模型空间，在命令行输入 B，定义块，命名为 A3 图框（图 2-86a），选取 A3 图框右下角为拾取点，再选取 A3 图框，单击“确定”，如图 2-86b 所示。切换到布局空间，输入 I 命令，选择 A3 图框，单击“确定”，插入点坐标为“0,0”。

Step 06 插入一个多边形视口，如图 2-87 所示，选定视口比例为 1∶100，拖动图样显示在图框中，并调整到合适的位置，如图 2-88 所示。

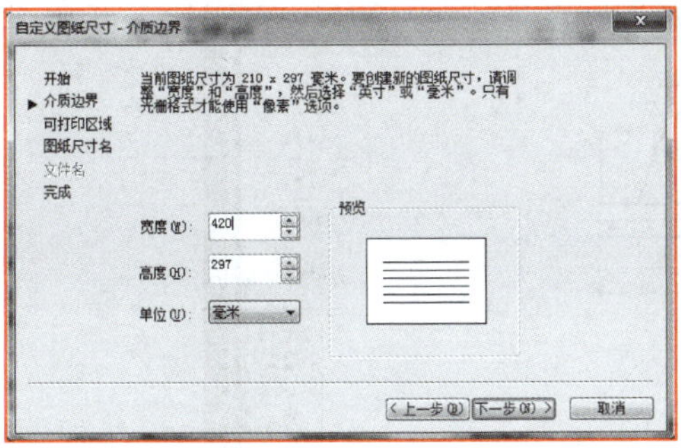

(a)

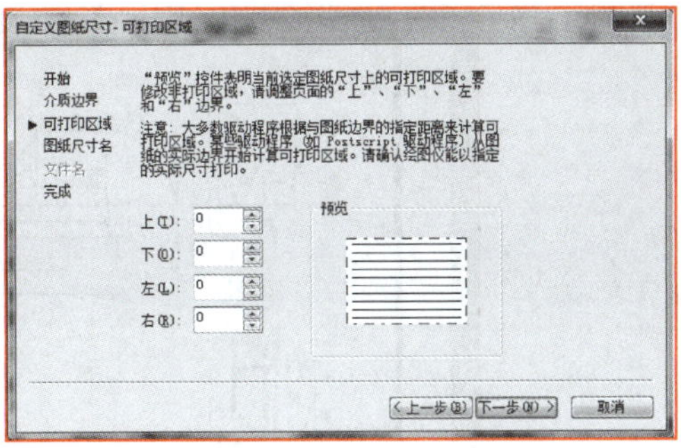

(b)

图 2-85 本例中的设置

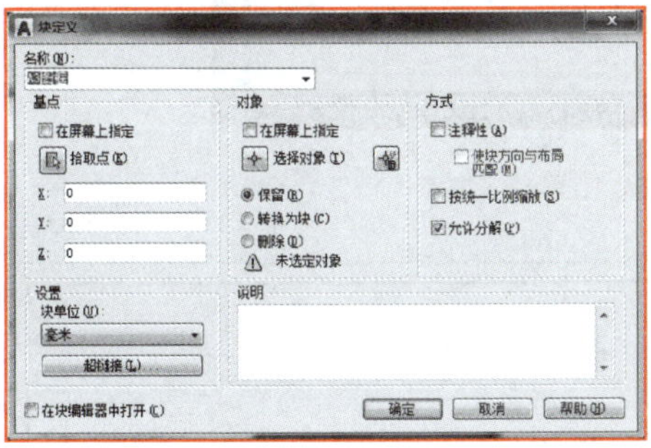

(a)

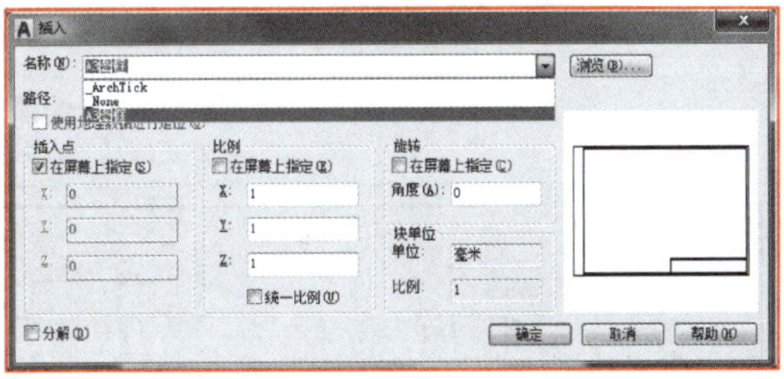

(b)

图 2-86 定义块

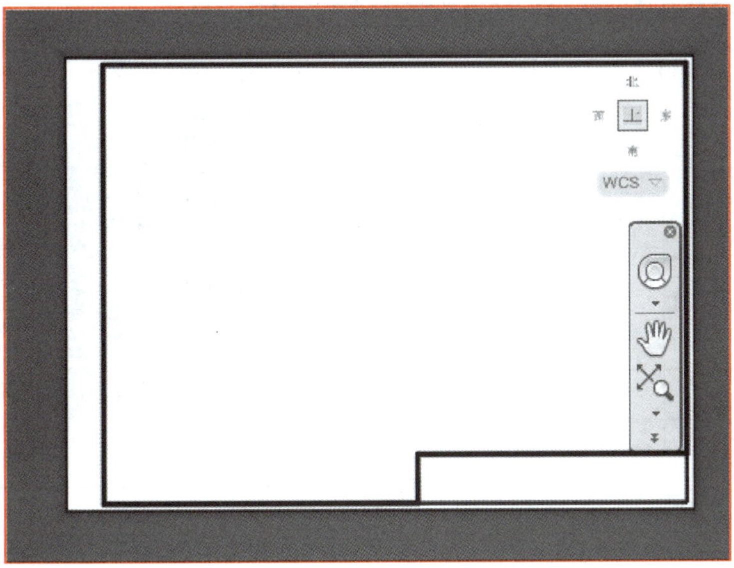

图 2-87 插入一个多边形视口

Step 07 继续插入一个视口，在该视口中显示涵洞洞门三维实体，调整显示大小，如图 2-89 所示。

Step 08 执行打印，操作与模型空间打印相同，但值得注意的是因视口显示比例已设置为 1∶100，故此时“打印-模型”对话框中的打印比例为 1∶1。

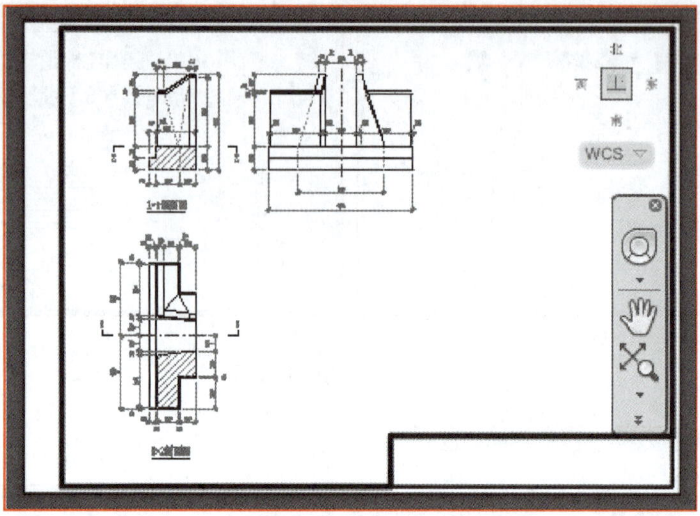

图 2-88 调整合适位置

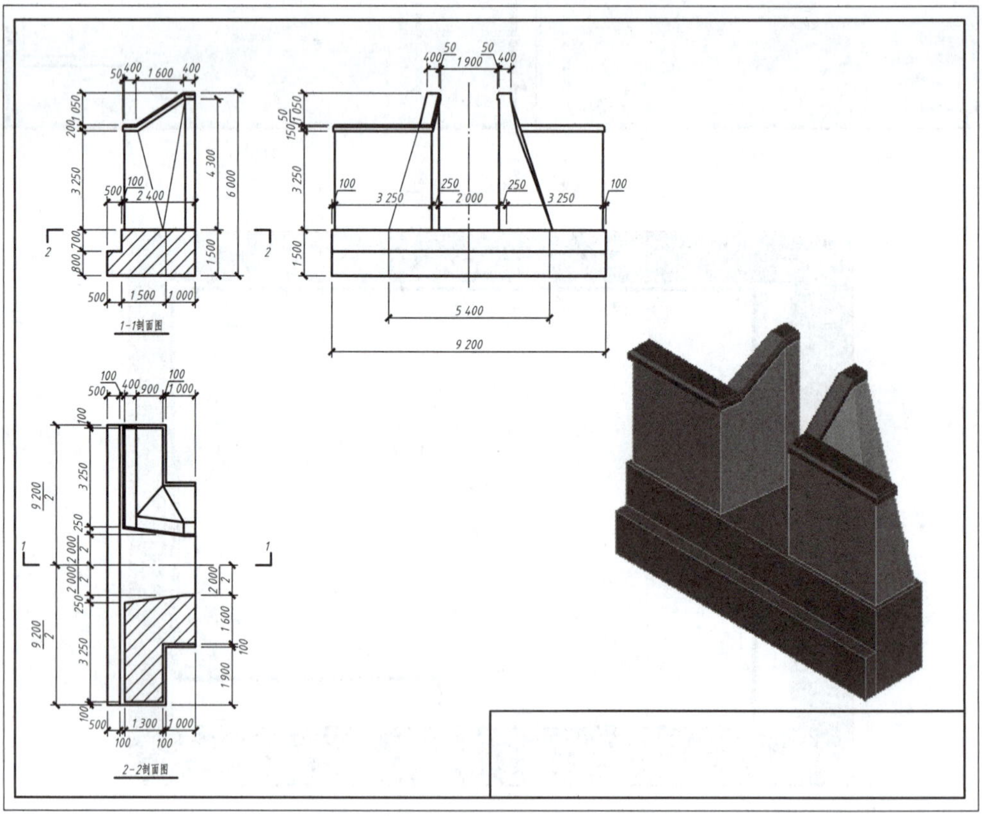

图 2-89 显示涵洞洞门三维实体

【课堂检测】

1. 在 CAD 中以下哪个设备属于图形输出设备？（　　）

A. 扫描仪　　B. 打印机　　C. 自动绘图仪　　D. 数码相机

2. 打印出图时，为何选择打印样式为“monochrame”?

3. 讨论模型打印和布局打印的适用情况。

4. 假设某图样采用 1∶20 的绘图比例，讨论可以采用几种方式将该图样打印成 A3 大小，并描述每种方式的操作步骤。

5. 假设某图纸中包含 1∶10 和 1∶50 的两种图样，讨论可以采用几种方式将该图样打印成 A3 大小，并描述每种方式的操作步骤。

6. 查阅相关资料，阐述我国打印技术的发展历史。

【技能强化】

1. 根据图中的尺寸，完成下列任务：

（1）应用 CAD 完成强化图 2-51～强化图 2-62 所示形体的三维实体建模；

（2）利用实体生成形体的三视图及轴测图；

（3）在强化图 2-51～强化图 2-62 中任意选择 4 个形体，将其三视图与三维实体布置在 A3 图样中，图框绘制、视图线型、尺寸标注及文字注写均需符合制图国家标准，并将图样以 PDF 格式输出；

（4）两人一组将输出的图样进行互查与评价。

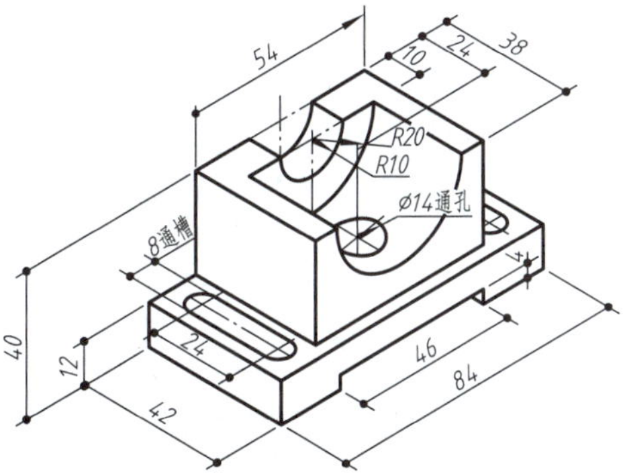

强化图 2-51

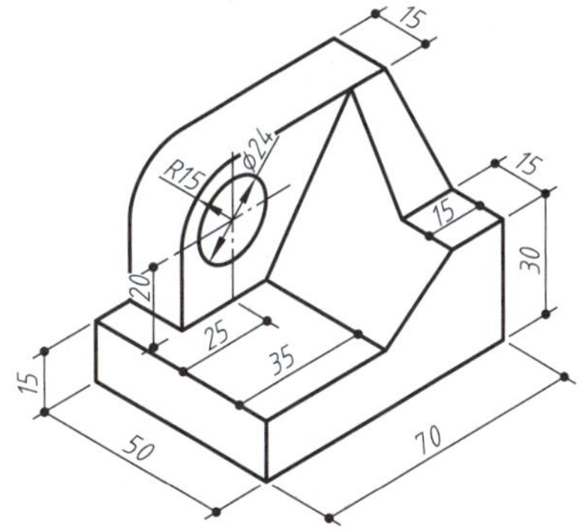

强化图 2-52

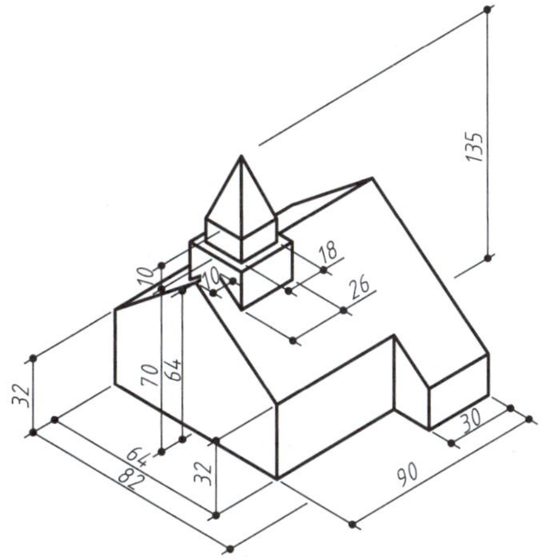

强化图 2-53

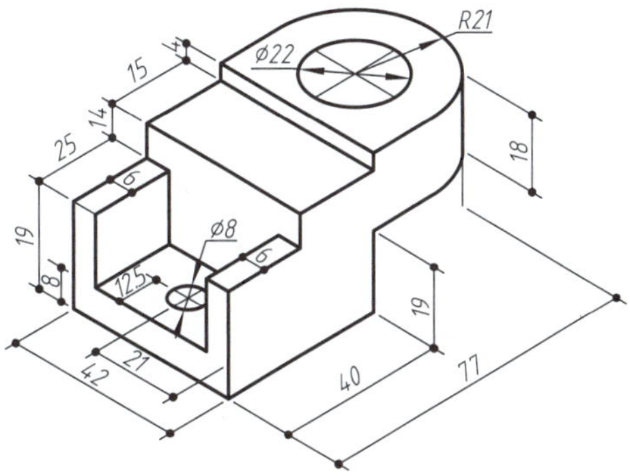

强化图 2-54

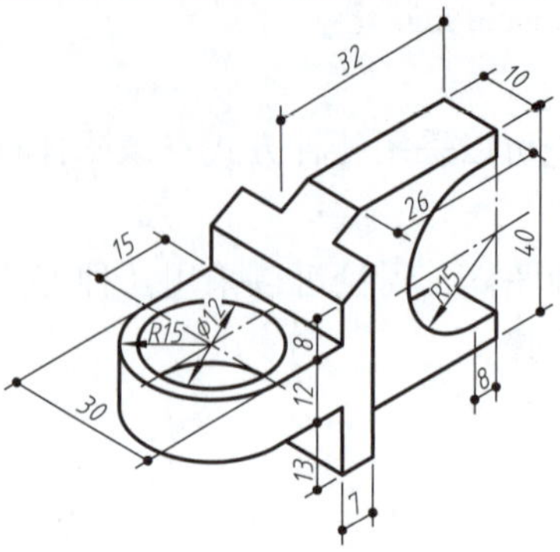

强化图 2-55

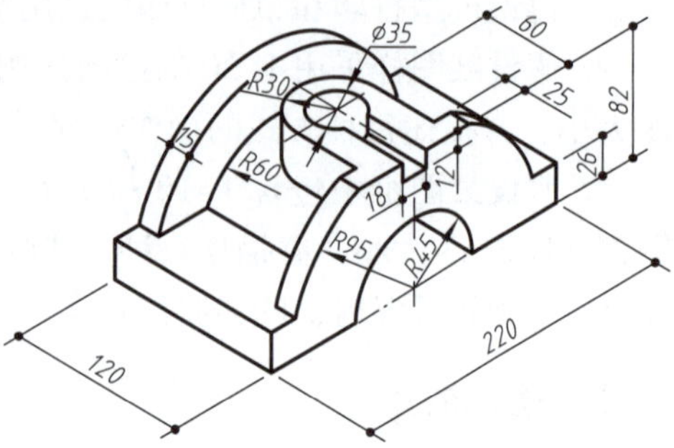

强化图 2-56

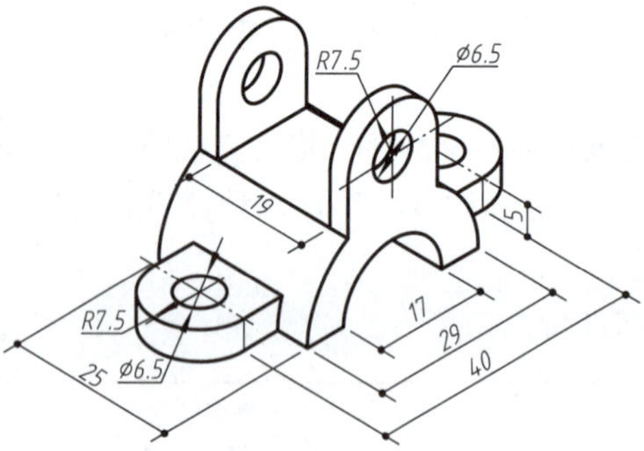

强化图 2-57

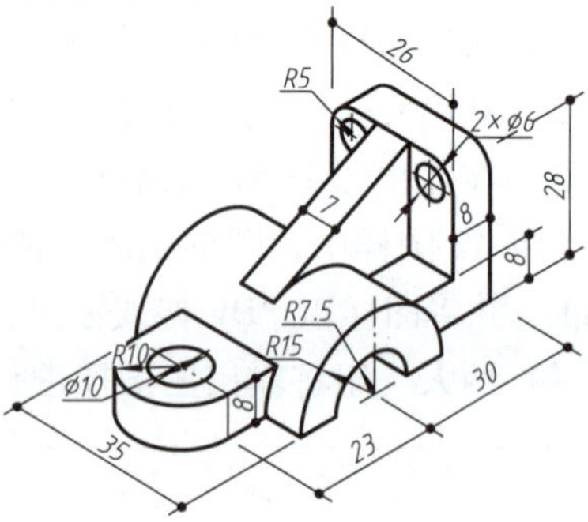

强化图 2-58

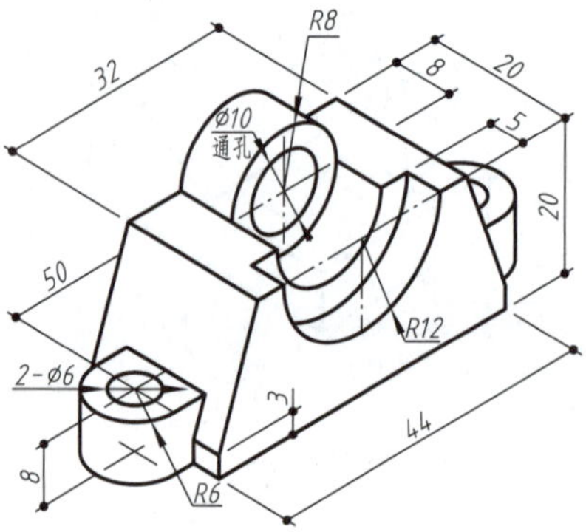

强化图 2-59

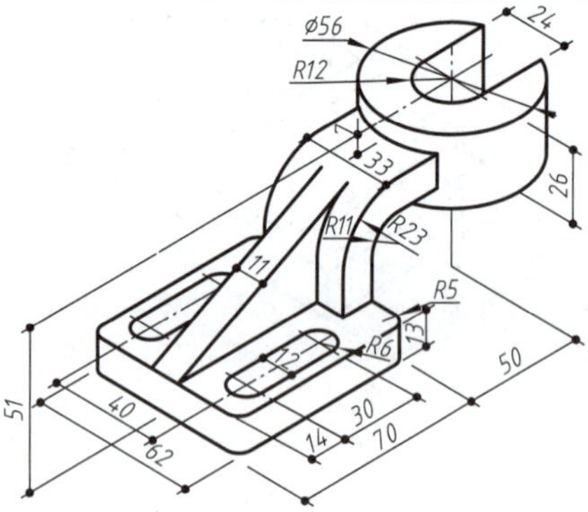

强化图 2-60

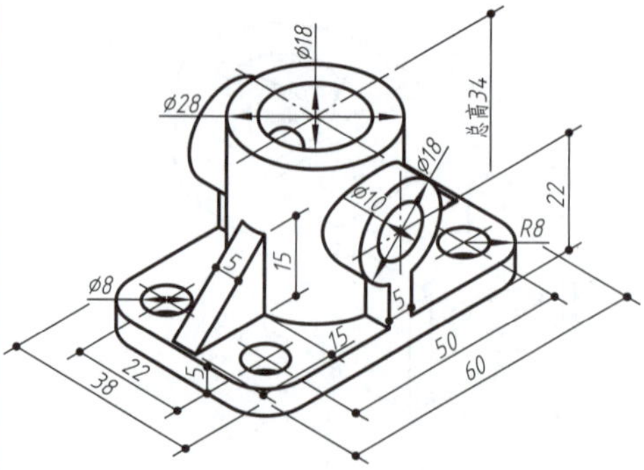

强化图 2-61

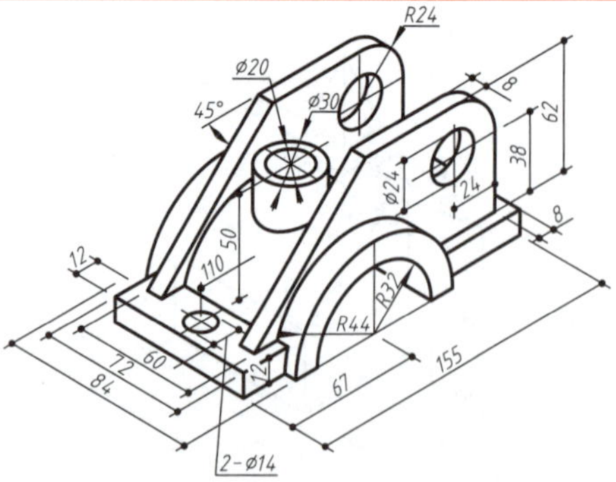

强化图 2-62

2. 根据涵洞各管节视图及尺寸，完成下列任务：

（1）四人为单位组成一个合作小组；

（2）小组四人讨论进行任务分配，每人完成涵洞洞门节（图 2-14）、普通管节（强化图 2-63）、端墙节（强化图 2-64）、抬高节（强化图 2-65）的一个管节的三维实体建模，同时生成各管节三视图及轴测图，三视图需进行尺寸标注，图样线型及标注需符合制图国家标准规定；

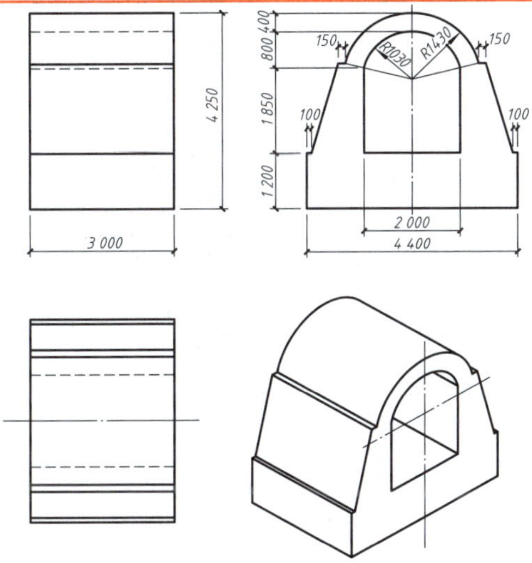

强化图 2-63　普通管节

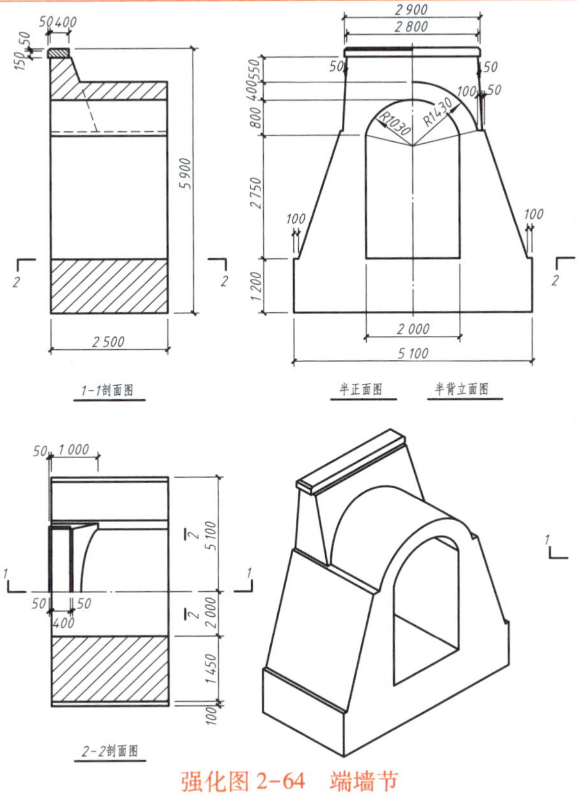

强化图 2-64　端墙节

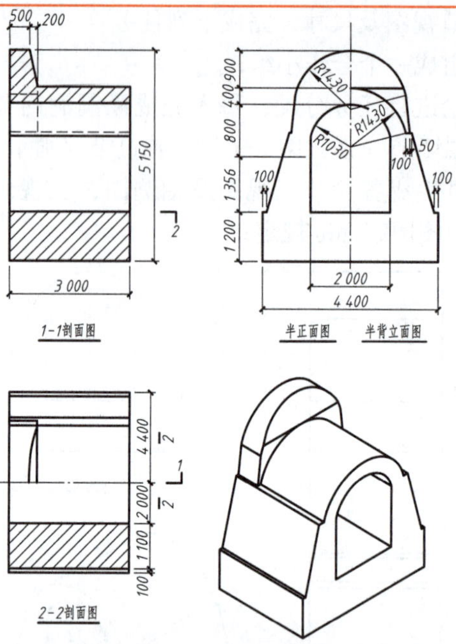

强化图 2-65 抬高节

（3）将建好的涵洞各管节三维实体进行小组互查，检查修改无误后，将四个管节合拢。

3. 根据 U 型桥台图（强化图 2-66），完成下列任务：

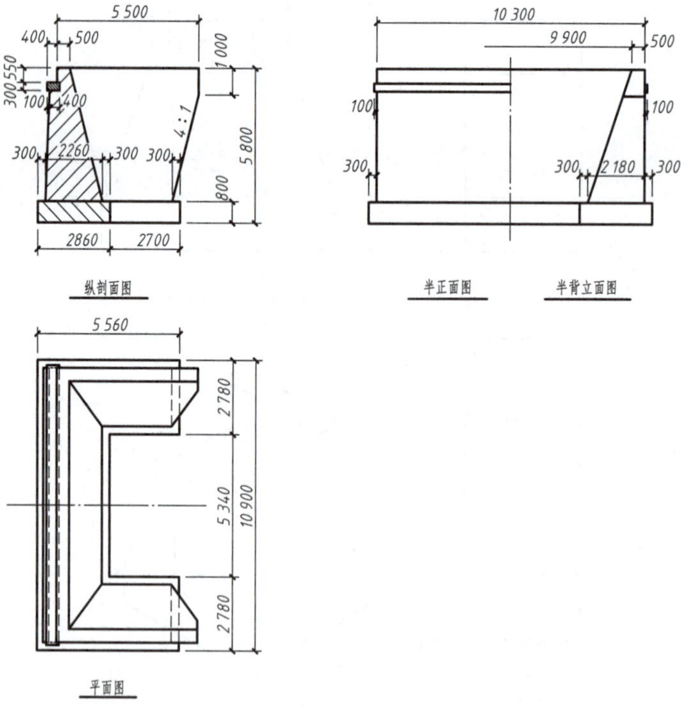

强化图 2-66 U 型桥台图

（1）识读 U 型桥台图，整理建模流程；

（2）在 30 min 内完成 U 型桥台三维实体建模；

（3）在 5 min 内通过建好的 U 型桥台三维实体，生成其三视图及轴测图，且线型符合制图国家标准规定。

【评价与小结】

任务二　形体的三维建模工作任务评价与分析					
评价项目	评价标准	参考分值	学生自评（15%）	学生互评（15%）	教师及企业导师评价（70%）
三维实体建模	建模流程正确 各构件创建及编辑操作熟练 模型精度高	50			
实体生成三视图	操作正确熟练 三视图线型设置符合国家标准	10			
实体生成轴测图	操作正确熟练 能在二维状态下正确显示轴测图	10			
打印与出图	针对不同的图纸类型可正确选择打印类型 出图比例选取正确 模型打印操作熟练设置合理 布局打印操作熟练设置自合理	10			
素质与思政	一丝不苟，认真负责的态度 人际沟通，团队协作能力 标准意识的养成程度 文化自信的建立程度 对中华文化的认同程度	20			
总评					
任务二　形体的三维建模工作任务小结					

模块三

专业工程图的绘制与工程建模

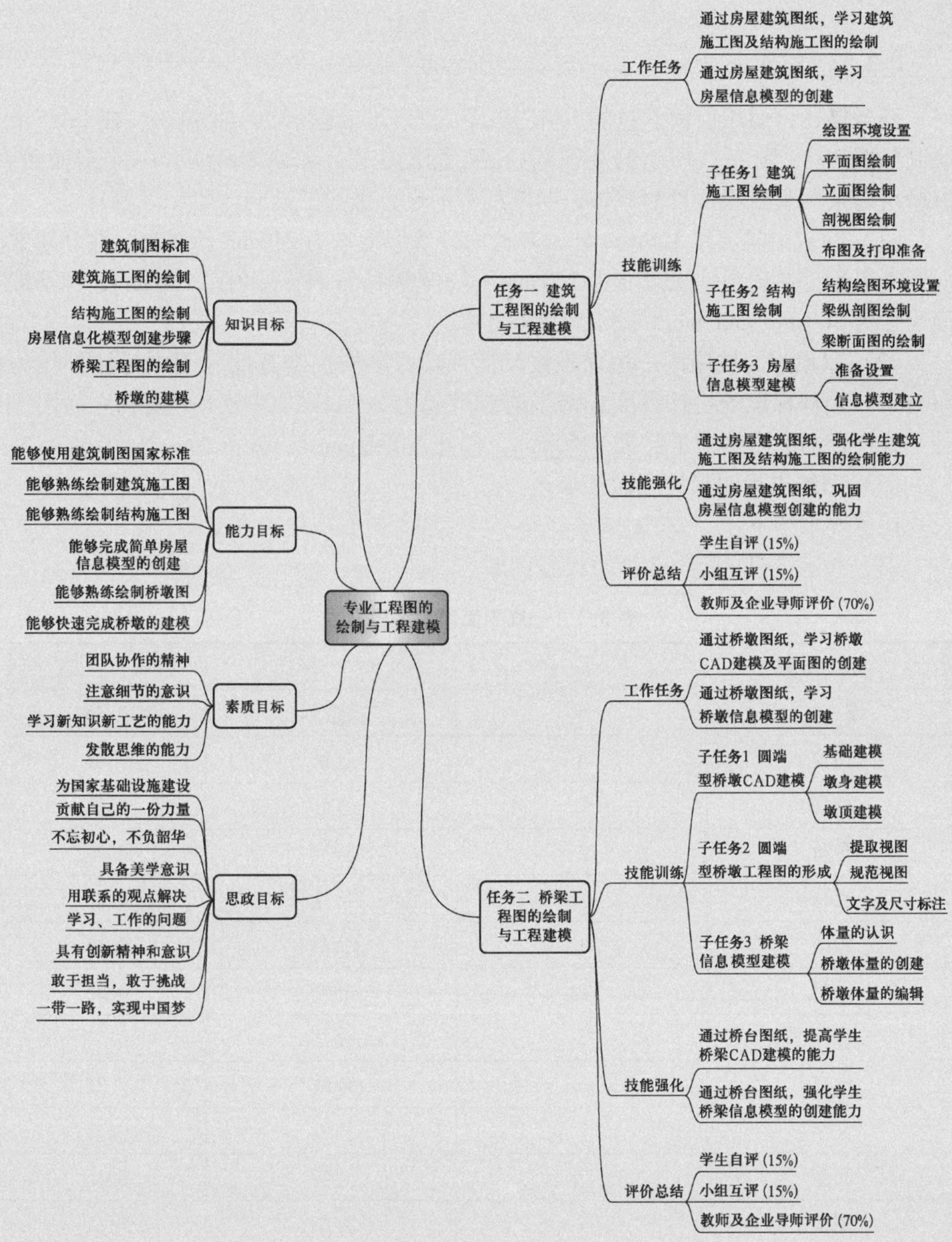

任务一 建筑工程图的绘制与工程建模

子任务1 建筑施工图绘制

【工作任务】

微课

"1+X" 建筑施工图绘制案例解析（一）

任务描述：运用前面学过的CAD知识以及建筑工程相关专业知识，在CAD中绘制如图3-1~图3-3所示的某别墅一层平面图、①~⑧轴立面图、1—1剖面图。该模块以某别墅工程项目为载体，对图纸中的尺寸做如下说明：

（1）除室内隔墙厚120 mm外，其他内外墙厚度均为240 mm。双扇门在开间方向居中布置，单扇门墙垛尺寸为100 mm。楼板厚150 mm，屋顶厚200 mm，柱子截面尺寸为300 mm×300 mm，散水宽度600 mm。

（2）屋顶为同坡屋面，屋面坡度均为1∶2，屋檐挑出宽度除图中标注外均为540 mm。楼梯梯段处栏杆高度自踏步前缘量起为900 mm，三层水平段和立面图上临空处栏杆高度自楼面量起为1050 mm，梯井宽260 mm。

（3）图纸未标明尺寸不做要求。

任务要求如下：

（1）按表3-1~表3-3所示设置图层。

表3-1 一层平面图的图层设置

图层名称	颜 色	线 型	线 宽
墙、柱	6	连续	0.35
门窗	4	连续	0.25
楼梯	2	连续	0.25
台阶	2	连续	0.25
栏杆	63	连续	0.25
轴线	1	CENTER	0.15
轴号	3	连续	0.25
标注	3	连续	0.15
标高	3	连续	0.25
文字	7	连续	0.25
其他	7	连续	0.15
图框	7	连续	默认

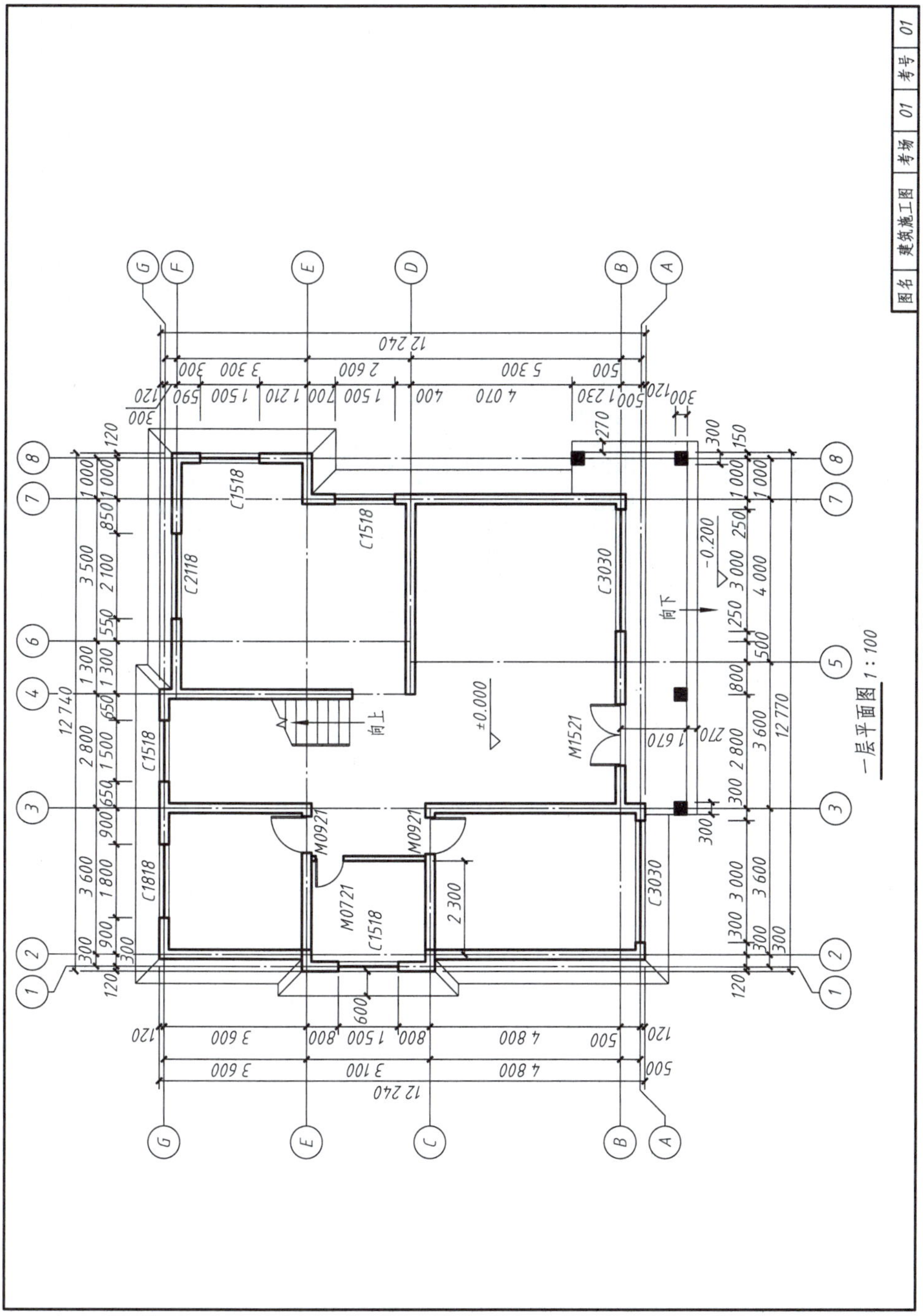

图 3-1　某别墅一层平面图

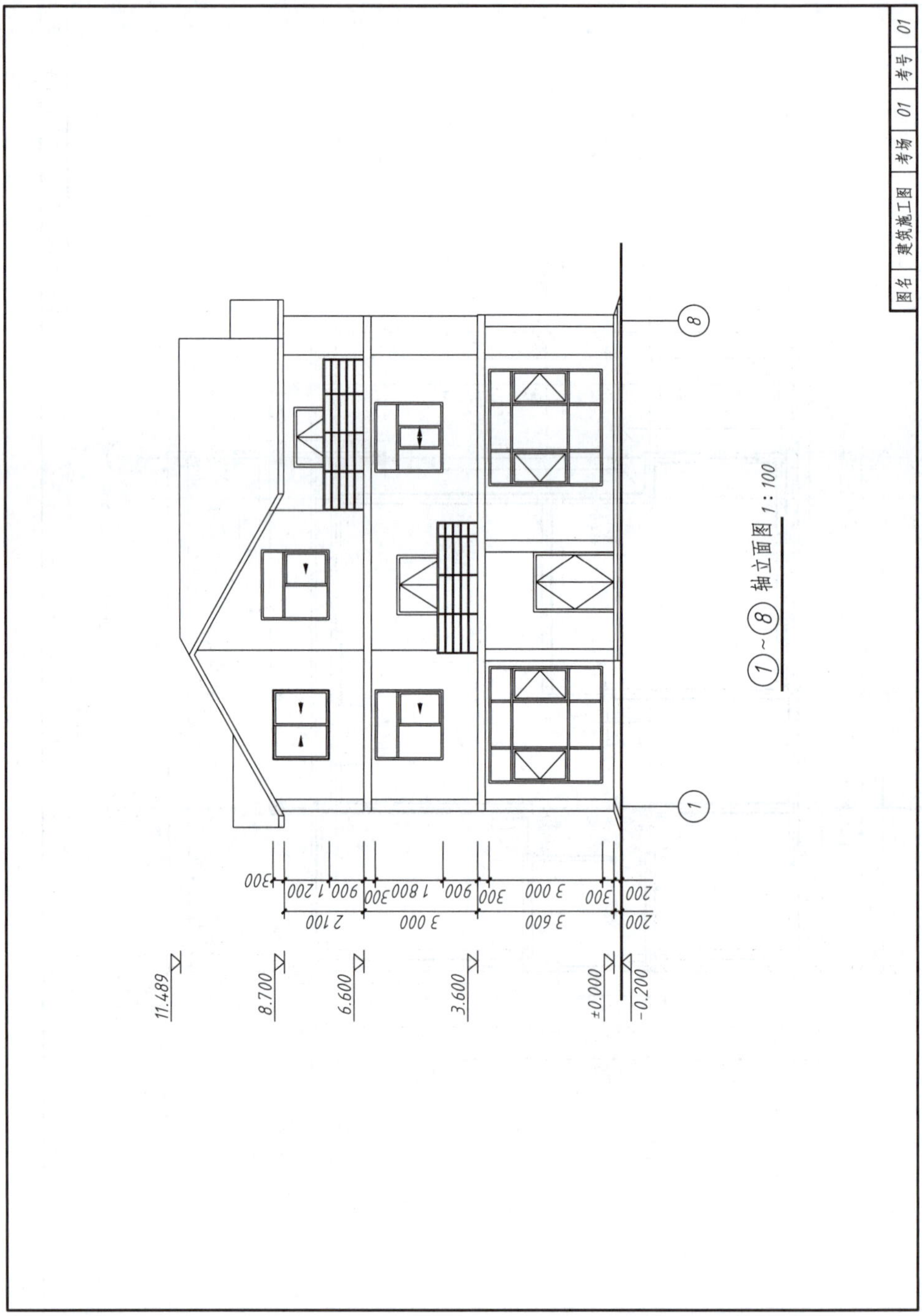

图 3-2 某别墅①~⑧轴立面图

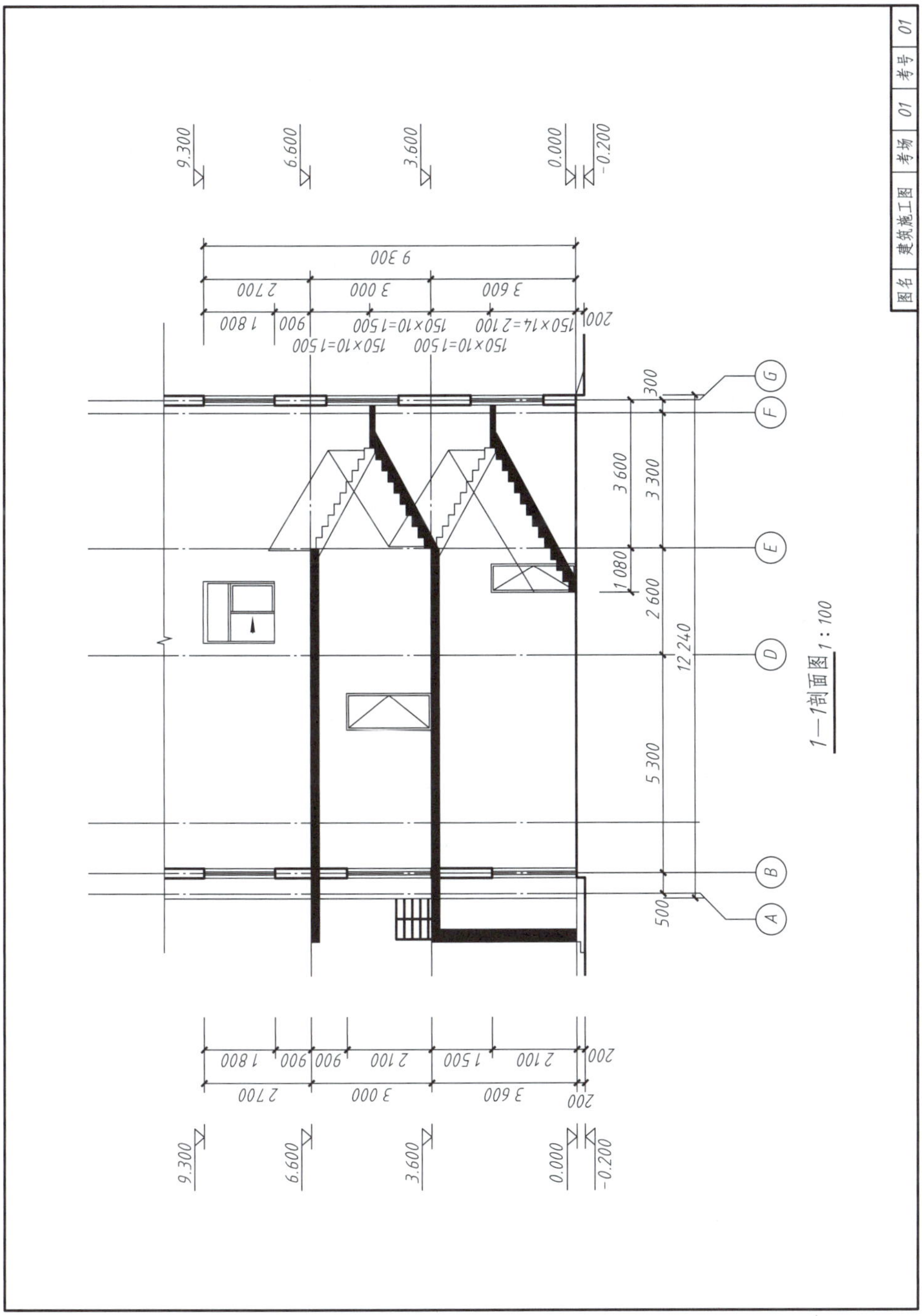

图 3-3 某别墅 1—1 剖面图

表 3-2 ①~⑧轴立面图的图层设置

图层名称	颜色	线型	线宽
立面轮廓	6	连续	0. 35
室内地坪	7	连续	0. 30
室外地坪	8	连续	1. 00
柱子	7	连续	0. 25
腰线	7	连续	0. 30
门窗	2	连续	0. 20
门窗洞口	2	连续	0. 30
台阶	2	连续	0. 25
栏杆	63	连续	0. 25
轴线	1	CENTER	0. 15
轴号	3	连续	0. 25
标注	3	连续	0. 15
标高	3	连续	0. 25
文字	7	连续	0. 25
其他	7	连续	0. 15
图框	7	连续	默认

表 3-3 1—1 剖面图的图层设置

图层名称	颜色	线型	线宽
剖切到的构件线	2	连续	0. 50
室内地坪	7	连续	0. 30
室外地坪	8	连续	1. 00
门窗	4	连续	0. 25
填充	254	连续	0. 15
轴线	1	CENTER	0. 15
轴号	3	连续	0. 25
标注	3	连续	0. 15
标高	3	连续	0. 25
文字	7	连续	0. 25
其他	7	连续	0. 15
图框	7	连续	默认

（2）文字和尺寸标注要符合建筑制图国家标准相关规定。

（3）其他：

① 根据给出的图纸绘制轴网、柱、墙、门、窗、楼梯、栏杆扶手、室外平台、台阶、散水、屋顶等构件。

② 尺寸标注包括轴网编号、外部三道尺寸、内部细节尺寸、门窗编号、标高、方向指示等。

③ 绘图比例 1∶1，出图比例 1∶100。

思政链接： 众所周知，随着几十年来改革开放持续深入地开展，我国在土木工程领域的技术发展，已经取得了令世人瞩目的成就，特别是在高速铁路和公路，以及高层建筑等行业的工程施工、装备制造等方面，无论是工程体量还是技术创新都已经处于世界前沿水平。从本学习任务开始，就进入了该课程专业工程图绘制及工程建模的学习阶段，同学们从现在开始，就要树立为我国的基础设施建设贡献自己一份力量的远大抱负和理想，刻苦钻研专业知识，为即将从事的工作打下坚实的基础，以梦为马，以汗为泉，不忘初心，不负韶华！

微课

“1+X”建筑施工图绘制案例解析（二）

【技能训练】

技能点 1　建筑施工图绘制准备及 CAD 软件绘图设置

1. 建筑施工图绘制准备

Step 01　依次单击菜单中的“文件｜新建”或在命令行输入 QNEW，在弹出的“选择样板”对话框中，选择名称为“acadiso”的样板，然后单击“打开”按钮，如图 3-4 所示。

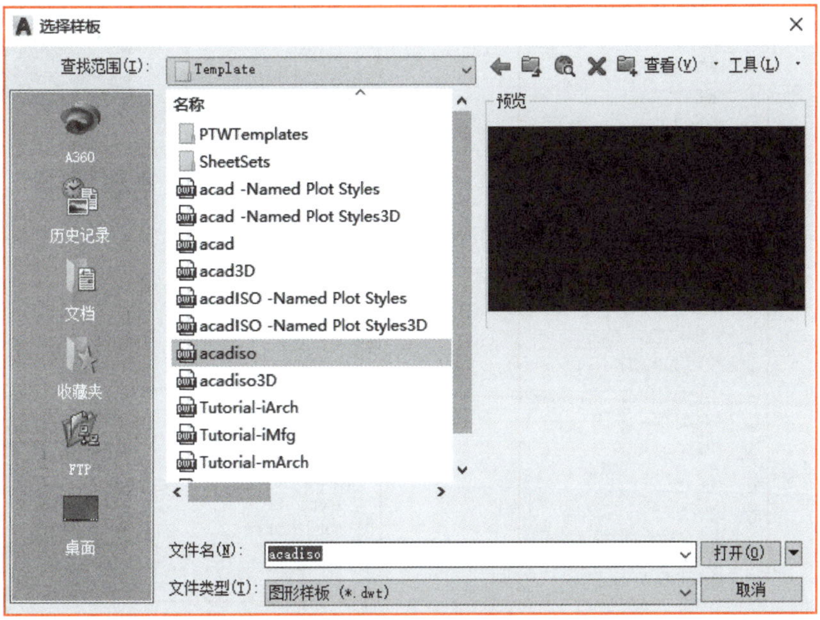

图 3-4　“选择样板”对话框

注意

软件默认的绘图空间图形界限，与新建文件时的样板选择有关，“acadiso”样板默认的尺寸单位为公制（长度单位为毫米）、绘图空间图形界限为 A3 图幅的大小（420 mm × 297 mm），其他默认设置也是国际通用的，绘图前应在确认好自己所选择的样板的基础之上，执行新建命令，再进一步进行 CAD 软件绘图设置的相关操作。

Step 02　依次单击菜单中的“格式｜图形界限”（图 3-5）或在命令行输入 LIMITS，激活图形界限命令。

Step 03　指定左下角点：取软件默认的<0.0000,0.0000>，即坐标原点，直接按空格键。

Step 04　指定右上角点：根据图形大小，即要绘制的图 3-1 中一层平面图的总尺寸，估算所需的绘图空间图形界限大小，确定绘图空间图形界限的右上角点的坐标值，输入“25000,27000｜空格键”，完成对绘图空间图形界限的修改。

注意

一层平面图的总长 12 740 mm、总宽 12 240 mm，在取整为米的基础上，上下左右四个方西再向外扩 5～8 m（外部尺寸标注、轴线编号及一层散水和室外台阶等占用的空间），确定该平面图最终的图形界限总长为 13 m+2 × 6 m =25m、总宽为 13 m+2 × 7 m =27 m。 所以，这里估算的绘图空间图形界限为 25 000 mm × 27 000 mm 的矩形。

Step 05　在命令行依次输入“Z｜空格键｜A｜空格键”执行全部缩放命令，或者在命令行依次输入“Z｜空格键｜E｜空格键”执行范围缩放命令，让设置好的图形界限在视口中最大化显示，或者如图 3-6 所示进行操作。

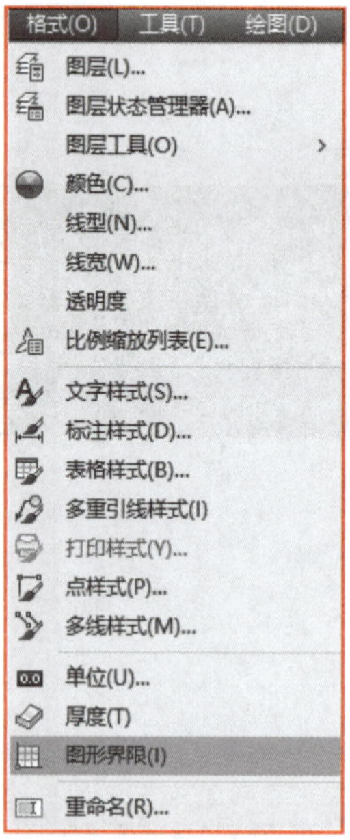

图 3-5　设置绘图空间图形界限

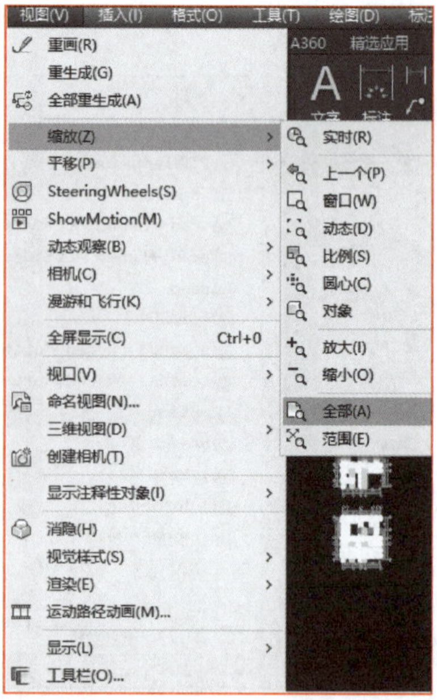

图 3-6　全部缩放和范围缩放

注意

绘图界面缩放的方式有两种，即执行全部缩放命令和范围缩放命令。二者的区别在于，执行全部缩放命令后，会将所绘制的图形加图形界限在 CAD 软件视口中最大化显示；执行范围缩放命令后，只会将所绘制的图形在 CAD 软件视口中最大化显示。但是，在进行绘图以前，二者都会将图形界限在 CAD 软件视口中最大化显示。

2. CAD 软件绘图设置

由于 CAD 软件绘图设置的方法和步骤已经在项目一中进行了讲解，此处对某别墅建筑施工图的绘制过程中所涉及的相关操作，只做简要介绍。

Step 01　分析该平面图，按任务要求中表 3-1 所列的参数，在命令行输入图层管理器的快捷命令 LA，在弹出的“图层管理器”对话框中，建立一层平面图的图层，如图 3-7 所示。

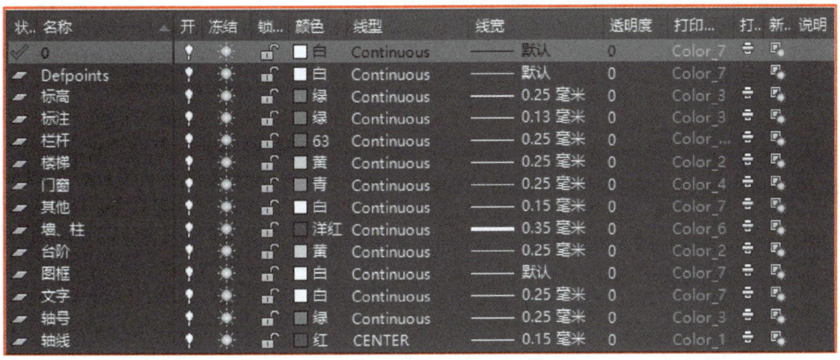

图 3-7　一层平面图的图层设置

Step 02　在命令行输入文字样式的快捷命令 ST，按制图国家标准的相关要求，在弹出的“文字样式”对话框中，设置建筑施工图中“汉字”样式，如图 3-8 所示。

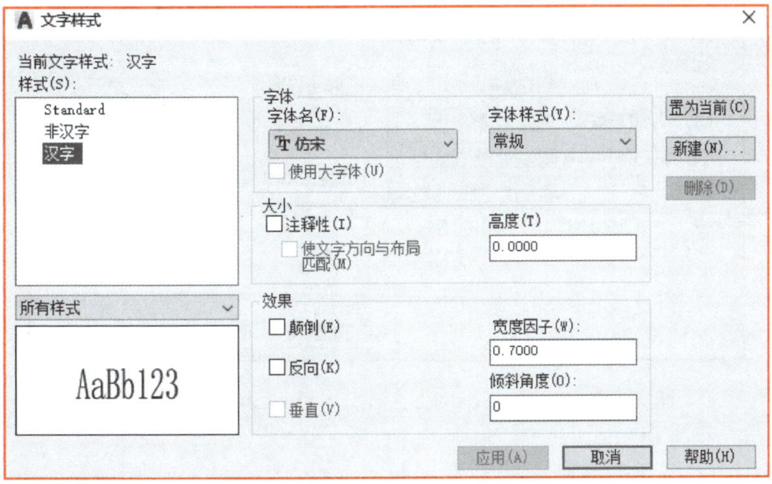

图 3-8　建筑施工图的文字样式“汉字”设置

Step 03 在“文字样式”对话框中，设置建筑施工图中“非汉字”样式，如图 3-9 所示。

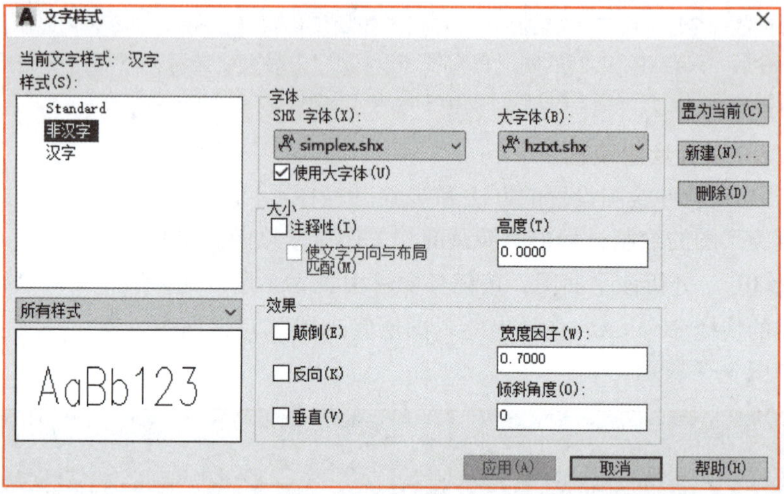

图 3-9 建筑施工图的文字样式“非汉字”设置

Step 04 在命令行输入标注样式的快捷命令 D，按制图国家标准的相关要求，在弹出的“标注样式管理器”对话框中，新建建筑施工图中“标注 100”样式，并进行如图 3-10～图 3-15 所示的设置。

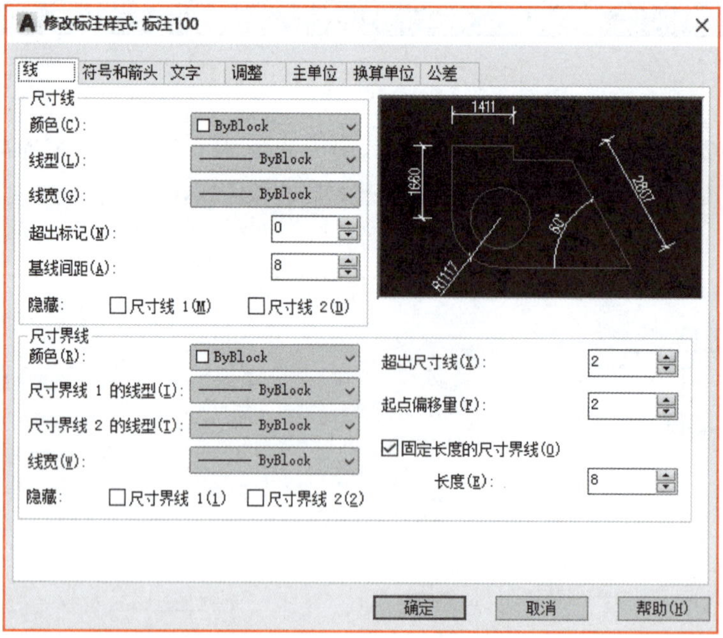

图 3-10 建筑施工图的标注样式“线”选项卡参数设置

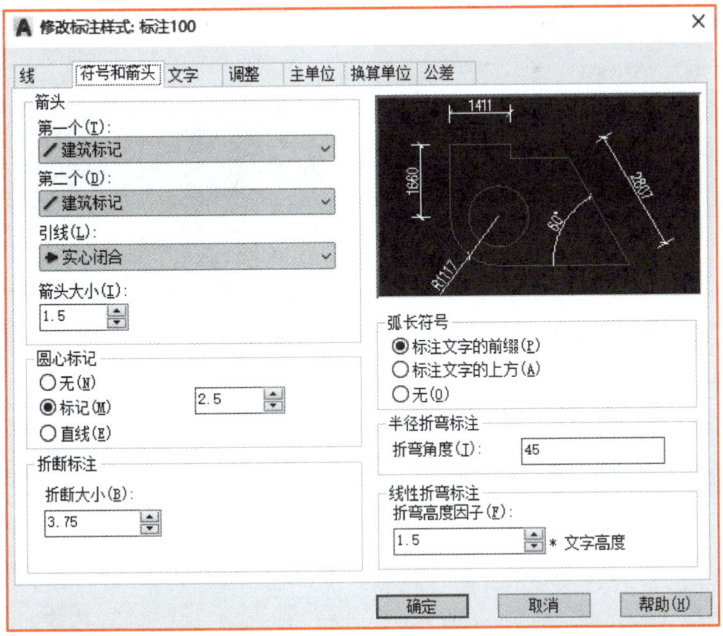

图 3-11　建筑施工图的标注样式“符号和箭头”选项卡参数设置

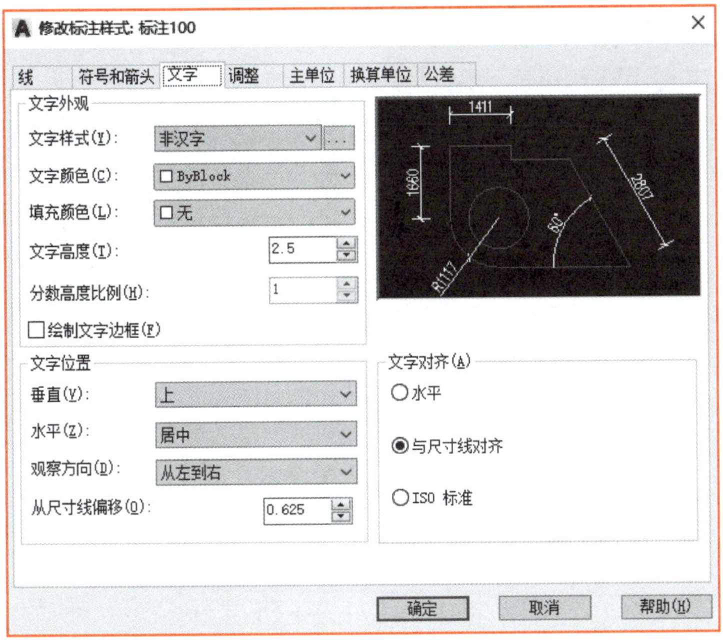

图 3-12　建筑施工图的标注样式“文字”选项卡参数设置

3. 图框的绘制

Step 01　根据所绘制建筑施工图的尺寸大小、形状特征以及绘图比例和出图比例，判断出该任务所选取的图框为 A3 横式图框。

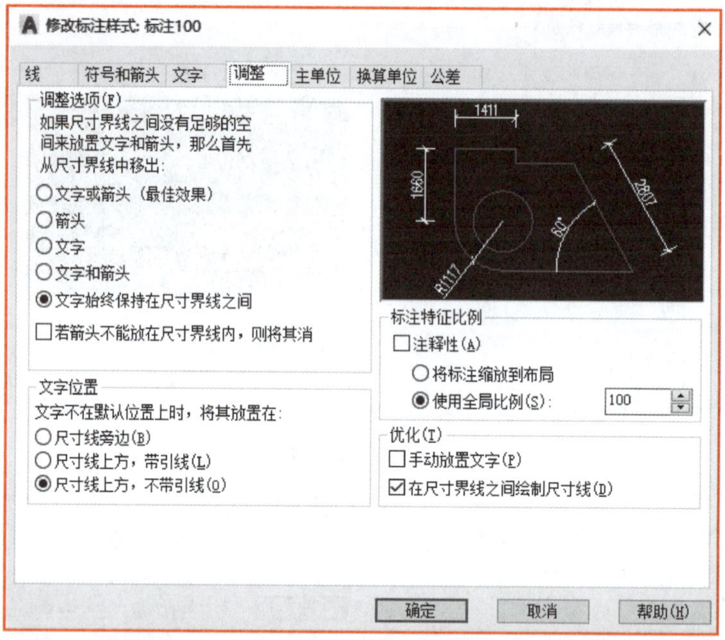

图 3-13 建筑施工图的标注样式“调整”选项卡参数设置

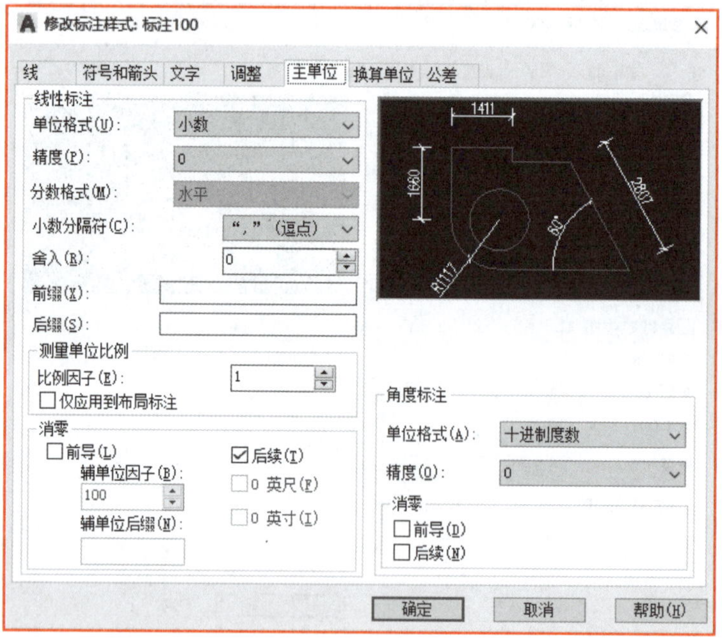

图 3-14 建筑施工图的标注样式“主单位”选项卡参数设置

Step 02 用矩形等命令绘制出 A3 横式图框，并绘制其标题栏图线，注写其中的文字。图框标题栏的尺寸如图 3-16 所示，线宽见表 3-4。A3 图框的绘图结果如图 3-17 所示。

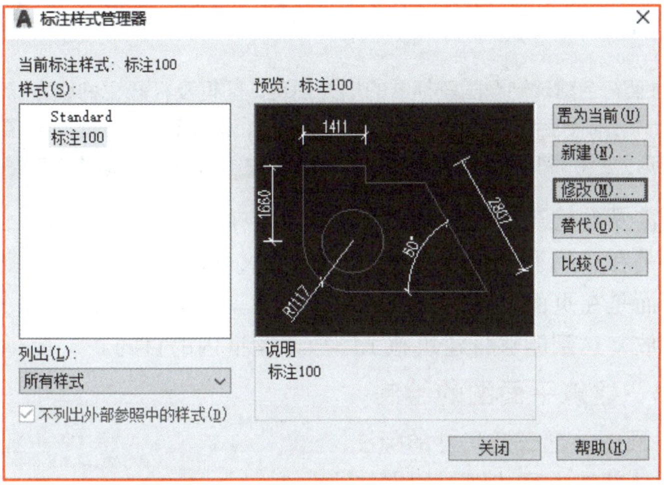

图 3-15　建筑施工图的标注样式“标注 100”最后设置结果

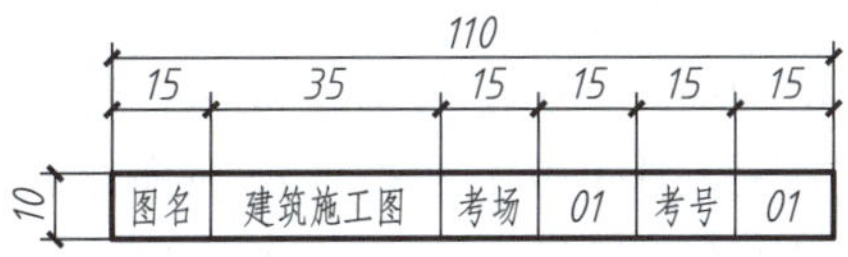

图 3-16　建筑施工图 A3 图框标题栏的尺寸

表 3-4　图框及标题栏的线宽

幅面代号	图框线	标题栏外框线对中标志	标题栏分格线幅面线
A0、A1	b	$0.5b$	$0.25b$
A2、A3、A4	b	$0.7b$	$0.35b$

注：该表选自《房屋建筑制图统一标准》（GB/T 50001—2017）。

图 3-17　建筑施工图 A3 图框的绘图结果

注意

图框的尺寸要符合建筑制图国家标准的相关规定，图框及标题栏的线宽如表 3-4 所示。A3 图框先按 1∶1 绘制好后，要按照出图比例进行缩放，该任务所绘制的一层平面图的出图比例为 1∶100，所以要将图框放大 100 倍，这样才能将按 1∶1 绘制的建筑施工图放入图框内。

本任务所涉及的建筑施工图均按照在模型空间下打印输出所绘图形的方式进行出图，如果是在布局下打印输出所绘图形的话，图框先按 1∶1 绘制好，则不需要再进行缩放，而是在页面设置时修改打印比例为 1∶100，从而对 1∶1 绘制好的建筑施工图形成缩放，达到能够将建筑施工图放入图框内的目的。

微课 建筑平面图的绘制

技能点 2 建筑平面图的绘制

1. 一层平面图外部三道尺寸的标注

（1）绘制外部三道尺寸标注的定位辅助线

Step 01 根据平面图总尺寸即总长 12 740 mm、总宽 12 240 mm（分别计算至左右、上下两端靠外墙面）估算出第一道尺寸定位辅助矩形的长度为 12 740 mm+2×(600 mm+1 200 mm)=16 340 mm，宽度为 12 240 mm+600 mm+1 320 mm+1 200 mm+1 500 mm=16 860 mm。单击绘图面板中的按钮或在命令行输入 RECTANG（REC）激活矩形命令，在图形界限的尽量靠左下的位置拾取左下角点，右上角点输入坐标 16340，16860。

Step 02 单击修改面板中的按钮或在命令行输入 OFFSET（O）激活偏移命令，将用于定位第一道尺寸的辅助矩形向外侧偏移两次，偏移距离为 800 mm，即得到第二道和第三道尺寸的定位辅助矩形。

在“Step 01”里面定位辅助矩形尺寸估算中的 600 mm 为散水宽度，1320 mm 为下侧室外平台及台阶占用的空间，1200 mm 为左右两侧及上侧第一道尺寸与散水的距离，1500 mm 为下侧第一道尺寸与室外台阶的距离。国家制图标准中规定：图样轮廓线以外的尺寸标注，距图样最外轮廓之间的距离不宜小于 10 mm，这里分别取 12 mm 和 15 mm，满足规范要求。由于出图比例为 1∶100，在 1∶1 绘图时需要将其放大 100 倍即为 1200 mm 和 1500 mm。

在“Step 02”里面的偏移距离 800 mm 为相邻两道尺寸线的间距。国家制图标准中规定：平行排列的尺寸线的间距宜为 7～10 mm，这里取 8 mm，满足规范要求，按出图比例即为 800 mm。

注意

在 CAD 中作辅助线时建议统一用软件自带的“0 图层”，最后作图完毕后方便选择及删除所有的辅助线，为了方便作图时加以区分，可修改辅助线的颜色，以提升绘图效率。

（2）标注一层平面图外部三道尺寸

Step 01 单击修改面板中的按钮或在命令行输入 EXPLODE（X），激活分解命令，选择最内侧的定位辅助矩形，将其分解掉。

Step 02 将分解后的矩形四条边线分别向内侧偏移，左侧边线向右偏移 1200 mm+600 mm+120 mm=1920 mm，右侧向左偏移 1920 mm，上侧边线向下偏移 1920 mm，下侧边线向上偏移 1320 mm+1500 mm+120 mm＝2940 mm。

注意

由于建筑平面图的第一道细部尺寸和第二道开间、进深尺寸均是以轴线为参考进行标注，这里计算偏移距离的时候，要将轴线与外墙面的间距也要考虑进去，该任务图纸中的轴线以墙厚为参考居中布置，用墙厚 240 mm ÷ 2＝120 mm。

Step 03　将“标注”图层置为当前图层。

Step 04　以上侧偏移线为参考，激活直线命令，对照所提供图纸的上侧第一道尺寸，逐一绘制出一系列辅助直线，依次单击菜单中的“标注｜快速标注”或在命令行输入 QDIM（QD）激活快速标注命令，用交叉选择的方式选中全部辅助直线，向上拖动将尺寸线定位至第一道辅助矩形的上边线，标注出一层平面图上侧的第一道尺寸；再用 DIMBASELINE（DBA）基线标注命令和 DIMCONTINUE（DCO）连续标注命令，标注一层平面图上侧的第二道尺寸；最后用 DIMBASELINE（DBA）基线标注命令，标注一层平面图上侧的第三道尺寸。

Step 05　用相同的方法和步骤，分别标注一层平面图下侧和左右两侧的三道尺寸。

Step 06　外部三道尺寸全部标注完成后，删除定位辅助矩形，绘图结果如图 3-18 所示。

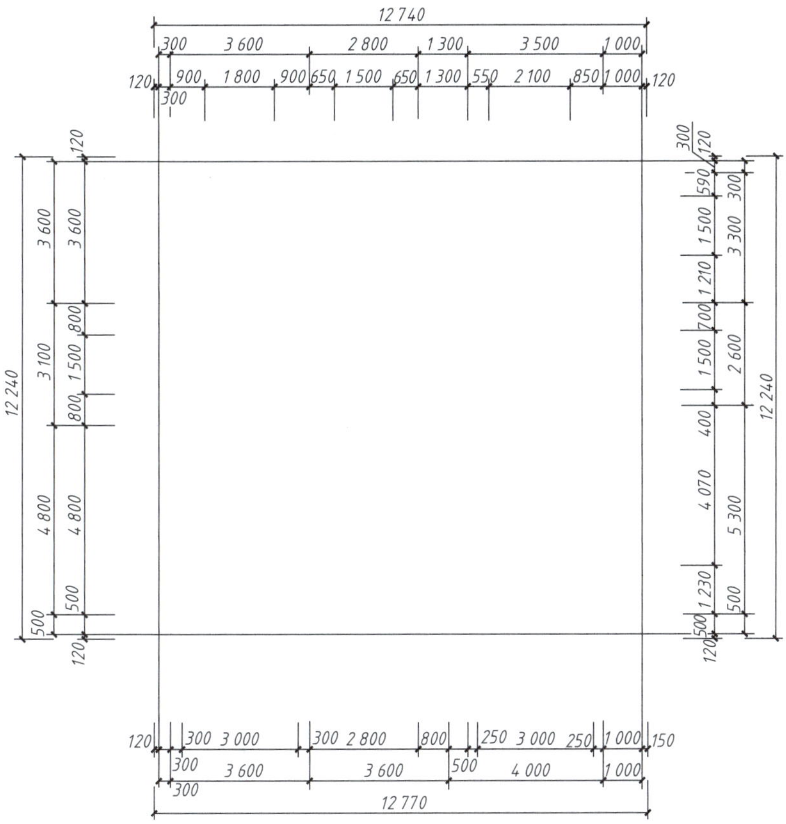

图 3-18　一层平面图外部三道尺寸标注

2. 一层平面图轴线编号的标注及轴网的绘制

（1）标注一层平面图轴线编号

Step 01 将“轴号”图层置为当前，用圆 CIRCLE（C）命令绘制半径为400 mm 的编号圆，绘制连接编号圆与轴线端点的直线，其长度为 1 500 mm+800 mm−200 mm＝2 100 mm。

Step 02 将“非汉字”文字样式置为当前，用单行文字 TEXT（DT）命令注写编号，将可选项中的对正（J）修改为正中（MC）后，拾取编号圆的圆心为“文字的中间点”。

Step 03 在完整绘制好 1 个编号圆及其编号、连接线后，用镜像 MIRROR（MI）、复制 COPY（CO）等命令将所有的轴线编号全部绘制好。

（2）绘制一层平面图轴网

Step 01 将“轴线”图层置为当前，利用保留下来的 4 根定位辅助线，激活复制 COPY（CO）或偏移 OFFSET（O）命令，以开间或进深尺寸的起始和结束位置为参考，绘制出所有的贯通轴线。

Step 02 对照该任务所提供的一层平面图，用修剪 TRIM（TR）命令，裁剪未贯通的轴线。绘制好的结果，如图 3-19 所示。

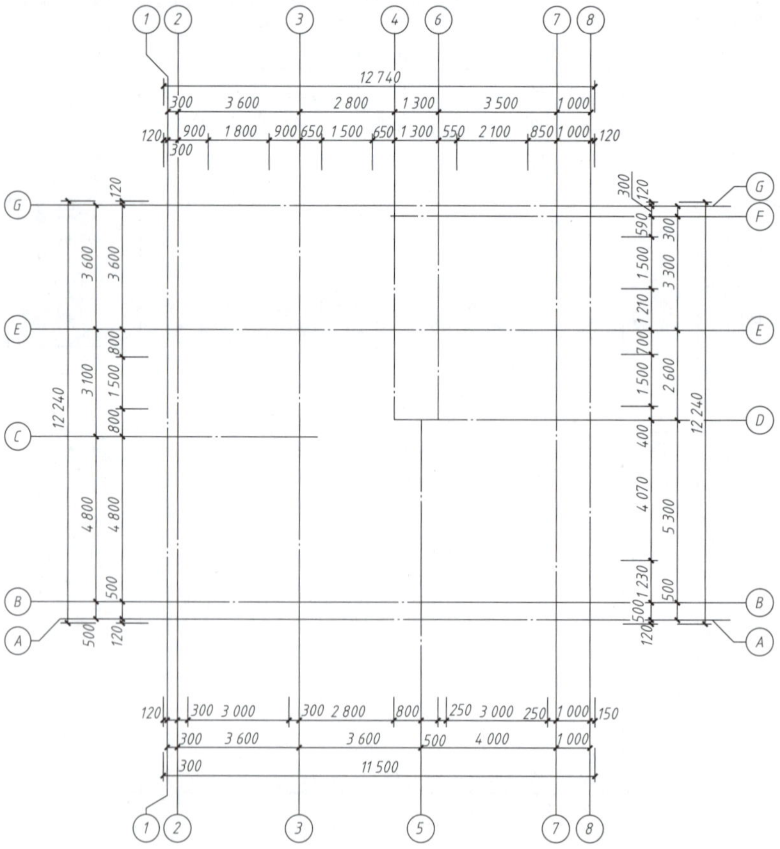

图 3-19 一层平面图轴网及轴线编号

Step 03　绘制轴网完成后，锁定轴网图层，以防误删除等操作。

注意

为了便于区分，可将上侧、下侧、左侧、右侧未贯通的轴线修改为不同的颜色，以提升绘图效率。

3. 一层平面图墙体的绘制

（1）解除尺寸标注与图线的关联性

Step 01　依次单击菜单中的“工具｜快速选择”或在命令行输入 QSELECT（QSE）激活快速选择命令，在弹出的如图 3-20 所示“快速选择”对话框中，将“特性”切换为图层，将“值”切换为标注。单击确定按钮，选中所标注好的全部尺寸。

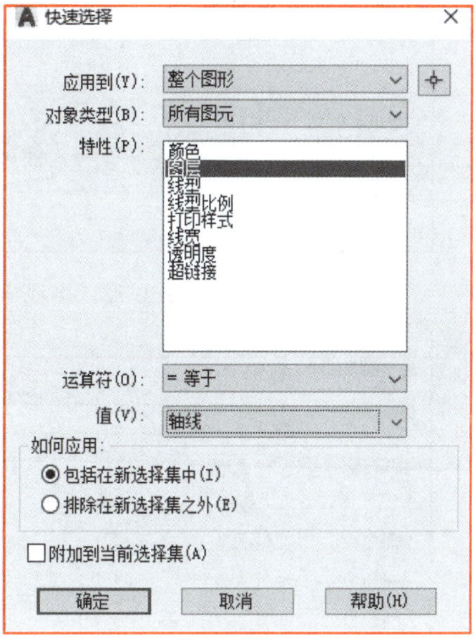

图 3-20　“快速选择”对话框

Step 02　在命令行输入 DIMDISASSOCIATE（DDA），将标注好的尺寸与图线间的关联性解除掉。

（2）用多线命令绘制一层平面图墙体

① 设置墙体多线样式：

Step 01　依次单击菜单中的“格式｜多线样式”或在命令行输入 MLSTYLE（MLST）激活多线样式命令，弹出“多线样式”对话框。

Step 02　分别新建样式名为“240”“120”“C240”的多线样式，其参数设置如图 3-21～图 3-23 所示。

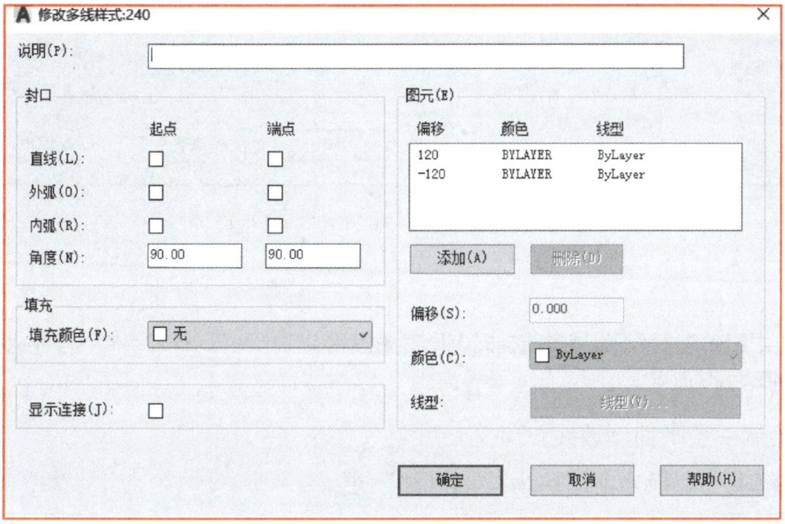

图 3-21　多线样式“240”的参数设置

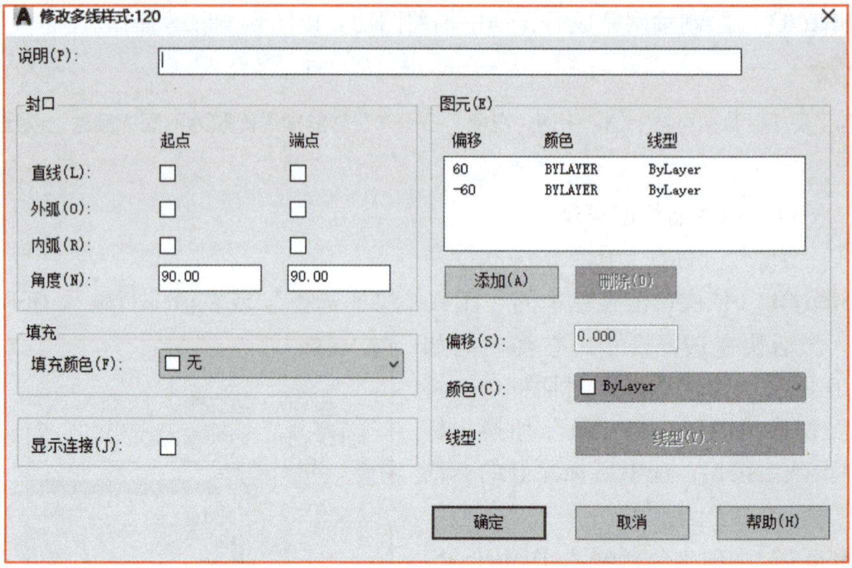

图 3-22 多线样式“120”的参数设置

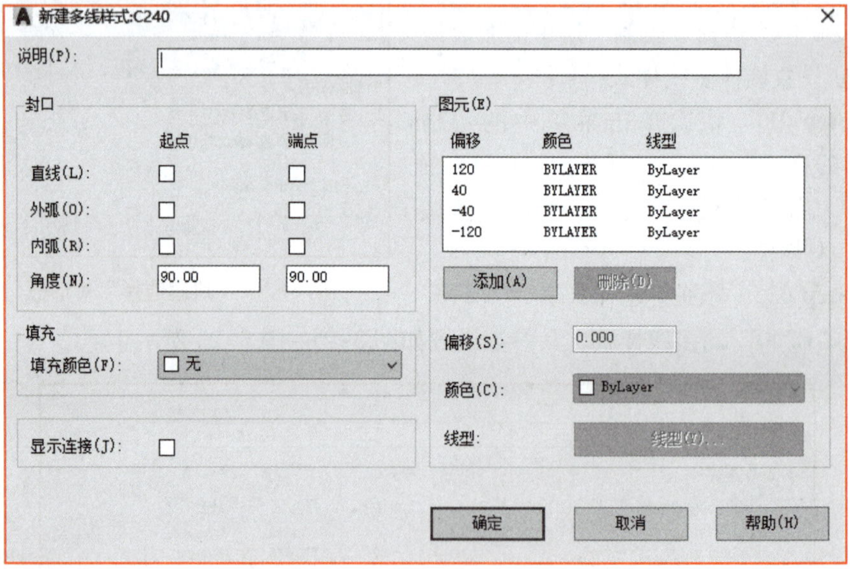

图 3-23 多线样式“C240”的参数设置

注意

墙厚类型较少时可不设置多线样式 MLS，直接用 STANDARD 样式绘制，修改比例（S）为墙厚 240、120 即可。

② 绘制一层平面图墙线：

Step 01 切换当前图层为“墙、柱”层。

Step 02 依次单击菜单中的“绘图 | 多线”或在命令行输入 MLINE（ML）激活多线命令。

Step 03　将样式（ST）切换为“240”，比例（S）切换为1，对正（J）切换为无（Z）。

Step 04　对照任务提供的平面图，选择一层平面左下角点（Ⓐ轴和②轴交点）为起点，依次拾取有墙线的轴线交点，先顺时针绕一圈把所有的外墙绘制完毕后，按空格键结束多线命令。

Step 05　直接按空格键，重新激活多线命令，再绘制所有墙厚为240 mm的内墙，按空格键结束多线命令。

Step 06　直接按空格键，再次激活多线命令，将样式（ST）切换为“120”，补充绘制墙厚为120 mm的内隔墙。

③ 编辑一层平面图墙线：

Step 01　双击任一多线，弹出“多线编辑工具”对话框，如图3-24所示，单击其中的“T形打开”，在墙线中选择属于T形相交的情况，先拾取T的一竖，后拾取T的一横，按照“先编辑正放和倒放的T、后编辑侧放的T”的原则，逐一进行编辑。

图3-24　“多线编辑工具”对话框

Step 02　再次双击任一多线，弹出“多线编辑工具”对话框，单击其中的“角点结合”，在墙线中选择属于L形相交的情况，逐一进行编辑。

④ 分解一层平面图墙线：

Step 01　有些墙线相交处，既不属于T形相交的情况，也不属于L形相交的情况，先将所有墙线选中后用分解EXPLODE（EX）命令将其分解开。

Step 02　再用修剪TRIM（TR）或圆角FILLET（F）命令去编辑需要连通的剩余墙线。

经过设置、绘制、编辑、分解四大步骤的操作后，用多线命令绘制好的一层平面图墙线，如图 3-25 所示。

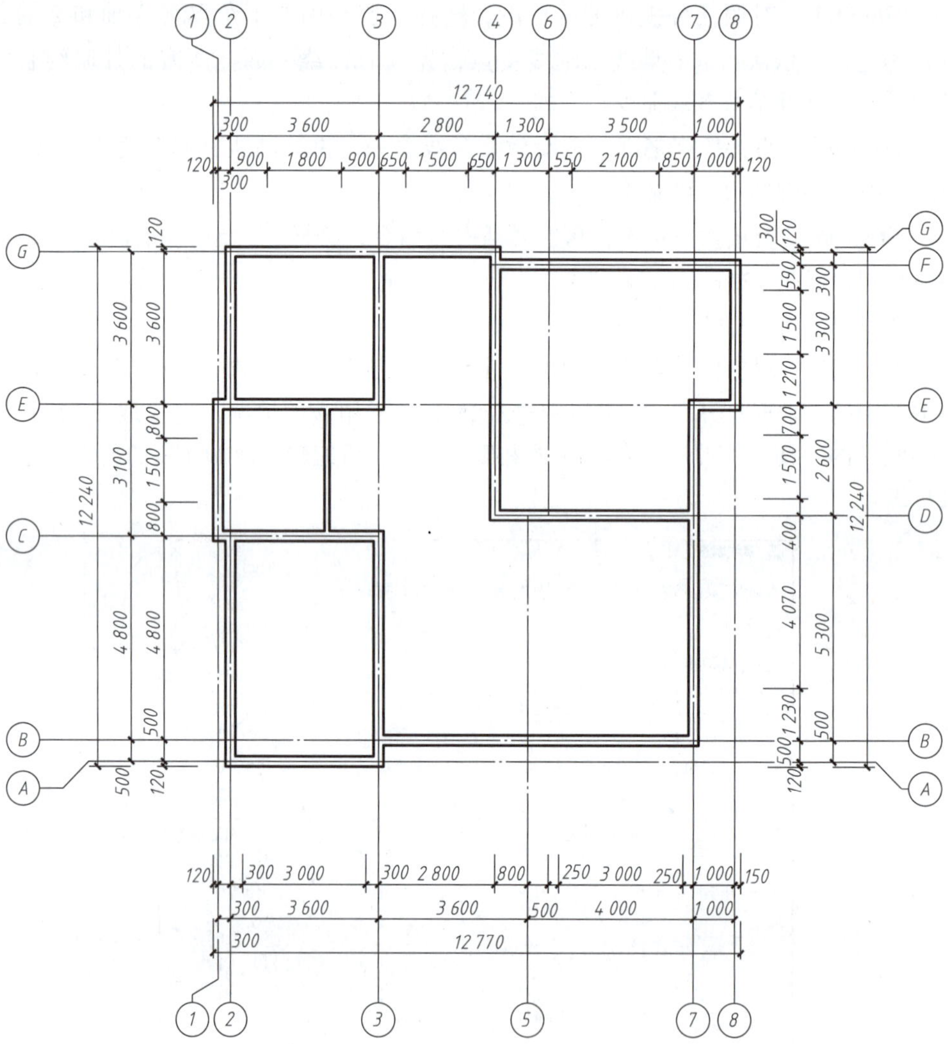

图 3-25 一层平面图墙线

注意

有些墙体的轴线并不是居中布置，可以用图层隔离 LAYISO（LAYI）命令先将墙线层隔离出来，配合功能键 F8 打开正交模式，再用拉伸 STRETCH（S）命令对带有偏心的墙体的位置进行编辑，最后用 LAYUNISO（LAYU）命令取消图层隔离，这样可以防止对墙线以外的图层对象误编辑。

墙体也可采用偏移的方式绘制，这种方式比较适合平面图中带偏心且偏心值有多种情况的墙体，这时候如果采用多线去绘制，多线样式的参数设置较复杂，且绘制过程中需要频繁切换多线样式，绘图效率会比较低。

用偏移的方式绘制墙体时，一般的思路是将轴线层向两侧偏移，这样的话两侧的墙线都要逐一编辑，会使得绘图工作量翻倍。这里可以先统一向内偏移，再配合特性匹配 MATCHPROP（MA）、圆角 FILLET（F）、合并 JOIN（J）等命令先将内侧的墙线全部编辑好后，再整体向外侧偏移一个墙厚，可适当提升绘图效率。

4. 一层平面图门窗的绘制

（1）在墙线上开门窗洞口

Step 01 先用图层隔离 LAYISO（LAYI）命令隔离墙线层。

Step 02 开外墙门窗洞：激活构造线 XLINE（XL）命令拾取外墙上面门窗宽度尺寸的节点绘制一条构造线，其余的构造线再以尺寸的节点为基点进行复制即可。修剪构造线，选边界为墙线，同侧的墙选一次边界即可。修剪外墙上门窗洞口处的墙线形成门窗洞口。

Step 03 开内墙门窗洞：对照细部尺寸绘制出厚度方向的墙线后修剪出门窗洞口。

Step 04 最后用取消图层隔离 LAYUNISO（LAYU）命令取消隔离墙线层。

（2）绘制一层平面图门窗符号

① 绘制窗符号：

Step 01 切换当前图层为“门窗”层。

Step 02 激活多线命令用“C240”样式绕外墙顺时针绘制所有的窗线。

② 绘制门符号：

Step 01 先按宽度 1000 mm 绘制出单扇门，门板厚度取 30 mm，门弧用圆弧 ARC（A）命令采用“圆心、起点、端点”的方式绘制，双扇门绘制好单扇门后镜像即可。

Step 02 用块 BLOCK（B）命令将绘制好的门符号创建为块，这里以门板一侧的角点为基点。

Step 03 用插入 INSERT（I）命令将创建好的块带缩放比例先放置在相应的门洞位置处，再用旋转 ROTATE（RO）命令调整方向。这里，也可先 1:1 插入块，再激活对齐 ALIGN（AL）命令，在遇到“是否缩放”的命令行提示时选择“是（Y）”，会产生对门符号的缩放加旋转的效果，找准两个对齐点，将门符号一次放置到位。

（3）标注一层平面图门窗编号

Step 01 切换当前图层为“标注”层。

Step 02 用单行文字 TEXT（DT）命令注写门窗编号。

绘制好门窗及其编号的一层平面图，如图 3-26 所示。

5. 一层平面图楼梯的绘制

（1）绘制楼梯梯段

Step 01 定位好第一个踏步的踢面位置后，激活直线 LINE（L）命令，按梯段宽度 1150 mm 绘制出第一条踢面线。

Step 02 激活偏移 OFFSET（O）命令，输入间距为踏面宽度 240 mm，拾取第一条踢面线后激活可选项中“多个（M）”，连续偏移至所需数量的踢面线。

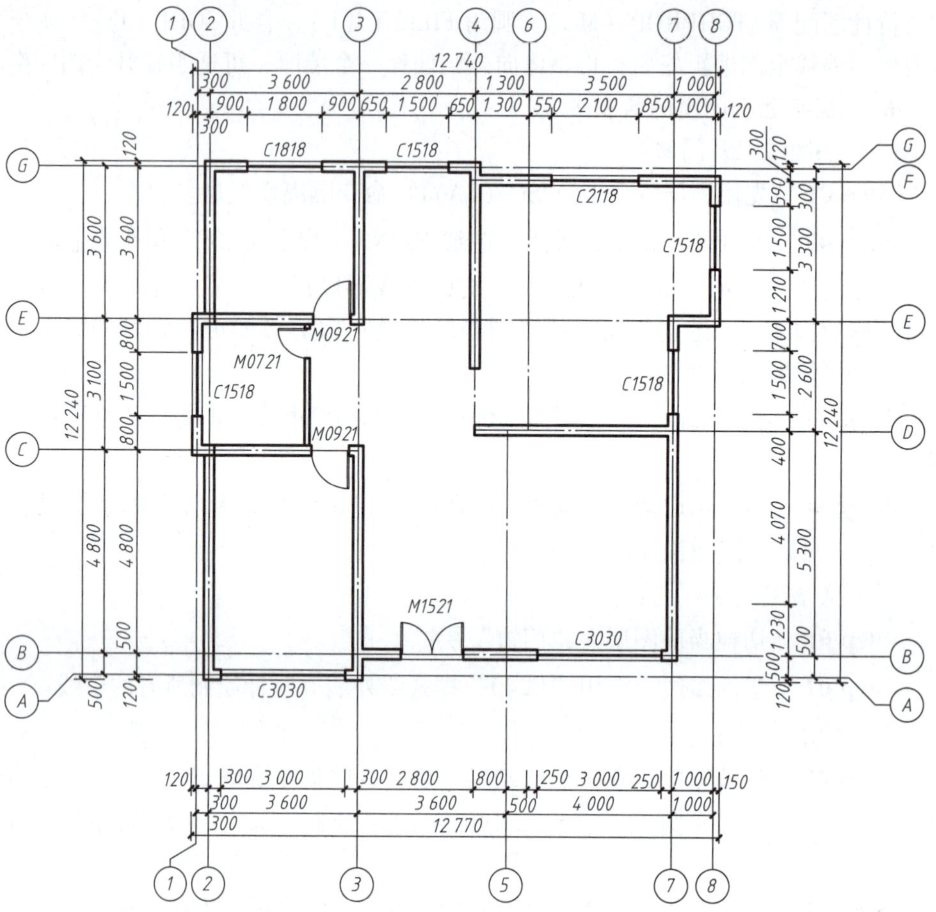

图 3-26 绘制好门窗及其编号的一层平面图

（2）绘制折断线和方向指示

Step 01 参考任务提供的图纸，激活折断线 BREAKLINE（BREAKL）命令绘制出梯段处的折断线。

Step 02 选中折断线，用夹点操作的方式，激活折断符号处的某个夹点，连按 3 次空格键，激活缩放命令后，将折断线放大 100 倍。

Step 03 用多段线 PLINNE（PL）命令绘制方向指示线，也可用引线标注 QLEADER（QL）命令绘制，但需将可选项“设置（S）”中的注释类型更改为“无”。

Step 04 用单行文字 TEXT（DT）命令注写梯段方向指示文字“上”。

（3）绘制扶手等细节

按宽度 50 mm 绘制扶手，对扶手遮挡踏步的部分进行修剪。

6. 一层平面图柱子、台阶、散水等构件的绘制

（1）绘制一层平面图柱子

Step 01 用矩形 RECTANG（REC）命令按 300 mm×300 mm 的尺寸绘制柱截面轮廓线。

Step 02 柱截面的材料图例采用省略画法，做涂黑处理。可用图案填充 BHATCH（H）命令，选择实心填充的图案，也可用二维填充 SOLID（SO）命令直接填充，这里拾取的第三个点应为第二个点的对角点。

注意

当遇到墙线与柱子相交时，应用增强剪切 EXTRIM（EXTR）命令将柱截面轮廓线以内的墙线断开，激活命令后先拾取柱截面轮廓线，再在柱截面轮廓线以内拾取一点即可，本任务不涉及此种情况。

（2）绘制一层平面图台阶

Step 01 用直线和偏移命令绘制台阶线。

Step 02 绘制台阶方向指示线和文字。

（3）绘制一层平面图散水

Step 01 用多段线 PLINE（PL）命令绕外墙面绘制一个封闭的轮廓线。

Step 02 用偏移 OFFSET（O）命令将该轮廓线向外侧偏移散水的宽度 600 mm。

Step 03 用直线 LINE（L）命令绘制墙体转角处的散水坡面交线。

Step 04 最后将绕外墙面绘制的封闭轮廓线删除。

7. 一层平面图细节完善及细部尺寸的标注

Step 01 细节补充：绘制剖切标注、指北针（可将编号圆用夹点编辑操作，按空格键 3 次放大 3 倍形成直径 24 mm 的圆，用多段线绘制指针，起始和终止线宽分别指定为 0 mm 和 300 mm）、坡度、标高（以半径 300 mm 圆为参考绘制）、房间名称、细部尺寸，有的内容本任务不涉及。

Step 02 文字注写：图名字高取 700 mm、比例字高取 400 mm（国家制图标准规定比图名字号小一或二号）、备注文字字高取 500 mm，绘制图名下的下划线线宽取 0.7 mm。

标注完尺寸的一层平面图绘图结果，如图 3-27 所示。

注意

建筑工程图中字高的选取，应符合表 3-5 的规定。

表 3-5　文字的高度

字体种类	汉字矢量字体	True type 字体及非汉字矢量字体
字高/mm	3.5、5、7、10、14、20	3、4、6、8、10、14、20

注：该表选自《房屋建筑制图统一标准》（GB/T 50001—2017）。

8. 将一层平面图放入 A3 图框

将绘制好的一层平面图放入按出图比例放大后的 A3 图框内，图形在图框内的布置要美观，图形的上下和左右距图框线的边距要适中，最终的绘图结果如图 3-1 所示。

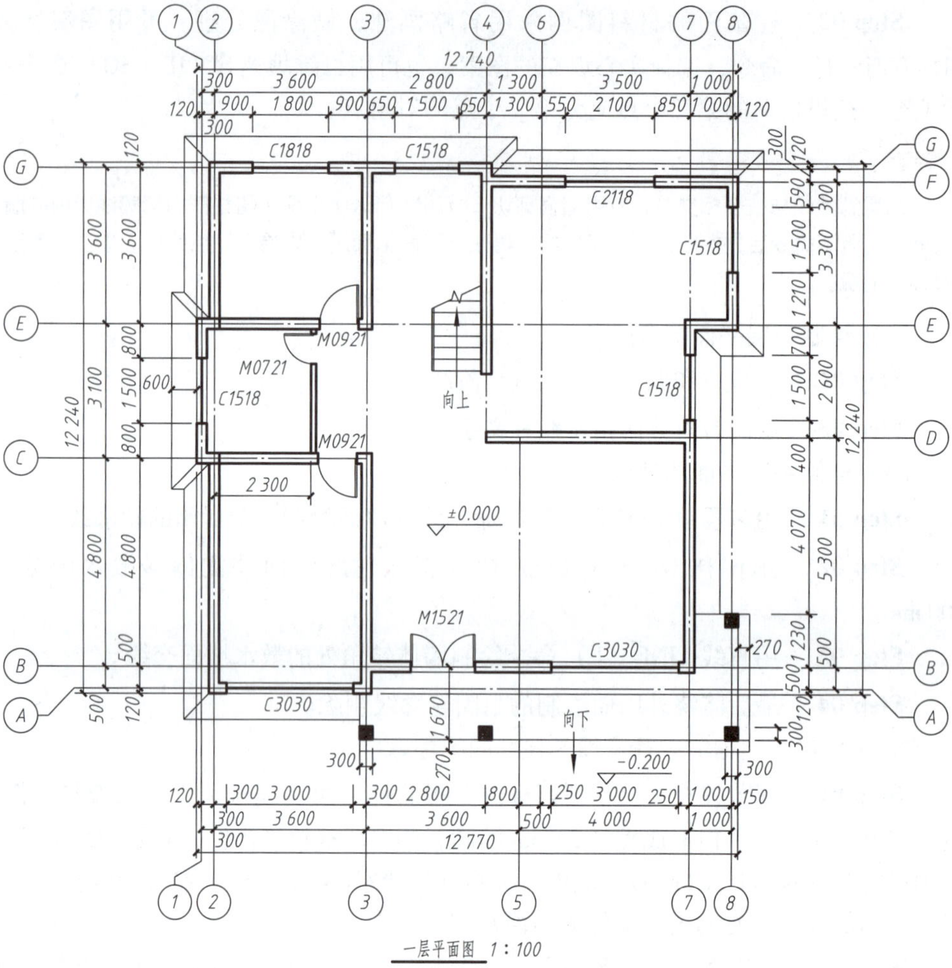

图 3-27 标注完尺寸的一层平面图

技能点 3 建筑立面图的绘制

微课

建筑立面图的绘制

1. 绘制立面图前的准备工作

Step 01 本任务立面图长度方向与平面图一致，高度方向小于平面图的宽度，所以绘图空间图形界限可不修改，如果遇到两个图的总尺寸差异较大，可重新估算和设置图形界限。

Step 02 分析该立面图，按照任务要求中表 3-2 的参数，在命令行输入图层管理器的快捷键 LA，在弹出的“图层管理器”对话框中，建立①~⑧轴立面图的图层，如图 3-28 所示。

Step 03 同时打开新建文件和平面图文件，切换到新建文件界面，按组合键 Ctrl+2 打开设计中心，单击“打开的图形”选项卡，通过双击可将平面图中图层设置及文字样式、标注样式调用至新建文件，如图 3-29 所示。

状..	名称	开	冻结	锁...	颜色	线型	线宽	透明度	打印...	打..	新..	说明
	0				白	CONTINUOUS	默认	0	Color_7			
	Defpoints				白	CONTINUOUS	默认	0	Color_7			
	标高				绿	CONTINUOUS	0.25 毫米	0	Color_3			
	标注				绿	CONTINUOUS	0.15 毫米	0	Color_3			
	栏杆				63	CONTINUOUS	0.25 毫米	0	Color_...			
	立面轮廓				洋红	CONTINUOUS	0.35 毫米	0	Color_6			
	门窗				黄	CONTINUOUS	0.20 毫米	0	Color_2			
	门窗洞口				黄	CONTINUOUS	0.30 毫米	0	Color_2			
	其他				白	CONTINUOUS	0.15 毫米	0	Color_7			
	室内地坪				白	CONTINUOUS	0.30 毫米	0	Color_7			
	室外地坪				8	CONTINUOUS	1.00 毫米	0	Color_8			
	台阶				黄	CONTINUOUS	0.25 毫米	0	Color_2			
	图框				白	CONTINUOUS	默认	0	Color_7			
	文字				白	CONTINUOUS	0.25 毫米	0	Color_7			
	腰线				白	CONTINUOUS	0.30 毫米	0	Color_7			
	轴号				绿	CONTINUOUS	0.25 毫米	0	Color_3			
	轴线				红	CENTER	0.15 毫米	0	Color_1			
	柱子				白	CONTINUOUS	0.25 毫米	0	Color_7			

图 3-28　①~⑧轴立面图图层设置

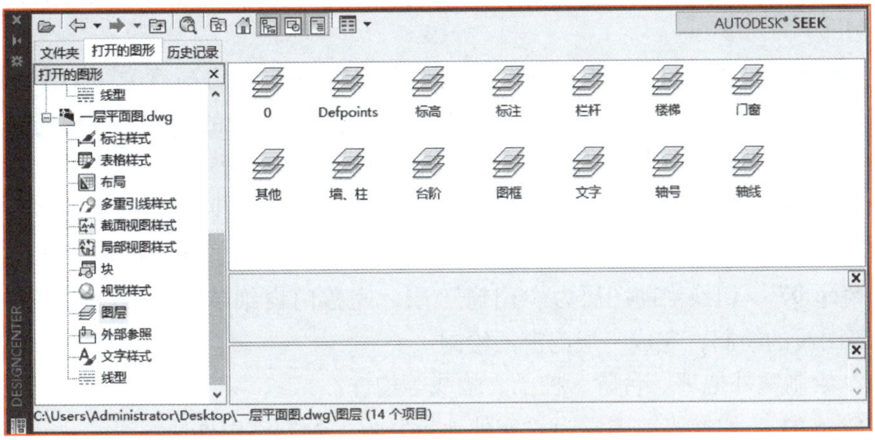

图 3-29　通过设计中心在文件之间调用图层设置

注意

由于立面图的文字样式和标注样式与平面图相同，为避免重复设置，可采用上面的方式，利用设计中心调用两个图形文件之间的图层、文字样式和标注样式等参数。

这里，也可采用如下方式：将绘制好的平面图文件直接另存为成立面图文件，删掉绘制好的平面图，在此基础上，只对平面图的图层进行删除和新建，较快地完成立面图图层的设置，同时平面图文件中的文字样式和标注样式也会保留下来。

注意

在绘制平、立、剖面图细节或详图的过程中，遇到频繁切换图层的情况时，可先用 0 层绘制所有图线，再用将图形对象置为当前图层 LAYCUR（LAYC）命令统一更改图层，适当地提升绘图效率。

2. ①~⑧轴立面图的绘制

（1）复制和旋转一层平面图

利用组合键 Ctrl+C、Ctrl+V 将一层平面图复制、粘贴到立面图中，让平面图的下侧为要绘制的立面图所对应的平面轮廓，本任务为南立面不用旋转，北立面需旋转 180°，东立面需旋转-90°、西立面需旋转 90°。

（2）绘制①~⑧轴立面图一层门窗及室内外地坪、台阶、柱子等构件。

① 绘制一层门窗：

Step 01 切换当前图层为“立面轮廓”层。

Step 02 激活构造线 XLINE（XL）命令，单击可选项垂直（V），绘制出最左立面轮廓线，对照平面图判断出外墙面转角处，复制构造线后拾取这些转角点，从左至右依次完成其他立面轮廓线。

Step 03 切换当前图层为“门窗洞口”层。

Step 04 激活构造线 XLINE（XL）命令，单击可选项水平（H），在下侧绘制出一道门窗洞口线，将该线分别偏移 300 mm（窗台高度）、3000 mm（窗户高度）；再次激活构造线 XLINE（XL）命令，单击可选项垂直（V），对照平面图中的窗户位置，绘制出窗洞处的竖线，最后用修剪命令将多余的构造线剪切掉，形成窗洞（口字形）。

Step 05 将最下侧的一条构造线偏移 2100 mm（门高度），激活构造线 XLINE（XL）命令，单击可选项垂直（V），绘制出门洞处的竖线，最后用修剪命令将多余的构造线剪切掉，形成门洞（门字形）。

Step 06 将最底下一条构造线超出立面图最左和最右两侧轮廓线的多余部分修剪掉，将其图层切换为“室内地坪”层，该线即立面图的±0.000 标高处。

Step 07 切换当前图层为“门窗”层，完善门窗细节，完成门窗框及开启方向等图线的绘制，完成一层门窗的绘制。

② 绘制室外地坪、台阶、柱子、腰线等构件：

Step 01 切换当前图层为“室外地坪”层，绘制室内外地坪线。

Step 02 切换当前图层为“台阶”层，绘制台阶线。

Step 03 切换当前图层为“柱子”层，绘制一层柱子。

Step 04 切换当前图层为“腰线”层，绘制一层腰线。

绘制好的①~⑧轴立面图一层，如图 3-30 所示。

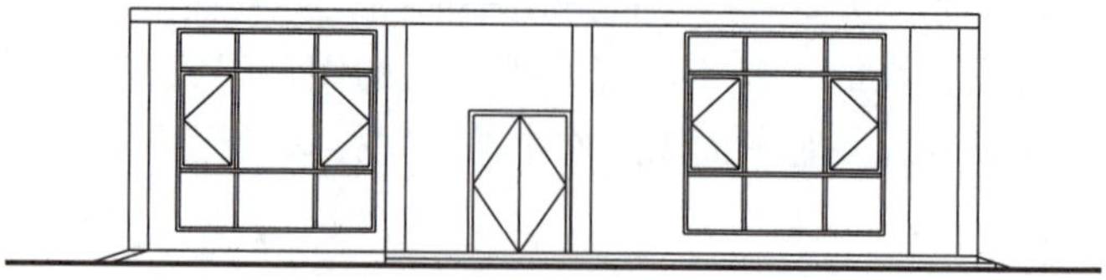

图 3-30 ①~⑧轴立面图一层

（3）绘制①~⑧轴立面图二层及以上门窗、栏杆及腰线等构件

Step 01 切换当前图层为“门窗”层，采用与一层门窗绘制相同的方法，绘制二层门窗。

Step 02 切换当前图层为“栏杆”层，绘制二层栏杆。

Step 03 将一层腰线向上复制 3000 mm（二层的层高），并复制或补充绘制二层的立面轮廓线。

Step 04　将二层与三层类似的门窗向上复制 3000 mm（二层的层高），并对三层的各构件进行编辑修改及补充完善。

Step 05　根据任务绘制屋顶尺寸：屋顶厚 200 mm、为同坡屋面，屋面坡度均为 1:2、屋檐挑出宽度除图中标注外均为 540 mm，绘制屋顶。

①~⑧轴立面图二层及以上部分绘图结果，如图 3-31 所示。

图 3-31　①~⑧轴立面图二层及以上部分

注意

遇到层数较多或具有对称性的立面图时，要善于利用镜像、定数等分、多重复制（选择对象｜基点｜D｜结束点｜份数）等命令完成标准层以上构件的绘制，必要时可将线条较多的门窗等构件线做成块，方便在以楼层为对象进行多重复制时拾取对象。

门窗较多时，修剪出门窗洞口后，为了较快绘制出门窗内部线条，可用合并 JOIN（J）命令将门窗洞口边线先合并成一个整体，然后用偏移、拉伸等命令进行门窗内部线条绘制及编辑，并用删除重复对象 OVERKILL（OV）命令解决线条重叠较多的问题。

（4）①~⑧轴立面图尺寸标注

Step 01　标注立面图的高度方向的尺寸。

注意

对于楼层数较多且中间楼层层高相同的层高标注，可复制出左侧轮廓线将其长度调整为与标准层高度范围相一致，再用定数等分对该直线按层数进行等分，再用快速标注完成层高的标注，适当提高绘图效率。

Step 02　标注立面图的标高。

注意

国家制图标准中规定，在建筑施工图中，一般标注室内外地面、楼层建筑完成面、女儿墙墙顶、屋面、屋檐、屋脊、窗台等处的标高。

Step 03 利用引线标注 QLEADER（QL）等命令进行立面图外立面做法的标注，该任务不涉及此项内容。

注意

当立面做法较多时，需要多次执行引线标注命令时，单击可选项中的“设置（S）”，在“引线设置”对话框中，将“重复使用注释”选项切换为“重复使用下一个”，如图 3-32 所示，适当提高绘图效率。

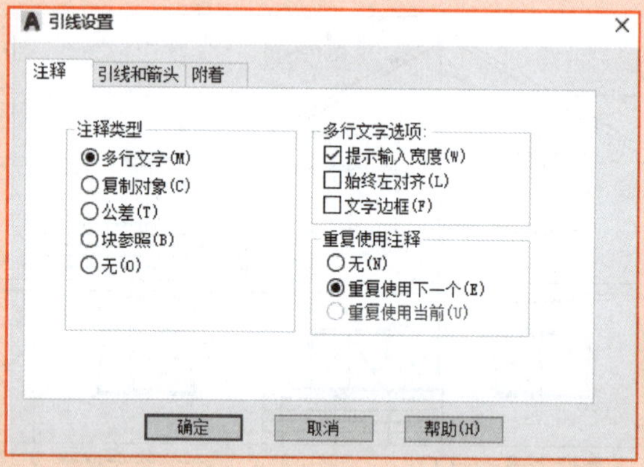

图 3-32 “引线设置”对话框

（5）①~⑧轴立面图细节完善

Step 01 标注①~⑧轴立面图图名、比例。

Step 02 标注①~⑧轴立面图轴线编号。

①~⑧轴立面图绘图结果，如图 3-33 所示。

图 3-33 ①~⑧轴立面图

注意

利用组合键 Ctrl+3 打开工具选项板，在建筑选项卡中找到门窗等常见建筑构件的内部块，拖拽至绘图区，利用拉伸等修改命令修改尺寸后直接用于建筑施工图中，也可在图案填充选项卡中将所需的材料图例直接拖拽至填充区域，适当提升绘图效率。

3. 将①~⑧轴立图放入 A3 图框

将绘制好的立面图放入按出图比例放大后的 A3 图框内，图形在图框内的布置要美观，图形的上下和左右距图框线的边距要适中，①~⑧轴立面图最终的绘图结果，如图 3-2 所示。

技能点 4　建筑剖面图的绘制

建筑剖面图反映了房屋内部垂直方向的高度、分层情况，楼地面和屋顶结构形式及各构配件在垂直方向上的相互关系。图中的图线较为简单，凡是被剖切面剖到的墙、板、梁等构件的轮廓线均用粗实线表示，没有被剖切到的构件投影线及其他线均用细实线表示。

微课　建筑剖面图的绘制

建筑剖面图的绘制方法和建筑平面图以及建筑立面图的绘制方法有很多相同的地方，如：绘制前的准备工作中图层、三大环境设置的调用、图形界限设置等均与立面图步骤一致，可直接按步骤操作。分析图 3-3 所示剖面图，按照任务要求中表 3-3 的参数，在命令行输入图层管理器的快捷键 LA，在弹出的“图层管理器”对话框中，建立 1—1 剖面图的图层，如图 3-34 所示。

状..	名称	开	冻结	锁...	颜色	线型	线宽	透明度	打印...	打..	新..	说明
	0				白	Continuous	默认	0	Color_7			
	Defpoints				白	Continuous	默认	0	Color_7			
	标高				绿	Continuous	0.25 毫米	0	Color_3			
	标注				绿	Continuous	0.15 毫米	0	Color_3			
	门窗				青	Continuous	0.25 毫米	0	Color_4			
	剖切到的构件线				黄	Continuous	0.50 毫米	0	Color_2			
	其他				白	Continuous	0.15 毫米	0	Color_7			
	室内地坪				白	Continuous	0.30 毫米	0	Color_7			
	室外地坪				8	Continuous	1.00 毫米	0	Color_8			
	填充				254	Continuous	0.15 毫米	0	Color_...			
	图框				白	Continuous	默认	0	Color_7			
	文字				白	Continuous	0.25 毫米	0	Color_7			
	轴号				绿	Continuous	0.25 毫米	0	Color_3			
	轴线				红	CENTER	0.15 毫米	0	Color_1			

图 3-34　1—1 剖面图图层设置

剖面图绘制顺序为：首先绘制标高、高度方向的尺寸标注以及剖面轴，之后根据已经建立的标高和轴线及剖切位置，依次绘制室外地坪、台阶、散水、被剖切到的墙线、楼板、楼梯的轮廓线、没有被剖切到的构件的投影线，最后将剖切到的部分进行填充即可。

Step 01　首先绘制标高、高度方向的尺寸，以及剖面轴线，并标注周围尺寸，如图 3-35 所示。

Step 02　以已经绘制的标高尺寸为依据，以±0.000 为基准线，用“偏移”命令绘制室外地坪线及台阶、散水，并将地坪线放置在“室外地坪”层，台阶散水放置在“其他”层。如图 3-36 所示。

Step 03　将当前图层置为“剖切到的构件线”层，绘制剖切到的墙、板、

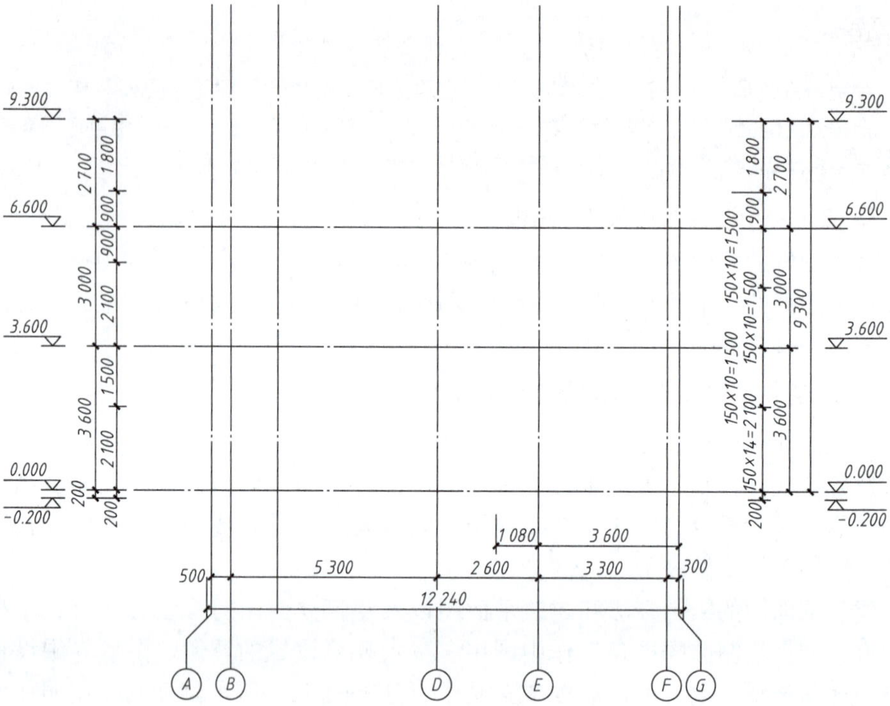

图 3-35 剖面图轴线及标高

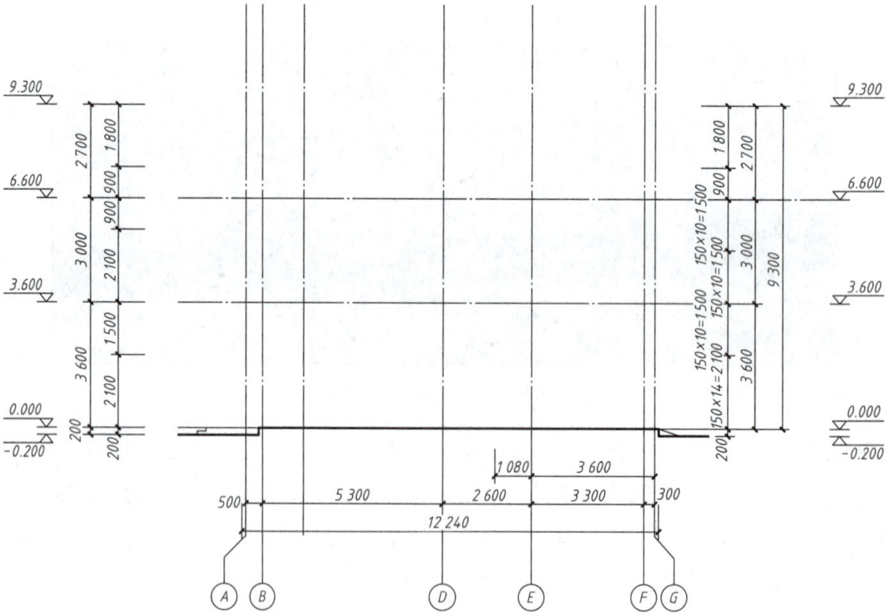

图 3-36 地坪及台阶、散水

门厅等构件的轮廓线，如图 3-37 所示。

Step 04 通过分析楼梯踏步数，绘制被剖切到的楼梯和没被剖切到但是看得到的楼梯、扶手，并补绘休息平台，同时修改已画楼板，在楼梯处将楼板断开，如图 3-38 所示。

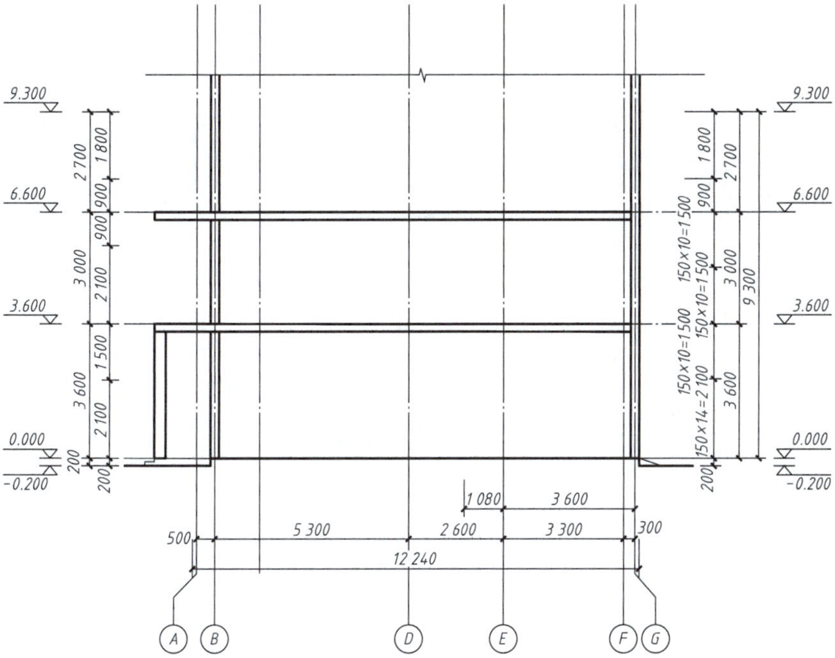

图 3-37　被剖切到的墙、板、门厅等

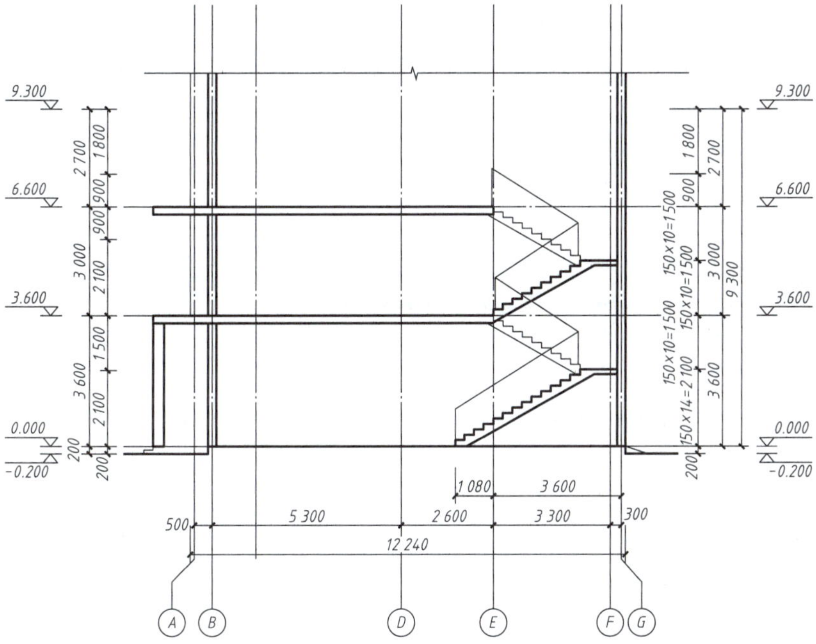

图 3-38　楼梯、扶手绘制

Step 05　将“填充”层置为当前图层，对剖切到的墙、板、梁等构件的轮廓线进行修改，形成封闭的轮廓线，用“填充”命令进行材料图例填充，如图 3-39 所示。

Step 06　通过两侧门窗尺寸，在墙体上进行门窗开洞，开完洞口后将“门

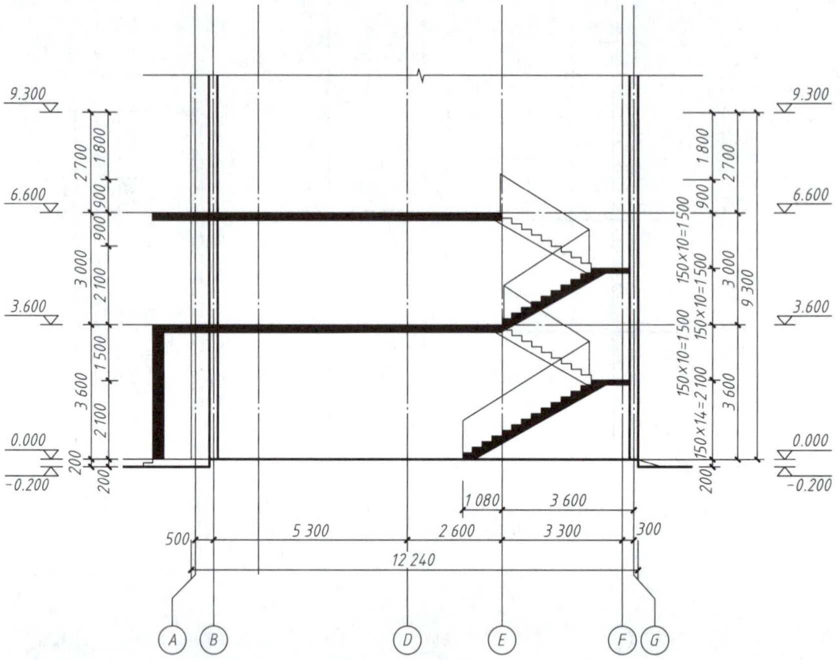

图 3-39 剖切构件填充

窗”层置为当前图层，绘制外墙上的门、窗，及内部可见门窗、门厅上栏杆等，最后书写图名、比例，完成剖面图绘制，如图 3-40、图 3-41 所示。

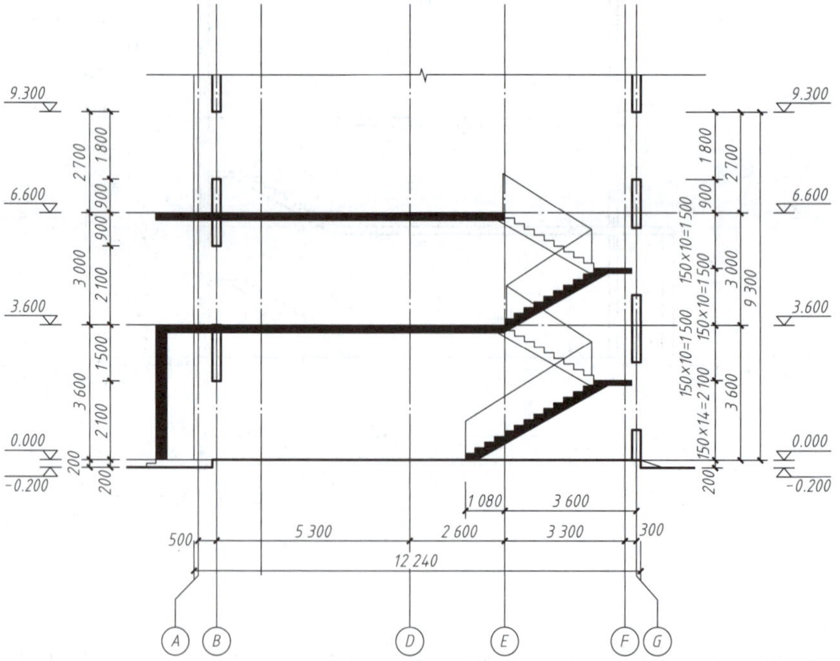

图 3-40 门窗开洞

Step 07 将绘制好的 1—1 剖面图放入 A3 图框，最终的绘图结果如图 3-3 所示。

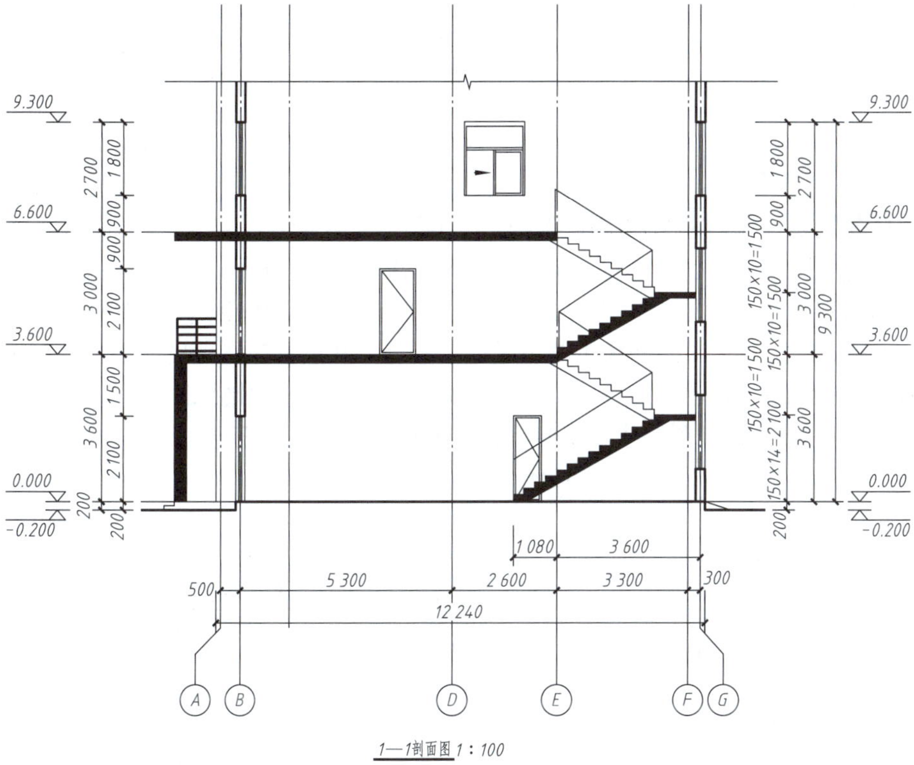

图 3-41　剖面图完成图

【课堂检测】

1. 在绘制建筑平面图之前，进行图形界限的设置，是要根据估算的（　　）尺寸来确定图形界限的大小。

A. 平面图总长和总宽　　B. 散水总长和总宽

C. 外部三道尺寸及轴线编号占用的空间　　D. 以上三项综合考虑

2. 绘制墙线可采用哪两种方式？多线命令一般包含哪四步具体操作？

3. 楼梯的栏杆高度是从哪儿起算至哪个位置？其最小值为多少？

4. 建筑高度是从哪儿起算至哪个位置？请以平屋面和坡屋面为例分别说明。

5. 楼梯平台净高和梯段净高是如何定义的？它们的最小值是多少？

6. 建筑平面图中的总尺寸的起始和终止部位是哪儿？国家制图标准对总尺寸的标注是如何规定的？

7. 屋面处的标高应标注建筑标高还是结构标高？国家制图标准是如何规定的？

8. 建筑施工图的材料图例的画法是否与比例有关？国家制图标准是如何规定的？

9. 在立面图中应至少体现哪几种线宽？请以①~⑧轴立面图为例列举说明。

10. 在剖面图中是否应该表达看到的构件轮廓线？请以 1—1 剖面图为例列举说明。

子任务 2 结构施工详图绘制

【工作任务】

任务描述： 在理解结构平法施工图的基础上，结合图 3-42 所给出的 KL5（1）的平法施工图，运用前面学过的 CAD 知识，按图 3-43 所示，在 CAD 中完成框架梁纵剖图和断面图的绘制。其中，已知该梁的抗震等级为三级，梁柱混凝土强度均为 C30。绘制要求：钢筋线用多段线命令绘制，并设置线宽，出图后粗线线宽为 0.5 mm。梁纵剖图绘图比例 1∶1，出图比例 1∶50；梁断面图绘图比例 1∶1，出图比例 1∶25。图层、文字和尺寸标注要符合我国建筑制图相关规定。

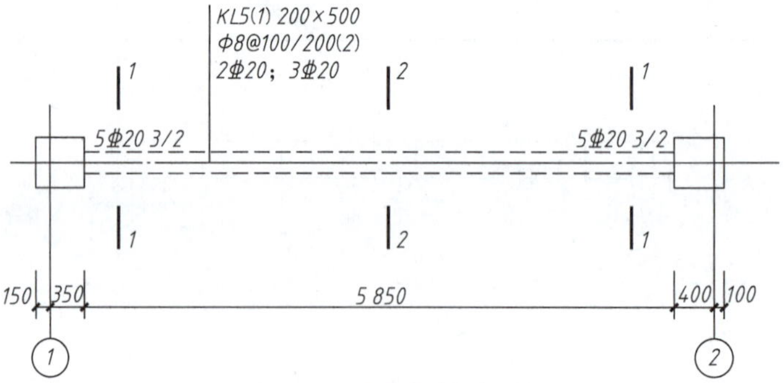

图 3-42 某框架梁平法图

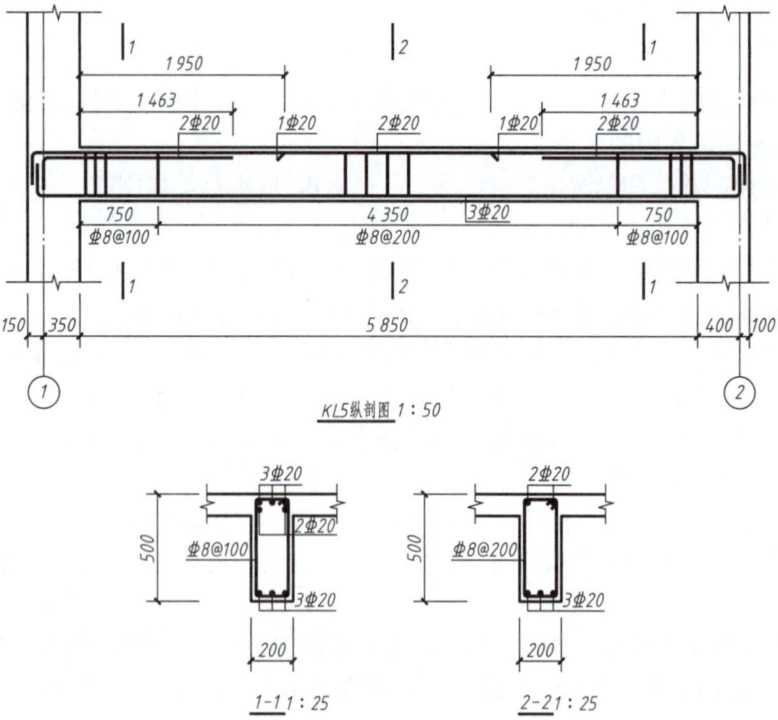

图 3-43 某框架梁配筋详图

思政链接：哲学中说“事物是功能与结构的统一”，这一定律也适用于建筑物，它是“力与美”的统一，主要体现在建筑结构和建筑设计上。建筑结构解决支撑问题，如同人体骨架一样，承受各种力的作用；而建筑设计是解决功能、适用和美观的问题。建筑结构与建筑设计二者既相互独立又紧密联系，学习工程建筑物二者至关重要，我们既要研究它的功能，又要研究它的内部结构，但二者不是独立的个体，不能单独分析研究。“功能与结构”这一对哲学关系告诉我们“要研究功能必然要先分析结构，而剖析结构时必然会学习其相应的功能”。只有遵循这种研究方法，我们的学习才能事半功倍。这种研究方法也同样适用于同学们以后的学习工作中，希望同学们能养成用哲学思维解决学习、工作问题的习惯。

【技能训练】

技能点 1　结构绘图环境设置

传统的结构施工图主要由结构平面布置图和构件配筋图组成，结构平面布置图的绘制方法同样与建筑平面图的绘制方法基本相似。本节主要通过梁构件配筋图说明 CAD 中钢筋的绘制方法。

在绘制结构图之前，同样应该对 CAD 的绘图环境进行设置，这样有助于快速高效地绘图。绘图环境的设置包括绘图习惯的设置、文字设置、尺寸标注设置、图层设置等。

其中绘图习惯的设置同本任务子任务 1 中建筑平面图的设置，这里主要介绍文字、标注、图层设置。

Step 01　使用 ST 命令打开文字样式设置管理器，设置汉字和钢筋字体，修改参数如图 3-44 所示。

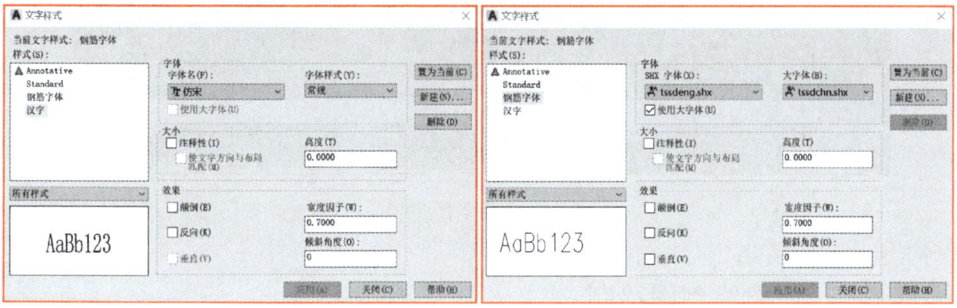

图 3-44　文字样式设置

Step 02　使用 D 命令打开标注样式管理器，根据绘图比例设置两种标注样式：标注 50 和标注 25，如图 3-45 所示，分别用于标注纵剖图和断面图，二者参数仅在调整下的使用全局比例不同，标注 50 设为 50，标注 25 设为 25，其余参数均与前文建筑平面图绘图时尺寸标注设置参数相同，具体如图 3-10～图 3-15 所示。

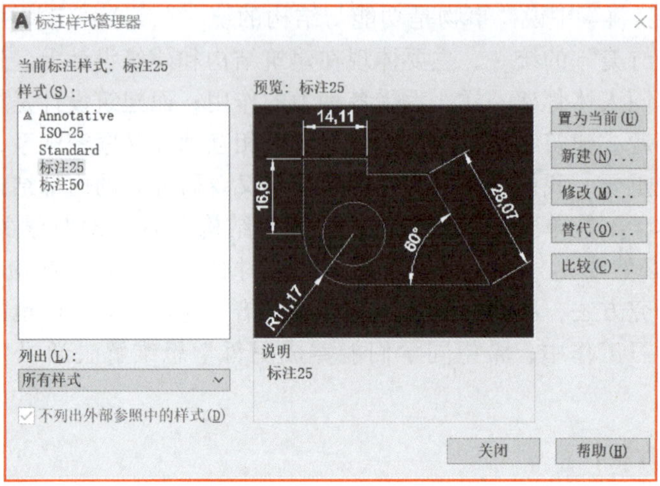

图 3-45 标注样式

Step 03 分析图 3-43 所示的框架梁配筋详图，图中的构件轮廓线一般用细实线绘制，轴线用细点画线绘制，图中的钢筋一般用“多段线”绘制。使用 LA 命令打开图层特性管理器，设置图层如图 3-46 所示。

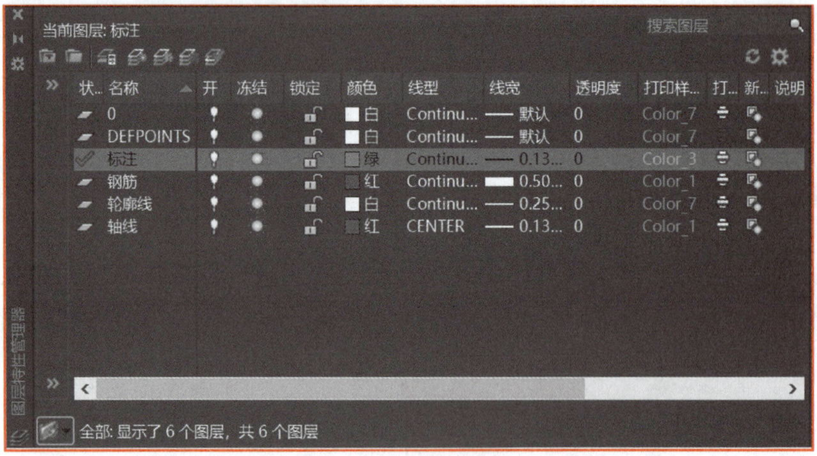

图 3-46 图层设置

技能点 2 梁纵剖图绘制

微课 梁纵剖图绘制

1. 梁纵剖轮廓图绘制

要绘制框架梁配筋图，首先要绘制相关的框架柱和框架梁的轮廓图，在此基础上才能进行钢筋的绘制。

Step 01 将当前图层置为“轴线”层，用“直线”“复制”或者“偏移”命令完成轴线的绘制，并对轴线进行编号，因为该图出图比例为 1∶50，因此轴号尺寸为直径 8 mm×50＝400 mm，如图 3-47 所示。

Step 02 将当前图层置为“轮廓线”层，绘制纵剖图中梁、柱的轮廓线，

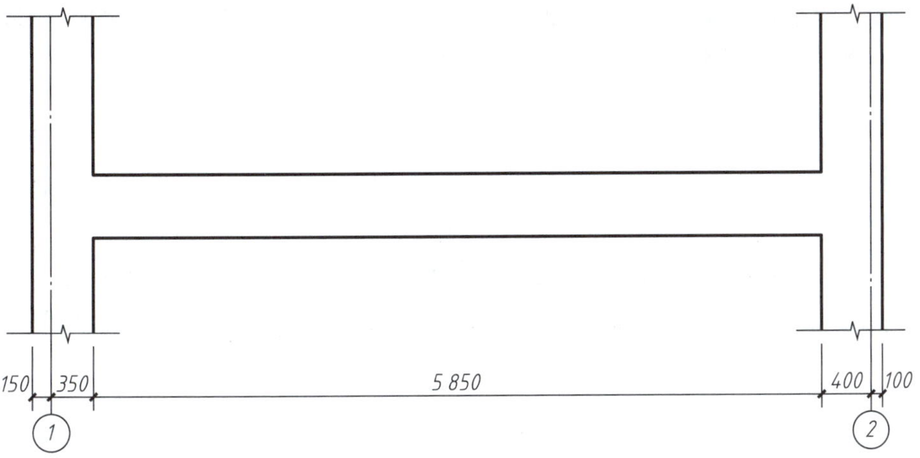

图 3-47　梁纵剖轮廓图

并运用 BREAKLINE 命令绘制折断线，如图 3-47 所示。

Step 03　将当前图层置为“标注”层，将标注 50 置为当前，完成轴网标注和构件尺寸标注。

2. 梁钢筋绘制

Step 01　利用已经绘制好的构件轮廓线，用偏移 O 命令上、下、左、右分别偏移 50 mm，绘制出上下部纵筋辅助线；通过延伸 EX 命令，将上、下部纵筋延伸至左、右偏移线处，如图 3-48 所示。左右偏移辅助线即可删除。

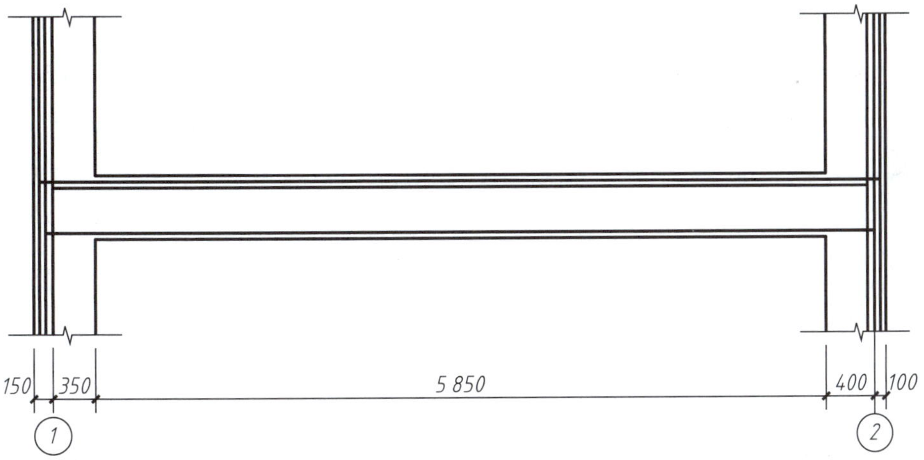

图 3-48　梁纵剖钢筋辅助线

注意

选择偏移 50 mm 是因为纵剖图和断面图中钢筋的保护层和净距的尺寸都比较小，画图时不能严格按比例绘制，以免线条重叠，要考虑适当放宽尺寸，以清楚为度，此称为夸张画法。同理，在纵剖面图中遇到钢筋重叠时，亦要放宽尺寸，中间应留有空隙，使图面清晰。

Step 02　将当前图层置为“钢筋”层，输入 PE 按 Enter 键后，再输入 M 按 Enter 键，选择需要变钢筋的多条辅助线后按 Enter 键，输入 Y 按 Enter 键使其变成多段线，继续输入 W 后按 Enter 键，输入所有线宽的新宽度为 25，按 Enter 键退出命令。之后将所有钢筋线选中放置在“钢筋”层，如图 3-49 所示。

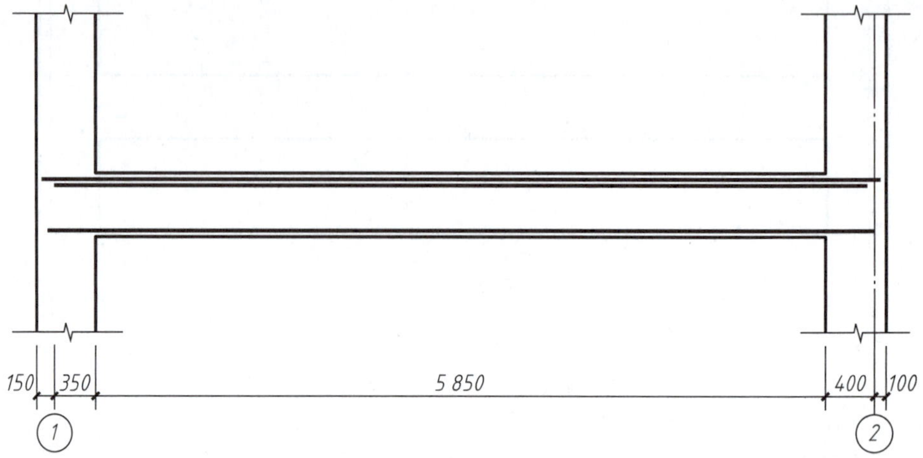

图 3-49 梁纵剖上、下部钢筋

Step 03 运用 PL 命令绘制上、下部纵筋锚固处弯钩，此图长度均为 $15d=300$ mm，线宽为 25 mm，如图 3-50 所示。

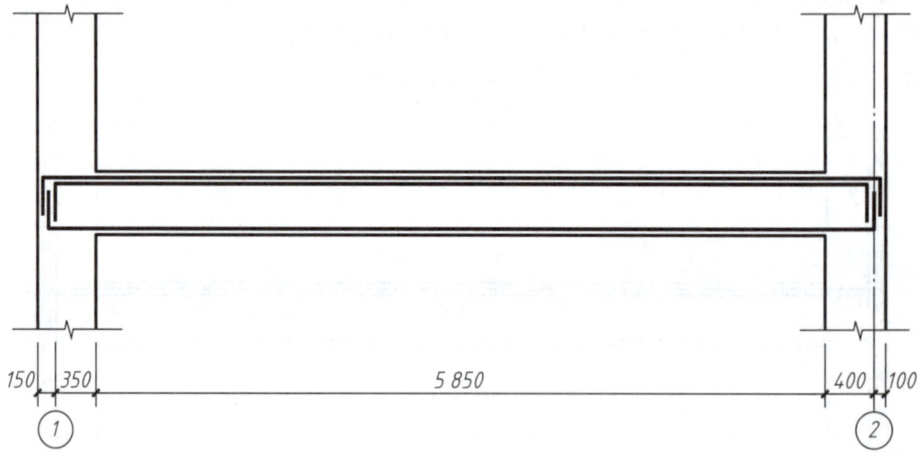

图 3-50 梁纵剖上、下部钢筋锚固弯钩

Step 04 通过圆角 F 命令对钢筋弯折的地方进行修改。钢筋出现弯折的地方一般会做成圆弧状，圆弧的半径一般可取 $2.5d$，此处倒圆角半径为 50 mm，如图 3-51 所示。

Step 05 绘制梁上部非贯通筋，长度如图 3-43 中标注所示。其中上部第一排截断点处用 45°多段线绘制，线宽同钢筋线 25 mm，长度 100 mm 为示意长度，实际没有弯钩，如图 3-52 所示。

Step 06 运用 PL 命令和偏移 O 命令绘制梁箍筋，其中加密区和非加密区长度如图 3-53 所示。

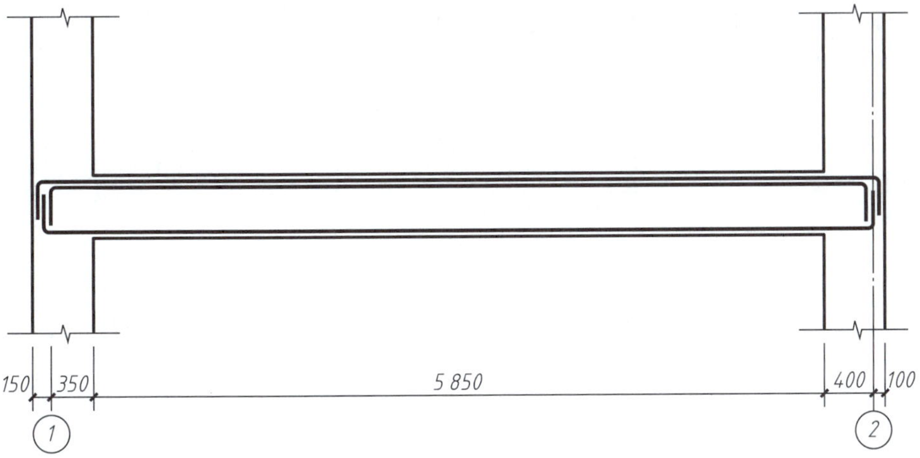

图 3-51　梁纵剖上、下部钢筋弯钩倒圆角

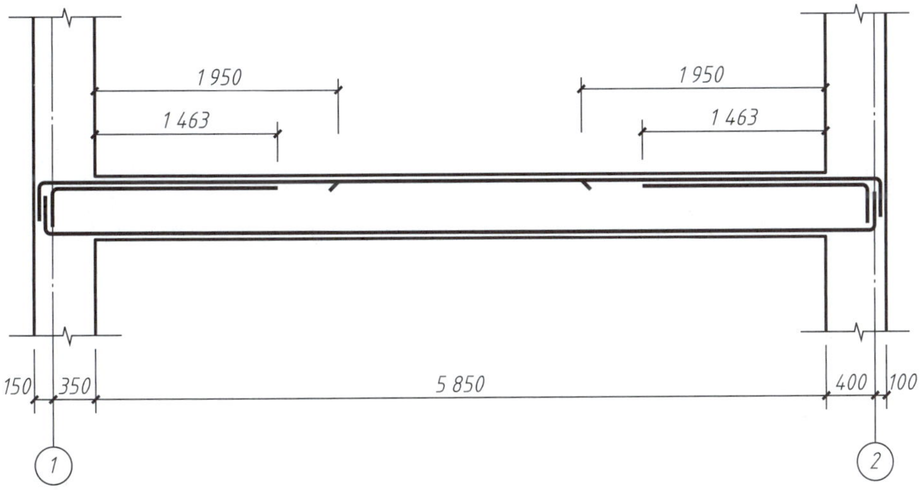

图 3-52　梁上部非贯通筋

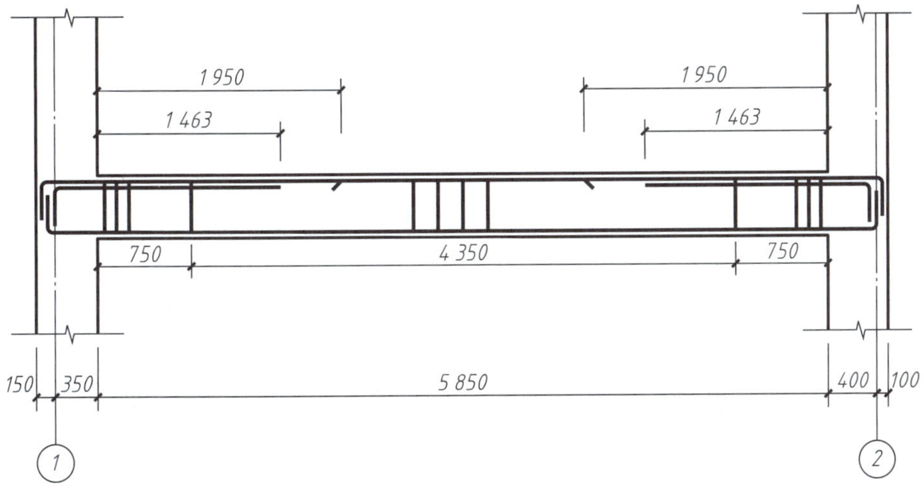

图 3-53　梁箍筋

Step 7 用单行文字命令对钢筋进行标注，绘制断面符号，并标注图名、比例，梁纵剖图完成图如图 3-54 所示。

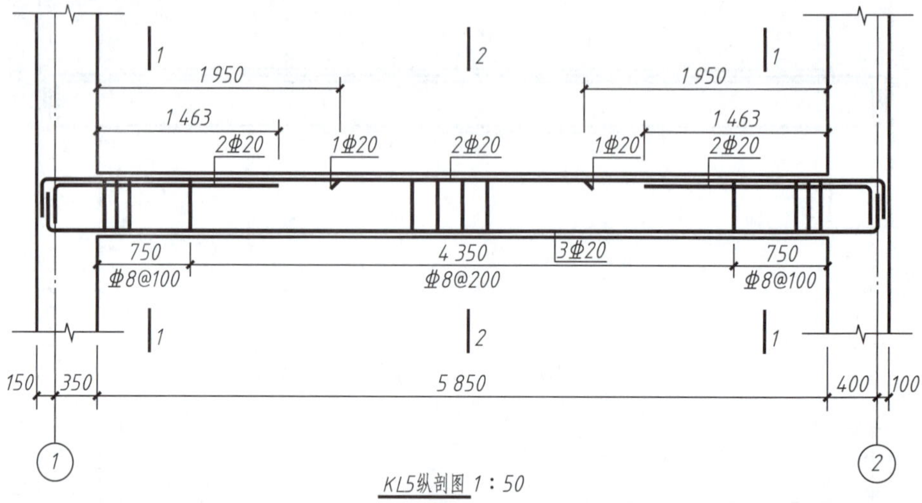

图 3-54 KL5 纵剖图

注意

CAD 不能直接输入钢筋类型符号，一、二、三级钢可以分别用“%%130”“%%131”“%%132”替换输入。

微课

梁断面图绘制

技能点 3 梁断面图绘制

Step 01 用矩形 REC 命令绘制 200×500 的矩形梁轮廓，用偏移 O 命令向内偏移 25，得到箍筋辅助线，再将外侧矩形用 X 命令分解，将外侧矩形上边向下偏移 100 mm 板厚，再分别向左右两边延伸一定程度，在板端加折断符号完成梁断面轮廓图，如图 3-55 所示。

Step 02 输入 PE 按 Enter 键后，选择内部矩形箍筋轮廓，输入 W 按 Enter 键，输入所有线宽的新宽度为 12. 5，按 Enter 键退出命令即可。运用技能点 2 中方法，对箍筋进行圆角，圆弧的半径一般可取 1. 25d，并用 PL 命令画出弯钩平直段长度，此处取 40 mm，为示意长度。之后将矩形钢筋线选中放置在“钢筋”层，如图 3-56 所示。

Step 03 用“圆环”命令绘制钢筋横断面。输入 DO 按 Enter 键使“圆环”命令生效，分别输入圆环的内径和外径，内径取“0”，外径按照所绘钢筋的实际直径即可，按 Enter 键后即可进行钢筋横断面的绘制，如图 3-57 所示。

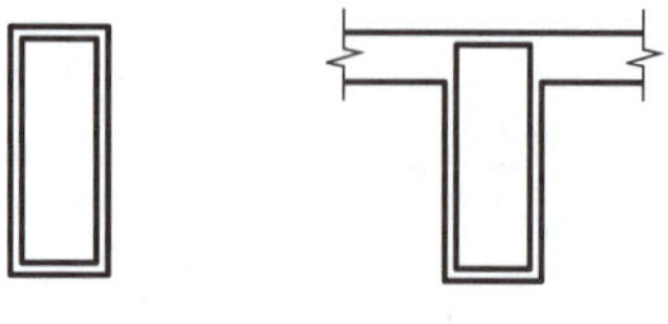

图 3-55 梁断面轮廓图

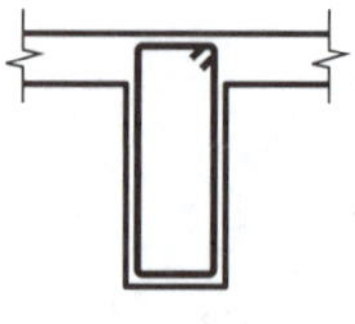

图 3-56 梁断面箍筋

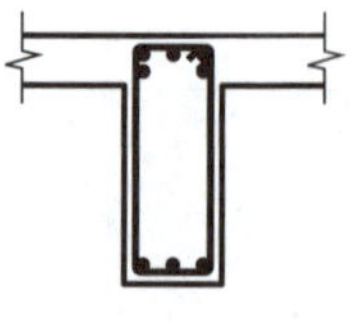

图 3-57 梁断面图钢筋横断面图

Step 04　用“单行文字”命令对钢筋进行标注、构件尺寸标注，并标注图名比例，复制1—1断面图，在此基础上删除钢筋，修改箍筋信息，完成2—2断面图。梁断面图完成图如图3-58所示。

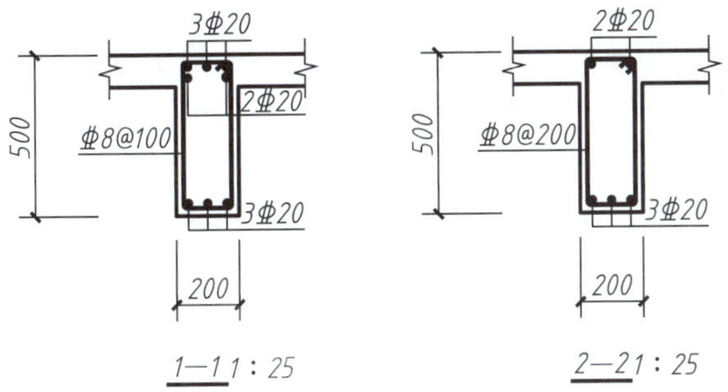

图3-58　KL5断面图

【课堂检测】

1. 建筑物的功能与结构分别指什么？举一个生活中事物的功能与结构，并说说你对它的理解。

2. 出图比例1:50，纵剖图中轴号的直径取多少毫米，为什么？

3. 钢筋用多段线还是直线绘制？

4. 出图比例1:25，要求钢筋出图后线宽为0.5 mm，绘图时钢筋线宽设置多少毫米？

5. 用哪个命令将直线变成多段线？

6. 用哪个命令将多段线变成直线？

7. 在梁纵剖图绘制时，出图比例为1:50，要求出图后文字高度为3 mm，绘图时尺寸标注文字高度为多少？

8. 梁纵剖图中，钢筋出现弯折的地方一般会做成圆弧状，圆弧的半径一般可取多少？

9. 钢筋横断面用哪个命令绘制？

10. CAD不能直接输入钢筋类型符号，一、二、三级钢可以分别用什么替换输入？

子任务3　房屋信息模型建模

【工作任务】

任务描述：根据子任务1中的项目图纸，利用Revit软件完成房屋信息模型创建。通过信息模型的创建，了解Revit建模的思路和步骤，掌握建筑模型的建模方法。

思政链接：建筑信息模型（Building Information Modeling）即BIM，是以建筑

工程项目的各项相关信息数据作为基础，管理三维建筑模型，通过数字信息仿真模拟建筑物所具有的真实信息。近年来，BIM 技术在我国的推广应用非常迅速，诸多建设项目的 BIM 水平位居世界先进行列。火神山、雷神山医院在 BIM 技术与装配式建造技术相结合的背景下，快速建设并投入使用，建设工期仅 10 多天，突显了 BIM 的作用以及中国速度。在各项具有挑战的建设工程项目中 BIM 技术也发挥着巨大作用，港珠澳大桥、郑徐高速铁路等，在桥梁设计与施工、铁路规划与选线等专业知识的基础上都用到了 BIM，而这些桥梁、线路的设计施工是为了更好地配合粤港澳大湾区建设、国家精准扶贫政策和乡村振兴政策等。所以我们要有创新意识、提升视野和为国拼搏的精神与情怀，树立起走上社会之后投身祖国建设的责任感和使命感。

【技能训练】

技能点 1 项目准备

要准确完成信息模型的建立，首先要对绘制样板、绘制环境、项目的信息进行设置。

微课

技能点 1：项目准备

Step 01 打开 Revit 软件，单击新建，在新建项目下拉菜单选择建筑样板，新建类型为项目，单击确定进入，如图 3-59 所示。

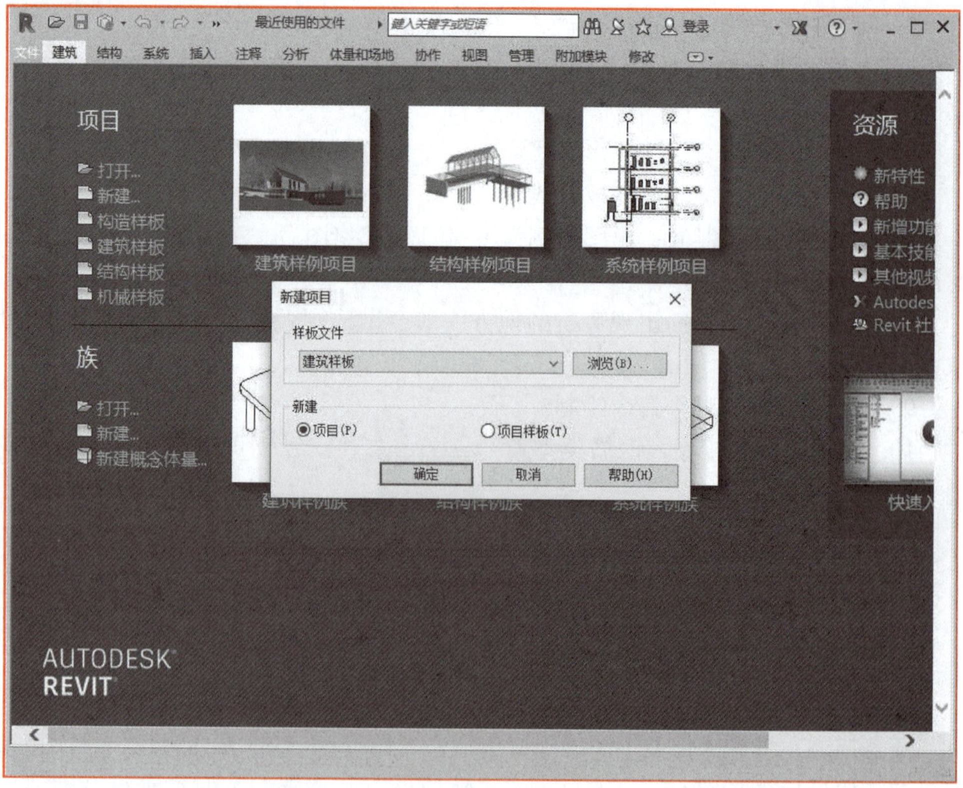

图 3-59 样板选择

Step 02　项目信息的设定。单击管理工具选项卡｜项目信息，界面上就会出现一个项目信息设置窗口，在窗口中可以看到关于项目的各种信息选项，直接单击相关信息选项，并输入对应信息即可，如图 3-60 所示。

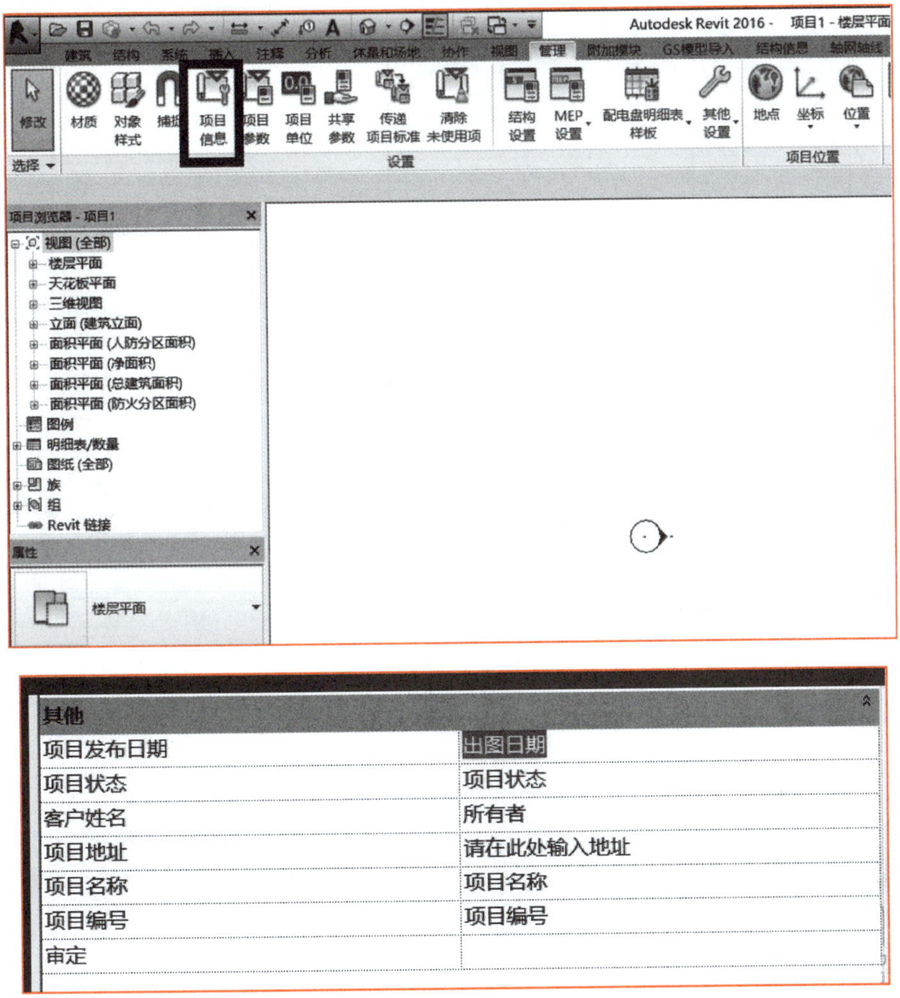

图 3-60　项目信息设定

Step 03　项目单位的更改。单击管理工具选项卡中的项目单位，可以变更项目的单位，如图 3-61 所示。

技能点 2　标高及轴网的创建

1. 标高的创建

Step 01　切换视图。将操作界面左下方——项目浏览器中立面（建筑立面）展开，选择北立面进行标高的创建（本书以北立面为例），如图 3-62 所示。

Step 02　根据图纸中的标高信息，完成标高的绘制。单击标高图标进行绘制，在任意位置上画出标高，绘制好标高后，通过更改标高数值，进行标高位置的调整，如图 3-63 所示。

微课

技能点 2：标高及轴网的创建

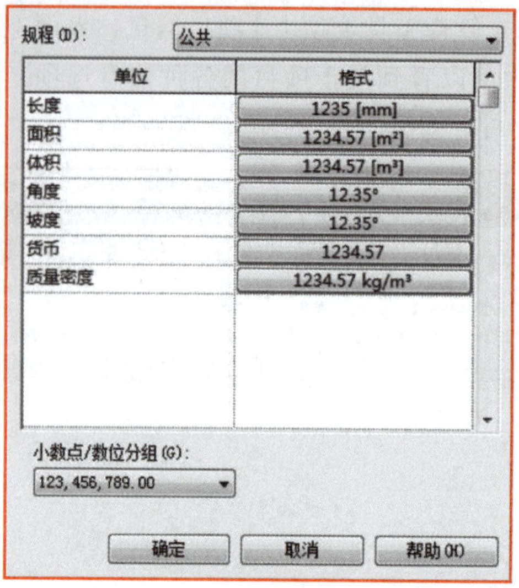

图 3-61 项目单位

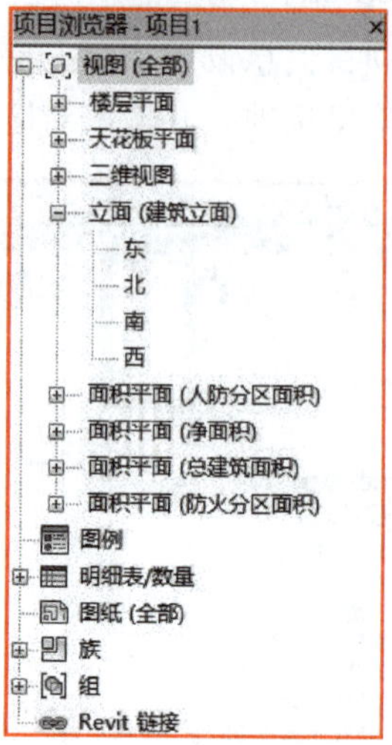

图 3-62 项目浏览器

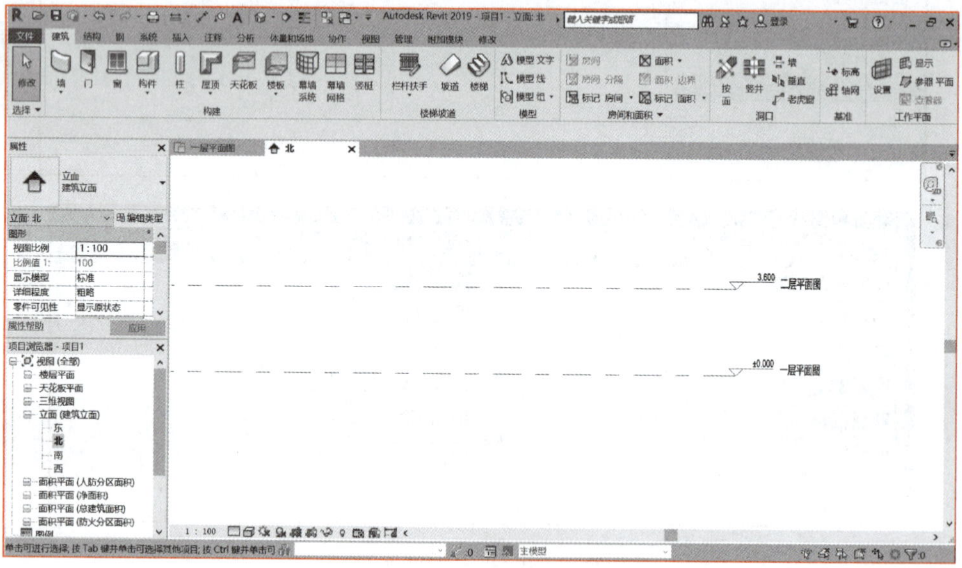

图 3-63 标高绘制

Step 03 创建好所有标高后可双击标高名称对其进行修改，如屋顶平面图，如图 3-64 所示。

2. 轴网的创建及标注

Step 01 切换视图。将操作界面左下方——项目浏览器中楼层平面展开，选择一层平面图。

Step 02 根据图纸中的标高信息，完成轴网的绘制。单击轴网图标完成①~⑧轴，Ⓐ~Ⓖ轴的绘制。在绘制Ⓐ~Ⓖ轴网时，对轴网名称进行更改，在轴属性名称处将 9 改为 A，如图 3-65 所示。

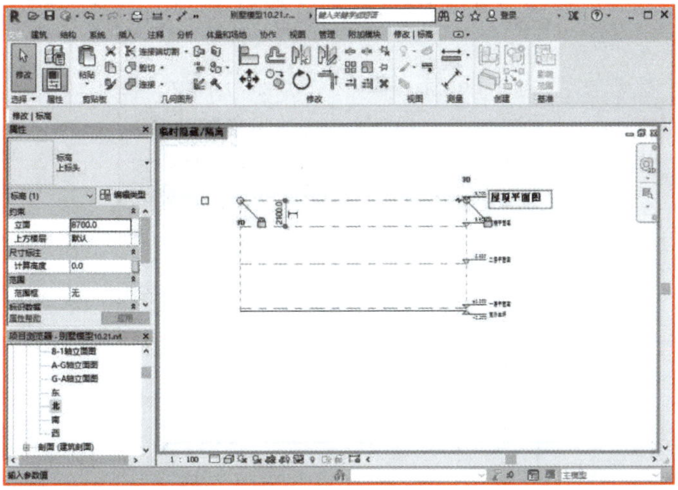

图 3-64　标高名称修改

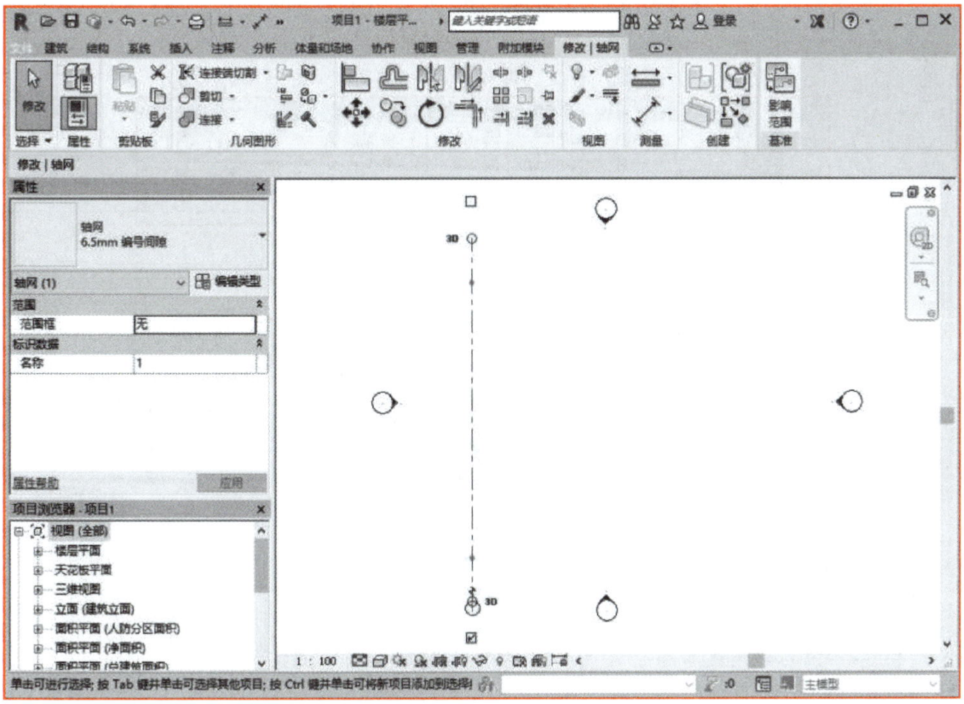

图 3-65　轴网绘制

Step 03　然后单击编辑类型对轴网的样式进行修改。如两边都带轴号，轴线中段为点画线等信息，如图 3-66 所示。

Step 04　单击注释菜单的对齐或者线性，根据图纸对轴网进行标注。如图 3-67、图 3-68 所示。

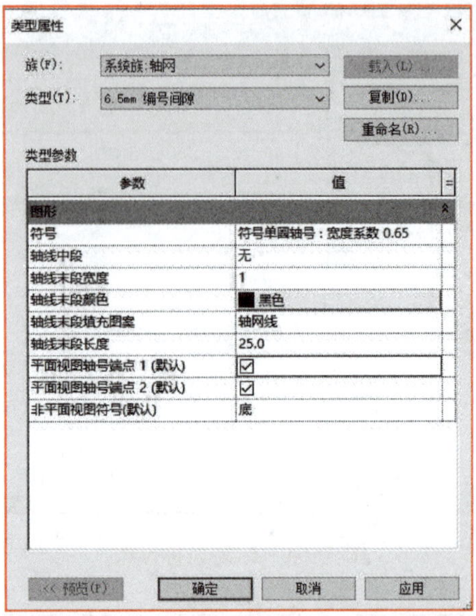

图 3-66 轴网属性

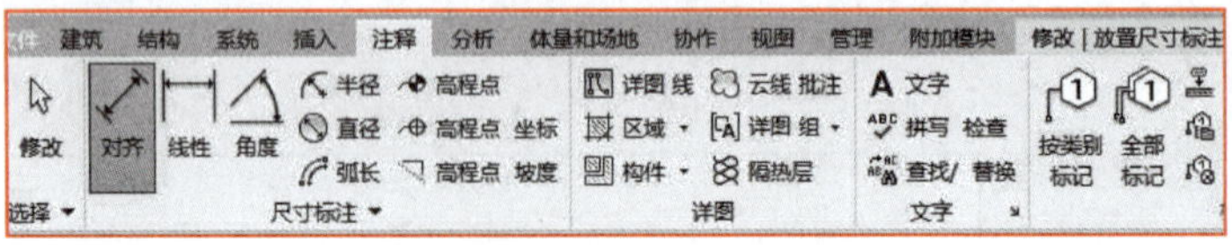

图 3-67 选择标注命令

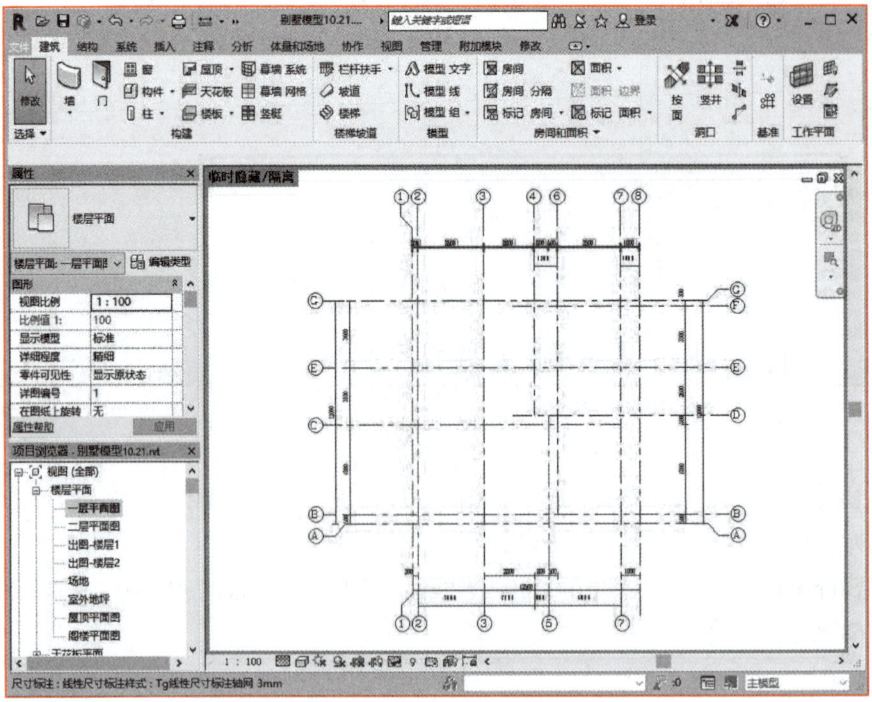

图 3-68 标注注写

技能点 3　房屋信息模型的创建

1. 墙体的创建

Step 01　单击墙图标，选择墙：建筑，如图 3-69 所示。

微课

创建墙体

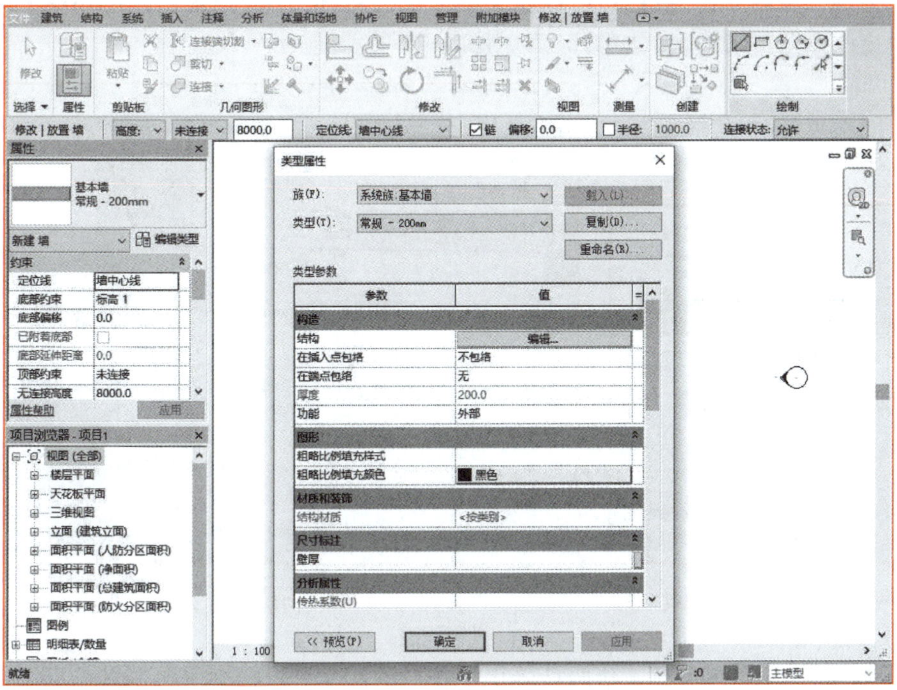

图 3-69　墙的选择

Step 02　单击左侧属性菜单中的编辑类型按钮，对墙的类型属性进行编辑。从任务图纸中可以读出墙体的厚度为 240 mm。单击复制创建外墙、内墙及隔墙，如图 3-70 所示。

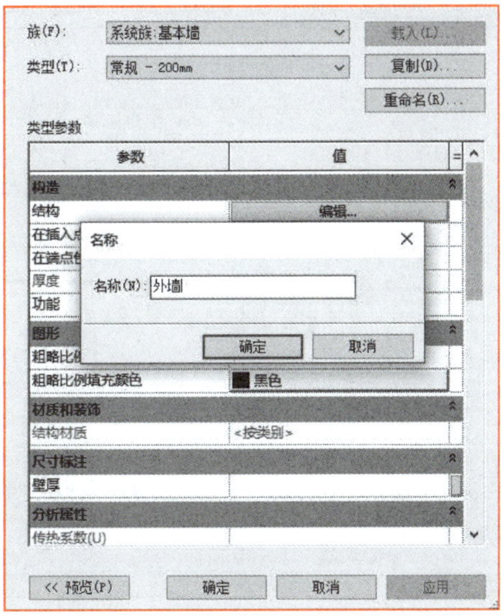

图 3-70　墙的创建

Step 03 单击编辑按钮，根据图纸内容对外墙及内墙的材质和厚度进行更改，单击插入创建保温层、外墙外部面层和内部面层，单击材质栏的按钮在材质菜单搜索材质，没有的材质需要复制已有的同种材质，再进行编辑更改。以涂料-灰色为例，复制涂料-黄色，在标识菜单下更改名称为涂料-灰色，在外观下进行颜色更改，并单击确定，如图 3-71、图 3-72 所示。

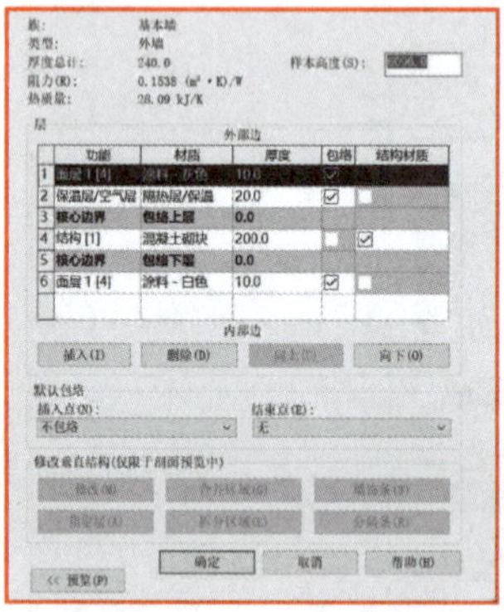

图 3-71 面层修改

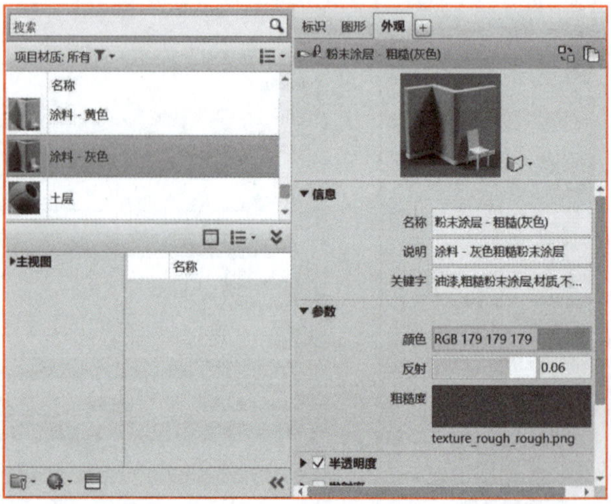

图 3-72 面层信息设定

Step 04 绘制外墙。在属性菜单选择外墙，在上方绘制菜单选择高度，到二层平面，定位线选择轴中心线。根据图纸完成一层平面外墙绘制，如图 3-73 所示。

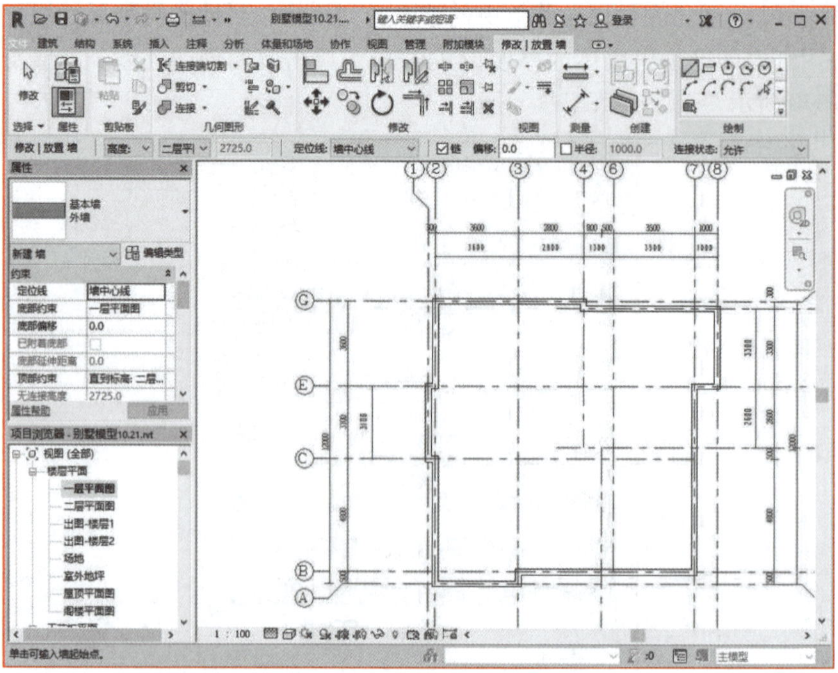

图 3-73 外墙绘制

Step 05　绘制内墙。在属性菜单选择内墙，在上方绘制菜单选择高度，到二层平面，定位线选择轴中心线。根据图纸完成一层平面内墙绘制。用同样方法完成隔墙的绘制，如图 3-74 所示。

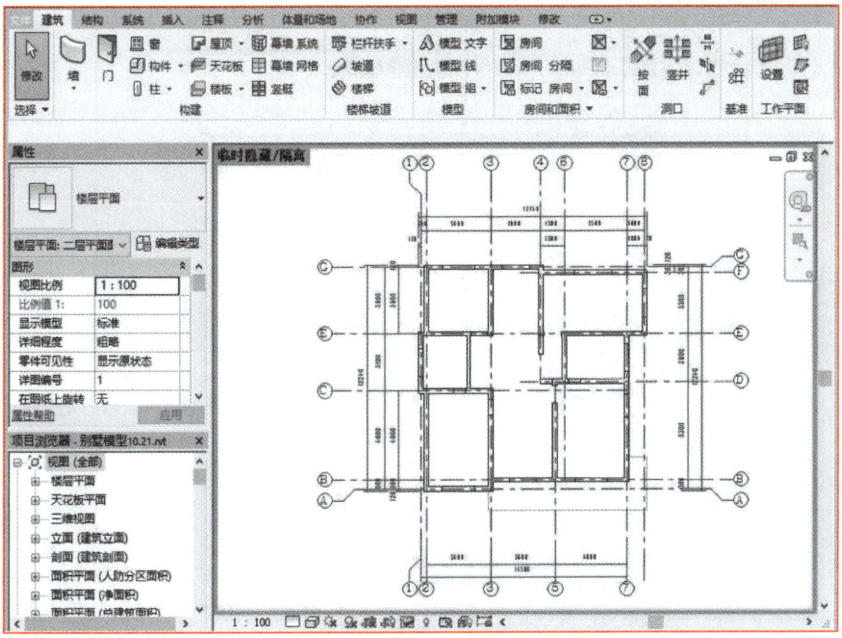

图 3-74　内墙绘制

Step 06　用同样的方法完成二层及阁楼层的墙体绘制。

2. 楼梯、栏杆的创建

Step 01　单击楼梯图标，在属性菜单下选择整体浇筑楼梯，单击编辑类型，对楼梯参数进行更改，调整最小踏板深度，如图 3-75 所示。

Step 02　单击平台类型后面按钮，修改平台厚度，复制并创建 100 mm 厚平台，如图 3-76 所示。

微课

创建楼梯、栏杆

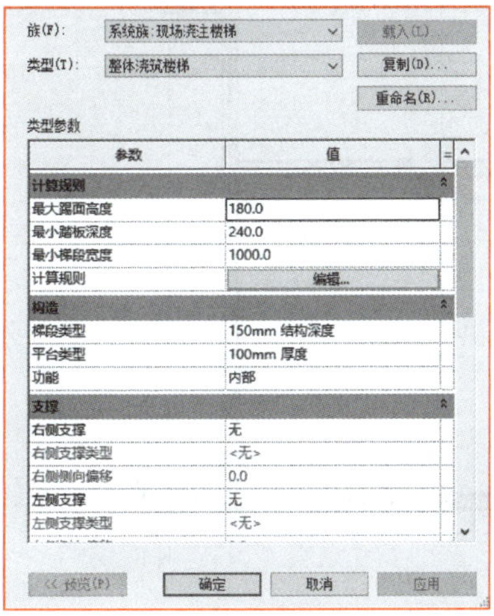

图 3-75　楼梯的修改

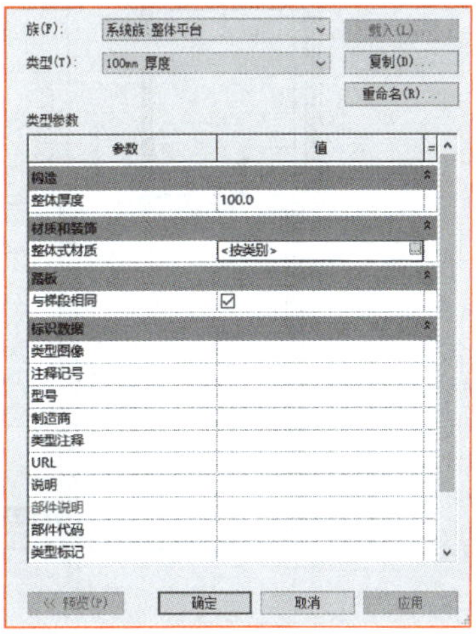

图 3-76　平台的设置

Step 03 根据楼梯平面图及楼梯间剖视图，可以读出踢面高度和踏板深度。在属性菜单修改楼梯的标高位置、踏板深度、踢面高度等相关尺寸信息，同时确定梯段实际宽度，如图 3-77 所示。

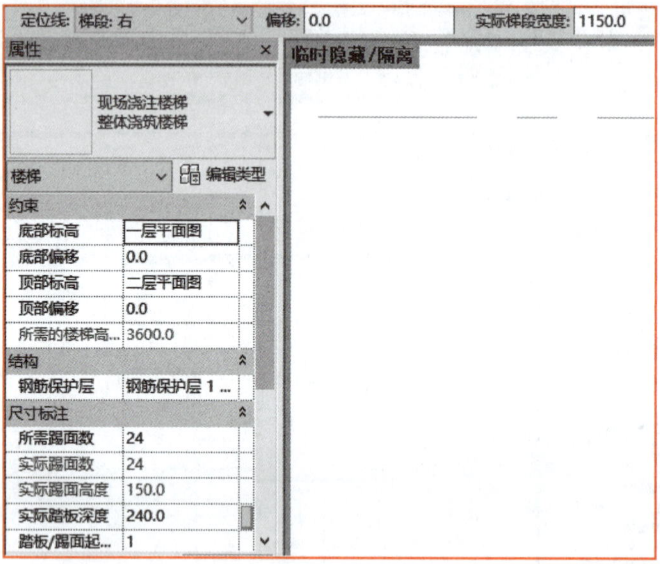

图 3-77 楼梯尺寸信息调整

Step 04 利用参照平面，确定出梯段的平面长度位置，然后绘制出两个梯段及平台。同时删除楼梯外部扶手，如图 3-78 所示。

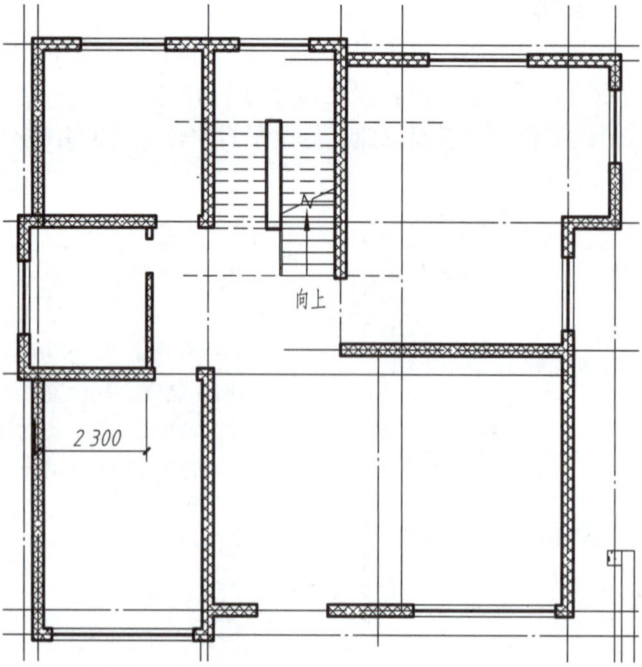

图 3-78 楼梯的绘制

Step 05　在阁楼层绘制栏杆扶手。选择栏杆，进行栏杆的绘制，如图 3-79 所示。

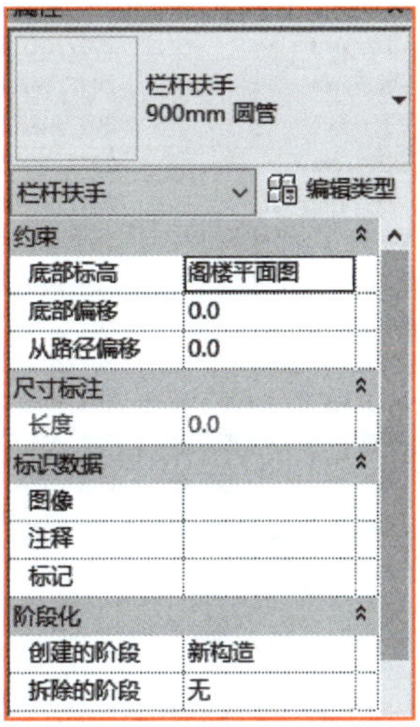

图 3-79　栏杆的设置

3. 窗的创建

微课

创建窗

Step 01　单击窗，在类型属性菜单单击载入，选择建筑文件夹，打开窗文件夹，选择普通窗文件夹下的组合窗文件夹，打开组合窗-双层单列（固定+推拉）窗族文件。如图 3-80、图 3-81 所示。

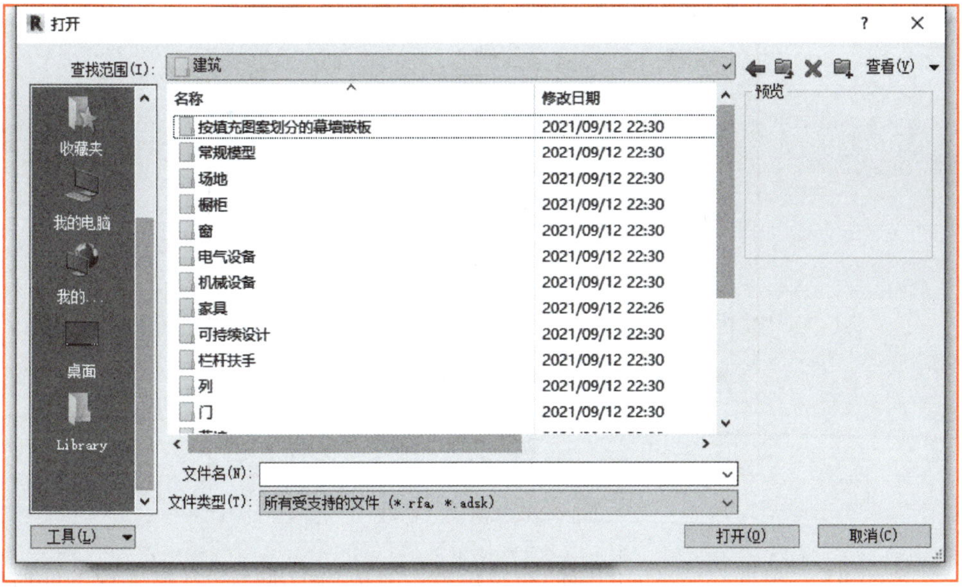

图 3-80　窗的选择

Step 02　根据图纸的窗规格，复制创建组合窗 C1518，修改窗的尺寸信息，如宽度 1500 高度 1800，及类型标记 C1518，如图 3-82 所示。其他窗的创建方法与

C1518 的窗类似。

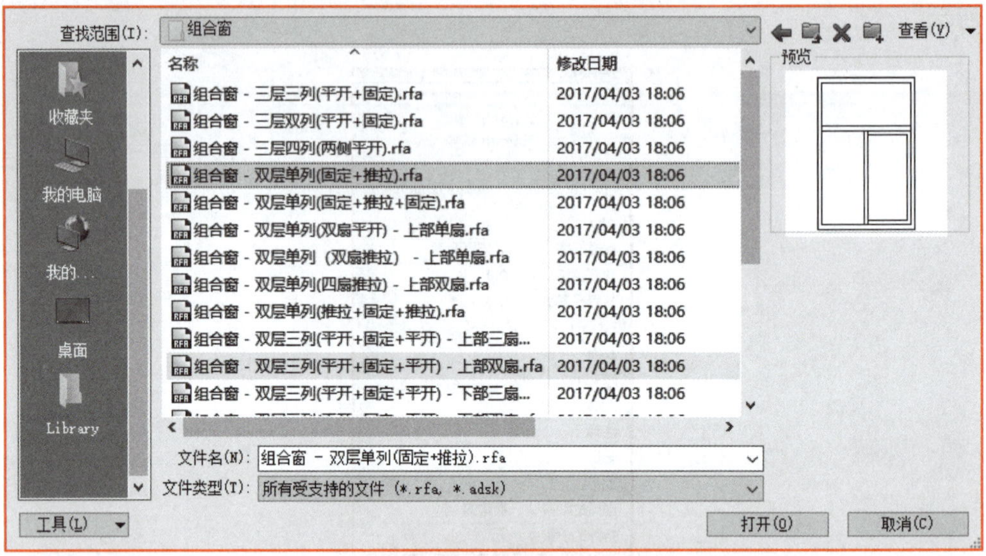

图 3-81 窗的类型

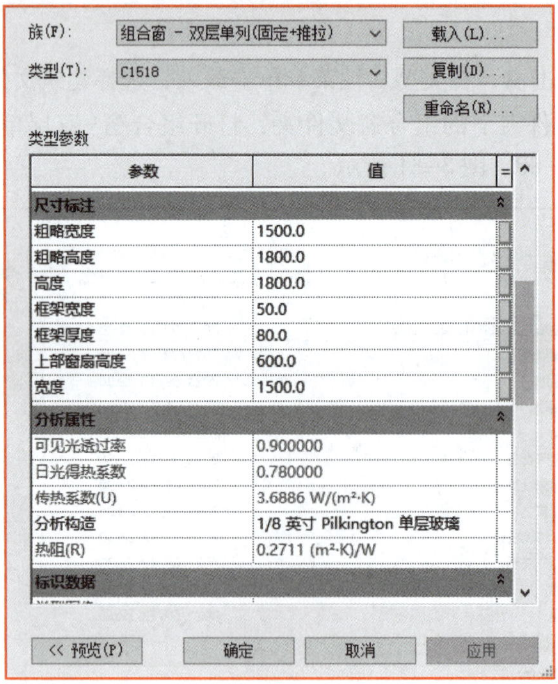

图 3-82 窗尺寸修改

Step 03 根据一层平面图窗的布置位置，完成窗的插入，在插入窗的同时，在属性菜单中调整窗的底、顶标高，确定窗的高度，如图 3-83 所示。

Step 04 在注释菜单下，选择按类别标记，对窗进行标记。标记可以勾去引线。然后调整标记位置。如窗 C1518 为窗标记。如图 3-84、图 3-85 所示。

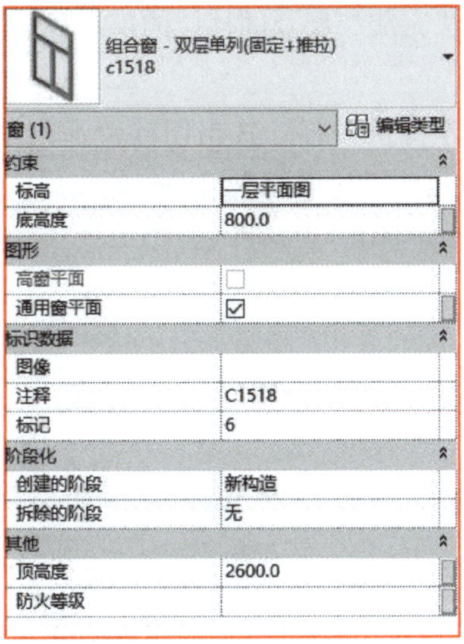

图 3-83　窗标高位置

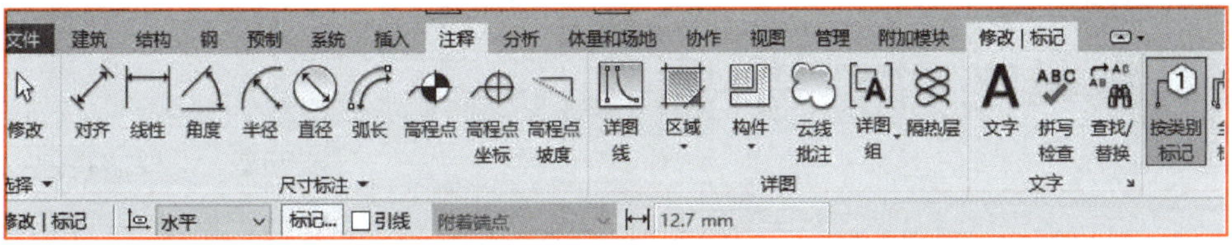

图 3-84　选择按类别标记

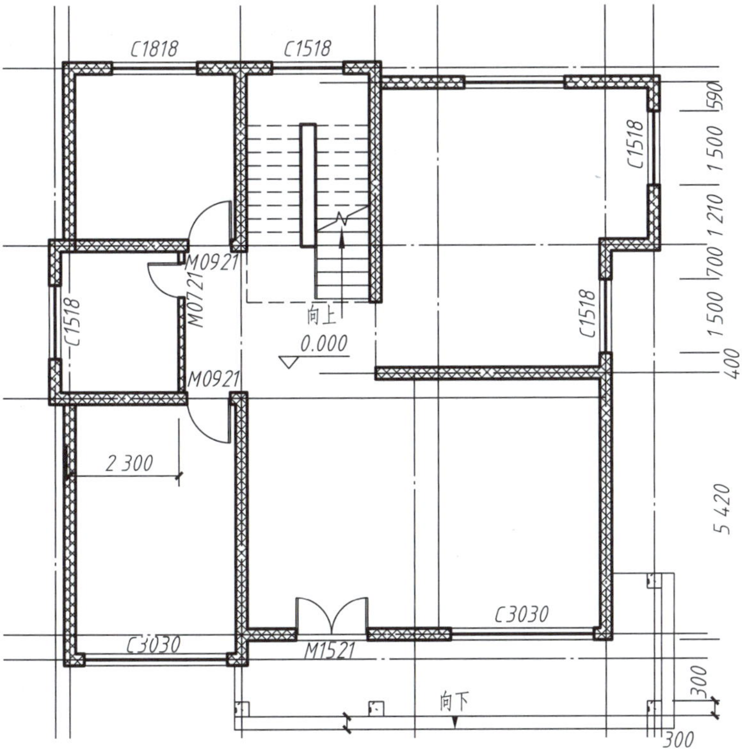

图 3-85　窗标记位置

Step 05 用同样方法完成二层及阁楼层的窗布置。

微课

创建门

4. 门的创建

Step 01 与窗的创建方法一样，找出门族普通门菜单下的平开门里的单扇（图 3-86）来创建单扇门，平开门里的双扇来创建双扇门。

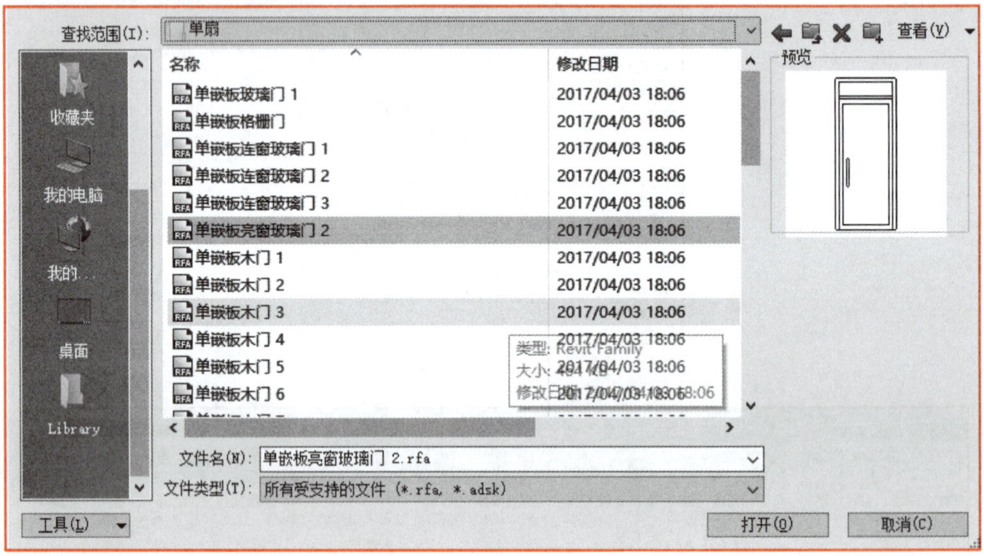

图 3-86 门类型

Step 02 根据图纸的门规格，创建单扇门，如 M0921，修改门的尺寸信息，如宽度和高度，及类型标记。其他单扇门的创建方法同此。

Step 03 根据一层平面图门的布置位置，完成门的插入，在插入门的同时，在属性菜单中调整门的底、顶标高，确定门的高度，如图 3-87 所示。

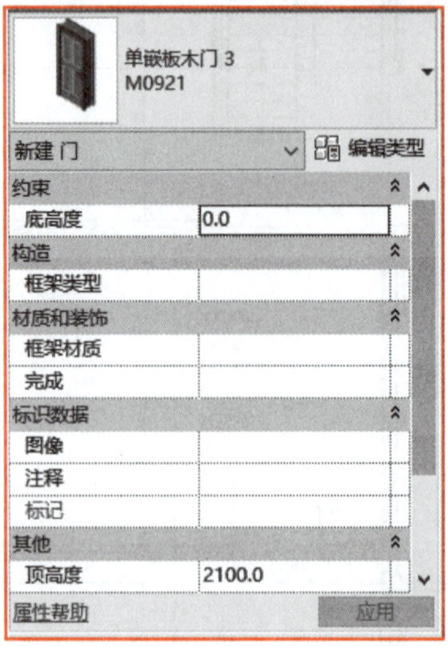

图 3-87 门设置

Step 04　在注释菜单下，选择按类别标记，对门进行标记。标记可以勾去引线。然后调整标记位置。门 M0921 的门标记，如图 3-88 所示。

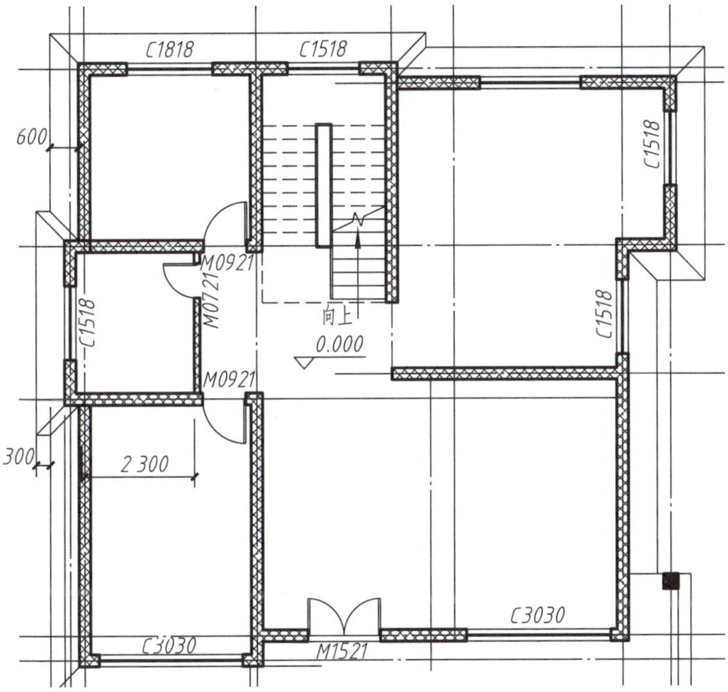

图 3-88　门标记

Step 05　用同样方法完成二层及阁楼层的门的布置。

Step 06　用同样方法完成对开门 M1521 的所有楼层的布置。对开门仍然属于平开门族。

5. 屋顶的创建

创建屋顶

Step 01　视图切换到屋顶平面层，选择迹线屋顶，如图 3-89 所示。

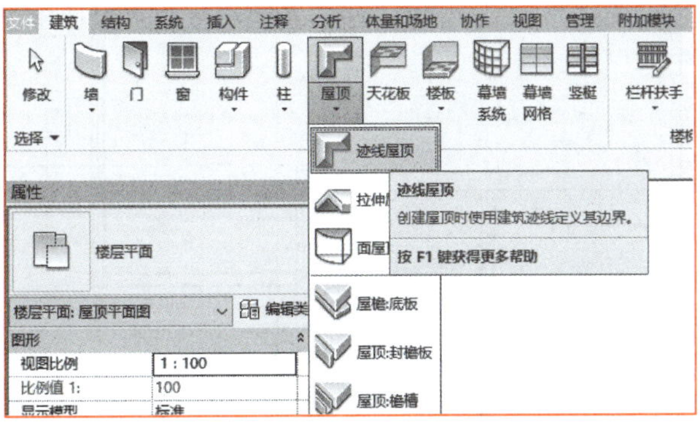

图 3-89　屋顶的选择

Step 02　选择常规屋顶 125 mm，单击编辑类型进行更改，根据图纸内容，屋顶厚 200 mm，材质为混凝土，复制创建 200 mm 厚的屋顶，再单击结构后的编辑，调整厚度为 200，材质为混凝土，如图 3-90 所示。

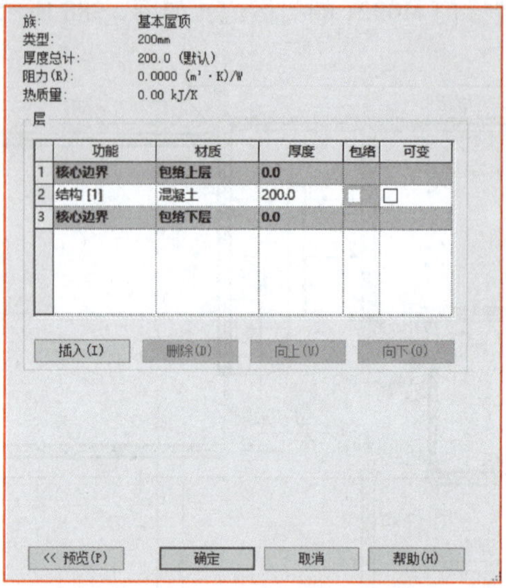

图 3-90　屋面设置

Step 03　选择定义好的 200 mm 的屋顶，根据图纸屋顶尺寸，画出屋顶的轮廓迹线（图 3-91），坡度为初始定义的 30°。在绘制屋顶时，可以在悬挑栏里输入屋顶伸出墙体的距离，在绘图工具栏里利用拾取墙体来绘制出屋顶轮廓，如图 3-92 所示。

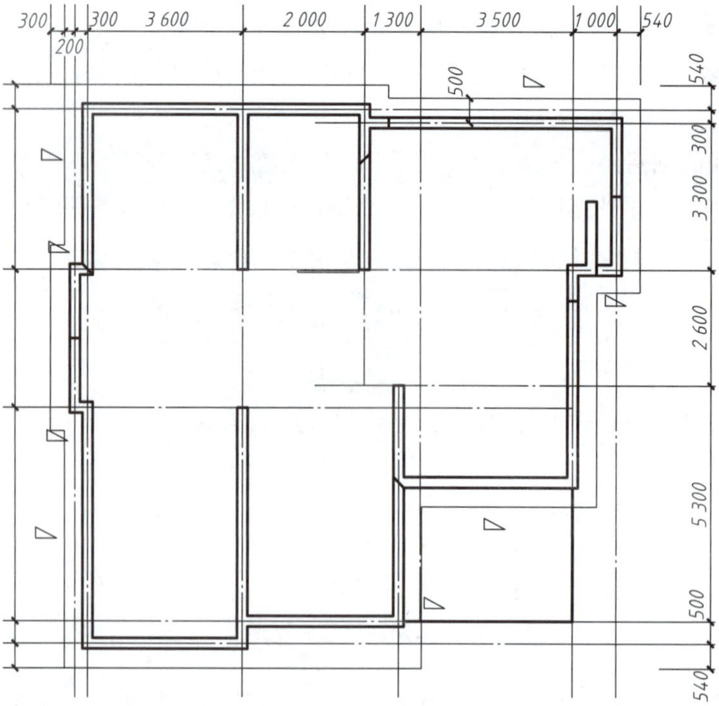

图 3-91　屋顶轮廓的绘制

技能强化评分标准参考表　　　　小组序号：

项　目	序号	评分内容	评分标准	得分
建筑施工图（40%）	1	图层设置（5 分）	图层名称、颜色、线型、线宽，每个图层错任意参数算错，扣 1 分，扣完为止（允许增加图层）	
	2	字体设置（5 分）	字体样式名称、字体、宽度因子错一项扣 1 分，共 6 项（汉字样式和非汉字样式各 3 项），扣完为止	
	3	尺寸样式（10 分）	按照要求设置，错一处扣 1 分，共 10 项（样式名、基线间距、超出尺寸界限、起点偏移量、尺寸界线长度、箭头大小、文字样式、文字高度、全局比例、精度），扣完为止	
	4	图名比例（5 分）	图名、比例、下划线 3 处，正确得 5 分（有一条粗线即可，多了细线也不扣分），否则不得分，字体及大小按国家制图标准执行	
	5	墙体绘制完整度（15 分）	平面墙体绘制，正确绘制并全部完成得 15 分，绘制 2/3 则得 10 分，绘制 1/2 以上且少于 2/3 得 5 分，少于 1/2 不得分	
	6	门窗（15 分）	门窗符号画法、宽度、编号及定位尺寸正确，错一处扣 1 分，扣完为止	
	7	楼梯（10 分）	梯段宽度绘制正确、上下方向标注正确，错一处扣 1 分，扣完为止	
	8	柱子（5 分）	尺寸正确，错一处扣 1 分，扣完为止	
	9	地面标高（5 分）	室内、室外地面标高，至少分别标注一个，否则不得分	
	10	台阶（5 分）	尺寸正确，错一处扣 1 分，扣完为止	
	11	散水（5 分）	尺寸正确，错一处扣 1 分，扣完为止	
	12	尺寸标注（10 分）	外部 3 道尺寸，错漏一处扣 1 分，共 7 分，扣完为止； 内部细节尺寸，错漏一处扣 1 分，共 3 分，扣完为止	
	13	图形放入图框及文件保存（5 分）	图框绘制符合国家制图标准得 3 分，错一处扣 1 分，扣完为止；图形在图框中布图合理得 1 分，否则不得分；文件格式及命名正确得 1 分，否则不得分	
	建筑施工图小计			

续表

项　目	序号	评分内容	评分标准	得分
结构施工图（30%）	1	环境设置（30分）	文字样式设置（每错漏一处、扣1分，扣完为止）； 图层设置（每错漏一处、扣1分，扣完为止）； 尺寸样式设置（每错漏一处、扣1分，扣完为止）	
	2	基础轮廓（15分）	基础轮廓绘制正确	
	3	基础钢筋（35分）	钢筋宽度设置12.5 mm； 钢筋横断面绘制用圆环命令，圆环内径为0，外径为25 mm	
	4	标注（20分）	钢筋标注正确（每错漏一处、扣2分，扣完为止）； 尺寸标注正确（每错漏一处、扣2分，扣完为止）	
	结构施工图小计			
房屋信息模型（30%）	1	环境设置（10分）	项目样板准确、项目信息、单位正确； 轴网、标高样式符合国家标准规定（每错漏一处、扣5分，扣完为止）	
	2	墙、板、柱、屋顶构建绘制（40分）	构件样式及参数设置正确、构件绘制准确（每错漏一处、扣5分，扣完为止）	
	3	楼梯及栏杆绘制（25分）	楼梯参数正确、标高位置正确、尺寸正确（每错漏一处、扣5分，扣完为止）	
	4	门、窗绘制（15分）	门窗样式正确、尺寸正确、位置正确（每错漏一处、扣5分，扣完为止）	
	5	散水、台阶绘制（10分）	散水、台阶尺寸正确、位置正确（每错漏一处、扣5分，扣完为止）	
	房屋信息模型小计			
总计				

【评价与小结】

任务一　建筑工程图的绘制与工程建模工作任务评价与分析					
评价项目	评 价 标 准	参考分值	学生自评（15%）	学生互评（15%）	教师及企业导师评价（70%）
建筑施工图绘制	三大设置符合国家制图标准； 建筑物各构件绘制及编辑操作熟练； 尺寸标注及文字注写正确、无遗漏； 图形在图框内布置合理且文件保存的格式及命名正确	35			
结构施工图绘制	三大设置符合国家制图标准； 构件轮廓、钢筋绘制及编辑操作熟练； 尺寸标注及文字注写正确、无遗漏	25			
房屋信息模型	建模流程正确； 各构件创建及编辑操作熟练； 模型精度高	25			
素质与思政	达到或超越任务素质及思政目标	15			
总评					
任务一　建筑工程图的绘制与工程建模工作任务小结					

任务二 桥梁工程图的绘制与工程建模

子任务 1 圆端型桥墩 AutoCAD 建模

【工作任务】

微课

圆端型桥墩 AutoCAD建模

任务描述：在 AutoCAD 中对桥梁中的桥墩（图 3-119）进行建模，首先阅读桥墩工程图，了解桥墩构造，其次将桥墩分解成可以建模的基本单元，然后进行建模，最后将各个基本单元的模型组合起来，在建模过程中注意巧妙应用各个组成单元之间的位置关系，进行精准定位，为后续建模单元提供快速而准确的组合手段。

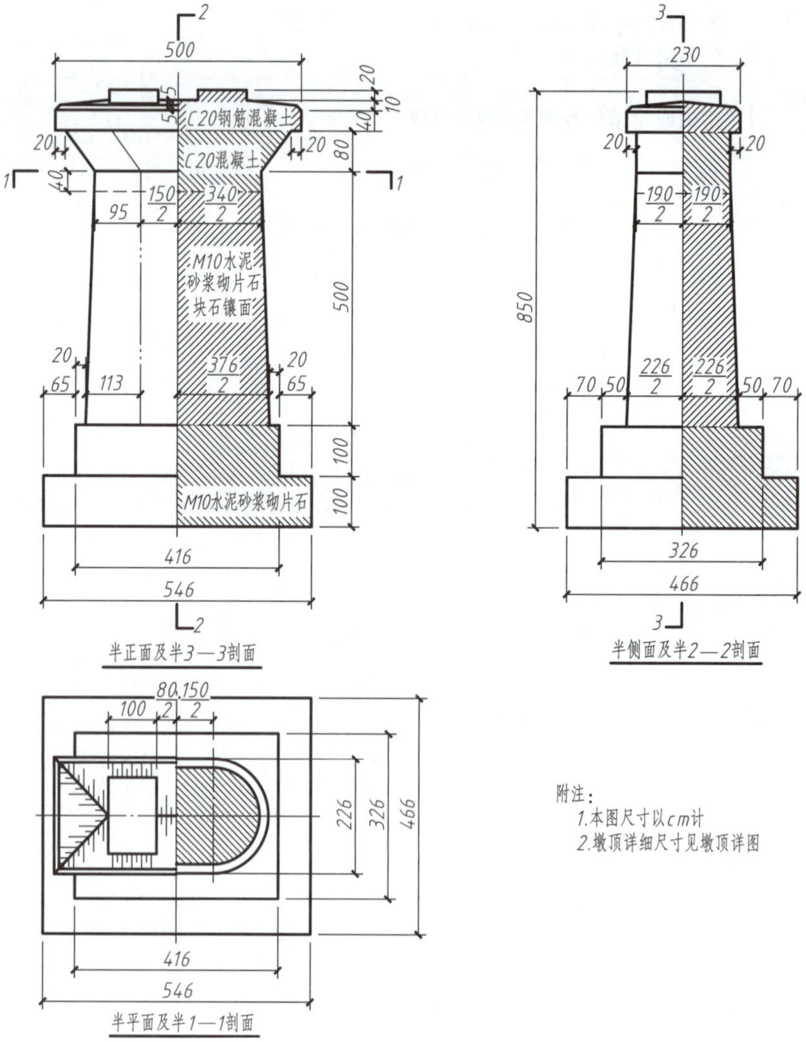

图 3-119 圆端型桥墩图

思政链接： 桥梁常常是一条线路开通的标志性工程，具有至关重要的作用，桥墩基础又是整个桥梁的根基，根基的稳定才能保障桥墩的坚固，才能支承起整座桥梁；学生在校期间要打好坚实的专业基础、掌握专业技能，毕业之后才能充分发挥才能，更好地实现个人发展，担当起社会责任，为国家建设做出自己的贡献。杭州湾跨海特大桥是我国第一座跨海高速公路大桥，位于浙江宁波与上海嘉兴之间，2008 年 5 月 1 日建成通车，全长 36 km，是当时世界上最长的跨海大桥。大桥基础采用的是钢管桩和钻孔灌注桩群桩基础。钢管桩是将多根钢管桩直接打入海底形成群桩，之后在其上施做承台，钻孔灌注桩是先打钢护筒，再钻孔灌注。大桥共计钢管桩 5513 根，钻孔桩 3550 根，基础不仅仅数量巨大，还具有桩长、大直径的技术创新，桩径达 1.5~1.6 m，长达 80 m 以上，桩上承台 1272 个，立桥墩 668 个，这些数字足以说明杭州湾跨海大桥基础的稳固性，基础施工总计两年时间，是大桥建设工期的近一半，再次让我们体会到大桥基础的至关重要。

【技能训练】

子任务 1 将以通过 AutoCAD 进行圆端型桥墩建模为例，讲解 AutoCAD 进行三维建模的步骤及命令的使用方法。形体三维建模有两大途径，AutoCAD 提供了一些相应的简单易学好操作的命令。

对基础形体进行三维建模的方法：

方法一是直接选用建模命令区中的各种实体命令，命令包括长方体、圆柱体、圆锥体、球体、棱锥体、楔体和圆环体，如图 3-120 所示。

图 3-120　AutoCAD 实体模型

方法二是应用二维绘图命令绘制出准确的平面二维封闭图形，将其做成面域，然后选用建模命令区中的生成实体命令，命令包括：拉伸、放样、旋转和扫掠，如图 3-121 所示。

图 3-121 AutoCAD 利用面域生成实体模型

技能点 1 基础建模

由桥墩图可知，基础分层，各层为 T 形棱柱体，底层尺寸是 546 cm×466 cm×100 cm，上层尺寸是 416 cm×326 cm×100 cm。两层在前后左右方向对称放置，如图 3-122 所示。

激活西南等轴测视口，将空间坐标系（UCS）设置成默认的“世界”模式；直接选用建模命令区中的“长方体”命令生成实体；或者激活俯视视口，绘制矩形封闭图形，做成面域，应用建模命令区中的“拉伸”命令来生成实体；共生成两层基础平台，按照前后左右对称布置，上下叠放，如图 3-123 所示。

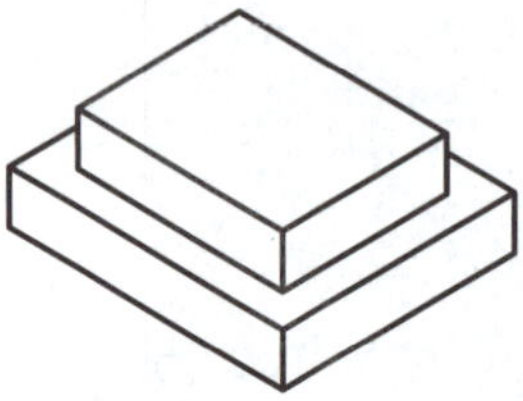

图 3-122 基础轮廓

图 3-123 基础建模

Step 01 激活“西南等轴测”视口，在命令行输入“UCS”命令，然后按 Enter 键两次。

Step 02 单击建模命令区中的“长方体”命令生成基础实体。

Step 03 应用修改命令区中的“移动”命令将两层基础实体拼合到一起。

技能点 2 墩身建模

由桥墩图可知，墩身的底面和顶面都是圆端形，两圆端形的中心距均为 150 cm；顶面圆端半径为 95 cm，底面圆端半径为 113 cm，墩身高为 500 cm。墩身是由两端的半圆台和中间的梯形棱柱组合而成，如图 3-124 所示。

激活前视视口，绘制一个直角梯形封闭图形，做成面域，应用建模命令区中的“旋转”命令来生成圆台实体；将圆台实体用“剖切”命令切开为左右两部分，移动之后左右圆心相距 150 cm；在半圆台实体的侧立面表面绘制二维立面等腰梯形，做成面域，应用建模命令区中的“拉伸”命令来生成墩身中间的梯形棱柱实体，如图 3-125 所示。

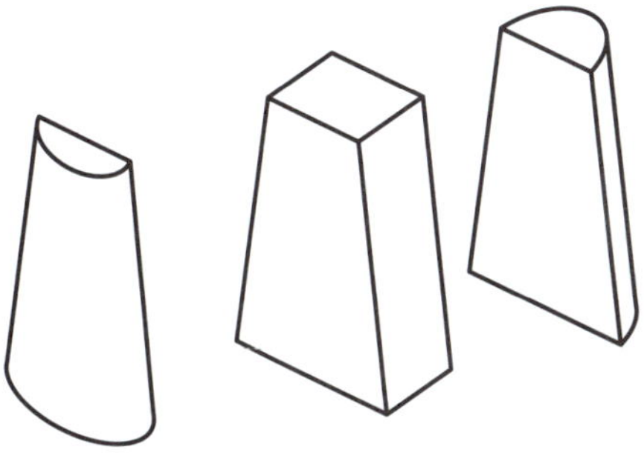

图 3-124 墩身轮廓

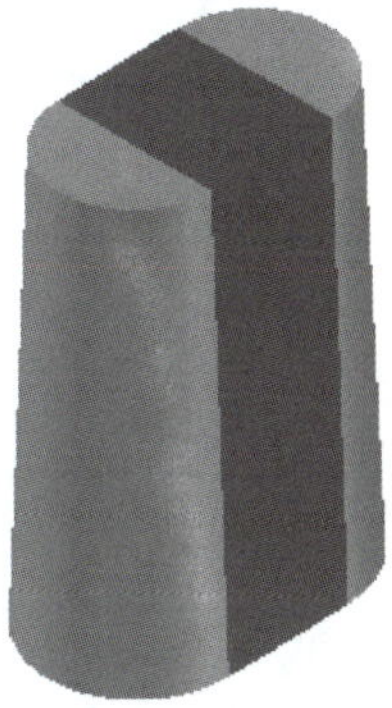

图 3-125 墩身建模

Step 01 激活“前视”视口，单击绘图命令区中的“直线”命令，绘制一个直角梯形，台体不能绘制一等腰梯形，生成面域来旋转生成实体。

Step 02 单击绘图命令区中的“面域”命令，将直角梯形做成面域。

Step 03 单击建模命令区中的“旋转”命令生成圆台体。

Step 04 单击实体编辑命令区中的“剖切”命令，将圆台体切开成左右两部分。

Step 05 单击修改命令区中的“移动”命令，使两部分半圆台左右相距 150 cm。

Step 06 单击绘图命令区中的“直线”命令，在半圆台实体的侧立面上，直接绘制二维立面等腰梯形，做成面域，应用建模命令区中的“拉伸”命令来生成墩身中间的梯形棱柱实体。在实体上应用二维绘图命令画图，必须保证多点共面，图形封闭成框。

技能点 3 托盘建模

由桥墩图可知，托盘的上下表面均为圆端形，上表面两个半圆的中心距为 270 cm，下表面两个半圆的中心距为 150 cm，上下半圆半径均为 95 cm，托盘高度为 80 cm。托盘是由两端的半斜圆柱和中间的梯形棱柱组合而成，如图 3-126 所示。

激活俯视视口，绘制一个半圆封闭图形，做成面域，在空间绘制路径直线，应用建模命令区中的“拉伸”命令，采用沿“路径”拉伸方式来生成半斜圆柱实体；应用三维镜像命令生成托盘圆端对称的另一半；在两个半斜圆柱实体的前侧立面表面，绘制二维立面等腰梯形，做成面域，应用建模命令区中的“拉伸”命令来生成托盘中间的梯形棱柱实体，如图 3-127 所示。

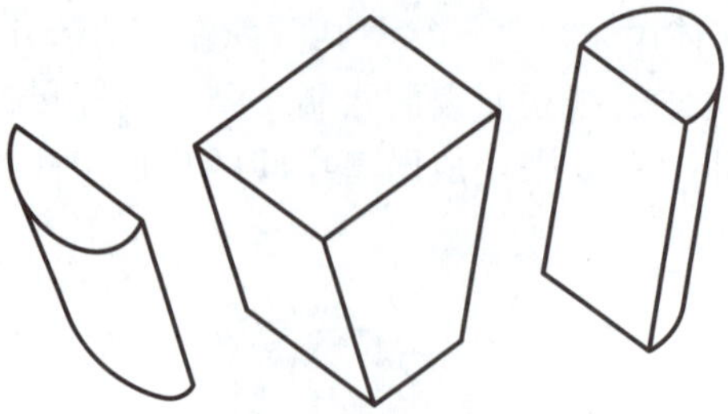

图 3-126 托盘轮廓

图 3-127 托盘建模

Step 01 激活“俯视”视口，用二维绘图命令绘制一个半圆封闭图形，半径为 95 cm，单击“面域”命令，将半圆图形做成面域。

Step 02 在空间应用“直线”命令绘制一直线路径，直线两端点之间的 x 相对距离为 60 cm，y 相对距离为 0 cm，z 相对距离为 80 cm。在“前视”视口下用“直线”命令，在指定直线的下一点时则输入“@ 60，80”；在“西南等轴测”视口下用“直线”命令，在指定直线的下一点时则输入“@ 60，0，80”。应用建模命令区中的“拉伸”命令，采用沿“路径”拉伸方式来生成半斜圆柱实体。

注意

直线命令操作常应用相对距离来输入数据，要输入“@”符号，还要注意相对距离的方向性，数值输入有正负。

Step 03 单击修改命令区中的“三维镜像”命令，形成托盘的另外一半对称体。并保证两部分回转体下圆心相距 150 cm，上圆心相距 270 cm。

Step 04 单击绘图命令区中的“直线”命令，在两个半斜圆柱实体的前侧立面上，直接绘制二维立面等腰梯形，做成面域，应用建模命令区中的“拉伸”命令来生成托盘中间的梯形棱柱实体。

技能点 4 顶帽建模

由桥墩图可知，顶帽是矩形板，长 500 cm、宽 230 cm，上表面是四面排水的倾斜面，中间最厚处是 50 cm，板的上侧四边有抹角，宽与高都为 5 cm。在顶帽上部有两块垫石，各长 100 cm，宽 150 cm，上顶面高出顶帽 20 cm，如图 3-128 所示。

直接用长方体命令建模，形成一个长度为 500 cm，宽度为 230 cm，高度为 45 cm 的顶帽板，然后应用修改命令区中的“倒角”命令，形成顶帽板四周的抹角构造。

直接用长方体命令建模，形成一个长度为 490 cm，宽度为 220 cm，高度为 5 cm 的四棱柱，然后应用实体编辑命令区中的“剖切”命令，形成顶帽板上部的排水坡构造。

直接用长方体命令建模，形成一个长度为 100 cm，宽度为 150 cm，高度为 30 cm 的四棱柱，然后应用修改命令区中的“移动”命令，将支承垫石板置于顶帽板上准确的位置，再应用修改命令区中的“三维镜像”命令，形成另一半对称的支承垫石体，如图 3-129 所示。

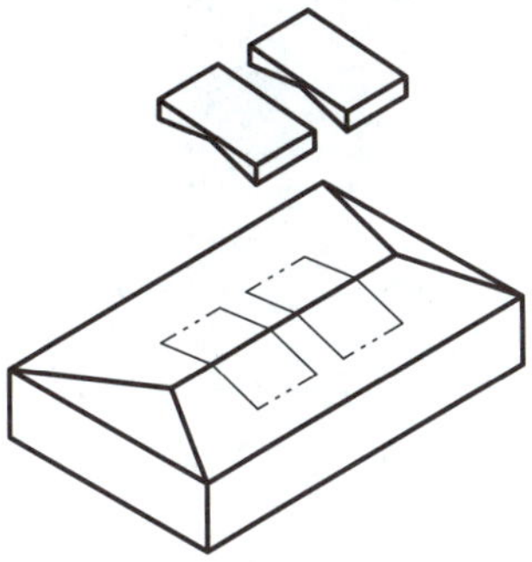

图 3-128　顶帽轮廓

图 3-129　顶帽建模

Step 01　单击“建模”命令区中“长方体”命令，形成 500 cm×230 cm×45 cm 的四棱柱。

Step 02　单击修改命令区中的“倒角”命令，对长方体进行四条棱线的倒角。

Step 03　单击“建模”命令区中“长方体”命令，形成 490 cm×220 cm×5 cm 的四棱柱。

Step 04　单击“实体编辑”命令区中的“剖切”命令，在长方体上形成四坡面。

Step 05　单击“建模”命令区中“长方体”命令，形成 100 cm×150 cm×30 cm 的四棱柱。

Step 06　单击修改命令区中的“移动”命令，将支承垫石板置于顶帽板上准确的位置。保证支承垫石板面高出排水坡顶 20 cm。

Step 07　单击修改命令区中的“三维镜像”命令，形成另一块对称的支承垫石体。保证两块支承垫石放置对称、严谨。

技能点 5　桥墩建模形成

圆端型桥墩的构造是由基础、墩身和墩帽三部分组成。基础为明挖扩大式基础；墩身是桥墩的主体；墩帽在桥墩的上部，由顶帽和托盘两部分组成，顶帽的顶面为斜面，作排水用，为了安放桥梁支座，其上有两块支承垫石，如图 3-130 所示。

注意

桥墩是对称形体，在桥墩各单元拼合过程中要准确定位，也可以利用“复制”“三维镜像”等命令进行形体建模。最终要将拼合之后的形体，应用“并集”命令进行各单元的组合。如图 3-130、图 3-131 所示。

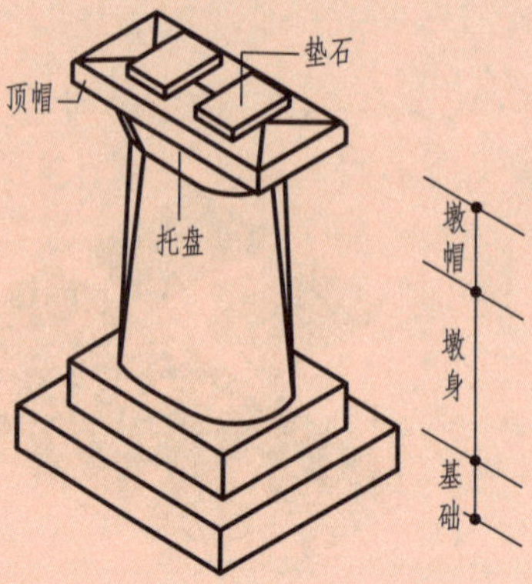

图 3-130 桥墩轮廓

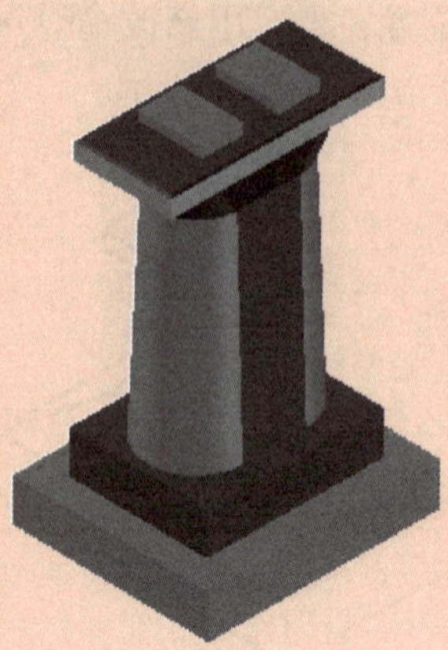

图 3-131 桥墩建模

【课堂检测】

1. 圆端型桥墩的圆端指的是（ ）。

A. 支承垫石 B. 墩身

C. 墩顶

2. 回转体是（ ）形成的。

A. 旋转 B. 拉伸

C. 放样 D. 扫掠

3. 墩身中间的四棱柱，其底面在（ ）方向。

A. 前视 B. 俯视

C. 左视

4. 下面（ ）描写桥梁不合适。

A. 中流砥柱 B. 曲径通幽

C. 架海金梁 D. 长虹卧波

5. 托盘是柱类体还是台类体？

6. 支承垫石建模时，做成五棱柱体还是长方体？哪个建模会更快？

7. 三维建模的两种途径中哪个使用得更多？途径一：应用基本实体建模命令；途径二：利用面域生成实体模型。

8. 桥墩顶帽上的抹角用（ ）命令做成。

A. 圆角 B. 倒角

C. 修剪 D. 剖切

9. 图 3-132 中，T 型桥台的各个组成部分都是什么基本体？

注意

T 型桥台台顶处的道砟槽板均是由柱类体构成。

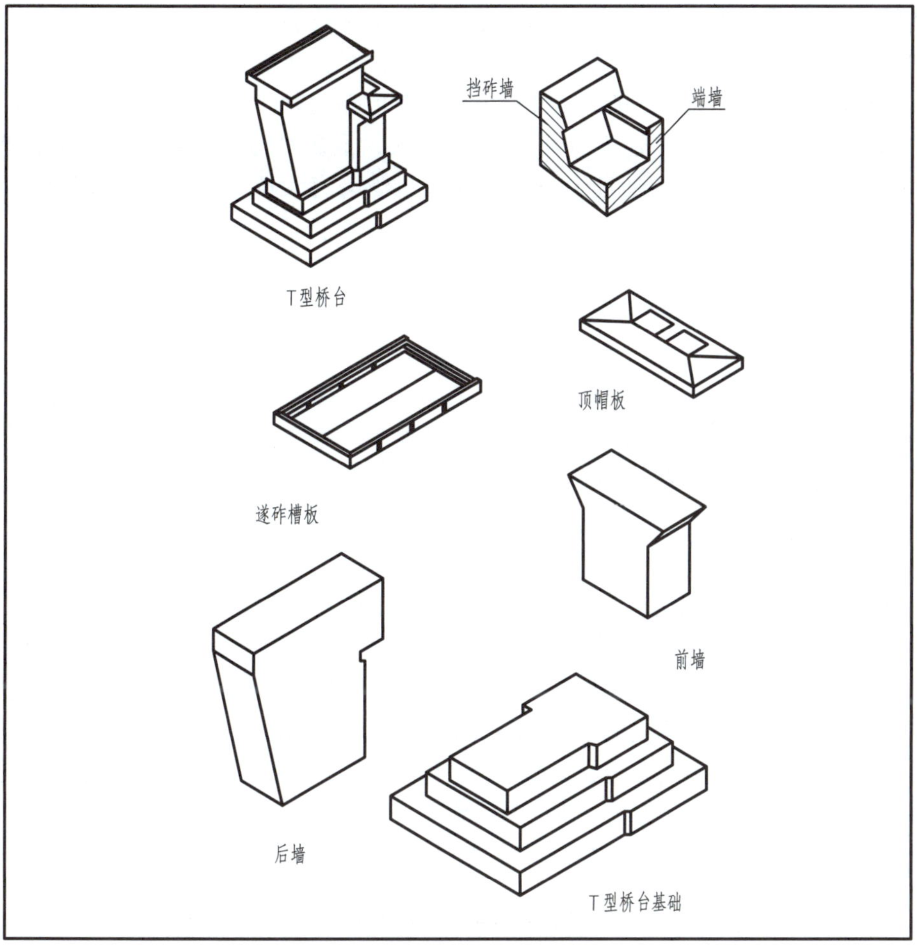

图 3-132　T 型桥台

案例解析：AutoCAD桥台的三维建模

子任务 2　圆端型桥墩工程图的形成

【工作任务】

任务描述：在 AutoCAD 中形成桥墩工程图，首先利用已经造型好的桥墩模型，进行实体轮廓提取，分别得到桥墩的前视、俯视、左视和等轴测视图轮廓，然后将空间形态不同的各个视图平铺到同一水平面上，按照三视图的位置关系对齐布置妥当，根据制图国家标准将轮廓线设置合适，最后按照工程图的要求在图样中注写文字、标注尺寸、填充材料信息等。

桥墩工程图应符合制图国家标准要求，内容完整、表达充分，在图纸上能够合理布置，最终能够合理排版，清晰美观地打印出图。

思政链接：桥梁工程图是用来表示桥梁各构件及周围环境的图纸。图纸上的一线一字组成了工程设计与施工依据，需要认真处理图中每个细节；学习和做事情都要踏踏实实，一步一个脚印，能吃苦肯钻研成就每一步，大国工匠都是一点一滴的积累钻研，数十年如一日的艰苦奋斗练就的技能，成功是一个从量变到质变的过程。我们来看看几座具有里程碑意义的桥梁。建成于1968年的南京长江大桥开创了中国人民依靠自己的力量建设大型桥梁的新纪元。桥梁正桥全长为1576 m，共有9个桥墩。参加大桥施工的人员7000多人，最多时达1万余人，体现了建设人艰苦创业，万众一心的精神力量。走在杭州湾跨海大桥上，给人印象最深的就是一个字，大！我们可以来看看一组数字：大桥的混凝土用量达到了245万立方米，相当于再造8个国家大剧院，它的用钢量达到了80万吨，相当于再造7个“鸟巢”，大国重器，气势磅礴。2009年12月15日，正式开工的港珠澳大桥无论工程规模、技术难度还是投资金额都创造了新纪录。经过9年艰苦卓绝的施工，这项超级工程，宛如一条巨龙横跨整个伶仃洋，它不但是世界上最长的跨海大桥，还同时拥有世界上最长的海底隧道，两个世界第一集于一身，无不彰显着中国人民无与伦比的创造力和拼搏精神。

【技能训练】

微课

圆端型桥墩工程图的形成

桥墩工程图的形成，有两种方式。方式一，直接在模型空间下，用二维绘图与编辑命令进行操作，完成工程图的轮廓绘制、文字注写、尺寸标注、材料图例填充以及符号注写等。方式二，将桥墩模型创建好（图3-133），然后进行实体轮廓提取，这一操作需要在布局空间里解决，只有激活布局空间的视口，才能进行实体轮廓提取，提取所得到的是不同方向的实体轮廓，如图3-134所示，还需要通过三维旋转命令或对齐命令进行空间状态的处理，最终将各个视图平铺到同一平面上；然后用二维操作命令进行编辑处理，形成符合制图国家标准要求的桥墩工程图。

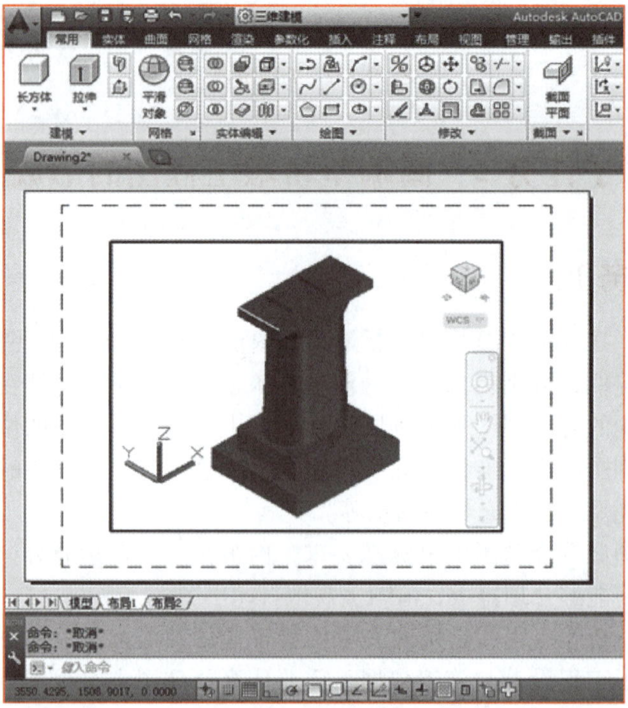

图3-133 桥墩模型

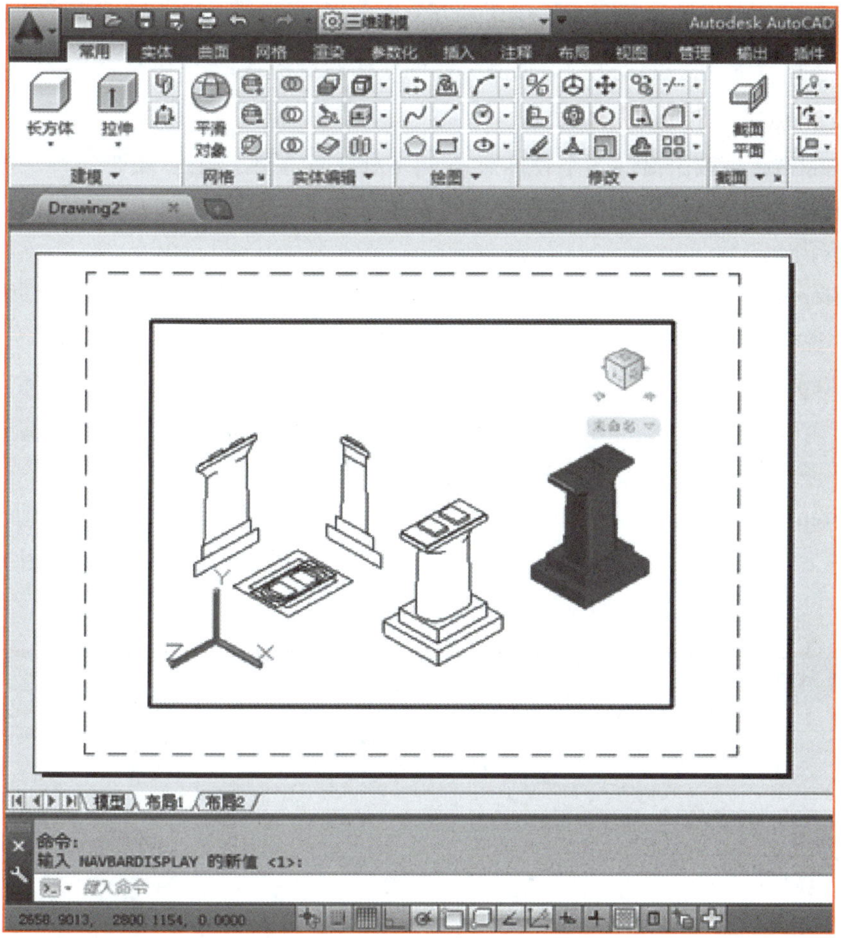

图 3-134　桥墩实体轮廓提取

下面以第二种方式为例进行桥墩工程图的提取及规范出图的操作。

技能点 1　提取视图

AutoCAD 提供了由实体模型生成多向视图以及形体几何轮廓的工具，用于形成图样中的视图，提取形体轮廓必须在布局空间下操作，下面以桥墩为例，说明桥墩工程图形成的步骤。

Step 01　打开 AutoCAD 布局空间，在默认状态下，激活布局中的视口，浏览已经造型好的桥墩模型。

Step 02　将视口的显示方向设置成“前视”，单击“建模”命令区中“实体轮廓”命令，可以进行前视方向的实体轮廓提取。

Step 03　将视口的显示方向设置成“俯视”，单击“建模”命令区中“实体轮廓”命令，可以进行俯视方向的实体轮廓提取。

Step 04　将视口的显示方向设置成“左视”，单击“建模”命令区中“实体轮廓”命令，可以进行左视方向的实体轮廓提取。

Step 05 将视口的显示方向设置成“西南等轴测”，单击“建模”命令区中“实体轮廓”命令，可以进行等轴测方向的实体轮廓提取。

技能点2 对正视图

AutoCAD 提取出来的各个视图在空间不处于同一平面上，需要通过三维旋转或对齐命令将它们放置在俯视方向的同一水平面上，这样有利于工程图的后期整理与打印。

Step 01 回到 AutoCAD 的模型空间下，浏览已经提取好的桥墩模型和各个视图，观察它们的空间姿态。

Step 02 单击“修改”命令区中“三维旋转”命令，将前视轮廓和左视轮廓旋转至水平状态。也可以在各个视口下，将实体轮廓先“复制”再“粘贴”的操作，将三个视图放置在“俯视”下的同一水平面上。

Step 03 设置模型空间为俯视状态，将三个视图通过二维旋转和移动命令放置对正，满足三视图间的三等关系“长对正、高平齐、宽相等”，如图 3-135 所示。

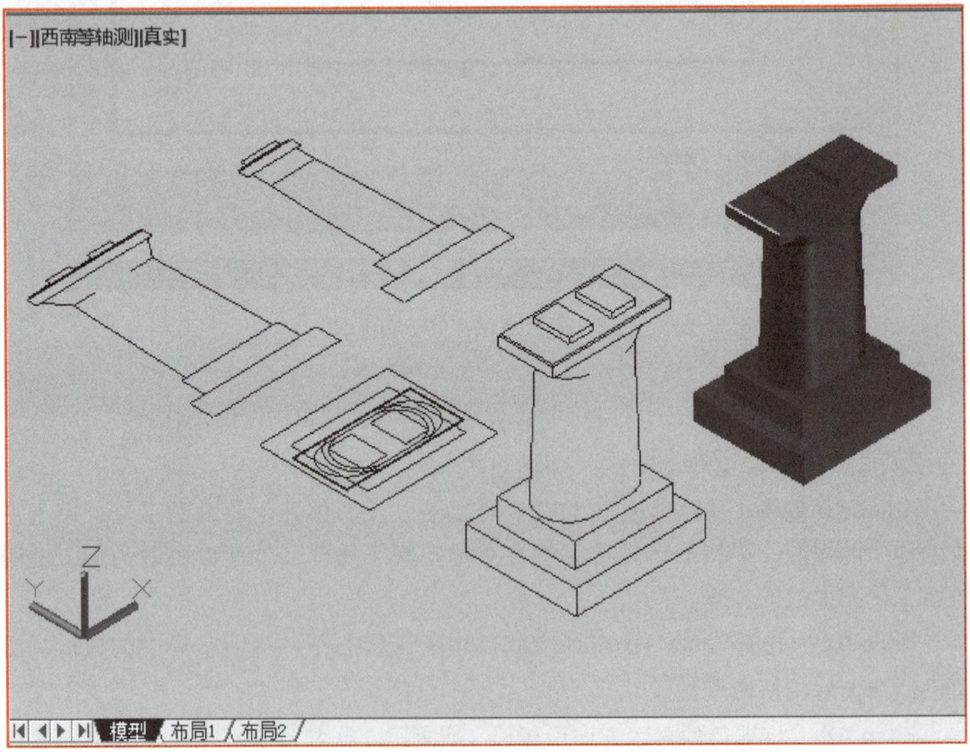

图 3-135 对正视图

Step 04 将“西南等轴测”视图轮廓，应用“对齐”命令，在二维俯视状态下放置成等轴测图形位置，如图 3-136 所示。

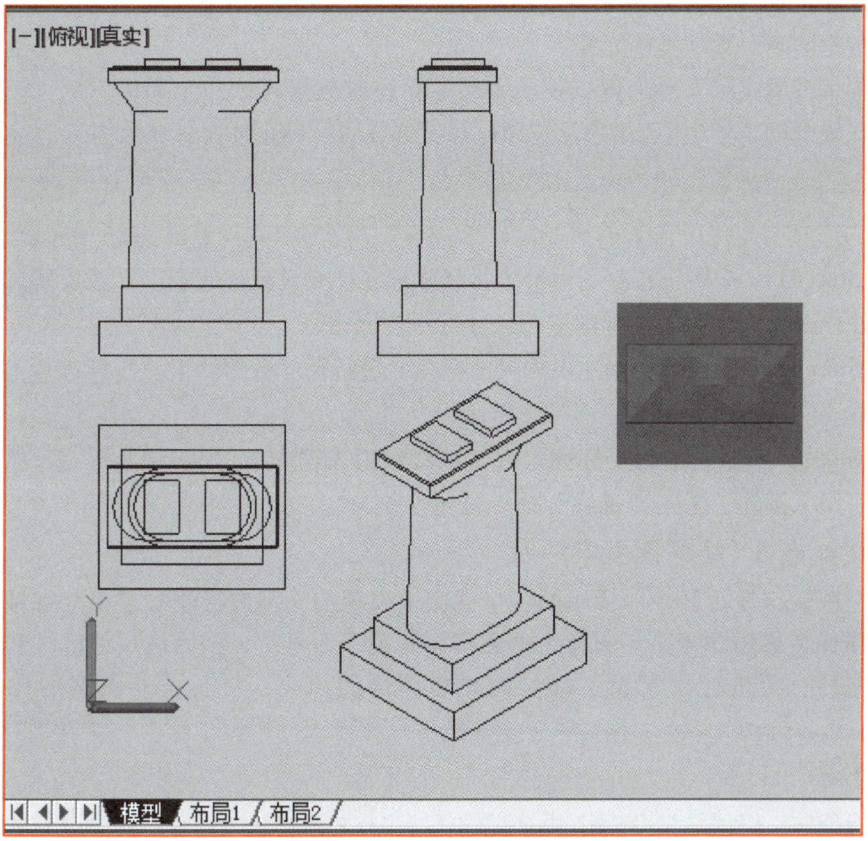

图 3-136　对各个视图整合

技能点 3　规范视图

在布局空间下提取出来的视图轮廓，它的特性是三维元素，因而在模型空间下需要将这些轮廓分解，使它们成为二维元素，然后按照二维管理要求进行整理，应用图层设置管理、文字设置管理和尺寸标注设置管理等，使之成为满足应用需求的桥墩工程图。

注意

打开“显示线宽”状态按钮，即可判断视图轮廓是三维元素还是二维元素。

Step 01　单击“修改”命令区中“分解”命令，将三视图和等轴测视图分解为二维元素。

Step 02　按照桥墩工程图的要求将各视图进行图线的删减和补画。

Step 03　按照制图国家标准和专业规范进行图层设置，或调出已经设置好的图层，对视图中的所有图线进行图层对应管理。

技能点 4　桥墩图尺寸标注

应用二维尺寸标注命令对桥墩的各个视图进行尺寸标注，多应用连续标注和基线标注手法，注意对称半标注形式的尺寸编辑，将尺寸标注注写的位置合理、尺寸数据清晰、数值准确无误。

如果按照实际大小呈现三视图，尺寸标注时应修正标注全局比例因子；如果按照在标准的 A3 图纸上呈现三视图，尺寸标注时应修正标注线性比例。

> **注意**
>
> 在连续标注和基线标注前必须首先要操作一个线性标注。

Step 01 按照土建制图标准进行尺寸标注样式设置，或调出已经设置好的尺寸标注样式，然后对各个视图进行尺寸标注。

Step 02 双击已经标注出的尺寸标注，进行尺寸数据修正。建议进行批量编辑操作。

Step 03 针对对称半标注尺寸，请将数值先输入成“340/2”形式，然后双击这一尺寸标注，采用“堆叠”命令进行修正。

技能点 5 桥墩图文字注写

应用文字注写命令对桥墩的各个视图中出现的文字进行注写，注意字号的大小，图样名称用 5 号字，图样中的文字注写用 3.5 号字，在完成尺寸标注和文字注写之后，再进行构筑物各部位的材料图例的填充，材料填充图案的比例要恰当。

> **注意**
>
> 单行文字注写命令常用于图样中的引注书写；多行文字注写命令常用于工程图的技术说明书写，可以进行多段文字的编辑。

Step 01 按照制图标准进行文字样式设置，或调出已经设置好的文字样式，对视图中出现的文字进行注写。

Step 02 将图样中不同位置的文字进行字号修正，保证其符合制图国家标准。

Step 03 对图样中的材料图例进行填充，保证其符合制图国家标准。

Step 04 完成一些工程图中的剖切符号等内容的绘制与注写。

> **注意**
>
> 桥梁工程图中的折断符号要符合制图国家标准要求，并应大小一致。

Step 05 到布局空间下进行图样的排版，完成输出打印，如图 3-137 所示。

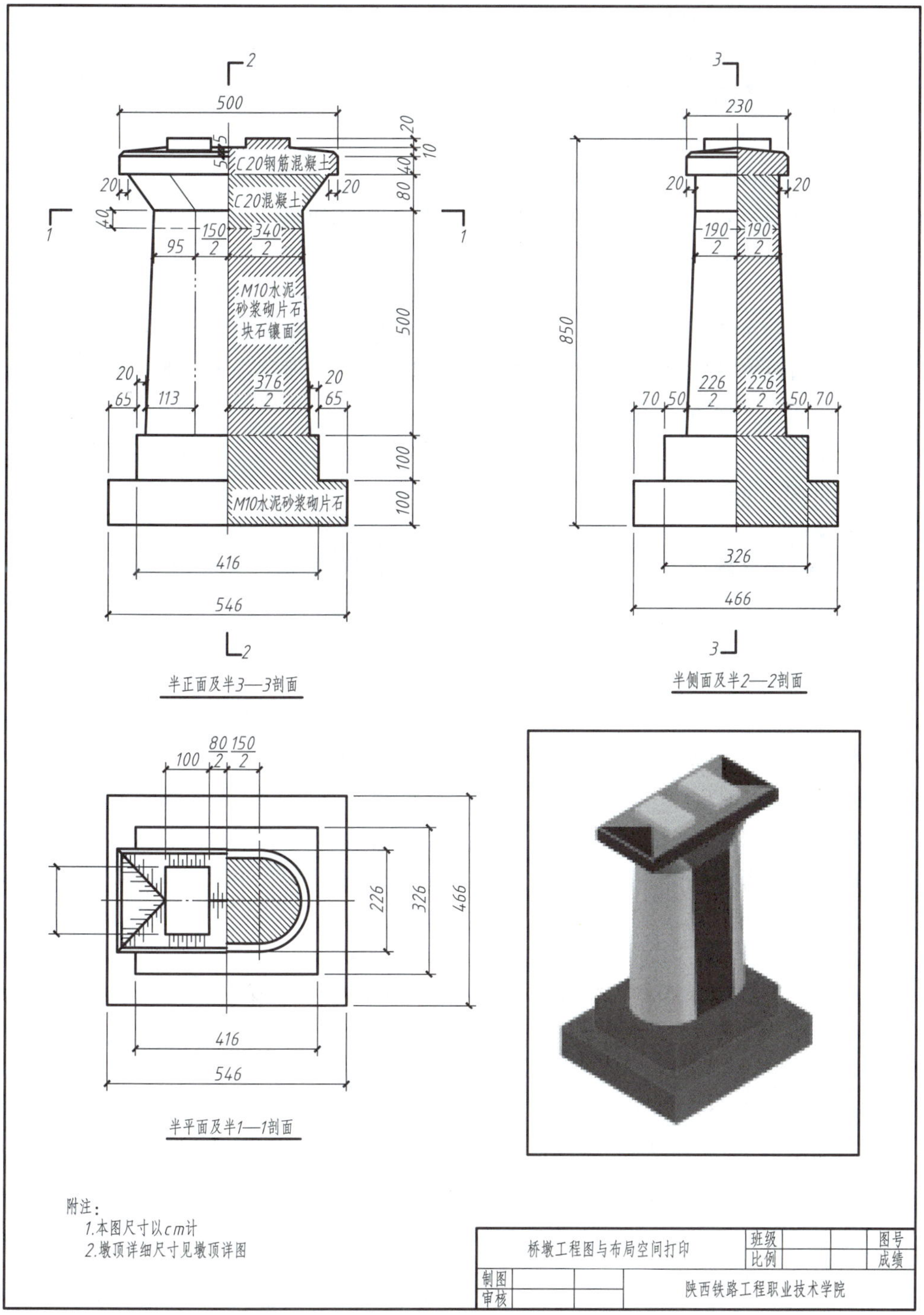

500
20
5
5
10
40
80
C20钢筋混凝土
C20混凝土
150/2
340/2
95
M10水泥砂浆砌片石块石镶面
500
376/2
113
20
65
100
100
M10水泥砂浆砌片石
416
546
半正面及半3—3剖面
230
850
190/2
226/2
70
50
326
466
半侧面及半2—2剖面
100
80/2
150/2
226
326
466
416
546
半平面及半1—1剖面
附注：
1.本图尺寸以cm计
2.墩顶详细尺寸见墩顶详图
桥墩工程图与布局空间打印
班级
比例
图号
成绩
制图
审核
陕西铁路工程职业技术学院

图 3-137　桥墩布图

【课堂检测】

微课

案例解析：AutoCAD绘制桥台图

1. 圆端型桥墩图里的图样名称分别是（　　）。

A. 前视图俯视图左视图　　B. 半正面半平面半侧面

2. 桥墩图中的三视图都采用了（　　）。

A. 全剖面图　　B. 半剖面图

C. 局部剖面图

3. 在模型空间中，能否提取出三维模型体的视图轮廓？

4. 激活视口的动作是（　　）。

A. 在视口外单击　　B. 在视口里单击

C. 在视口外双击　　D. 在视口里双击

5. 应用轮廓设置命令提取出来的视图，其轮廓是二维线条元素吗？

6. 你认为“对齐”的含义有（　　）。（多选）

A. 缩放　　B. 旋转

C. 移动　　D. 镜像

E. 复制

7. 注写成分数形式、平方形式、角码形式的尺寸数值，会应用到（　　）命令。（多选）

A. 插入　　B. 复制

C. 堆叠　　D. 对正

E. 倾斜

8. 图案填充命令应安排在绘制工程图的哪个步骤会更合理？

9. 学习 AutoCAD 绘图与操作，可以培养我们（　　）职业素养。（多选）

A. 专心致志　　B. 任劳任怨

C. 精益求精　　D. 谨言慎行

E. 粗枝大叶

子任务 3　桥梁信息模型建模

【工作任务】

任务描述： 通常形体的三维建模与绘制除了使用 AutoCAD，还可使用 Revit 等三维建模软件生成三维模型与图形，下面讲解利用 Revit 建模软件进行桥墩信息建模，请大家对比一下 Auto CAD 软件和 Revit 软件建模的手法和特点，有助于在今后不同需求下的灵活应用。

思政链接： 有句古老的民谚叫“技多不压身，功到自然成”，意思是人有一技之长，社会生存能力强，在一件事情上下了足够的功夫，事情自然就会取得成效；也鼓励人们多学技术、多长见识，这些自己掌握的东西不会成为负担，一旦机遇成熟终将发挥作用；又激励人们好好地磨炼技艺，达到出神入化的境界，任何难点都可以迎刃而解。

【技能训练】

生成桥梁模型在 Revit 中有多种方法，本节内容对 Revit 中的“体量”进行使用讲解。

技能点 1　Revit 概念体量的定位

体量是指在建筑模型设计的初始阶段使用的三维形状。桥墩和桥台作为支承桥梁上部结构并将其传来的恒载和车辆等活载再传至基础的结构物，其各部分组成形状较为不规则，无法直接生成，可利用 Revit 中体量命令创建其信息模型。Revit 提供了两种创建体量的方法：方法一，内建体量，即仅用于某一特定项目独特体量形状；方法二，创建体量族，即可在一个特定项目中放置体量的多个实例，又适用于在多个项目中载入体量族。

微课

Revit 概念体量的定位

无论是内建体量还是体量族，其创建的第一步均是进行概念体量的定位，即确定其所在的参照平面。下面以高为 4500 mm 的四棱台为例，说明从空白项目开始体量定位的步骤。

Step 01　启动 Revit，单击族项目下的“新建概念体量”命令，进入“选择样板文件”对话框，在该对话框中选择公制体量，文件类型为默认的族样板文件（*.rft），如图 3-138 所示，然后单击“打开”按钮。

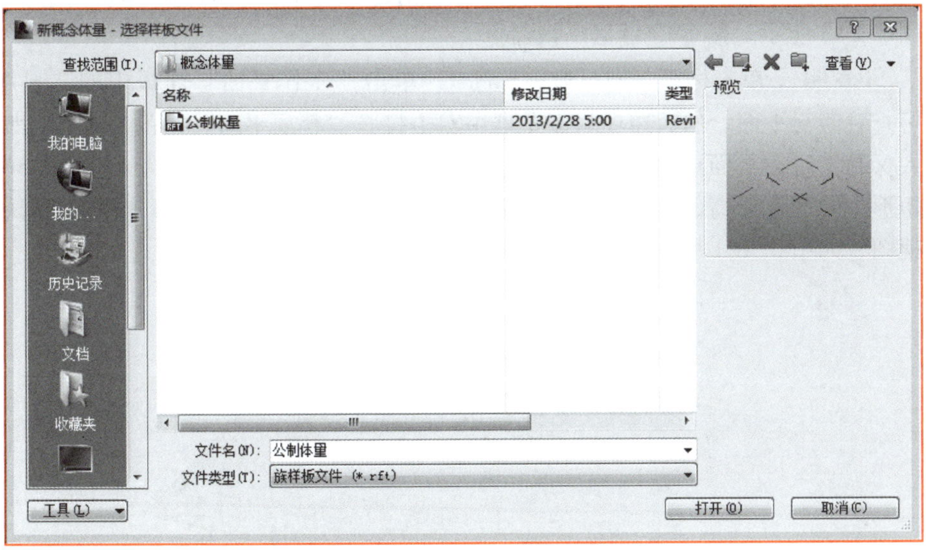

图 3-138　选择样板文件对话框

Step 02　Revit 将自动进入体量的创建界面，如图 3-139 所示，“创建”选项卡下列出了创建体量的常用工具。该绘图界面则显示了默认的一个标高 1 和两个相互垂直的参照平面。

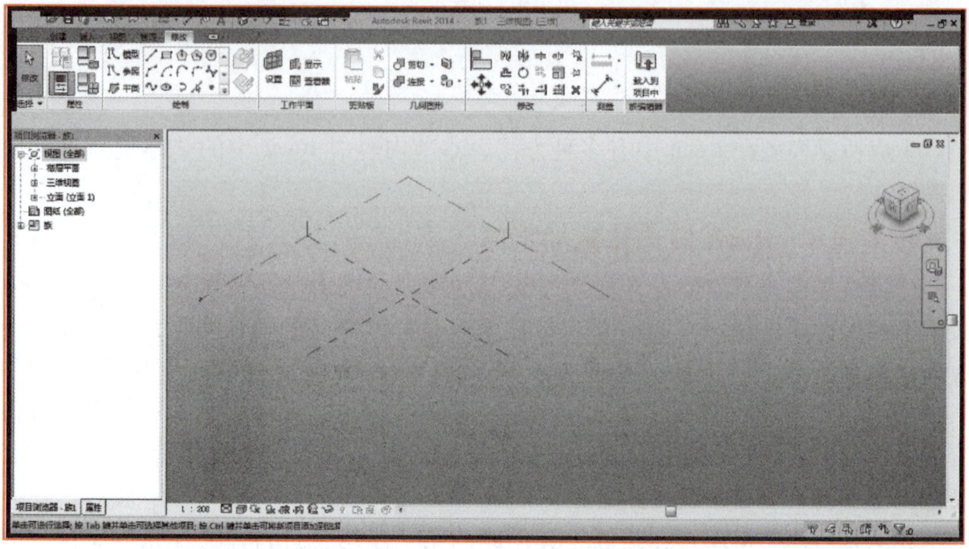

图 3-139 默认参照平面

Step 03 创建距离标高 1 为 45000 mm 的标高 2，单击“创建”选项卡下“基准”面板中的“标高”，即可进入“修改 | 放置标高”上下文选项卡，默认勾选选项栏中的“创建平面视图”，移动鼠标至模型中，项目中给出距已有标高的尺寸线，当标注显示为 1000 时单击鼠标，即可创建距离标高 1 为 45000 mm 的标高 2，如图 3-140 所示。按 ESC 键退出该命令。

Step 04 单击标高 1 即可激活标高 1，单击“工作平面”面板中的“显示”即可查看激活平面。然后在项目浏览器中双击打开“楼层平面”中的标高 1，即可进入标高 1 所在平面。单击“绘制”面板中的矩形工具绘制尺寸为 45000×45000 的矩形，同理在标高 2 中心对正处绘制尺寸为 25000×25000 的矩形，切换到默认三维视图，如图 3-141 所示。

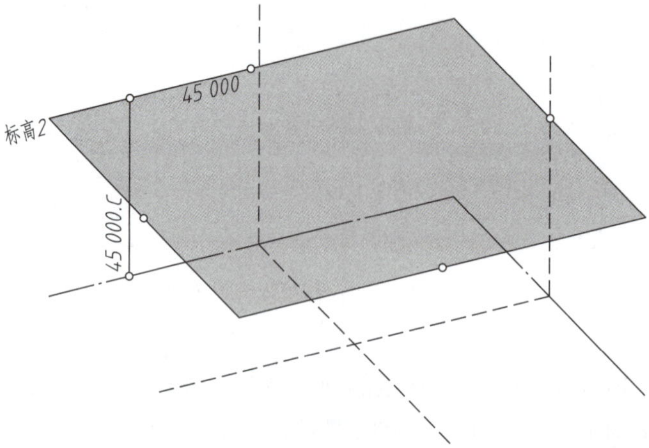

图 3-140 创建标高 2

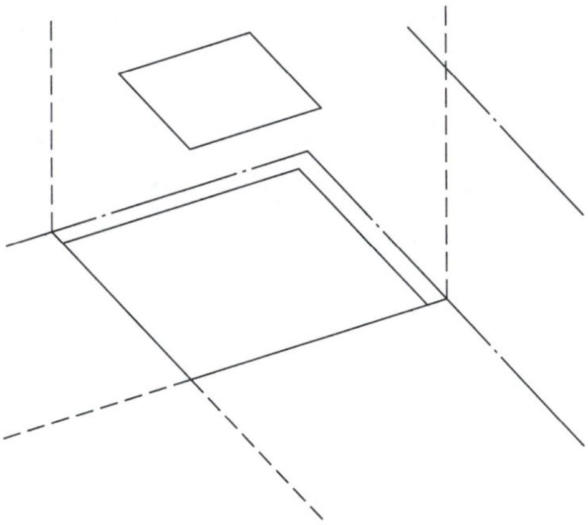

图 3-141　两标高处各绘制一矩形的空间示意图

Step 05　通过 Ctrl 键点选两个矩形，进入“修改 | 线”选项卡，单击“形状”面板中的“创建形状”命令中的“实心形状”，则生成顶面和底面分别为以上两个矩形的四棱台。

技能点 2　Revit 创建各种形状体量

微课　Revit 创建各种形状体量

通过“创建”选项卡中“绘制”面板中的命令可创建一个或多个线、顶点、边或面，单击“修改 | 线”选项卡下“形状”面板中的“创建形状”按钮可创建精确的实心形状或空心形状。通过拖拽这些形状可以创建所需的造型，可直接控制形状。不再需要为更改形状造型而进入草图模式。

注意

可用于体量创建的线包括以下类型：

① 模型：使用线工具绘制的闭合或不闭合直线、矩形、多边形、圆、圆弧、样条曲线、椭圆等都可以用于生成体或块。

② 参照线：使用参照线来进行体量的定位或创建新的体量。

③ 通过点的线：选择“创建”选项卡中“绘制”面板中“模型”工具中的“通过点的样条曲线”，将基于一点创建一个样条曲线，自由点将成为线的驱动点。

Step 01　创建面：选择一条线，单击“修改 | 线”选项卡“形状”面板中“创建形状”按钮，线将垂直向上生成面，如图 3-142、图 3-143 所示。

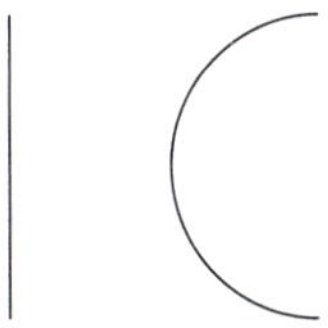

图 3-142　创建线

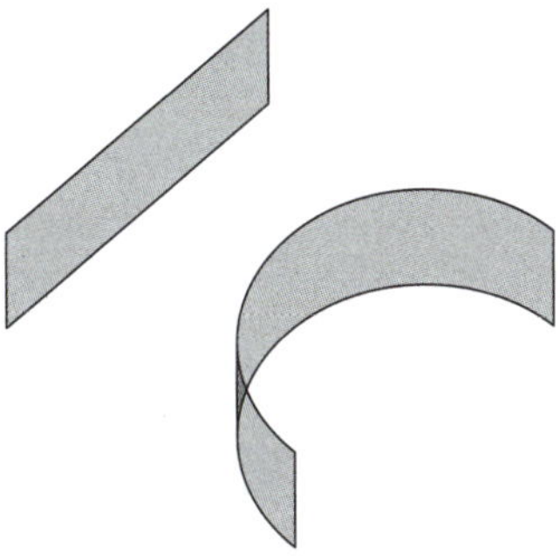

图 3-143　线垂直向上生成面

Step 02 创建拉伸实体：对于棱柱和圆柱类形体可采用拉伸方法进行创建，按 Tab 键可切换选择体量的点、线、面、体，选择后可通过拖拽修改体量。以四棱柱为例，利用“创建”选项卡“绘制”面板中“矩形”按钮在标高 1 视图中绘制矩形，切换到默认三维视图中，选中该面，单击“修改 | 线”选项卡“形状”面板中“创建形状”按钮，生成四棱柱，通过拖拽可修改四棱柱，如图 3-144～图 3-146 所示。

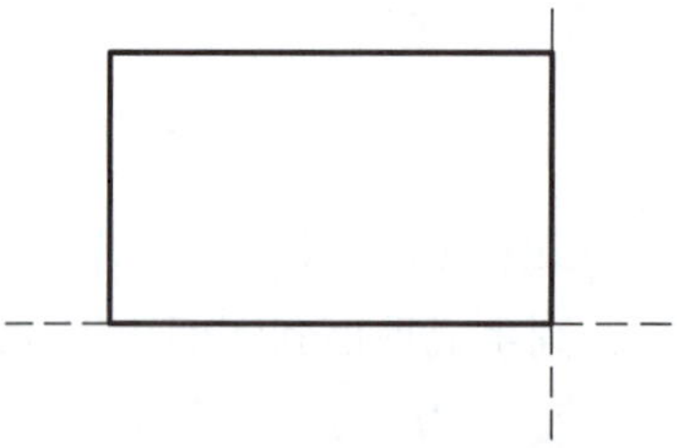

图 3-144 绘制矩形

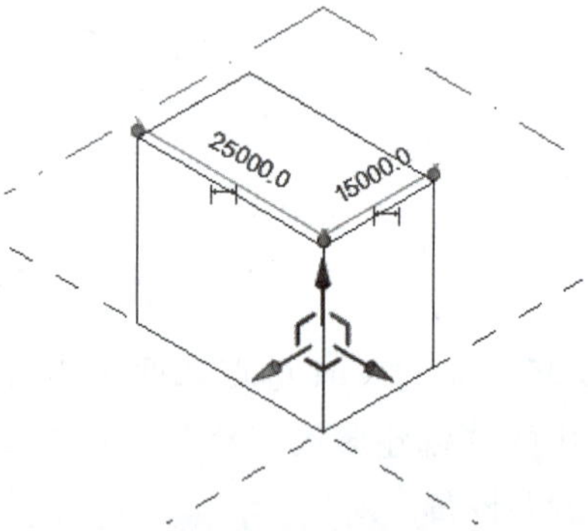

图 3-145 生成四棱柱

Step 03 创建放样体：对于棱台、圆台、天圆地方等类型的形状，可通过选择两个及以上闭合轮廓创建形状，以天圆地方为例，选择不同高度的两个闭合轮廓（图 3-147 所示圆和矩形），Revit 将自动创建融合体量，如图 3-148 所示。

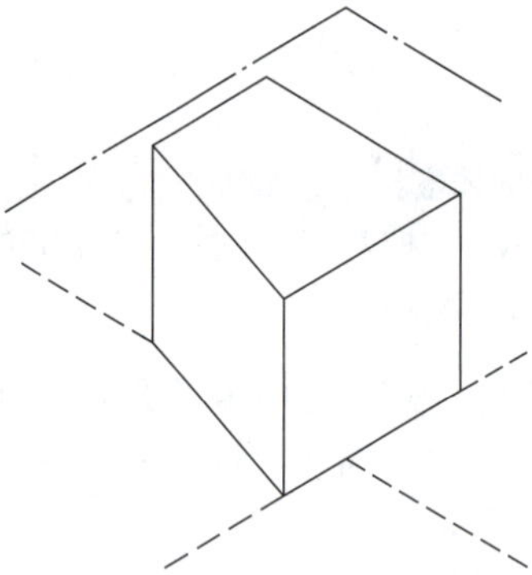

图 3-146 拖拽棱线成为棱柱

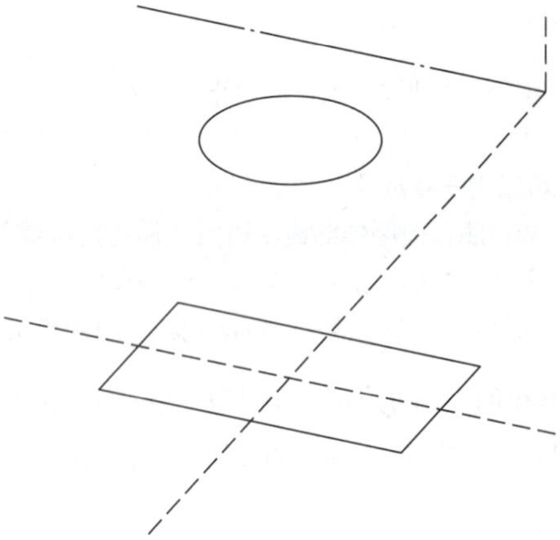

图 3-147 放样准备

注意

两个闭合轮廓也可位于不同参考平面，但不可位于同一高度或参照面。

Step 04 创建旋转体：对于圆柱、圆台、圆锥、圆球等多数曲面体可通过旋转方法进行创建，即选择一条线和一条闭合轮廓创建形状。以圆锥为例，选择位于同一工作平面的线和闭合轮廓（直角三角形），Revit 将以直线为轴旋转闭合轮廓创建形状，如图 3-149、图 3-150 所示。

注意

当选择线及线的垂直工作平面上的闭合轮廓创建形状时，将创建放样形体。

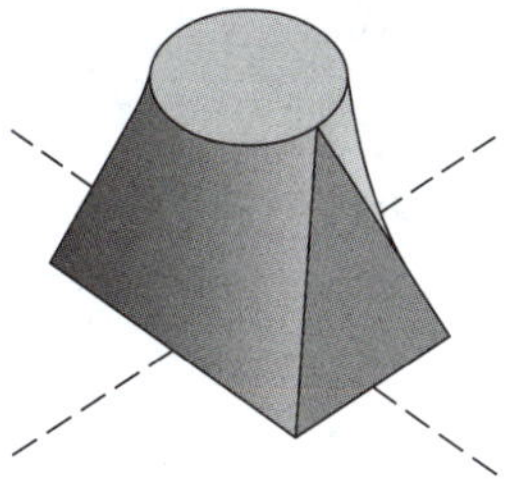

图 3-148　放样形成

图 3-149　旋转准备

图 3-150　旋转体形成

技能点 3　Revit 创建和编辑曲面

微课

Revit 创建和编辑曲面

以一简单曲面为例，从曲面的创建到编辑进行讲解。

Step 01　进入体量创建界面：启动 Revit Architecture，单击族项目下的“新建概念体量”命令，进入“选择样板文件”对话框，在该对话框中选择公制体量，文件类型为默认的族样板文件（ *.rft），然后单击“打开”按钮，进入创建概念体量界面。

Step 02　曲面的定位：进入标高 1 视图，利用“创建”上下文选项卡“绘制面板”中“平面”按钮在已有参照平面的两侧 30 m 处各绘制一个参照平面，并进入默认三维视图。通过单击“修改”上下文选项卡中“工作平面”面板中的“显示”按钮，将两新建参考平面之间的已有参考平面激活，并通过单击模型界面右上角的三维导航工具 ViewCube 中的“右”切换到右侧三维视图。

Step 03　曲面的创建：通过单击“修改 | 参照平面”上下文选项卡中“绘制”面板中的“原点-端点弧”按钮，在已激活的参照平面上绘制圆心为原点，半径为 30 m 的半圆，切换到默认三维视图，并单击“形状”面板中的“创建形状”按钮，Revit 将自动创建曲面，并在标高 1 视图中以新创建的两参照平面为曲面的起点和终点修改曲面长度，如图 3-151 所示。

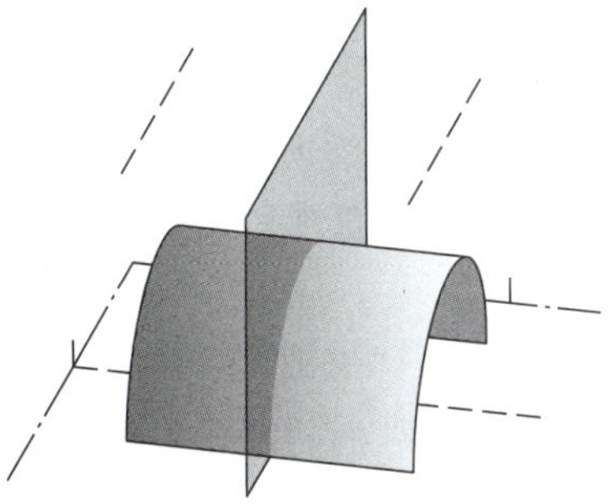

图 3-151　曲面创建及编辑示意图

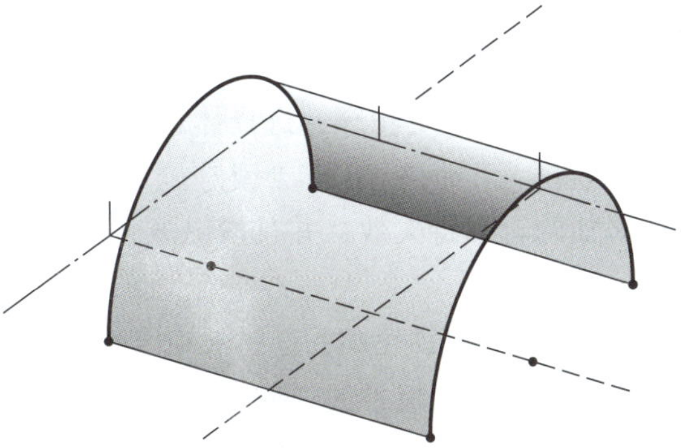

图 3-152　体量的透视模式

Step 04 体量的透视模式：选择刚刚创建的体量，单击“修改｜形式”选项卡中“形状图元”面板中的“透视”按钮，观察体量模型，如图 3-152 所示。透视模式将显示所选形状的基本几何骨架。这种模式下便于更清楚地选择体量几何构架，对其进行编辑。再次单击“透视”按钮将关闭透视模式。

注意

只需对一个形状使用透视模式，所有模型视图可以同时变为该模式。例如，如果显示了多个平铺视图，当在一个视图中对某个形状使用透视模式时，其他视图中也会显示透视模式。同理，在一个视图中关闭透视模式时，所有其他视图的透视模式也会随之关闭。

Step 05 添加轮廓：选择创建的曲面体量，在创建体量时自动产生的形状有时不能满足编辑需要，单击“修改｜形式”上下文选项卡中“形状图元”面板中的“添加轮廓”按钮，将光标移动到体量面上，将出现与初始轮廓平行的新轮廓的预览，在已激活参照平面处单击将完成新的闭合轮廓的添加。新轮廓将同时生成新的点及边缘线，可以通过操纵它们来修改体量。

Step 06 编辑轮廓：选择新添加的轮廓将其半径改为 15 m，可将曲面体量修改为异形双曲面，如图 3-153 所示。

Step 07 添加边：选择创建的曲面体量，在创建体量时自动产生的边缘有时不能满足编辑需要，单击“修改｜形式”上下文选项卡中“形状图元”面板中的“添加边”按钮，将光标移动到体量面上，将出现新边的预览，在适当位置处单击完成新边的添加，同时也添加了与其他边相交的点，可选择该边或点通过拖拽的方式编辑体量，见图 3-154 所示。

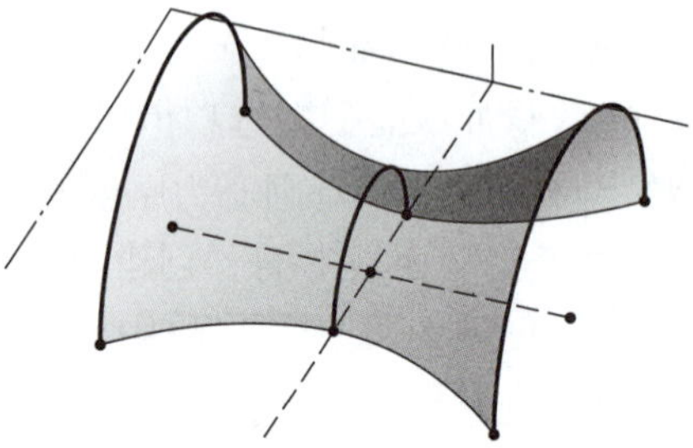

图 3-153 添加并编辑轮廓示意图

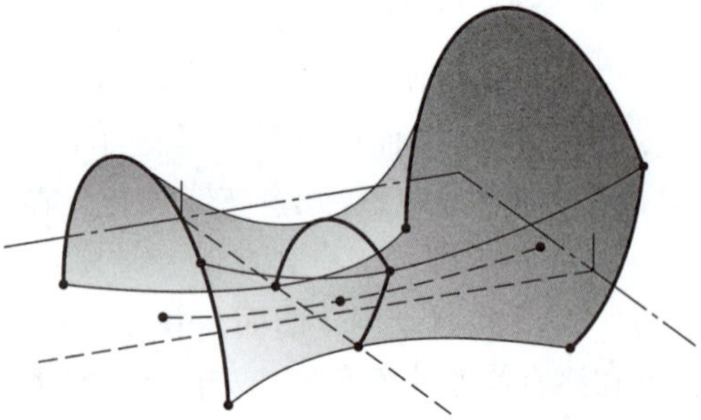

图 3-154 添加并编辑边示意图

Step 08 锁定轮廓：选择体量中的某一轮廓，单击“修改｜形式”选项卡中“形状图元”面板中的“锁定轮廓”按钮，体量将简化为所选轮廓的拉伸，手动添加的轮廓将失效，并且操纵方式受到限制，而且锁定轮廓后无法再添加新轮廓。

Step 09 解锁轮廓：选择被锁定的轮廓或体量，单击“修改｜形式”选项卡中“形状图元”面板中的“解锁轮廓”按钮，将取消对操纵柄的操作限制，添加的轮廓也将重新显示并可编辑，但不会恢复锁定轮廓前的形状。

Step 10 变更形状主体：选择体量，单击“修改｜形式”选项卡中“形状图元”面板中的“变更形状的主体”按钮，可以修改体量的工作平面，将体量移动到其他体量或构件的面上，如图 3-155、图 3-156 所示。

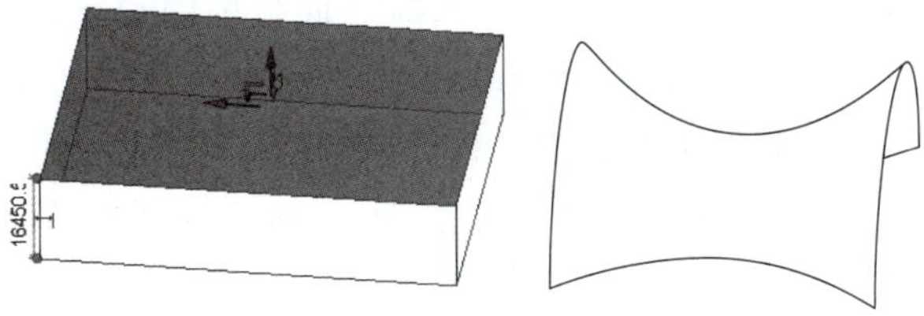

图 3-155　变更前形状主体示意图

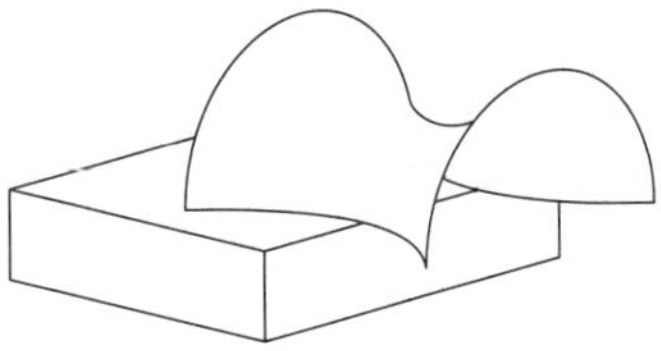

图 3-156　变更后形状主体示意图

技能点 4　导入其他模型作为概念体量

Revit 的体量工具可实现初步的体块穿插的研究，当体块的方案确定后，“面模型”工具可以将体量的面转换为建筑构件，如基础、墩身、墩顶等，以便继续深入方案。

下面介绍在项目中放置体量。

Step 01　如果项目中绘制了内建体量，完成体量均可使用“面模型”工具细化体量方案。

Step 02　载入体量族：需使用体量族，单击“插入”选项卡下的“从库中载入”面板中的“载入族”按钮，打开“载入族”对话框，浏览至体量族文件处，单击“打开”，将该体量族载入当前项目中。

Step 03　放置体量族：将体量族载入当前项目中之后，单击“体量与场地”选项卡下的“概念体量”面板中的“放置体量”按钮，如未开启“显示体量”工具，将自动弹出“体量-显示体量已启用”提示对话框，直接关闭即可自动启动“显示体量”，如图 3-157 所示。

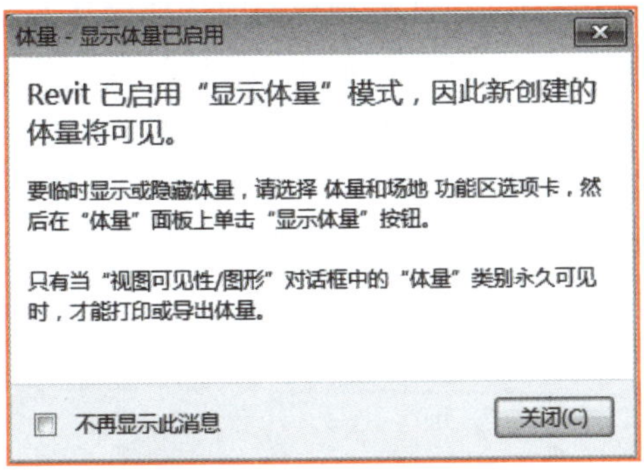

图 3-157　体量-显示体量对话框

技能点 5　Revit 建立桥梁信息模型

微课

Revit 建立桥梁信息模型

以桥墩为例，介绍 Revit 建立桥梁信息模型的步骤和方法。

Step 01　进入体量创建界面：启动 Revit Architecture，单击族项目下的“新建概念体量”命令，进入“选择样板文件”对话框，在该对话框中选择公制体量，文件类型为默认的族样板文件（*.rft），然后单击“打开”按钮，进入创建概念体量界面。

Step 02 体量定位：通过单击“创建”选项卡“基准”面板中的“标高”按钮进行体量定位，在已有标高1的基础上设置2000 mm的“标高2 基础顶面（墩身底面）”，5000 mm的“标高3 墩身顶面（托盘底面）”，800 mm的“标高4 托盘顶面（顶帽底面）”，400 mm的“标高5 抹角底面”，50 mm的“标高6 抹角顶面（四面排水底面）”，50 mm的“标高7 墩顶脊线”，可通过右键点击界面左侧项目浏览器（图3-158）的标高名称进行重命名，如图3-159所示。

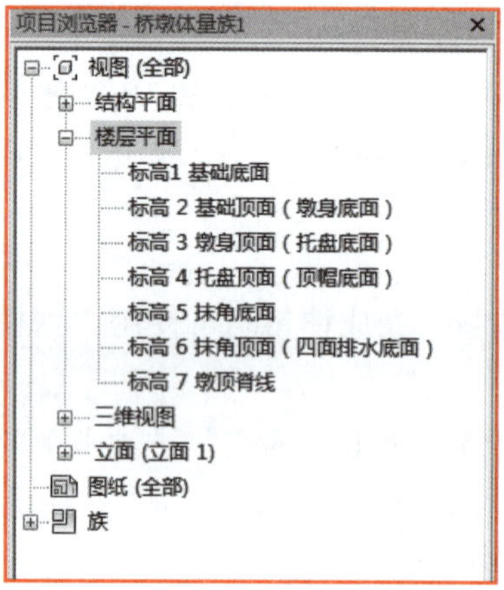

图3-158 项目浏览器

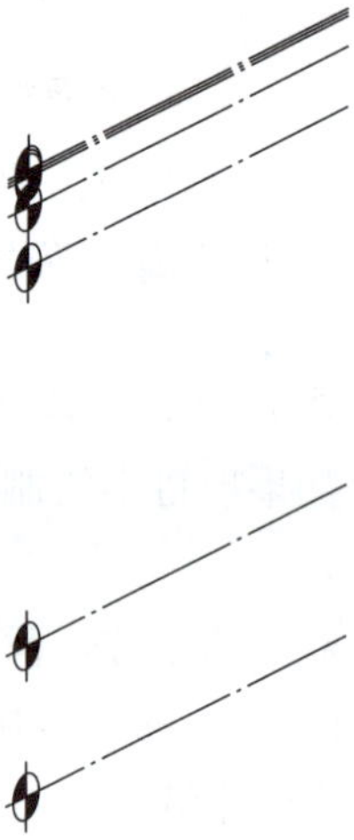

图3-159 标高的创建

注意

新建概念体量空间中默认单位为“毫米”。

Step 03 基础形状的创建：在绘制界面内选择标高1，通过单击“创建”选项卡“工作平面”面板中的“设置”按钮激活该标高，使其成为当前工作平面，在标高1绘制矩形，尺寸为5460×4660，选择该矩形，单击“修改 | 形式”选项卡“形状”面板中的“创建形状”下的“实心形状”按钮生成四棱柱，设置高度1000。以该四棱柱上表面为当前工作平面创建尺寸为4160×3260×1000的四棱柱，如图3-160所示。

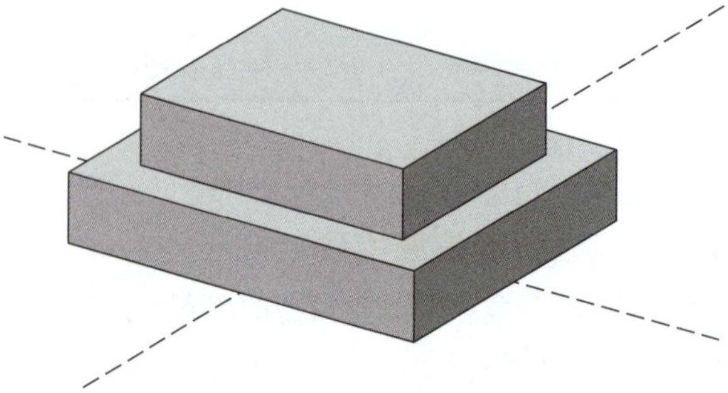

图3-160 桥墩基础创建

Step 04　墩身形状的创建：激活标高 2，通过双击左侧项目浏览器的“标高 1”进入标高 1 视图，在已创建的基础的中心位置绘制 1500×2260 矩形，两侧分别居中绘制半径为 1130 的半圆弧，同理在标高 3 上绘制 1500×1900 矩形，两侧分别居中绘制半径为 950 的半圆弧，以上两个图形中心对齐，如图 3-161 所示。通过按住 Ctrl 键依次选择以上两个图形的外轮廓，单击“修改 | 形式”选项卡“形状”面板中的“创建形状”下的“实心形状”按钮生成墩身，如图 3-162 所示。

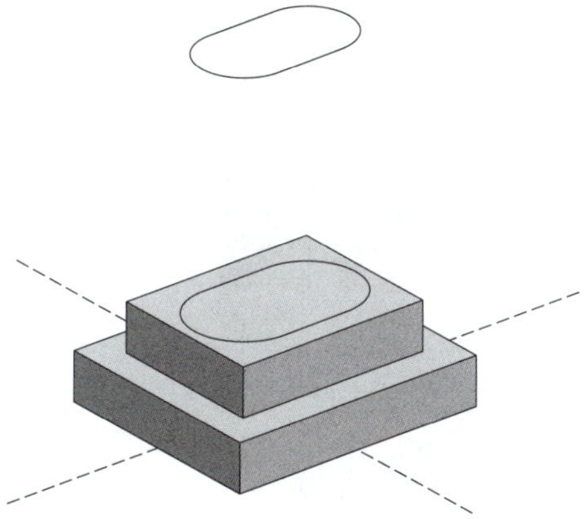

图 3-161　墩身绘制

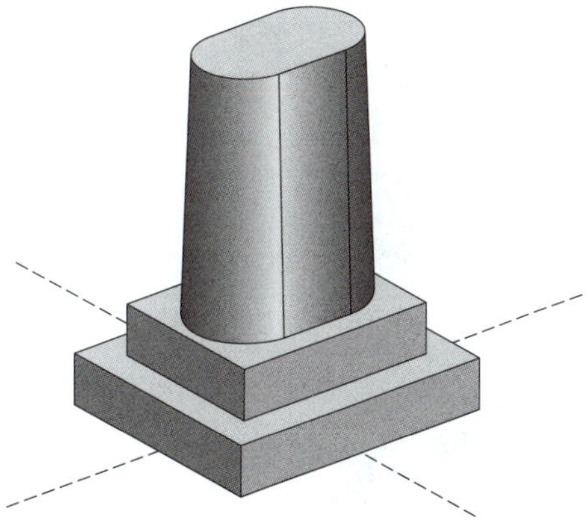

图 3-162　墩身

注意

按 Tab 键可切换选择体量的点、线、面、体。

Step 05　托盘形状的创建：在标高 3 视图下绘制托盘底面形状，即绘制 1500×1900 矩形，两侧分别居中绘制半径为 950 的半圆弧，托盘底面与墩身底面重合；切换到标高 4 视图，绘制托盘顶面形状，即居中绘制 2700×1900 矩形，两侧分别居中绘制半径为 950 的半圆弧，托盘顶面与地面中心对正（图 3-163）。单击“修改 | 形式”选项卡“形状”面板中的“创建形状”下的“实心形状”按钮生成托盘，如图 3-164 所示。

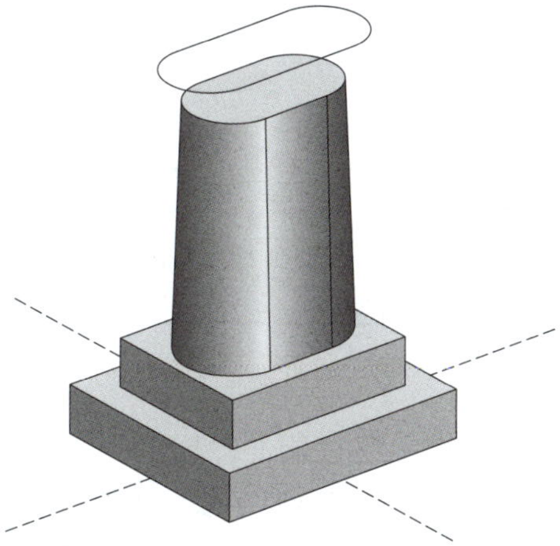

图 3-163　托盘绘制

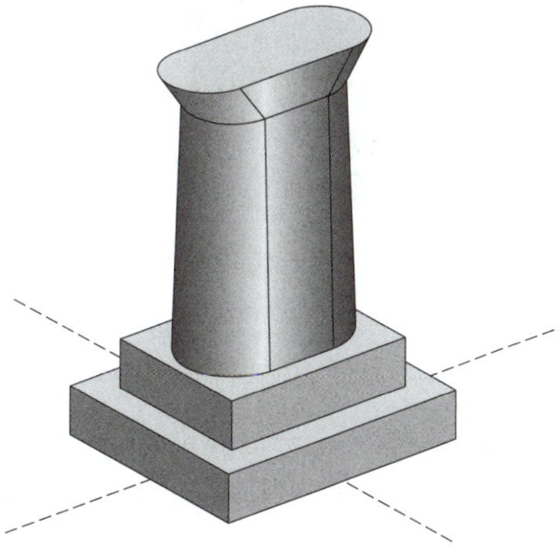

图 3-164　托盘

Step 06 顶帽形状的创建：在标高 4 视图下绘制顶帽底面，即 5000×2300 矩形，生成高度为 400 的四棱柱。在此基础上，激活标高 5，在标高 5 视图下绘制 5000×2300 矩形，激活标高 6，绘制 4900×2200 矩形，保持中心对正。单击“修改 | 形式”选项卡“形状”面板中的“创建形状”下的“实心形状”按钮生成顶帽抹角处形状，如图 3-165～图 3-167 所示。

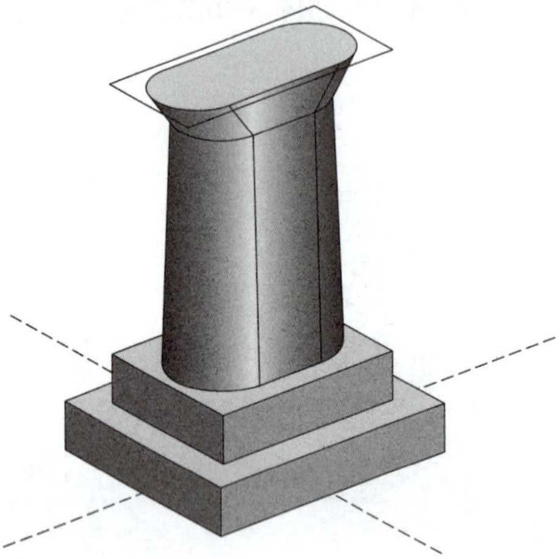

图 3-165 顶帽绘制

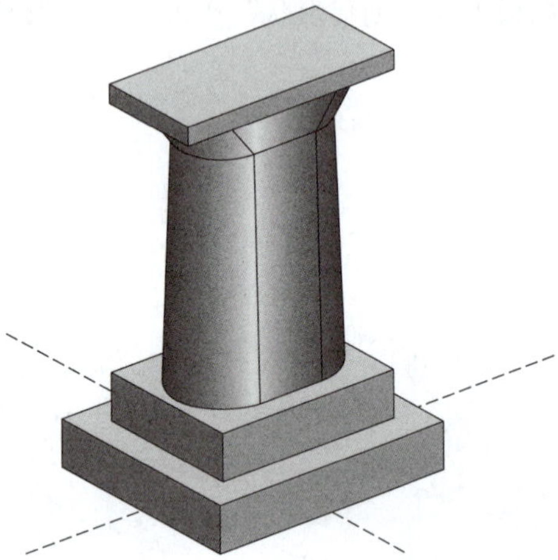

图 3-166 顶帽创建

Step 07 四面排水形状的创建：在标高 6 下居中绘制 4900×2200 矩形，在标高 7 视图中水平居中绘制长度为 2800 脊线，按住 Ctrl 键依次选择矩形和脊线，单击“修改 | 形式”选项卡“形状”面板中的“创建形状”下的“实心形状”按钮生成四面排水形状，如图 3-168 所示。

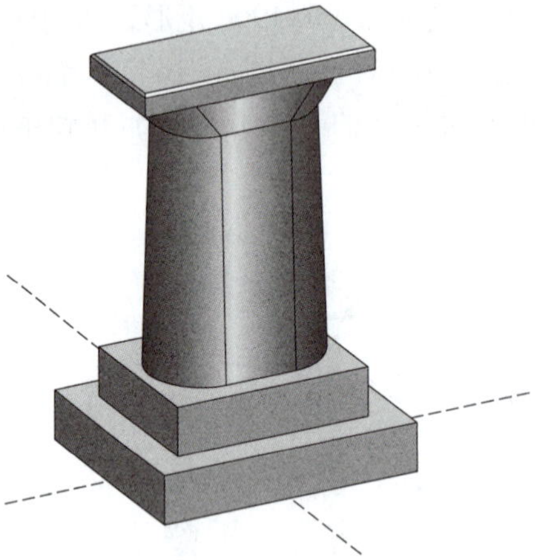

图 3-167 顶帽倒角

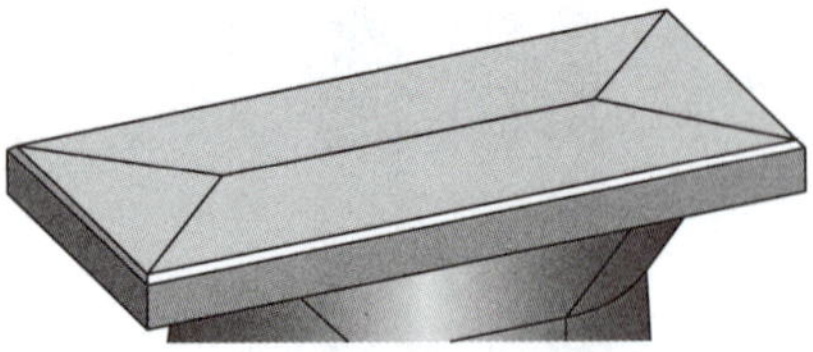

图 3-168 四面排水坡效果图

Step 08 垫石形状的创建：进入标高 7 视图，通过单击“创建”选项卡“绘制”面板中的“参照平面”按钮在脊线左侧端点处设置参照平面，激活该参照平面，并通过模型界面右上角的三维导航工具 View Cube 切换到左侧面，在排水坡顶面绘制垫石五边形侧面，从而创建出垫石形状，右侧垫石可通过镜像创建，至此桥墩体量创建完成，如图 3-169~图 3-171 所示。

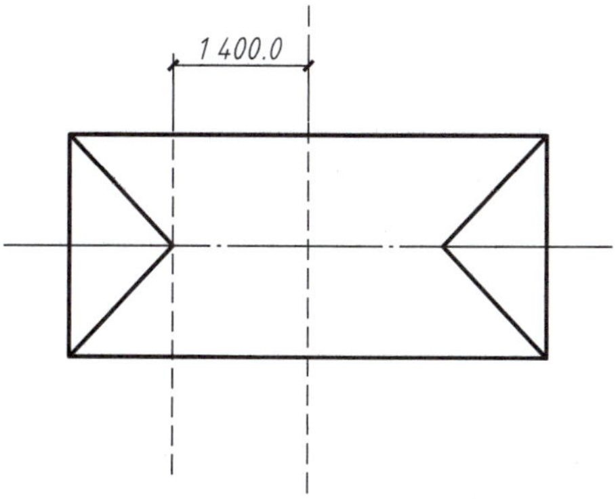

图 3-169　垫石定位

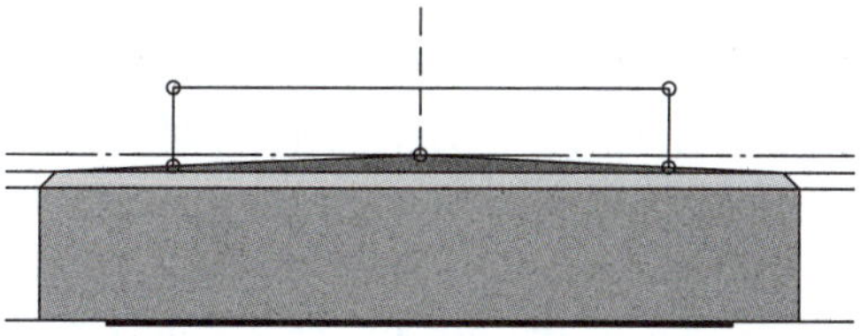

图 3-170　垫石创建

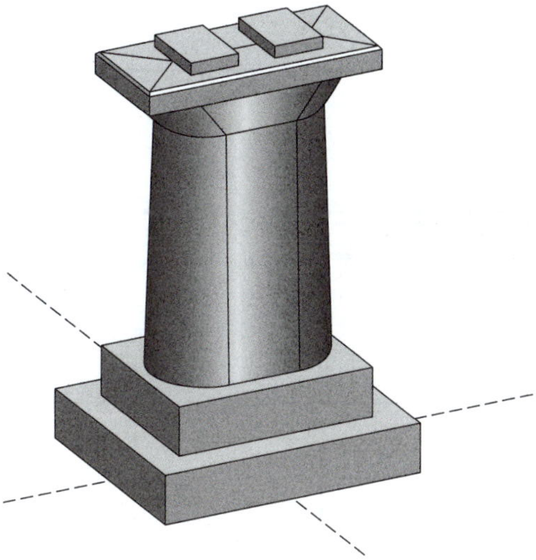

图 3-171　垫石

注意

垫石也可通过在四棱柱前后中轴线处添加并编辑新轮廓创建。

【课堂检测】

1. 什么是体量？你是如何理解它的？
2. 请说说体量与族的区别和相同点。
3. 判断这个说法是否正确：透视模式下便于更清楚地选择体量几何构架，对它进行编辑。
4. 体量创建中可选择两条线创建形状，是否正确？
5. 内建体量可通过载入用于多个项目，是否正确？
6. 位于同一参考平面的两个闭合轮廓可用于创建实心体，是否正确？
7. 可用于体量创建的线包括以下哪些类型？(　　)

A. 模型　　B. 导入的线　　C. 参照线　　D. 通过点的线

8. 体量创建的方法包括（　　）两类。

A. 内建体量　　B. 概念体量　　C. 图元　　D. 体量族

9. 请说说“技多不压身，功到自然成”的含义。

【技能强化】

1. 形成二人学习小组，互相学习与帮助，只有二人都完成了桥墩构筑物的三维建模，桥墩工程图的排版打印出图，才给予成绩记录。

2. 分组竞赛：分别采用 AutoCAD 和 Revit 进行桥墩模型的创建，检查小组完成时间及准确率。

3. 要求搭档二人查阅 T 型桥台工程图（强化图 3-1），分析桥台的构造组成，然后进行桥台各个组成部分的三维建模，最终完成桥台的整体造型，上交并验收，记录成绩。

4. 阅读桥台构造图，完成桥台建模。

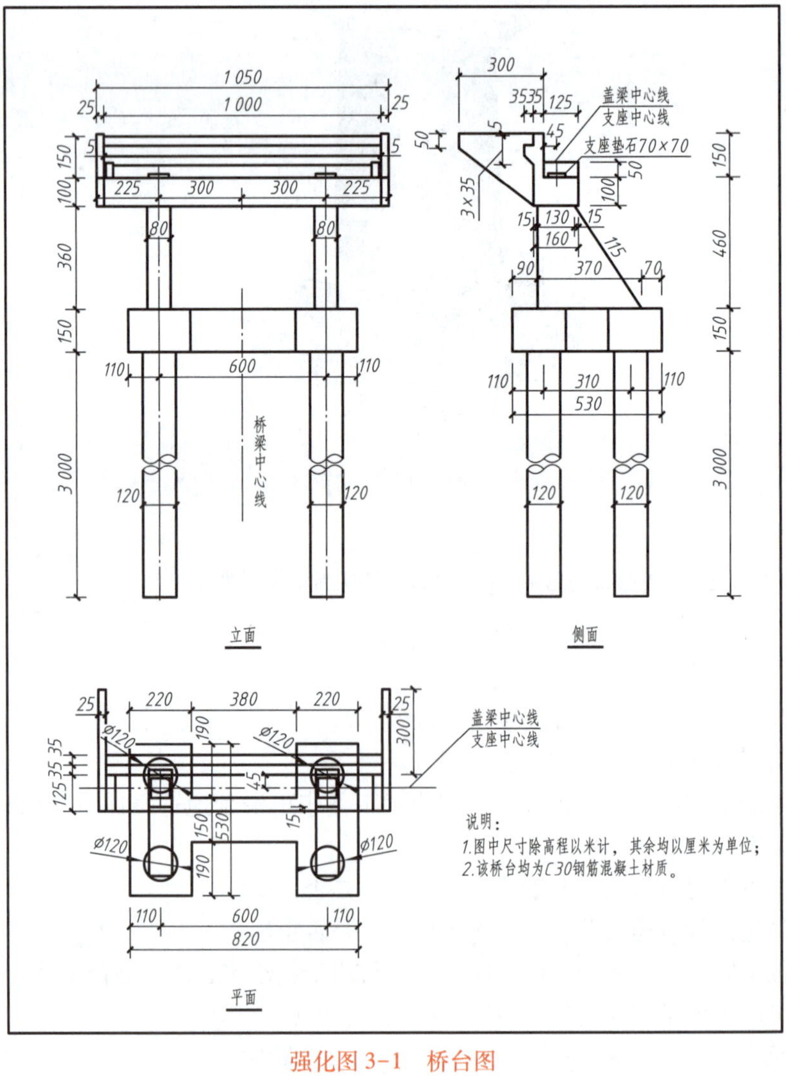

强化图 3-1　桥台图

【评价与小结】

任务二　桥梁工程图的绘制与工程建模工作任务评价与分析					
评价项目	评 价 标 准	参考分值	学生自评（15%）	学生互评（15%）	教师及企业导师评价（70%）
圆端型桥墩 CAD 建模	三维建模环境合理、流程正确 各单元创建及编辑操作熟练 模型组合精准、实体完整	35			
圆端型桥墩工程图的形成	依据三维模型形成各向视图的流程正确 平面二维下整理视图操作熟练 桥墩工程图出图规范	25			
桥梁信息模型的建立	Revit 建模流程正确 各构件创建及编辑操作熟练	25			
素质与思政	达到或超越任务素质及思政目标	15			
总评					
任务二　桥梁工程图的绘制与工程建模工作任务小结					

参考文献

[1] 孙再鸣，杨小玉．工程识图与CAD［M］．2版．成都：西南交通大学出版社，2019.

[2] 单春阳，胡仁喜．AutoCAD 2020中文版建筑与土木工程制图快速入门实例教程［M］．北京：机械工业出版社，2021.

[3] 夏玲涛．建筑CAD［M］．2版．北京：中国建筑工业出版社，2018.

[4] 巩宁平，陕晋军，邓美荣．建筑CAD［M］．5版．北京：机械工业出版社，2019.

[5] 周颖，孙耀南．手把手教您绘制建筑施工图［M］．2版．北京：中国建筑工业出版社，2019.

[6] CAD/CAM/CAE技术联盟．Revit2020中文版建筑设计从入门到精通［M］．北京：清华大学出版社，2020.

[7] 孙仲健．BIM技术应用：Revit建模基础［M］．北京：清华大学出版社，2018.

Step 04　进行高程坡度的设置。单击注释下的高程点坡度。进行屋面坡度的标记，如图 3-93 所示。

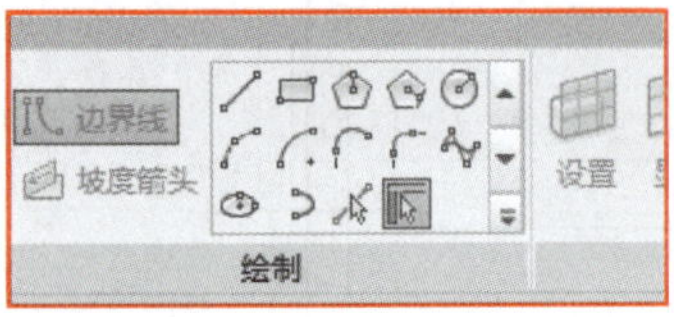

图 3-92　拾取墙体绘制屋顶轮廓

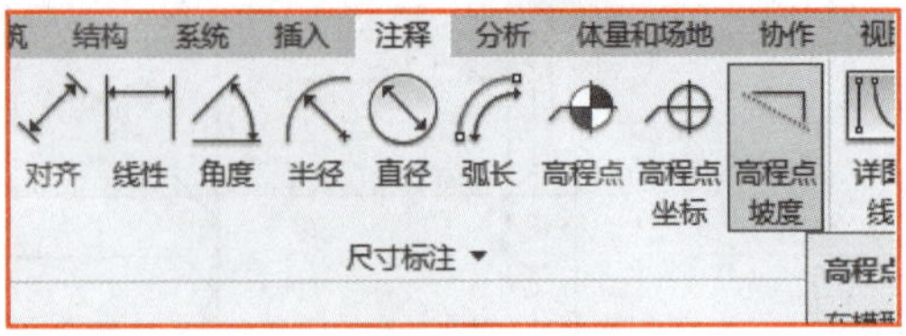

图 3-93　高程标记

Step 05　单击坡度的类型属性菜单，在单位格式下，将单位调整为“1:比”的形式；单位符号为“1:”；舍入为 0 个小数位；勾选“消除后续零”，完成坡度标注修改，如图 3-94 所示。

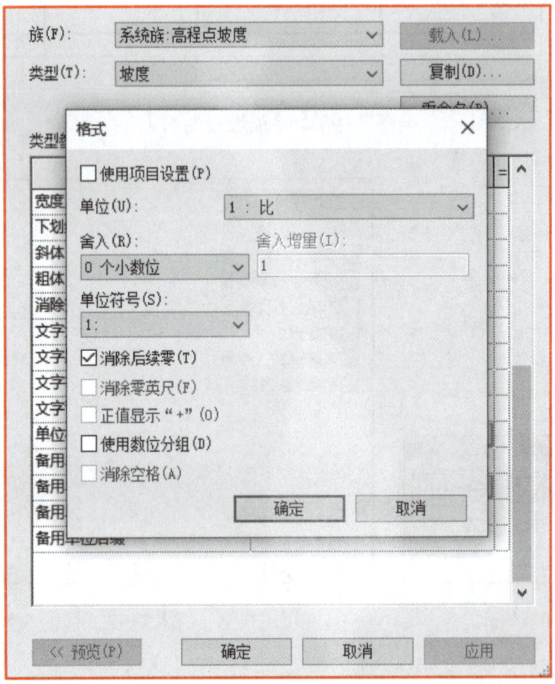

图 3-94　坡度高程标记设置

Step 06　完成坡度标注修改，在屋顶上放置坡度标记，如图 3-95 所示。

6. 柱的创建

Step 01　单击结构菜单下的柱进行柱族加载，如图 3-96 所示。

Step 02　选择结构文件夹下的柱，选择混凝土-矩形-柱，如图 3-97 所示。

Step 03　根据图纸调整柱截面的尺寸，b 为 300，h 为 300，如图 3-98 所示。

微课

创建柱

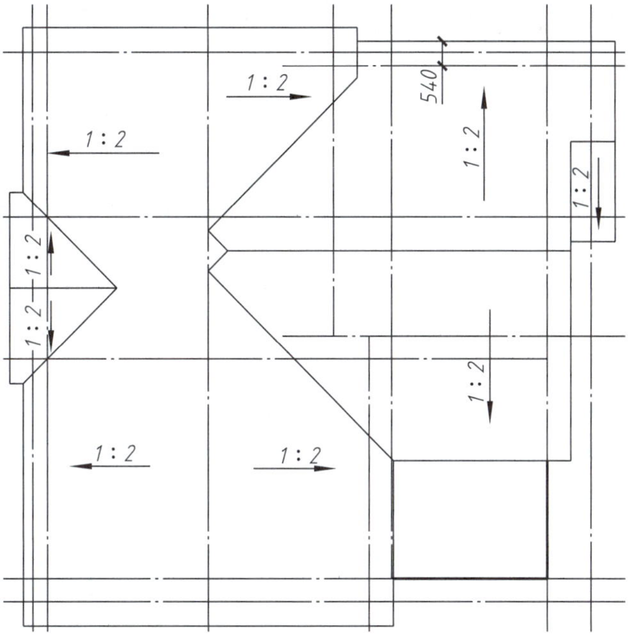

图 3-95 屋顶坡度标注

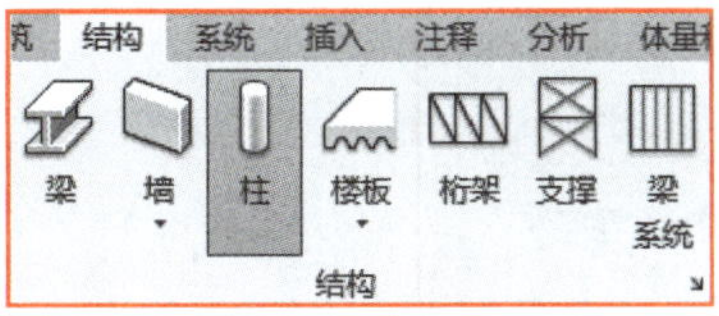

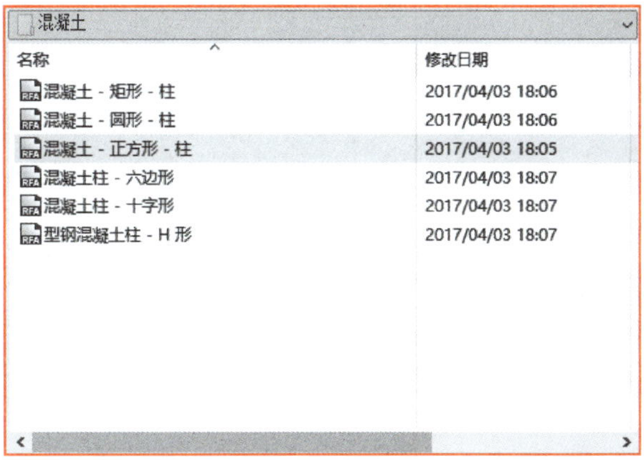

图 3-96 柱的绘制　　图 3-97 柱的选择

Step 04 在绘制柱前，更改柱的标高位置。视图切换到一层平面，在布置时，位置选择高度，二层平面。这样保证柱子从下往上绘制，如图 3-99 所示。

Step 05 根据一层平面图柱的位置，完成柱的绘制（图 3-100）。同时对柱进行尺寸标注。

微课 创建楼板、台阶、散水

7. 楼板、台阶、散水的创建

Step 01 选择结构菜单下的楼板（图 3-101），利用结构楼板绘制。

Step 02 根据图纸可以看出一层楼板为 200 mm，其他楼层楼板为 150 mm，以 150 mm 厚为例，调整楼板尺寸及材质。利用常规-150 mm 的楼板进行材质的更改，单击类型属性，然后单击结构后的编辑，更改材质。用同样方法可以得到

200 mm 厚的楼板，如图 3-102 所示。

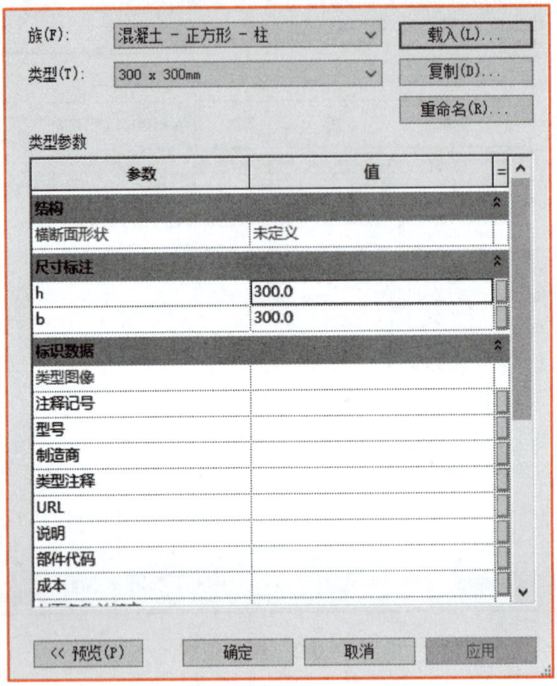

图 3-98　柱尺寸更改

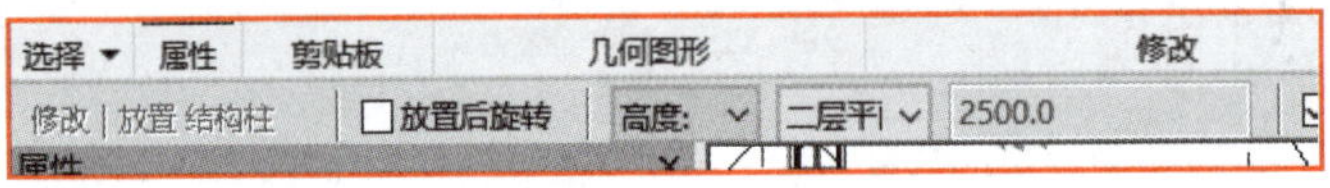

图 3-99　柱标高更改

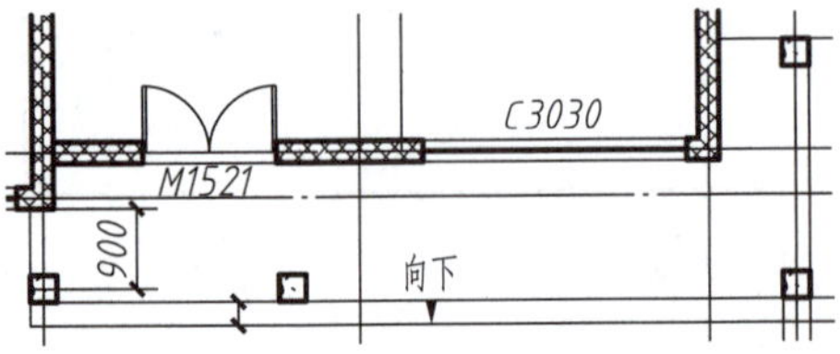

图 3-100　柱的放置

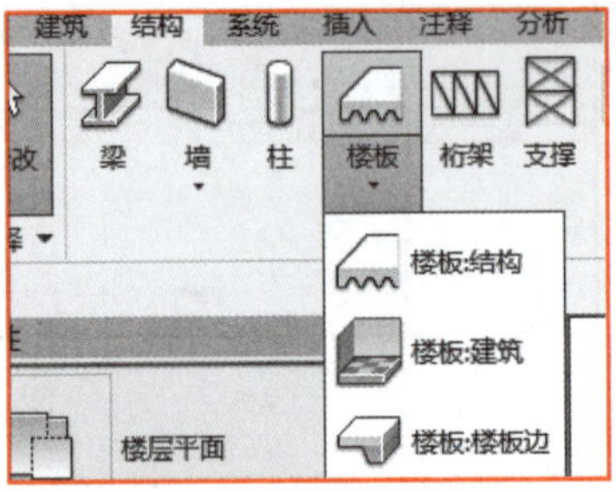

图 3-101　楼板的选择

Step 03　视图切换到一层平面图，选择楼板 200 mm，进行楼板轮廓线的绘制，完成一层楼板的创建。在绘制楼板时，也可以利用拾取墙的命令，拾取一层墙的外边线，完成一层楼板的布置，如图 3-103 所示。

Step 04　利用 150 mm 厚的楼板用同样方法完成二层楼板的绘制。二层中有个阳台。根据尺寸，利用迹线将伸出墙体的阳台和遮阳棚画出（图 3-104）。

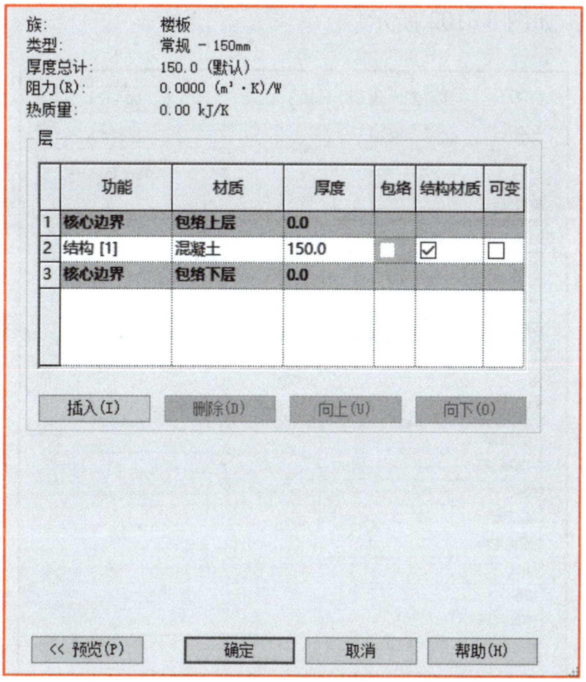

图 3-102 楼板设置

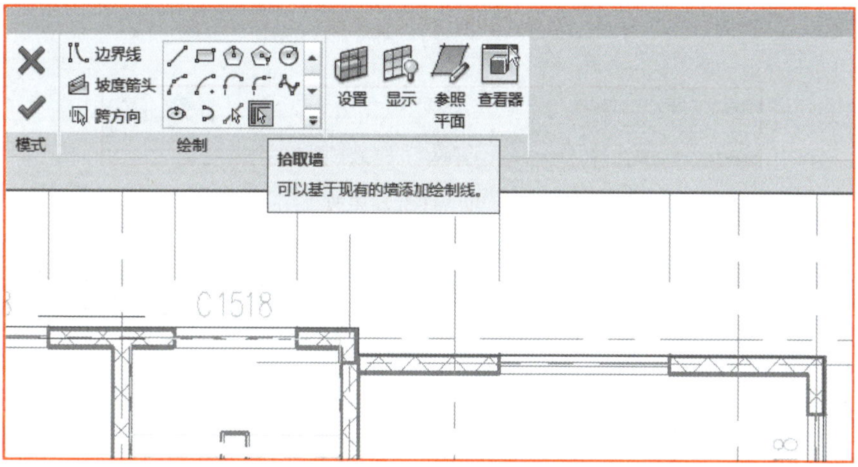

图 3-103 楼板的绘制

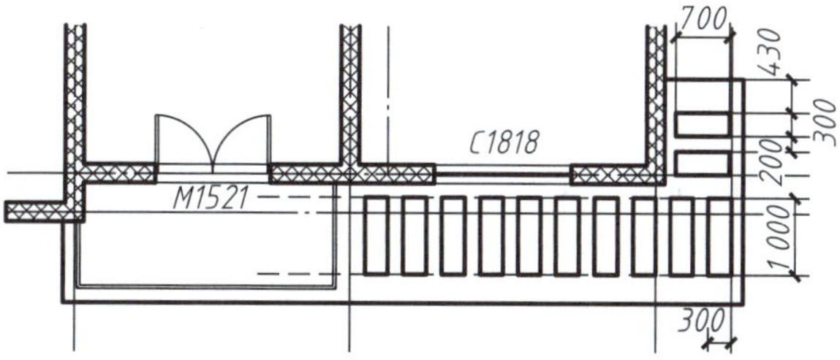

图 3-104 遮阳棚的绘制

Step 05　根据图纸中的楼板尺寸，同样方法完成阁楼层楼板的绘制，及露台和阳台的绘制（图 3-105）。

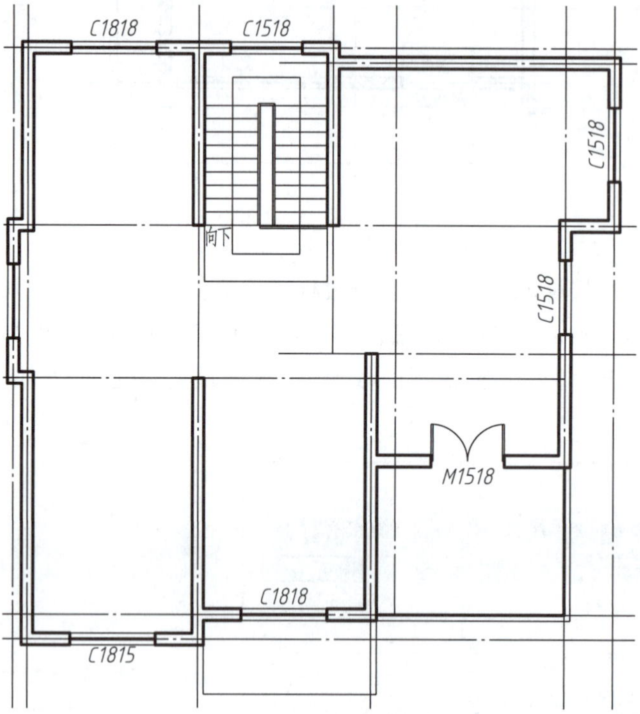

图 3-105　阳台的绘制

Step 06　绘制阳台及露台栏杆。绘制方法与阁楼层绘制栏杆扶手的步骤是一致的，这里不再详细讲解。如图 3-106、图 3-107 所示。

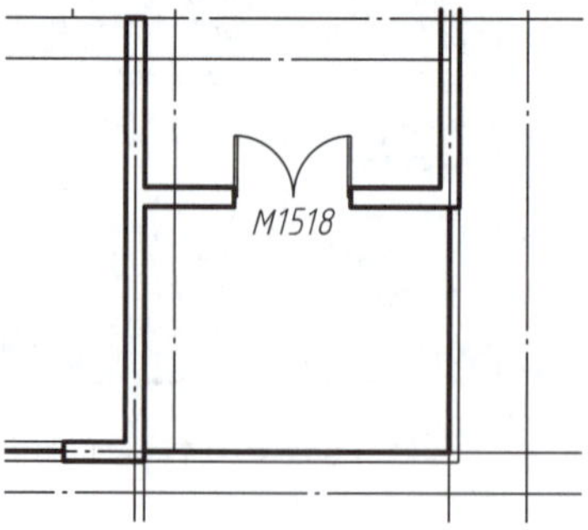

图 3-106　栏杆的绘制

图 3-107　栏杆的效果

Step 07　绘制一层户外平台。利用 200 mm 厚楼板创建户外平台。绘制完成图形如图 3-108 所示。

Step 08　绘制户外台阶。从图中读出户外台阶的踏板宽度 270 mm，踢面高度为 100 mm。该台阶可以用楼梯绘制。利用整体浇筑楼梯，创建室外台阶，并

对梯段类型进行更改，需要创建一个厚度为 100 mm 的梯段类型，如图 3-109 所示。

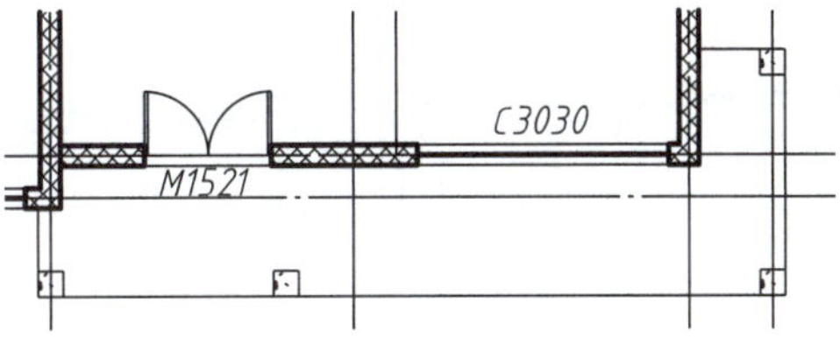

图 3-108　户外平台

Step 09　在楼梯的属性菜单下修改标高位置，由于室外台阶从室外地坪开始绘制，且高度为 100 mm，所以底部标高为室外地坪，顶部标高也为室外地坪，顶部偏移 100。由于为一级台阶故踢面数为 1，实际踏板深度为 270 mm，如图 3-110 所示。

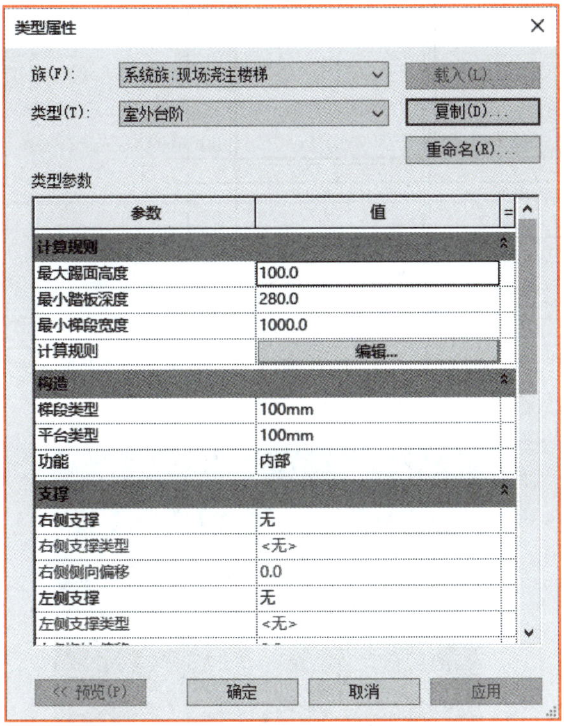

图 3-109　室外台阶尺寸设置

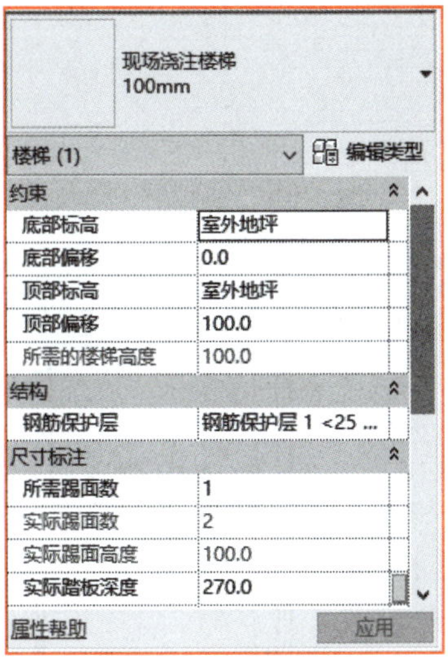

图 3-110　室外台阶标高设置

Step 10　沿着刚做好的一层平台进行台阶的绘制。选择绘制出的台阶，单击右侧箭头将台阶长度拉伸至平台右侧端面。然后删除栏杆。用同样方法完成平台右侧楼梯的绘制，如图 3-111 所示。

Step 11　利用楼板完成屋外散水的绘制。选择楼板下的建筑楼板，创建一个名称为散水的楼板，单击楼板内的结构编辑，对散水楼板的厚度进行修改，改为 200，同时勾选可变，如图 3-112 所示。

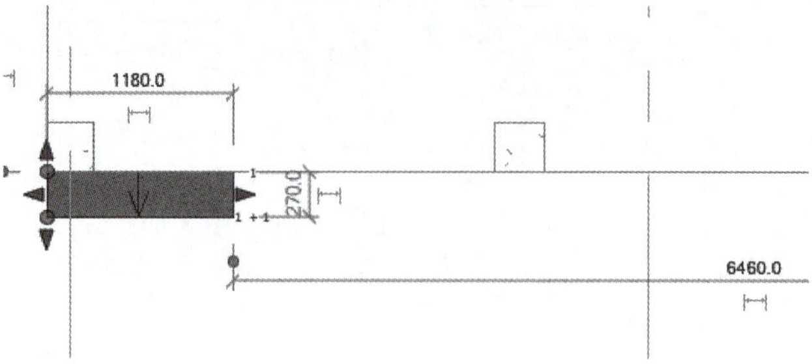

图 3-111　室外台阶绘制

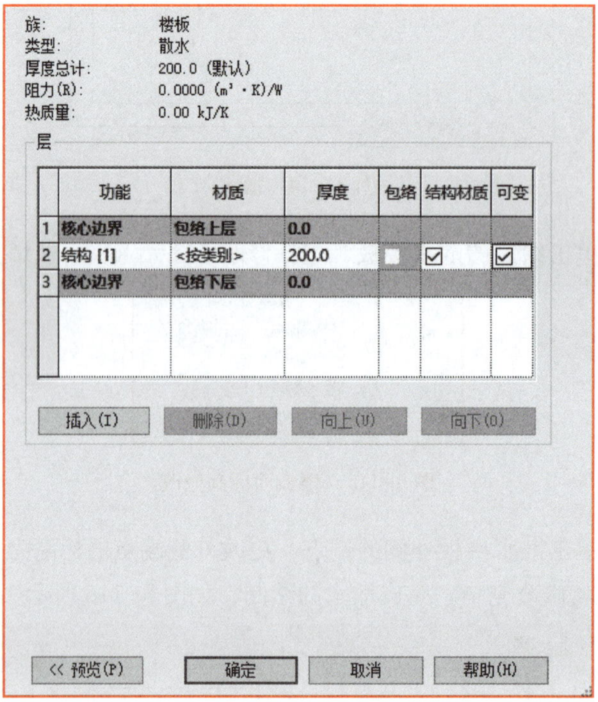

图 3-112　散水参数设置

Step 12　视图切换到一层平面，完成散水楼板的绘制，方法与绘制楼板一样，可采用拾取墙线的方法，同时在偏移里输入 600，该散水宽度为 600（图 3-113）。完成散水楼板的绘制（图 3-114）。

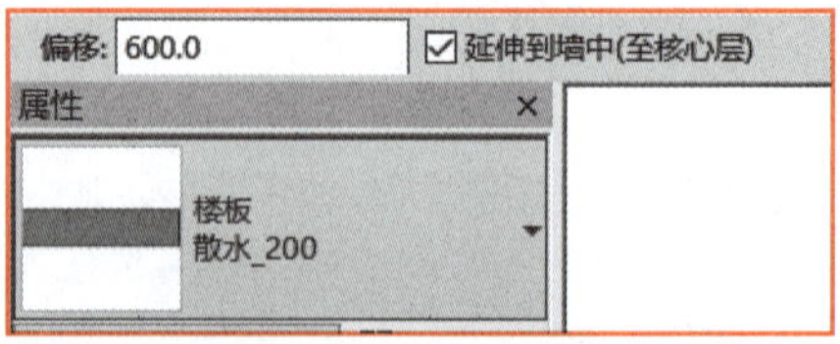

图 3-113　散水的绘制

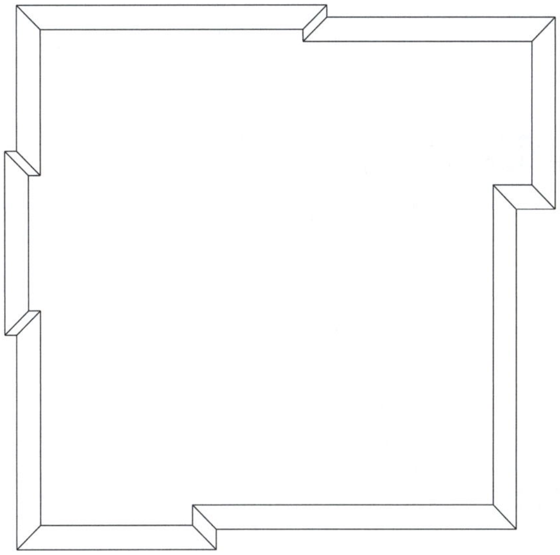

图 3-114 散水

Step 13 单击绘制的散水楼板，选择修改子图元（图 3-115）。

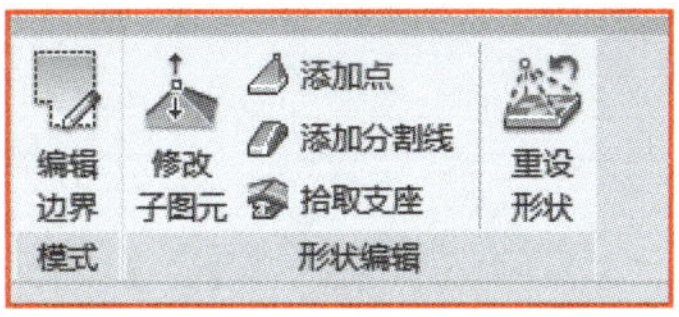

图 3-115 楼板面标高修改

Step 14 单击散水楼板外侧的端点，更改外侧端点的标高为-200，用同样方法将其他端点标高修改完毕。完成散水的绘制，如图 3-116 所示。

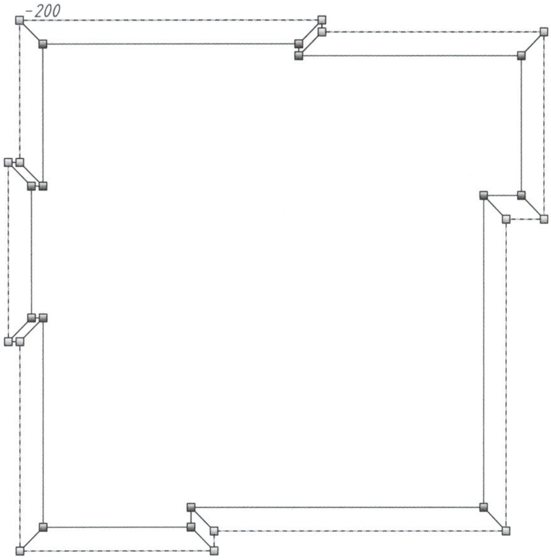

图 3-116 散水坡度调整

这样完成了本任务的模型。最终的模型如图 3-117 所示。

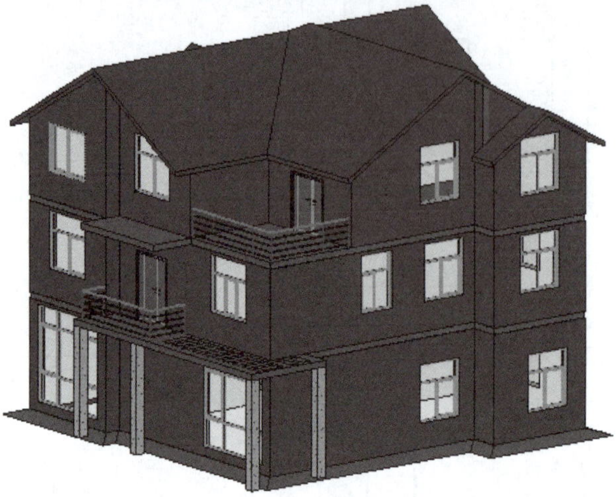

图 3-117　模型展示

【课堂检测】

1. 什么是 BIM？谈谈它对当今建筑工程施工有什么影响。
2. 项目样板的作用是什么？
3. 在墙体的设置中，如何设置墙体的面层？
4. 内建族可通过载入用于多个项目，对不对？
5. 在绘制楼板中可以通过拾取墙体绘制楼板吗？
6. 要画出截面为 500×700 的钢筋混凝土柱，如何进行操作？
7. 在绘制屋顶时，如何更改屋顶的坡度？
8. 参照平面的作用是什么？
9. 楼梯的绘制中，楼梯的主要参数有哪些？

【技能强化】

以小组为单位完成以下强化训练。

1. 完成本书配套图纸中建筑施工图中的一层平面图、正立面图和 1—1 剖面图的绘制。

2. 完成坡形独立基础的 A—A 断面图，如图 3-118 独立基础平面图和断面图所示。钢筋线用多段线命令绘制，并设置线宽，出图后粗线线宽为 0.5 mm，绘图比例 1:1，出图比例 1:25。其他依据国家标准规定。

3. 根据所给图纸信息利用 Revit 完成建筑模型的创建。

完成绘制任务后，将绘制好的图形保存并提交给小组长，文件名分别命名为“一层平面图-小组序号 . dwg”“正立面图-小组序号 . dwg”“1—1 剖面图-小组序号 . dwg”“独立基础的断面图 . dwg”“二层别墅模型 . rvt”。

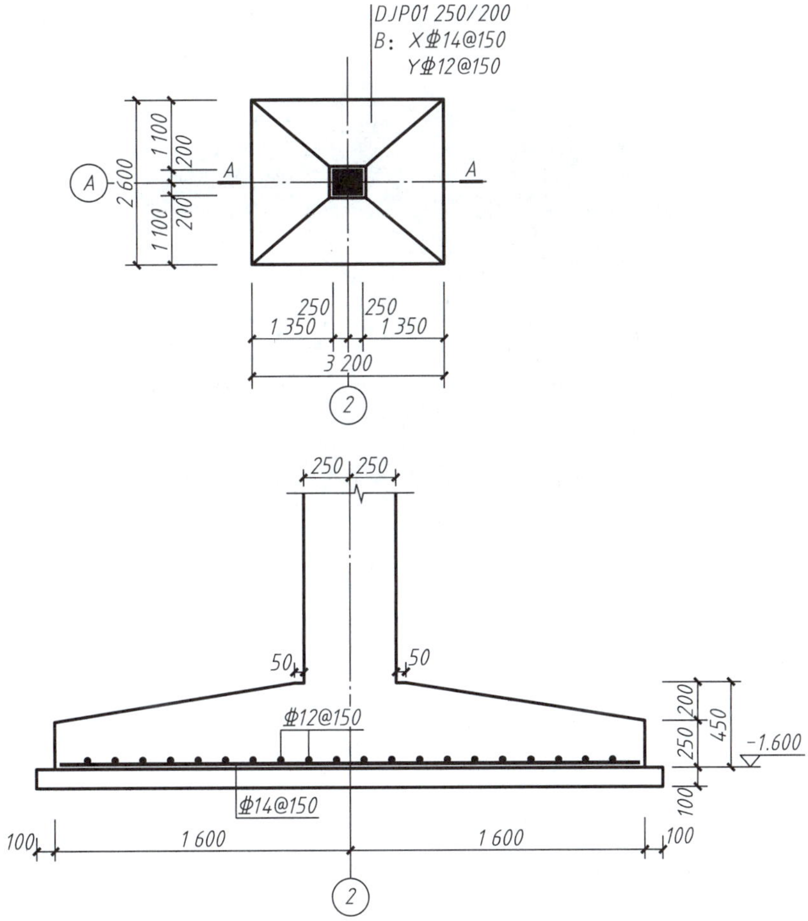

A—A 1∶25

图 3-118 独立基础平面图和断面图

组间交换，根据技能强化评分标准参考表，进行打分。老师在班上宣布评分结果，并为成绩最高的小组授予“绘图尖兵”称号，获得“绘图尖兵”的小组对自己的绘图成果进行展示，并介绍自己的绘图思路及流程，形成学生之间的经验交流，促进学生绘图水平的提升。